全国中医药行业高等职业教育"十二五"规划教材

计算机应用基础

主　编　叶　青（江西中医药大学）
副主编　王延博（长春中医药大学）
　　　　宫小飞（山东中医药高等专科学校）
　　　　徐海利（黑龙江中医药大学）
　　　　周　胜（江西中医药高等专科学校）
编　委（按姓氏笔画排序）
　　　　马　斌（山西中医学院）
　　　　孔令冶（长春中医药大学）
　　　　刘　欣（安阳职业技术学院）
　　　　杨　琴（江西中医药大学）
　　　　应　然（江西中医药大学科技学院）
　　　　周燕玲（江西中医药大学）
　　　　钮　靖（南阳医学高等专科学校）
　　　　郭凤英（北京中医药大学）

中国中医药出版社
·北京·

图书在版编目（CIP）数据

计算机应用基础/叶青主编. —北京：中国中医药出版社，2015.8（2019.11重印）

全国中医药行业高等职业教育 "十二五" 规划教材

ISBN 978-7-5132-2513-7

Ⅰ.①计… Ⅱ.①叶… Ⅲ.①电子计算机 - 高等学校-教材 Ⅳ.①TP3

中国版本图书馆 CIP 数据核字（2015）第 110515 号

中 国 中 医 药 出 版 社 出 版

北京经济技术开发区科创十三街 31 号院二区 8 号楼

邮政编码 100176

传真 010 64405750

赵县文教彩印厂印刷

各地新华书店经销

*

开本 787×1092 1/16 印张 22.5 字数 502 千字

2015 年 8 月第 1 版 2019 年 11 月第 5 次印刷

书 号 ISBN 978－7－5132－2513－7

*

定价 59.00 元

网址 www.cptcm.com

全国中医药职业教育教学指导委员会

张美林（成都中医药大学附属医院针灸学校党委书记、副校长）

张登山（邢台医学高等专科学校教授）

张震云（山西药科职业学院副院长）

陈　燕（湖南中医药大学护理学院院长）

陈玉奇（沈阳市中医药学校校长）

陈令轩（国家中医药管理局人事教育司综合协调处副主任科员）

周忠民（渭南职业技术学院党委副书记）

胡志方（江西中医药高等专科学校校长）

徐家正（海口市中医药学校校长）

凌　娅（江苏康缘药业股份有限公司副董事长）

郭争鸣（湖南中医药高等专科学校校长）

郭桂明（北京中医医院药学部主任）

唐家奇（湛江中医学校校长、党委书记）

曹世奎（长春中医药大学职业技术学院院长）

龚晋文（山西职工医学院/山西省中医学校党委副书记）

董维春（北京卫生职业学院党委书记、副院长）

谭　工（重庆三峡医药高等专科学校副校长）

潘年松（遵义医药高等专科学校副校长）

秘 书 长　周景玉（国家中医药管理局人事教育司综合协调处副处长）

前　　言

中医药职业教育是我国现代职业教育体系的重要组成部分，肩负着培养中医药多样化人才、传承中医药技术技能、促进中医药就业创业的重要职责。教育要发展，教材是根本，在人才培养上具有举足轻重的作用。为贯彻落实习近平总书记关于加快发展现代职业教育的重要指示精神和《国家中长期教育改革和发展规划纲要（2010—2020年)》，国家中医药管理局教材办公室、全国中医药职业教育教学指导委员会紧密结合中医药职业教育特点，充分发挥中医药高等职业教育的引领作用，满足中医药事业发展对于高素质技术技能中医药人才的需求，突出中医药高等职业教育的特色，组织完成了"全国中医药行业高等职业教育'十二五'规划教材"建设工作。

作为全国唯一的中医药行业高等职业教育规划教材，本版教材按照"政府指导、学会主办、院校联办、出版社协办"的运作机制，于2013年启动了教材建设工作。通过广泛调研、全国范围遴选主编，又先后经过主编会议、编委会议、定稿会议等研究论证，在千余位编者的共同努力下，历时一年半时间，完成了84种规划教材的编写工作。

"全国中医药行业高等职业教育'十二五'规划教材"，由70余所开展中医药高等职业教育的院校及相关医院、医药企业等单位联合编写，中国中医药出版社出版，供高等职业教育院校中医学、针灸推拿、中医骨伤、临床医学、护理、药学、中药学、药品质量与安全、药品生产技术、中草药栽培与加工、中药生产与加工、药品经营与管理、药品服务与管理、中医康复技术、中医养生保健、康复治疗技术、医学美容技术等17个专业使用。

本套教材具有以下特点：

1. 坚持以学生为中心，强调以就业为导向、以能力为本位、以岗位需求为标准的原则，按照高素质技术技能人才的培养目标进行编写，体现"工学结合""知行合一"的人才培养模式。

2. 注重体现中医药高等职业教育的特点，以教育部新的教学指导意见为纲领，注重针对性、适用性及实用性，贴近学生、贴近岗位、贴近社会，符合中医药高等职业教育教学实际。

3. 注重强化质量意识、精品意识，从教材内容结构、知识点、规范化、标准化、编写技巧、语言文字等方面加以改革，具备"精品教材"特质。

4. 注重教材内容与教学大纲的统一，教材内容涵盖资格考试全部内容及所有考试要求的知识点，满足学生获得"双证书"及相关工作岗位需求，有利于促进学生就业。

5. 注重创新教材呈现形式，版式设计新颖、活泼，图文并茂，配有网络教学大纲指导教与学（相关内容可在中国中医药出版社网站 www.cptcm.com 下载)，符合职业院校学生认知规律及特点，以利于增强学生的学习兴趣。

在"全国中医药行业高等职业教育'十二五'规划教材"的组织编写过程中，得到了国家中医药管理局的精心指导，全国高等中医药职业教育院校的大力支持，相关专家和各门教材主编、副主编及参编人员的辛勤努力，保证了教材质量，在此表示诚挚的谢意！

我们衷心希望本套规划教材能在相关课程的教学中发挥积极的作用，通过教学实践的检验不断改进和完善。敬请各教学单位、教学人员及广大学生多提宝贵意见，以便再版时予以修正，提升教材质量。

国家中医药管理局教材办公室

全国中医药职业教育教学指导委员会

中国中医药出版社

2015 年 5 月

编写说明

　　《计算机应用基础》是全国中医药行业高等职业教育"十二五"规划教材之一，是在全国中医药职业教育教学指导委员会和全国中医药教材建设研究会的指导和组织下，根据高等职业教育"计算机应用基础"课程教学的基本要求编写而成。本书可以作为高等职业教育院校计算机基础课程教材，也可作为其他各类计算机基础教学和自学者的参考书。

　　本书系统、详细地介绍了当前计算机应用基础知识，是一本集系统性、知识性、操作性、实践性于一体的计算机应用基础类教材。本书以提高计算机应用能力为主线，以案例导向、面向应用、注重实用为特色，强调计算机基本原理、基础知识、操作技能三者的有机结合。全书共7章，包括计算机基础知识、Windows操作系统、文字处理软件Word、电子表格处理软件 Excel、演示文稿制作软件 PowerPoint、计算机网络基础及应用、计算机信息安全基础。力求做到语言简洁、层次清晰、图文并茂。既注重计算机操作技能，又注重基础理论；既通俗易懂，又突出案例导向。通过任务驱动、案例导向，使学生在案例实践过程中加深对知识点的理解、掌握，提高使用计算机解决实际问题的能力。

　　参与本书的编写人员都是多年从事计算机基础教学的一线专职教师，具有丰富的理论和实践教学经验，凝聚了教学团队的集体贡献。具体分工如下：第1章由钮靖、马斌编写；第2章由叶青、周燕玲编写；第3章由王延博、孔令治编写；第4章由宫小飞、刘欣编写；第5章由徐海利、郭凤英编写；第6章由周胜、应然编写；第7章由杨琴、叶青编写。由叶青进行全书的统稿。

　　由于信息技术发展速度快，本书涉及新内容较多，加之编者水平有限，书中不足之处在所难免，欢迎专家和读者提出宝贵建议，以便再版时修订提高。

《计算机应用基础》编委会

2015 年 6 月

目　录

1 计算机基础知识

随着计算机和信息技术的飞速发展，计算机应用日益普及。在 21 世纪，计算机的应用已经渗透到社会的各个领域，有效地使用计算机可以推动社会的发展与进步，对生产、生活、科研等各个领域产生极大的影响。了解计算机的沿革、现状与前沿方向，熟悉计算机系统的组成及运行机制，掌握计算机常用的数值与编码，了解多媒体数据的存储格式，是学好计算机技术的基础。

任务 1　了解计算机应用的沿革、现状与前沿方向

在信息化社会中，计算机占据着非常重要的地位，了解计算机发展概况，掌握计算机的分类和在各个领域，特别是在医学领域中的最新应用，对于构建医学院校学生合理的 IT 知识结构，适应未来社会发展及医药信息化的建设等具有重要的意义。

1.1　计算机概述

计算机是一种能自动、高速地进行数据信息交换的机器，是 20 世纪人类最伟大、最卓越的科学技术发明之一。随着计算机技术的发展，计算机已经广泛地应用于现代科学技术、国防、工业、农业、企业管理、办公自动化及日常生活的各个领域，并产生了巨大的效益。近年来，随着计算机网络技术的快速发展，计算机在各级医疗卫生机构中也得到了广泛的应用。

1.1.1　计算机的发展概况

1. 计算机的诞生　1946 年 2 月 14 日诞生了世界上第一台电子数字积分计算机 ENIAC（Electronic Numerical Integrator and Calculator），称为"埃尼阿克"。它是在美国陆军部的赞助下，由美国宾夕法尼亚大学的物理学家约翰·莫克利（John Mauchly）和工程师普雷斯伯·埃克特（Presper Eckert）领导研制的。当时计算机的主要任务是帮助军方计算弹道轨迹。ENIAC（图 1-1）占地面积约 170 平方米，重达 30 吨，耗电量 150 千瓦，造价 40 多万美元。它包含了 18800 只电子管，1500 个继电器，70000 多只电阻，10000 多只电容，每秒钟可完成 5000 次加法运算或 400 次乘法运算。与以前的计算工具相比，它计算速度快，精度高，能按给定的程序自动进行计算。但与现代计算机相比，速度却很慢，容量小，操作复杂，稳定性差。尽管如此，这台计算机的问世，标志

着计算机时代的开始，开创了计算机的新纪元。

图 1 - 1   ENIAC 计算机

2. 计算机的发展   计算机如同其他任何新生事物一样，经历萌芽、发展和成熟的过程。不过是短短 60 多年的实践，计算机已经经历了几次重大的技术革命。按照所采用的电子器件，可将计算机的发展划分为以下几代。

(1) **第一代计算机（1946 ~ 1958 年）**   20 世纪 50 年代是计算机研制的第一个高潮时期。这一代计算机的主要特点是：主要元器件采用电子管，功耗大，易损坏；主存储器采用汞延迟线或静电储存管，容量很小；外存储器使用了磁鼓；输入/输出装置主要采用穿孔卡；采用机器语言编程，即用"0"和"1"来表示指令和数据；运算速度每秒仅为几千至几万次。这一时期计算机的应用开始由军用扩展至民用，由实验室开发转入工业生产，同时由科学计算扩展到数据和事务处理。

(2) **第二代计算机（1958 ~ 1964 年）**   是采用晶体管制造的计算机，主要特点是：电子元器件采用晶体管，与电子管相比，其体积小、耗电省、速度快、价格低、寿命长；主存储器采用磁芯，外存储器采用磁盘、磁带，存储器容量有较大提高；软件方面产生了监控程序（Monitor），提出了操作系统的概念，编程语言有了很大的发展，先用汇编语言（Assemble Language）代替了机器语言，接着又发展了高级编程语言，如FORTRAN、COBOL、ALGOL 等；计算机应用开始进入实时过程控制和数据处理领域，运算速度达到每秒数百万次。

(3) **第三代计算机（1964 ~ 1970 年）**   采用中小规模集成电路作为构成计算机的主要元件，主要特点是：逻辑元件采用集成电路（Integrated Circuit，IC），它的体积更小，耗电更省，寿命更长；主存储器以磁芯为主，开始使用半导体存储器，存储容量大幅度提高；系统软件与应用软件迅速发展，出现了分时操作系统和会话式语言；在程序设计中采用了结构化、模块化的设计方法，运算速度达到每秒千万次以上。最有影响力的是 IBM 公司研制的 IBM - 360 计算机系列。

(4) **第四代计算机（1970 年至今）**   是采用大规模集成电路和超大规模集成电路组装成的计算机，主要特点是：采用了超大规模集成电路（Very Large Scale Integration，VLSI），主存储器采用半导体存储器，容量已达第三代计算机的存储水平，作为外存的硬盘的容量成百倍增加，并开始使用光盘；输入设备出现了光字符阅读器、触摸输入设备、语音输入设备等，使操作更加简洁灵活，输出设备已逐步转到了以激光打印机为主，使得字符和图形输出更加逼真、高效。第四代计算机的另一个重要分支是以超大规模集成电路发展起来的微处理器和微型计算机。20 世纪 70 年代，IBM 推出了个人计算机（PC），计算机继续缩小体积，从桌上到膝上，再到掌上，使计算机进入一个全新的时代。目前计算机中的 CPU 主频已经达到数 GHz，内存也达数 GB。可以毫不夸张地说，没有集成电路，就没有现在的微型计算机。

新一代计算机（Future Generation Computer Systems，FGCS），即未来计算机的目标是使其具有智能特性，具有知识表达和推理能力，能模拟人的分析、决策、计划和其他智能活动，具有人机自然通信能力，并称其为知识信息处理系统。现在已经开始了对神经网络计算机、生物计算机等的研究，并取得了可喜的进展。特别是生物计算机的研究表明，采用蛋白分子为主要原材料的生物芯片的处理速度比现今最快的计算机的速度还要快 100 万倍，而能量消耗仅为现代计算机的 10 亿分之一。

3. 计算机未来的发展趋势 计算机技术是世界上发展最快的科学技术之一，产品不断升级换代。当前计算机正朝着巨型化、微型化、智能化、网络化等方向发展，计算机本身的性能越来越优越，应用范围也越来越广泛，从而成为工作、学习和生活中必不可少的工具。

(1) 计算机技术发展的主要特点

1）多极化：今天包括智能手机、平板电脑、笔记本电脑等在内的微型计算机在我们的生活中已经处处可见，同时大型、巨型计算机也得到了快速的发展。特别是以 VLSI 的技术为基础的多处理机技术使计算机的整体运算速度与处理能力得到了极大的提高。图 1-2 为我国自行研制的面向网格的曙光 5000A 高性能计算机，每秒运算速度最高可达 230 万亿次，标志着我国的高性能计算技术已经迈入世界前列。

图 1-2 曙光 5000A

除了向微型化和巨型化发展之外，中小型计算机也各有自己的应用领域和发展空间。特别是在运算速度提高的同时，提倡功耗小、环境污染少的绿色计算机和以综合应用为主的多媒体计算机，多极化的计算机家族还在迅速发展中。

2）网络化：计算机网络是计算机技术发展的又一重要趋势，是现代通信技术与计算机技术结合的产物。网络化就是通过通信线路和设备将分布在不同地理位置的计算机连接起来按照网络协议互相通信，共享软件、硬件和数据资源。计算机网络的出现只有40余年的历史，但网络的应用已成为计算机应用的重要组成部分，现代的网络技术已成为计算机技术中不可缺少的内容。现在计算机网络在交通、金融、企业管理、教育、邮电、商业等行业中得到了广泛的应用。

3）多媒体化：多媒体计算机是当前计算机领域中引人注目的高新技术之一。媒体可以理解为存储和传输信息的载体，文本、声音、图像等都是常见的信息载体。过去的计算机只能处理数值信息和字符信息，即单一的文本媒体。多媒体计算机则集多种媒体信息的处理功能于一身，实现了图、文、声、像等各种信息的收集、存储、传输和编辑处理，被认为是信息处理领域在 20 世纪 90 年代出现的又一次革命。多媒体计算机将真正改善人机界面，使计算机朝着人类接受和处理信息的最自然的方式发展。

4）智能化：智能化使计算机具有模拟人的感觉和思维过程的能力，使计算机成为智能计算机。智能化虽然是未来新一代计算机的重要特征之一，但现在已经能看到它的许多踪影，比如能自动接收和识别指纹的门控装置，能听从主人语音指示的车辆驾驶系统等。让计算机来模拟人的感觉、行为、思维过程，使计算机具有视觉、听觉、语言、推理、思维、学习等能力将是计算机发展过程中的下一个重要目标。

（2）未来计算机

1）量子计算机：量子计算机是一类遵循量子力学规律进行高速数学和逻辑运算、存储及处理的量子物理设备，当某个设备是由量子元件组装，处理和计算的是量子信息，运行的是量子算法时，它就是量子计算机。

2）神经网络计算机：人脑总体运行速度相当于每秒 1000 万亿次的电脑功能，可把生物大脑神经网络看作一个大规模并行处理的、紧密耦合的、能自行重组的计算网络。从大脑工作的模型中抽取计算机设计模型，用许多处理机模仿人脑的神经元机构，将信息存储在神经元之间的联络中，并采用大量的并行分布式网络就构成了神经网络计算机。

3）化学、生物计算机：在运行机理上，化学计算机以化学制品中的微观碳原子作信息载体，来实现信息的传输与存储。DNA 分子在酶的作用下可以从某基因代码通过生物化学反应转变为另一种基因代码，转变前的基因代码可以作为输入数据，反应后的基因代码可以作为运算结果，利用这一过程可以制成新型的生物计算机。生物计算机最大的优点是生物芯片的蛋白质具有生物活性，能够跟人体的组织结合在一起，特别是可以和人的大脑和神经系统有机地连接，使人机接口自然吻合，免除了繁琐的人机对话。这样，生物计算机就可以听人指挥，成为人脑的外延或扩充部分；还能够从人体的细胞中吸收营养来补充能量，不要任何外界的能源。由于生物计算机的蛋白质分子具有自我组合的能力，从而使生物计算机具有自调节能力、自修复能力和自再生能力，更易于模拟人类大脑的功能。现今科学家已研制出了许多生物计算机的主要部件——生物芯片。

4）光计算机：光计算机是用光子代替半导体芯片中的电子，以光互联来代替导线制成数字计算机。与电的特性相比，光具有无法比拟的各种优点。光计算机是"光"导计算机，光在光介质中以多个波长不同或波长相同而振动方向不同的光波传输，不存在寄生电阻、电容、电感和电子相互作用问题，光器件又无电位差。因此，光计算机的信息在传输中畸变或失真小，可在同一条狭窄的通道中传输大数量的数据。

1.1.2 计算机的分类

1. 按数据处理的类型分类 计算机处理的信息，在机内可用离散量和连续量两种不同的形式表示。离散量也称为断续量，即用二进制数字表示的量（如用断续的电脉冲来表示数字 0 或 1）。

连续量则用连续变化的物理量（如电压的振幅等）表示被运算量的大小。在传统的计算工具中，算盘运算时，是用一个个分离的算盘珠来代表被运算的数值，算盘珠可看成是离散量；而计算机运算时，是通过拉动尺片，用计算上连续变化的长度来代表数值的大小，即是连续量。根据计算机信息表示形式和处理方式的不同，可将计算机分为模拟计算机、数字计算机以及数字模拟混合计算机。模拟计算机主要用于处理模拟信息，如工业控制中的温度、压力等。模拟计算机的运算部件是一些电子电路，其运算速度极快，但精度不高，使用也不够方便。数字计算机采用二进制运算，其解题精度高，便于存储信息，是通用性很强的计算工具，既能胜任科学计算和数字处理，也能进行过程控制和 CAD/CAM 等工作。混合计算机是取数字、模拟计算机之长，既能高速运算，又便于存储信息，但这类计算机造价昂贵。现在人们所使用的大都属于数字计算机。

2. 按使用范围分类 根据计算机的用途和适用领域，可分为通用计算机、专用计算机。

通用计算机的用途广泛，功能齐全，可适用于各个领域。专用计算机是为某一特定用途而设计的计算机。其中，通用计算机数量最大，应用最广，目前市面上出售的计算机一般都是通用计算机。通用计算机适应性很强，应用面很广，但其运行效率、速度和经济性依据不同的应用对象会受到不同程度的影响。

专用计算机与通用计算机在其效率、速度、配置、结构复杂程度、造价和适应性等方面是有区别的。专用计算机针对某类问题能显示出最有效、最快速和最经济的特性，但它的适应性较差，不适于其他方面的应用。在导弹和火箭上使用的计算机很大部分就是专用计算机。

3. 按性能规模分类 根据计算机的规模（主要指硬件性能指标及软件配置）大小，可分为巨型机、大型机、小型机、微型机。

（1）巨型机（supercomputer） 巨型计算机通常是指最大、最快、最贵的计算机，是一种超大型电子计算机。具有很强的计算和处理数据的能力，主要特点表现为高速度和大容量，配有多种外部和外围设备及丰富的、高功能的软件系统。主要用来承担重大的科学研究、国防尖端技术和国民经济领域的大型计算课题及数据处理任务。如大范围天气预报，整理卫星照片，原子核物的探索，研究洲际导弹、宇宙飞船等，制定国民经济的发展计划，项目繁多，时间性强，要综合考虑各种各样的因素，依靠巨型计算机能较顺利地完成。世界上只有少数几个国家能生产巨型机，著名巨型机如美国的克雷系列（Cray–1，Cray–2，Cray–3，Cray–4 等），我国自行研制的银河–Ⅰ（每秒运算 1 亿次以上）、银河–Ⅱ（每秒运算 10 亿次以上）和银河–Ⅲ（每秒运算 100 亿次以上）也都是巨型计算机。现在世界上运行速度最快的巨型机已达到每秒万亿次浮点运算。巨型计算机的发展是电子计算机的一个重要发展方向。它的研制水平标志着一个国家的科学技术和工业发展的程度，体现着国家经济发展的实力。

（2）大型机（mainframe）　大型机包括我们通常所说的大、中型计算机。这是在微型机出现之前最主要的计算模式，即把大型主机放在计算中心的玻璃机房中，用户要上机就必须去计算中心的终端上工作。大型机使用专用的处理器指令集、操作系统和应用软件。大型机一词，最初是指装在非常大的带框铁盒子里的大型计算机系统，以用来同小一些的迷你机和微型机有所区别。

大型主机和巨型机的主要区别为：①大型主机使用专用指令系统和操作系统，巨型机使用通用处理器及 UNIX 或类 UNIX 操作系统（如 Linux）。②大型主机主要用于非数值计算（数据处理），巨型机用于数值计算（科学计算）。③大型主机主要用于商业领域，如银行和电信，而巨型机用于尖端科学领域，特别是国防领域。④大型主机大量使用冗余等技术确保其安全性及稳定性，所以内部结构通常有两套。而巨型机使用大量处理器，通常由多个机柜组成。⑤为了确保兼容性，大型主机的部分技术较为保守。

（3）中型机　中型机是介于大型机和小型机之间的计算机。

（4）小型机　小型计算机是相对于大型计算机而言，小型计算机的软件、硬件系统规模比较小，但价格低、可靠性高、便于维护和使用。主要产品有美国 DEC 公司的 VAX 系列，IBM 公司的 AS/400 系列。小型机能满足部门性的要求，为中小企事业单位所采用。

（5）微型机　微型计算机是以微处理器为核心，它最主要的特点是小巧、灵活、便宜。通常一次只能供一个用户使用。所以微型计算机也叫个人计算机（Personal Computer），简称 PC 机。近几年又出现了体积更小的微型计算机，如笔记本电脑、掌上电脑、平板电脑、智能手机等。随着 3G 时代的到来，其功能会越来越强。

1.1.3　计算机的应用

计算机的应用已广泛且深入地渗透到人类社会的各个领域。从科研、生产、国防、文化、教育、医疗、卫生直到家庭生活，都离不开计算机提供的服务。计算机大幅度地提高了生产效率，将社会生产力的发展提高到前所未有的水平。目前，计算机的应用领域主要有以下几个方面。

1. 科学计算　科学计算即数值计算，是计算机应用的一个重要领域。利用计算机运算速度快、存储量大的特点，可以完成科学技术研究中靠人工无法完成的大量科学计算。例如在石油勘探中，依靠人工地震产生大量的地震测线剖面数据，然后根据十分复杂的数学模型进行巨大的数学计算，对剖面进行信息处理和分析，以判断储油前景；在现代战争中使用的巡航导弹，其自身所带的地形信息数据需要与地面数据实时匹配，需要通过实时的数学计算来完成，既对运算速度有要求，又对计算精度有要求；天气预报，过去预报一天需要计算几个星期，失去了时效，若使用大型计算机，取得 10 天的预报数据只需要计算几分钟，这就使中长期预报成为可能。科学计算在天文、地质、生物、数学等基础学科研究及航天技术、现代军事技术、石油勘探技术甚至其他高新技术领域中占有非常重要的地位。

2. 数据处理　数据处理也称信息处理，是指人们利用计算机对各种信息进行收集、存储、整理、分类、统计、加工、利用及传播的过程，目的是获取有用的信息作为决策的依据。信息处理是目前计算机应用最广泛的一个领域，已广泛应用于办公自动化、企事业计算机辅助管理与决策、文档管理、情报检索、文字处理、电影电视动画制作、电子商务、图书管理和医疗诊断等各个行业，大大缩短了日常事务的处理时间，提高了工作效率。

3. 自动控制与实时处理　计算机已经广泛应用于生产中的自动控制，如钢铁厂从送进矿石原料，到生产出合格钢材的整个过程全部由计算机实现自动控制。除了进行自动控制外，计算机还能进行实时处理及时发现事故，起到预报作用。在许多国家的煤炭生产中，矿工已经不需要进入地下，开采和作业全部由计算机控制，减少了因煤矿坍塌造成的人员伤亡，并且降低了生产成本。实时控制在国防建设、交通、通信等领域也有着广泛的应用。例如，由雷达和导弹发射器组成的防空控制系统、地铁指挥控制系统等，都需要在计算机控制下运行。

4. 计算机辅助工程　计算机辅助工程是近年来迅速发展的应用领域，它包括计算机辅助设计（Computer Aided Design，CAD）、计算机辅助制造（Computer Aided Manufacture，CAM）、计算机辅助教学（Computer Aided Instruction，CAI）、计算机辅助翻译（Computer Aided Translation，CAT）等多个方面。

（1）**计算机辅助设计（CAD）**　计算机辅助设计早期的应用是利用计算机代替人工绘图借以提高绘图质量和效率。后来发展到三维图形显示，使设计人员能够在屏幕上直接用光笔修改设计图。计算机辅助设计主要应用于超大规模集成电路板图、飞机、汽车和造船工业中的外形设计和结构设计，如今 CAD 还广泛应用于建筑业、商业广告、动画片设计，以及纺织工业中的图案设计、服装的排料剪裁等。

（2）**计算机辅助制造（CAM）**　计算机辅助制造最早的应用实例是 20 世纪 50 年代出现的数控机床，随着数控机床的进一步发展，它能在加工中自动更换刀具，并给出加工数据，因此可以在一次加工中完成包含多道工序的复杂零件加工。计算机在企业的进一步应用是实现企业管理信息化，即要求企业建立原材料的采购、生产调度、市场分析、计划安排、库存管理、成本核算、劳动工资、产品营销等管理全过程的计算机管理信息系统（MIS）。

企业计算机应用最新的成就是建立集设计、制造、管理于一体的计算机集成制造系统（Computer Integration Manufacture System，CIMS），它一般包含工程设计系统、柔性制造系统和管理信息系统几部分。CIMS 以企业的整体活动为对象，它追求的不是每一单个环节的自动化，而是将企业所有的环节和各个层次的人员都用计算机及其网络连接起来，达到统一、协调、高速和优化的运行。

　　（3）计算机辅助教学（CAI）　　计算机辅助教学是利用计算机来进行教学的一种教学形态。在计算机辅助教学软件中采用了大量的图形、声音等处理手段，图文并茂，增强了学习的主动性，大大提高了学习兴趣。

　　（4）计算机辅助翻译（CAT）　　计算机辅助翻译类似于 CAD，实际起到了辅助翻译的作用，它能够帮助翻译者优质、高效、轻松地完成翻译工作。它不同于以往的机器翻译软件，不依赖于计算机的自动翻译，而是在人的参与下完成整个翻译过程，与人工翻译相比，质量相同或更好，翻译效率可提高一倍以上。计算机辅助翻译使得繁重的手工翻译流程自动化，并大幅度提高了翻译效率和翻译质量。

　　5. 人工智能方面的研究和应用　　人工智能（Artificial Intelligence，AI）是计算机模拟人类的智能活动，诸如感知、判断、理解、学习、问题求解和图像识别等。人工智能主要包括模式识别、计算机推理（如下象棋和游戏）、机器人、智能检索、专家系统、机器翻译和自然语言处理（如语音识别）等。

　　模式识别就是让计算机能够认识它周围的事物，使人与计算机的交流更加自然与方便。它包括文字识别（读）、语音识别（听）、语音合成（说）、自然语言理解与电脑图形识别。如果模式识别技术能够得到充分发展并应用于计算机，那么人们就能够很自然地与计算机进行交流，不需要记英文命令就可以直接向计算机下命令。这也为智能机器人的研究提供了必要条件，它使机器人能够像人一样与外面的世界进行交流。

　　专家系统具有一定的商业特性，它先把某一种行业（譬如医学、法律等）的主要知识都输入到计算机的系统知识库里，再由设计者根据这些知识之间的特有关系和职业人员的经验，设计出一个系统。这个系统不仅能够为使用者提供这个行业知识的查询、建议等服务，更重要的是作为一个人工智能系统必须具有自动推理、学习的能力。专家系统经常应用于各种商业用途，如企业内部的客户信息系统、决策支持系统等。

　　6. 多媒体技术及计算机网络　　多媒体技术是能够同时综合处理多种信息，即能够采集、处理、编辑、存储和输出两个以上不同类型的信息媒体，使他们之间建立逻辑关系，集成一个交互性的技术。多媒体技术是多领域信息技术的重组、优化和革新所形成的一门综合应用技术。多媒体技术在计算机技术的基础上，将各种媒体以数字化的方式集成在一起，从而使计算机具有表现、处理、存储多种媒体的综合能力，形成多媒体计算机系统，本章的最后一节将详细介绍多媒体的数据存储。

　　计算机网络是计算机和通信两大现代技术结合的产物，它代表当代计算机体系结构发展的一个极其重要的方向。计算机网络是将不同地理位置的多个独立的计算机用通信线路和设备连接起来，以实现计算机之间的数据通信和资源的共享。网络和通信的快速发展改变了传统的信息交流方式，加快了社会信息化的步伐。计算机和网络的紧密结合使人们能更有效地利用资源，特别是互联网的出现，更是打破了地域的限制，实现了"足不出户，畅游天下"的梦想，彻底改变了人类的生活方式。本书的第 6 章中将对互联网进行更加详细的介绍。

　　7. 计算机在医学领域中的应用　　个性化、精确化、微创化与远程化是 21 世纪医学发展的四大方向。为了达到这一目标，医学必须广泛地吸收现代科技领域出现的各种成果。近年来，计算机技术在医学中的应用成为热点研究领域，受到广泛关注。计算机作为现代医学的重要组成部分，必然随着现代医学的发展而发展。计算机技术在医学领域有着无可取代的重要地位，它在医学上有着诸多方面的应用。

（1）**计算机辅助诊断和辅助决策系统**　计算机辅助诊断系统可以帮助医生避免疏漏，减轻劳动强度，提供诊治意见，以便缩短诊断时间，提出治疗方案。诊治的过程是医生收集病人的信息（症状、体征、各种检查结果、家族史及治疗效果等），结合自己的医学知识和临床经验，对疾病进行综合分析、判断，做出结论。计算机辅助决策系统则是通过医生和计算机工作者相结合，运用模糊数学、概率统计及人工智能技术，在计算机上建立数学模型，对病人的信息进行处理，提出诊断意见和治疗方案。这样的信息处理过程速度较快，考虑到的因素较全面，逻辑判断也较严谨。

（2）**医疗专家系统**　医疗专家系统是根据医生提供的知识，模拟医生诊治时的推理过程，为疾病等的诊治提供帮助。医疗专家系统的核心由知识库和推理机构成。知识库包括书本知识和医生个人的具体经验，以规则、网络、框架等形式表示知识，存储于计算机中。推理机是一个控制机构，根据病人的信息，决定采用知识库中的什么知识，采用何种推理策略进行推理，得出结论。有的专家系统还具有自学功能，能在诊治疾病的过程中再获得知识，不断提高自身的诊治水平。

（3）**医院信息系统（Hospital Information System，HIS）**　用以收集、处理、分析、储存和传递医疗信息、医院管理信息。一个完整的医院信息系统可以完成如下任务：病人登记、病人预约、病历管理、病房管理、临床监护、膳食管理、医院行政管理、健康检查登记、药房和药库管理、病人结账和出院、医疗辅助诊断决策、医学图书资料检索、教育和训练、会诊和转院、统计分析、实验室自动化和接口。

（4）**卫生行政管理信息系统**　利用计算机开发的"卫生行政管理信息系统"，又称"卫生管理信息/决策系统"，能根据大量的统计资料给卫生行政决策部门提供信息和决策咨询。一个完整的卫生行政管理信息系统包括三部分：①数据自动处理系统。②信息库。③决策咨询模型。

（5）**医学情报检索系统**　利用计算机的数据库技术和通信网络技术对医学图书、期刊、各种医学资料进行管理。通过关键词等即可迅速查找所需文献资料。

计算机情报检索工作可分为三个部分：①情报的标引处理。②情报的存储与检索。③提供多种情报服务：可向用户提供实时检索，进行定期专题服务，以及自动编制书本式索引。

（6）**疾病预测预报系统**　疾病在人群中流行的规律与环境、社会、人群免疫等多方面因素有关，计算机可根据存储的有关因素的信息并根据它建立的数学模型进行计算，做出人群中疾病流行情况的预测预报，供决策部门参考。

（7）**计算机医学图像处理与图像识别**　医学研究与临床诊断中许多重要信息都是以图像形式出现，医学对图像信息是十分依赖的。医学图像一般分为两类：一类是信息随时间变化的一维图像，多数医学信号均属此类，如心电图、脑电图等；另一类是信息在空间分布的多维图像，如 X 射线照片、组织切片、细胞立体图像等。

(8) 计算机在护理工作中的应用　主要分为三个方面：①护理：包括护理记录、护理检查、病人监护、药物管理等。②护士教育：包括护理 CAI 教育、护士教学计划与学习成绩记录管理。③护士管理：包括护士服务计划调度、人力资源管理、护士工作质量的检查或评比等。

(9) 远程医疗　远程医疗是指通过通信和计算机技术给特定人群提供医学服务，是利用现代信息技术和电子设备进行异地医疗的活动。远程医疗一般通过远程医疗系统来实现，这一系统包括远程诊断、信息服务、远程教学等多种功能，它是以计算机和网络通信为基础，针对各种类型（数据、文本、图片、声像等）的医学资料的多媒体技术，进行远程视频、音频信息的传输、存储、查询及显示。远程医疗充分发挥大医院或者专科医疗中心的医疗技术和设备优势，对医疗条件较差的边远地区、海岛或舰船上的伤病员进行远距离诊断、治疗或提供医疗咨询。远程医学可以超越地域空间，让医疗服务者与被服务对象分处两地成为可能。

(10) 移动医疗　通过使用移动通信技术，如 PDA、移动电话、卫星通信来提供医疗服务和信息，具体到移动互联网领域，则以 android 和 IOS 等移动终端系统的医疗健康类 App 应用为主。移动医疗改变了过去人们只能前往医院"看病"的传统生活方式，无论在家里还是在路上，人们都能够随时听取医生的建议，或者是获得各种与健康相关的资讯。医疗服务因为移动通信技术的加入，不仅将节省之前大量用于挂号、排队等候乃至搭乘交通工具前往的时间和成本，而且会更高效地引导人们养成良好的生活习惯，变治病为防病。2014 年 5 月 30 日，广州妇女儿童医疗中心宣布在全国率先推出支付宝公众服务号调用患者移动服务，顿时引来各方关注。HIS 厂商、支付宝、医院三方互惠共赢，但也各司其职。

任务 2　计算机的模拟选购与组装

当前，计算机发展日新月异，无论是学习、工作，还是生活，都离不开计算机的应用与支持。了解和掌握计算机系统的基本硬件结构与软件知识是医学生必备的基本素质。本节主要介绍计算机系统的硬件结构与软件组成，使同学们对微型计算机的特点有较为全面的认识。

1.2　计算机的系统组成、工作原理及性能指标

完整的计算机系统是由计算机硬件系统和软件系统两部分组成的。计算机硬件系统主要包括组成计算机的所有电子设备，是计算机能够正常工作的物质基础。计算机软件系统则是指在计算机上运行的所有程序或者软件的集合，能够帮助用户实现各种丰富多彩的应用。图 1-3 为计算机系统的组成。

计算机系统
├─ 硬件系统
│   ├─ 主机
│   │   ├─ 中央处理器（CPU）
│   │   │   ├─ 运算器
│   │   │   ├─ 寄存器
│   │   │   └─ 控制器
│   │   └─ 主存储器
│   │   ├─ 随机存储器（RAM）
│   │   └─ 只读存储器（ROM）
│   │   ├─ PROM
│   │   ├─ EPROM
│   │   └─ EEPROM
│   ├─ 外部设备
│   │   ├─ 外存储器：硬盘、光盘、闪存、移动硬盘等
│   │   ├─ 输入设备：键盘、鼠标、扫描仪、触摸屏等
│   │   └─ 输出设备：显示器、打印机、绘图仪等
│   └─ 辅助设备：I/O接口及总线、数据通信设备、过程控制设备、主板、电源等
└─ 软件系统
    ├─ 系统软件：操作系统、语言处理系统、数据库管理系统、诊断系统等
    └─ 应用软件：office、CAD、Adobe photoshop等

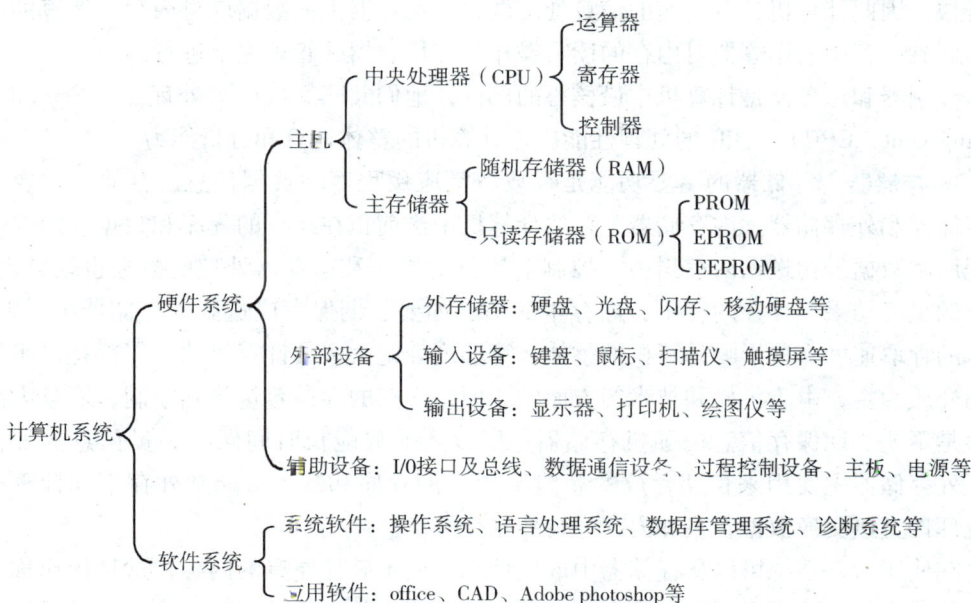

图 1－3　计算机系统的组成

1.2.1　计算机的硬件系统

计算机的硬件系统是指计算机中看得见、摸得着的电子设备实体。自从第一台电子计算机 ENIAC 诞生以来，计算机的硬件性能和软件系统发生了巨大的变化，但计算机的硬件系统依然遵循美籍匈牙利科学家冯·诺依曼提出的"程序存储控制"思想。1946 年，冯·诺依曼在他的论文"电子计算机装置逻辑结构初探"中首次提出了"程序存储控制"的基本概念。其核心思想可以归结为：①计算机系统由五个部分组成：控制器、运算器、存储器、输入设备和输出设备。②计算机中程序和数据以同等地位存放在存储器中，并按照地址寻访相应数据。③计算机中的程序和数据都以二进制形式来表示。

计算机的硬件系统包括：

1. 控制器　控制器是计算机的神经中枢。在它的控制之下，整个计算机系统有条不紊地进行各项工作，自动执行事先编制好的各种程序。控制器的工作过程是：首先从内存中取出指令，并对指令进行分析，然后根据指令的功能向有关部件发出控制命令，控制它们执行这条指令规定的操作。当各部件执行完控制器发来的命令后，都会向控制器反馈执行的情况。这样逐条执行一系列的指令，计算机就能够按照由这一系列指令组成的程序自动完成各项基本操作任务。

2. 运算器　计算机最主要的功能是进行快速的重复运算，大量的运算工作是在运算器中完成的。计算机运算器的主要任务是进行算术运算和逻辑运算。运算器又称算术逻辑单元（Arithmetic and logic Unit，ALU）。在计算机中，算术运算是指加、减、乘、除等基本运算，逻辑运算是指逻辑判断和逻辑比较等基本逻辑运算。运算器的运算速度

非常快，因此计算机具有高速的信息处理能力。运算器中的数据取自内存，运算的结果又返回到内存中。运算器对内存的读写操作是在控制器的管理之下进行的。

控制器和运算器是计算机中最核心的部件，他们共同组成中央处理器（Central Processing Unit，CPU），CPU 的处理性能决定计算机的整体运算和分析能力。

3. 存储器　存储器的主要功能是存放各类应用程序和数据信息。存储器主要分为内存储器和外存储器。内存储器是存放计算机中当前正在运行的程序和数据。用户输入的程序和数据最初送入内存当中，控制器执行的指令和运算器处理的数据也取自内存，运算的最终结果保存在内存中，内存中的信息如要长期保存应送到外存储器中。因此，内存的存取速度直接影响计算机的整体运算速度。绝大多数计算机的内存都是以半导体存储介质为主，由于价格和技术等方面的原因，内存的存储容量受到限制，而且大部分内存是不能长期保存信息的随机存储器，所以还需要能长时间保存大量信息的外存储器。外存储器主要用来长期存放"暂时不用"的程序和数据。通常外存不和计算机的其他部件直接交换数据，只和内存进行数据交换。

在使用时，系统可以从存储器中取出信息，而不破坏原有的内容，这种操作称为存储器的读操作；同时也可以把信息写入存储器，原来的内容被彻底删除，这种操作称为存储器的写操作。读操作和写操作是计算机存储器中最基本的两项内容。

4. 输入设备　输入设备主要用来接受用户输入的原始数据和程序，并将它们转换为计算机可识别的形式存放到内存中。常用的输入设备有键盘、鼠标、扫描仪、麦克风、数字化仪等。

5. 输出设备　输出设备用于将存放在内存中由计算机处理的结果转变为人们所能接受的形式。常用的输出设备有显示器、打印机、绘图仪、音响等。

内存储器 CPU 组成了计算机的主体，即主机；输入设备、输出设备和外存储器构成了计算机的外围设备，即外设。

1.2.2　计算机的软件系统

1. 软件基础知识　计算机的强大功能都是在硬件系统和软件系统相互配合的基础上实现的，没有软件系统的计算机称为"裸机"。计算机只有通过软件系统的支持，才能实现其丰富的操作功能和友好的人机界面。

计算机软件系统是指在计算机硬件平台上工作的各种程序以及运行时所需数据和文档的集合。其中，各种程序是一系列特定的计算机指令集合，主要由软件开发人员编写完成，计算机在各种专业指令的控制下完成各项复杂任务；数据和文档则包括程序运行时的内容、设计、功能及测试等文字资料。软件是计算机用户与硬件系统的接口，用户通过软件系统与计算机进行交互，在进行计算机系统设计与开发时，工作人员必须考虑用户对软件的具体使用需求。

软件系统不同于硬件设备，它是人类智力劳动和逻辑思维的产品，用户要保证软件的知识产权不受侵犯，支持使用正版软件。同时，在使用软件的过程中，计算机不能保证软件没有潜在的错误，因此要对软件实时进行"适应性维护"和"完善性维护"，保证软件的整体性能和环境的适应性。根据计算机软件的用途，我们将其分为系统软件和应用软件。

2. 系统软件 系统软件是指控制计算机系统高效工作并协调硬件设备运行的程序系统，其主要功能是管理计算机中的各种硬件设备和监控计算机系统正常工作。各种操作系统、语言编译处理程序、文件系统程序和数据库管理软件都属于系统软件的范畴。系统软件能够很好地发挥计算机快速运算的特点，并方便用户操作计算机系统。

（1）操作系统 操作系统（Operating System）是计算机系统中最基本、最重要的系统软件，它统一管理和调度计算机系统中的各种软件资源和硬件资源，能够保障计算机系统中所有软、硬件资源有序工作。对于计算机用户来说，操作系统是应用平台，是人与计算机进行交互的有效界面；对于系统设计人员来说，操作系统是功能强大的系统资源管理程序，可以管理、控制和协调计算机中各种软、硬件资源和相关设备。

（2）程序设计语言 计算机程序设计语言可以分为机器语言、汇编语言和高级语言三大类。

1）机器语言：机器语言是按照一定规则编写的由二进制代码 0 和 1 组成的语言体系，也是计算机硬件唯一能识别和执行的语言。在机器语言中，每条语句都是由 0 或 1 组成，让计算机执行各种不同的操作。机器语言可被计算机直接识别并执行，因此速度快、效率高。但是其指令中的二进制代码难以记忆，编写的程序十分繁琐，不便于人们理解和掌握。

2）汇编语言：为了克服机器语言的通用性较差和难以调试等缺点，人们设计了汇编语言。汇编语言使用英文助记符代替机器操作码，用地址符号代替地址码，汇编程序把汇编语言翻译成机器语言的过程称为汇编。汇编语言不能被计算机直接识别和执行，其指令与机器语言的指令相对应，汇编语言和机器语言都是面向机器编程的低级语言。

3）高级语言：由于汇编语言记忆复杂，过分依赖计算机硬件设备，人们又发明了便于理解和使用的高级语言。高级语言是独立于机器硬件、接近自然语言的程序设计语言。它使用人们更容易理解的符号和单词构成语法结构，编程时只要选择正确的数据结构和高效的计算机算法，就可以设计出专业化的应用程序。常见的高级语言有 C，JAVA，C++等，高级语言的源程序必须通过编译系统或解释系统的翻译生成目标程序，才能被计算机所理解和执行。

（3）数据库管理系统 数据库（Data Base）是指按照一定结构组织起来的大量相关数据的集合。数据库系统主要是由数据库和数据库管理系统组成。数据库管理系统是对数据库进行高效管理和操作的平台，是数据库与用户之间的基本接口，它提供了数据库的建立、修改、删除、排序等基本命令功能。常用的数据模型主要分为层次型、网络型和关系型三种。其中关系型数据库管理系统应用最为广泛，常见的数据库管理系统有ORACLE、SQL Server、INFORMIX 等。

3. 应用软件 应用软件是为解决各种特定实际问题而开发的应用程序和数据文档。应用软件种类繁多，不同的应用软件对运行环境的要求不同，为用户提供的服务也不同，它可以是一个特定的程序，也可以是一组功能联系紧密的软件集合。计算机系统通过各种丰富的应用软件程序实现其强大的功能。

(1) **办公应用软件** 办公软件主要是在办公应用过程中使用的各种软件集合，主要包括文字处理程序、数据图表的计算、文档演示操作等应用软件。其中常见的有 Microsoft Office、金山 WPS 等办公套件。

(2) **图像处理软件** 图像处理软件是浏览、编辑、制作和管理各种图形、图像文件的专业软件。在目前人机交互模式快速发展的背景下，图像处理已经成为计算机的重要功能之一。其中既包含专业人员开发使用的图像处理软件如 Photoshop，也包括各种非专业用户使用的软件，常见的有 ACDsee、"光影魔术手"等。

(3) **安全管理软件** 在目前网络安全要求较高的环境中，安全管理软件变得越来越重要。安全管理软件的主要功能是协助用户进行计算机安全的管理工作，其中主要包括防病毒软件、系统防火墙、木马监测安全程序等。常见的安全管理软件有 360 安全卫士、QQ 医生等。

(4) **多媒体软件** 多媒体软件是指管理、播放和转换各种视频、音频的软件集合。多媒体的数据文件通常先经过压缩编码，每种编码方式都需要专业的软件进行解码才能播放和处理。目前流行的各种多媒体文件都有其特定的压缩编码方式和解压缩技术。常见的多媒体播放软件有暴风影音、百度影音等。

(5) **信息系统软件** 信息系统软件是针对特定行业制定的专业化软件。随着信息系统的广泛应用，越来越多的专业性软件得到开发，极大地提高了人们的生产活动效率。常用的信息系统软件包括科学计算软件、计算机辅助设计软件、工程制图软件和信息检索软件等。

1.2.3 计算机基本工作原理

1. 计算机指令系统 计算机在工作时，处理器从存储器中取出一条指令，计算机按照指令的要求完成各种基本操作。指令系统通过程序自动控制计算机系统中的全部操作和任务，具有十分重要的地位。下面介绍计算机指令系统的基本概念。

(1) **计算机指令的概念** 计算机指令就是机器语言的一条语句，是程序设计的最小单位，它通过特定含义的二进制代码来表示。一条指令的基本格式包括操作码字段和地址码字段，操作码表示指令的操作性质及功能，地址码则表示操作数或操作数的地址信息。指令是计算机硬件和软件之间的桥梁，是计算机正常工作的基础。

计算机指令的执行分三个步骤：第一步，取指令。计算机从内存中取出现行指令的指令码，送到控制器的指令寄存器中。第二步，分析指令。计算机将寄存器中的指令根据操作码进行译码，以确定计算机将要进行的操作。第三步，执行指令。计算机根据指令分析结果，由操作控制部件发出完成操作所需的控制电位命令，指挥计算机完成对应操作，同时准备取下一条指令。总之，计算机控制器中周而复始地执行取指令、分析指令和执行指令的过程，保证了指令序列的自动运行过程。

(2) **计算机指令系统的概念** 计算机指令系统是指计算机在运行过程中执行的全部指令集合，是描述计算机性能的重要因素，它表示计算机内部控制信息和逻辑判断的基本能力，直接影响计算机的硬件结构和软件系统。指令系统主要包含逻辑运算型、数据传送型、算术运算型和信息控制型等方面。

2. 计算机的工作过程　计算机的工作过程就是执行程序的过程，而程序是由基本的指令系统组成。因此，执行程序的过程可以理解为执行指令系统的过程，即逐条地执行对应的指令。由于执行每一条指令都包括取指令、分析指令和执行指令的基本过程，所以依据冯·诺依曼结构，在指令系统的指挥下，计算机通过输入设备获取用户的指令或数据，处理器在接收到基本指令后，进行处理、分析并将结果保存在存储器上等待输出。综上所述，计算机自动工作是执行预先编写好的程序，而执行程序的过程就是周而复始地完成取指令、分析指令和执行指令等基本操作的过程。

3. 流水线技术及多核技术

（1）**流水线技术**　计算机流水线技术是指把一个重复的操作过程分解为若干个子过程，每个子过程由专业的部件来实现，通过多处理器方式把每个子过程与其他子过程同时并行工作。流水线中的每个子过程及其功能部件称为流水线的段，每段与每段之间相互联接构成基本流水线，流水线的段数叫作流水线的深度。流水线技术是目前计算机快速发展的有利条件。

（2）**多核技术**　计算机多核技术是指把多个处理器高度集成在一个物理芯片内部，是对多处理系统概念的扩展和延伸。多核技术通过将多个相对简单的超标量处理器集成到一个芯片上，从而避免了物理线路时间延迟的影响，充分运用并行性操作来提高计算机的工作效率和整体吞吐量。

多核处理器的基本特点有：①高主频，多处理器结构的控制逻辑相对简单，包含极少的全局信号，因此线路的延迟对其影响比较小，在硬件实现方面具有更高的工作频率。②低功耗，多核处理器通过调节电压频率、负载优化等手段，有效降低硬件功率的消耗。

1.2.4　计算机的性能指标

计算机的种类很多，整体性能也各不相同。通常根据以下几个方面的性能指标来综合评价一台计算机系统的性能。

1. 字长　字长是指中央处理器一次所能同时传送和处理的二进制数据位数。计算机可同时处理的数据位数越多，CPU的档次就越高，功能就越强。目前计算机的字长已经从原先的32位处理器扩充到64位处理器。

2. 主频（时钟频率）　主频是指CPU中电子线路的工作频率，系统执行指令的速度与时钟频率有直接的关系。一般来说，主频越高，系统执行一条指令所需的时间就越短，CPU的运算速度就越快。

3. 存储容量　存储容量是评价计算机整体性能的基本指标之一。计算机的存储容量越大，它所能存储的数据和运行的程序就越多，计算机的整体性能也就越高。

4. 运算速度　运算速度是综合性很强的计算机性能指标。现在普遍采用单位时间内执行指令的条数作为运算速度指标，并以MIPS（百万条指令/秒）作为计量单位。主频越高，执行指令的时间越短，运算速度就越快。

5. 存取周期 存储器进行一次写入或读出操作所需的时间称为存取周期。计算机的存取周期越短，存取速度越快。计算机中使用的是大规模或超大规模集成电路存储器，其存取周期在几十到几百毫微秒。

6. 兼容性 兼容性是指各类计算机之间在使用上具有的相容性，即指一种微型机的硬件和软件与使用同样微处理器的另一种机器是否具有通用性。兼容性越强，计算机的整体性能越好。

1.2.5 微型计算机的硬件组成

1. 微型计算机的基本结构 一个完整的微型计算机系统，是硬件和软件按照一定的层次关系组织起来的有机整体。微型计算机系统的最内层是硬件设备，然后是系统软件中的操作系统，而操作系统的外层是应用软件、用户程序和相关文档。

2. 主机系统

（1）**主板** 主板安装在计算机的主机箱内，是计算机硬件系统中最大的一块物理电路板（图1-4）。主板上安装有 CPU 插槽、存储器插槽、扩充卡插槽（声卡、显卡、网卡等）、BIOS 和各种连接外设的 I/O 接口等物理部件。主板将 CPU 和各种硬件设备有机地结合起来组成完整的计算机系统。计算机在运行过程中通过主板对芯片、存储器、扩展卡和其他 I/O 设备完成各种基本操作和控制。因此，主板的质量在一定程度上影响着计算机的整体性能。

图1-4 系统主板

在主板上安装的控制芯片组是主板的核心，通常成组来使用，它决定主板的性能和功能。基本输入/输出系统（BIOS）也是主板上的一组功能控制芯片，它保存着计算机中最重要的基本输入输出程序、系统设置信息和系统自检程序，为计算机提供最低级、最直接的硬件设置，是计算机硬件和软件沟通的桥梁。

（2）**中央处理器** 中央处理器（Central Processing Unit，CPU）是构成微型计算机的核心部件，是微型计算机内对数据进行分析、处理和控制的主要物理设备，负责解释计算机指令以及进行各种控制操作。CPU 主要由运算器、寄存器和控制器等部件组成。CPU 从存储器中取出指令，放到指令寄存器中，经过译码和指令分解等操作，生成控制命令，其他部件在控制命令的指挥下完成相应的操作。CPU 的基本功能有：实现数据的算术运算和逻辑运算；实现取指令、分析指令和执行指令操作的控制；实现异常处理、中断处理等基本操作。图 1 - 5 所示是美国的 INTEL 公司生产的最新型号 CPU。

图 1 - 5 中央处理器

（3）*存储器* 存储器是微型计算机的记忆主体，计算机系统中的各种原始数据、应用程序和运算结果等信息都需要存放在存储器中。现代微型计算机系统常常采用多层次的存储体系结构。存储器通常分为内存储器（主存）和外存储器（辅存）。内存储器的容量较小但存取速度很快，外存储器的容量较大但存取速度较慢。

1）内存储器：目前大多数计算机的内存都是采用半导体材料作为存储介质，成本较高。内存储器又可分为随机存储器（Random Access Memory，RAM）和只读存储器（Read Only Memory，ROM）。RAM 是一种可读写存储器，读出时不影响原来存储的数据信息，断电后存储的数据信息立即丢失，存取时间与存储单元的物理位置无关，计算机系统中的大部分内存都采用这种随机存储器；ROM 是只读存储器，系统只能读出其中存储的内容，而不能对其重新写入新的数据。内存储器可以直接和 CPU 交换信息和数据。它由许多存储单元组成，并采用线性顺序结构来组织信息。每个存储单元都有唯一的地址，地址如同宾馆中的房间号码一样，地址具有唯一性，可以作为存储单元的标识，对内存储器的存储单元的读写操作都通过地址来进行。在内存中，为了便于衡量存储器的容量，计算机中统一把字节（Byte）作为信息存储的基本单位，1 字节 = 8 位（Bit），1Bit 用来存放一位二进制数 0 或 1。

计算机存储单位换算规则如下：

1KB = 1024B

1MB = 1024KB

1GB = 1024MB

1TB = 1024GB

1PB = 1024TB

1EB = 1024PB

1ZB = 1024EB

2）外存储器：计算机的外部存储器主要用来存放"暂时不用"的程序和数据，是内存的有力扩充。一般情况下，外存不和计算机的其他硬件设备直接交换数据，而只和内存进行信息的交换。外存具有容量大、速度慢、价格便宜、可长期保存信息等特点。目前最常用的外部存储器有硬盘、光盘和移动存储器等。

①硬盘：硬盘是微型计算机最主要的外存设备，一般位于计算机主机箱内，是由盘片组、磁头驱动定位器、主轴驱动器和读/写电路接口等元件组成。磁盘的正反两面都涂有一层薄薄的磁性材料，每片磁盘被固定在相同转轴上（图1-6）。硬盘通过电子处理方法来控制盘片表面的磁化，实现硬盘中大量数据的读、写操作。硬盘的容量通常以兆字节和千兆字节为衡量单位，硬盘的容量是越大越好，目前常用的微型计算机系统中硬盘的容量已经达到几百 GB，甚至更大。硬盘的数据传输率是衡量硬盘速度的重要指标，它主要表示计算机从硬盘中准确定位并传输数据的速率，单位是 Mbps/s，传输速率通常受到总线速度、磁头读写速度等因素的影响。在硬盘中，为了大幅提高硬盘的读写速度，硬盘采用高速缓存方式来进行数据的存储，高速缓存技术的发展与应用对提高硬盘的寻址速度有着非常重要的意义。

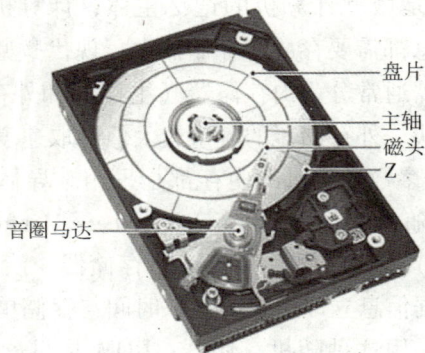

盘片
主轴
磁头
Z
音圈马达

图1-6　硬盘结构

新购买的磁盘在使用前必须进行格式化，然后才能被计算机系统识别和使用。硬盘的格式化主要包含硬盘的初始化和硬盘分区操作。初始化的目标是对一个新硬盘划分磁道和扇区，并在每个扇区的地址域上记录地址信息。初始化工作一般由硬盘生产厂家在硬盘出厂前完成。初始化后的硬盘仍不能直接被系统识别使用，用户要对其进行分区操作，分区即把硬盘划分成若干个相对独立的逻辑存储空间，并将主引导程序和分区信息表写到硬盘的第一个扇区上。只有分区后的硬盘才能被计算机系统识别，操作系统通过分区后的固定标识符来访问硬盘资源。

②光盘：光盘存储器是一种采用光存储介质的信息存储设备，它通过在介质材料上聚焦光束来记录高密度信息资源的方式存储二进制代码，主要由光盘、光盘驱动器和光盘控制器等元件组成（图1-7）。光盘的主要特点是存储容量大、可靠性高、价格便宜、数据可长期保存。光盘按照其可读写的特点分为只读型光盘和可擦写型光盘。只读型光盘只能读出数据而不能写入任何内容，其中所存储的信息是由厂家一次性写入的，用户也可以通过刻录光驱把自己的文件数据刻录到只读型光盘上。可擦写型光盘是一种可以多次写入、多次读出的可重复擦写的光盘存储系统，主要使用 CD - RW 刻录机来

完成其读写操作，实现数据信息的存储。目前常用的单面单层 DVD – ROM 容量为 4.7G，而最新的蓝光 DVD 单碟容量为 27G，所以光盘存储器有着非常广泛的应用空间。

图 1 – 7　光盘

③移动存储器：移动存储器是以硬盘作为存储介质，能够与计算机系统进行大量数据交换的存储设备。常见的移动存储器有移动硬盘、U 盘（图 1 – 8）、存储卡等。移动硬盘容量较大，传输速率高，与计算机主机采用 USB 和 IEEE – 1394 等接口进行数据传输，能够满足用户携带大量数据的需求。U 盘是一种小型的便携式移动存储设备，可以用来存储照片、文档、视频等数据信息。U 盘不需要使用驱动器，无须外接电源，体积小、重量轻，并且支持即插即用功能，非常适合资料的共享操作，目前使用非常广泛。存储卡是目前手机和数码相机上常用的扩充存储设备，常见的存储卡有 CF（Compact Flash）卡，SM（Smart Media）卡，SD（Secure Digital Memory Card）卡等，存储卡的种类型号繁多，用户可以根据自己的实际情况进行选择。

图 1 – 8　U 盘存储器

（4）输入设备　输入设备是计算机外设的重要部分，是用户与计算机系统进行人机交互的主要装置，通过输入设备，操作人员把数据、文档、命令以及各种多媒体信息转换成计算机可以识别的二进制代码，供计算机进行分析和处理。常见的输入设备有键盘、鼠标、扫描仪、触摸屏、语音输入和手写输入等。

1）键盘：键盘是计算机中最基本的输入设备，广泛应用于微型计算机系统和各种终端设备上，如图 1 – 9 所示。用户通过键盘向计算机输入各种操作命令，指挥计算机按照用户的思想和意图开展工作，是人机对话过程中重要的操作工具。目前常用的键盘有 101 键盘、104 键盘和 107 键盘等不同型号，基本上都包括数字键、字母键、符号键、功能键和控制键等操作功能区域。

功能键区　　　　　　　　　　状态指示灯

主键盘区　　　　　　编辑键区　　辅助键区

图 1 - 9　键盘

2）鼠标：鼠标又称为鼠标器，是一种手持式控制屏幕光标移动的相对定位设备，它不受平面空间移动范围的限制，也是目前微型计算机系统中常用的输入设备之一。在计算机操作系统的统一管理下，用户通过鼠标向计算机发出指令，完成各种基本操作。

目前微型计算机常用的鼠标有机械式鼠标和光电式鼠标两种，如图 1 - 10、图 1 - 11 所示。机械式鼠标底座有一个滚动的圆球，当鼠标在平面空间上移动时，圆球与不同方向的电位器接触，通过获得不同方向上的相对位移量来控制屏幕上光标的移动；光电式鼠标则通过底部装有的红外线发射和接收装置，将发出的光信号经反射板转换成移位信号，使屏幕上的光标随之移动。

图 1 - 10　机械鼠标　　　　　　　　　图 1 - 11　光电鼠标

3）扫描仪：扫描仪是利用数字处理技术和光电技术，通过扫描方式将各种图形或图像信息转换为计算机可以编辑、存储、分析和处理的数字化输入设备，如图 1 - 12 所示。现在扫描仪可以处理的对象非常丰富，各种照片、图纸、软片资料、文本文档等都可以作为扫描对象。扫描仪的基本工作步骤是：首先将要扫描的对象放置在扫描仪的玻璃板上，然后启动扫描仪驱动程序，安装在扫描仪内部的可移动光源开始扫描原始对象。扫描仪光源为长条形，分别沿 Y 方向和 X 方向扫过整个对象，将得到的 RGB（Red Green Blue）光带分别反射到各自的 CCD（Charge - coupled Device）上，然后 CCD 将 RGB 光带转变为模拟信号，此信号又被转换为计算机能够处理的二进制信号，通过串

口发送到计算机上，完成整个扫描过程。

图 1 – 12　扫描仪

4）触摸屏：触摸屏是一种可接收各种接触信息的感应式液晶输入设备，是目前最直接、最简单的一种人机交互方式。当用户接触到屏幕上的图形按钮时，屏幕上的触觉反馈系统会根据预先编制好的驱动程序联结各种设备。触摸屏可以安装在任何一台显示器的外表面，一般包括触摸屏控制器和触摸屏检测装置两个部分。触摸屏是一种全新的计算机输入设备，目前已经广泛应用于通信、金融、电力等许多专业领域。

（5）输出设备　输出设备的基本功能是把计算机的各种处理结果显示出来，变成用户能识别和理解的各种形式，如数字、文本、图形、图像及语音等，供用户分析和使用。常见的输出设备有显示器、打印机、绘图仪和语音输出等。

1）显示器：显示器是微型计算机的主要输出设备。显示器主要由监视器、显示适配器和相关电子元件组成，主要用来显示各种数据、文档、图像等多媒体信息。显示器的类型可以分为电子管显示器（CRT）和液晶显示器（LCD）。其中液晶显示器是当前发展的主流，是目前普遍采用的显示器设备，如图 1 – 13 所示。

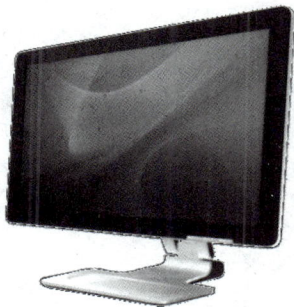

图 1 – 13　液晶显示器

显示器的性能参数主要有：

①分辨率：分辨率是衡量显示器的一个重要指标。分辨率表示显示器屏幕上最多可以显示像素的多少，像素数量越多，分辨率就越高，显示器的图像就越清晰。分辨率通常由屏幕上行、列像素数量的乘积来表示。如 1024 × 768 表示显示器的像素为 786432，其中 1024 为水平像素数值，768 为垂直像素数值。显示器常用的分辨率有 1280 × 1024、1280 × 1920 等，用户可以根据应用程序要求和自身硬件配置来自由选择显示器的分辨

率标准。

②刷新频率：刷新频率是指显示器每秒钟出现新图像的次数，单位用 Hz（赫兹）来表示。刷新频率越高，计算机显示图像的效果就越好，通常用户感觉会比较舒适。显示器的刷新频率通常人为设定在 70～75Hz，这样可以保证较好的显示效果和操作环境。

2）打印机：打印机也是微型计算机常见的输出设备，是将计算机的运算结果以特定的文字、图片、符号等形式表现在相关介质上的电子设备。打印机的种类繁多，工作原理和性能也不尽相同。下面主要介绍常见的针式打印机、喷墨打印机和激光打印机。

①针式打印机：针式打印机的打印成本较低，操作比较简单，打印时通过打印机中的钢针和色带打印在各种纸张上。针式打印机的缺点是噪声很大、打印质量不高、打印速度较慢，目前的应用领域仅仅在一些单纯使用票据打印的场所。

②喷墨打印机：喷墨打印机的打印效果要优于针式打印机，操作也更加灵活，其工作方式是将墨水通过技术手段从专业的喷嘴中喷出，从而实现"打印"操作。目前广泛应用于纸张、胶片、数码照片、光盘表面等各种介质的打印。

③激光打印机：激光打印机是激光技术和照相技术的复合产物，目前正在逐步代替喷墨打印机，为用户提供高质量、低成本的打印方式。激光打印机在光栅图像处理器的控制下，将要打印对象的位图信息转换为相应的电子脉冲信号送往激光发射装置，激光发射装置有规律地释放光束，光束被感光鼓接收，逐步形成打印对象的位图，循环上述过程，完成打印。

3）绘图仪：绘图仪的基本功能是在人们事先编制好的绘图软件支持下绘制出复杂、精确的图形，也是微型计算机系统中常见的一种图形输出设备。绘图仪的硬件一般是由驱动电机、控制电路和机械传动等部分组成。此外，绘图仪还需要配备丰富的绘图软件才能发挥其全部功效。

任务3　了解多媒体数据的存储格式

随着信息化社会发展的明显加快，计算机、通信和广播电视三个原本相互独立的领域互相渗透、互相融合形成了崭新的多媒体技术。掌握计算机常用的数值及数值之间的转换，了解文字、声音、图形、图像等多媒体数据的编码与存储，对于适应未来社会生活、学习和工作的巨大变革具有重要意义。

1.3　数据信息处理

数据处理是对数据的采集、存储、检索、加工、转换和传输。数据的形式可以是数字、字符、声音、图形或图像等。数据经过解释并赋予一定的意义之后，便成为信息。计算机可以通过输入设备接收各种形式的信息，然而在计算机内部处理的并不是输入的信息形式，而是将它们转换为计算机中的数。所以，计算机中的数是信息在计算机内部的表达方式（载体），这种表达方式是信息处理的基础，是学习和使用计算机的基本知识。

1.3.1 计算机常用的数制及编码

1. 计算机中常用的数制 由于计算机硬件是由电子元器件组成的，而电子元器件大多都有两种稳定的工作状态，可以很方便地用来表示"0"和"1"。为了电路设计的方便，计算机内部使用的是二进制计数数制，即"逢二进一"的计数制，简称二进制。

任何形式的数据，无论是数字、文字、图像、图形、声音、视频，进入计算机都必须转换成二进制形式进行存储，而人们习惯用十进制的数，因此必须对数据进行编码。计算机领域中常用的数制还有八进制及十六进制。

数制也称计数制，是指用一组固定的符号和统一的规则来表示数值的方法。在日常生活中，我们经常使用不同的数制。例如常用的十进制，使用 10 个数字符号，并按照"逢十进一"的规则进行计数；又如计时用的时、分、秒是六十进制计数的，60 秒为一分，60 分为一小时，是"逢六十进一"的六十进制。

进位计数制中有基数、数位和位权三个要素。基数是指在某种进位计数制中每个数位上所能使用的数码的个数。如十进制数基数是 10。数位是指数码在一个数中所处的位置。一个数字在数的不同位置出现代表的数值不同。对于多位数，处在某一位上的"1"所表示的数值的大小，称为该位的位权。

对于用任何一种进制表示的数 N，其值都可以按权展开为多项式之和：

$$(N)_b = (a_n a_{n-1} \cdots a_1 a_0 . a_{-1} \cdots a_{-m})_b$$

$$= a_n \times b^n + a_{n-1} \times b^{n-1} + \cdots + a_1 \times b^1 + a_0 \times b^0 + a_{-1} \times b^{-1} + \cdots + a_{-m} \times b^{-m}$$

其中 a_j 是第 j 位上的数字，每个数字所表示的值是该数字与它相应的权 b^j 的乘积，b 是基数，表示该数为 b 进制的数。

(1) 十进制 我们习惯使用的十进制数的基数是 10，由 0、1~9 十个不同的数字符号组成，进位方法是"逢十进一"。每一个符号处于十进制数中不同的位置时，它所代表的实际数值是不一样的。例如 2010 可表示为：

$$2010 = 2 \times 10^3 + 0 \times 10^2 + 1 \times 10^1 + 0 \times 10^0。$$

(2) 二进制 二进制数的数码仅采用"0"和"1"，所以基数是 2；相邻两位之间为"逢二进一"或"借一当二"的关系。它的"位权"可表示成 2^i，2 为其基数，i 为数位序号，取值法和十进制相同。任何一个二进制数都可以表示为按位权展开的多项式之和，如数 1101.1 可表示为：

$$1101.1 = 1 \times 2^3 + 1 \times 2^2 + 0 \times 2^1 + 1 \times 2^0 + 1 \times 2^{-1}。$$

二进制数只有 0 和 1 两个数码，它的算术运算规则比十进制数的运算规则简单得多。

1) 二进制数的加法运算：二进制加法规则共 4 条，即 0+0=0；0+1=1；1+0=1；1+1=0（向高位进位 1）。如将两个二进制数 1001 与 1011 相加，加法过程的竖式表示如下：

```
    1 0 0 1      被加数
 +  1 0 1 1      加数
 ─────────────
  1 0 1 0 0      和
```

2）二进制数的减法运算：二进制减法规则也是 4 条，即 $0-0=0$；$1-0=1$；$1-1=0$；$0-1=1$（向相邻的高位借 1 当 2）。如 $1010-0111=0011$。

3）二进制数的乘法：二进制乘法规则也是 4 条，即 $0\times0=0$；$0\times1=0$；$1\times0=0$；$1\times1=1$。

4）二进制数的除法：二进制除法规则是 2 条，即 $0\div1=0$；$1\div1=1$。

与十进制数相比，二进制数的基数为 2，二进制数的权值变化为 2^{n-1}，2^{n-2}，$2^{n-3}\cdots2^0$。

（3）**八进制**　八进制数用的数码共有 8 个，即 $0\sim7$，则基数是 8；相邻两位之间为"逢八进一"和"借一当八"的关系，它的"位权"可表示成 8^i。任何一个八进制数都可以表示为按位权展开的多项式之和，如八进制数 1427 可表示为：

$$1427 = 1\times8^3 + 4\times8^2 + 2\times8^1 + 7\times8^0$$

八进制数的权值变化为 8^{n-1}，8^{n-2}，$8^{n-3}\cdots8^0$。

（4）**十六进制**　十六进制数用的数码共有 16 个，除了 $0\sim9$ 外还增加了 6 个字母符号 A、B、C、D、E、F，分别对应了 10、11、12、13、14、15；其基数是 16，相邻两位之间为"逢十六进一"和"借一当十六"的关系，它的"位权"可表示成 16^i。任何一个十六进制数都可以表示为按位权展开的多项式之和，如数 3A5D6 可表示为：

$$3A5D6 = 3\times16^4 + 10\times16^3 + 5\times16^2 + 13\times16^1 + 6\times16^0$$

十六进制数的权值变化为 16^{n-1}，16^{n-2}，$16^{n-3}\cdots16^0$。

一般我们用"$()_{角标}$"表示不同进制的数。例如八进制用"$()_8$"表示，二进制数用"$()_2$"表示。有时为了方便，也可以在数字后面，加上特定字母表示该数的进制。B 表示二进制，D 表示十进制（D 可省略），O 表示八进制（为了区别 0，有时不用 O 而用字母 Q 表示），H 表示十六进制。如 10011B 表示二进制数 10011，10011H 表示十六进制数 10011。各种进制对照表如表 1-1 所示。

表 1-1　各种进制参照表

十进制数	二进制数	八进制数	十六进制数	十进制数	二进制数	八进制数	十六进制数
0	0	0	0	8	1000	10	8
1	1	1	1	9	1001	11	9
2	10	2	2	10	1010	12	A
3	11	3	3	11	1011	13	B
4	100	4	4	12	1100	14	C
5	101	5	5	13	1101	15	D
6	110	6	6	14	1110	16	E
7	111	7	7	15	1111	17	F

2. 数的编码

（1）**数的编码表示**　一般的数都有正负之分，计算机只能记忆 0 和 1。为了将数在计算机中存放和处理，就要将数的符号进行编码。基本方法是在数中增加一位符号位（一般将其安排在数的最高位之前），并用"0"表示数的正号，用"1"表示数的负号。

例如，数 + 1110011 在计算机中可存为 01110011；数 – 1110011 在计算机中可存为 11110011。

这种数值位部分不变，仅用 0 和 1 表示其符号得到的数的编码，称为原码，原来的数称为真值，编码形式称为机器数。

按上述原码的定义和编码方法，数 0 就有两种编码形式：0000……0 和 100……0。所以对于带符号的整数来说，n 位二进制原码表示的数值范围是：

$$- (2^{n-1} - 1) \sim + (2^{n-1} - 1)$$

如 8 位原码的表示范围为：$-127 \sim 127$，16 位原码的表示范围为 $-32767 \sim 32767$。

用原码做乘法，计算机的控制较为简单，两符号位单独相乘就得结果的符号位，数值部分相乘就得结果的数值。但用其做加减法就较为困难，主要难在结果符号的判定，并且实际进行的是加法操作还是减法操作，还要依据操作对象具体判定。为了简化运算操作，把加法和减法统一起来以简化运算器的设计，计算机中也用到了其他的编码形式，主要有补码和反码。

为了说明补码的原理，先介绍数学中的"同余"概念，即对于 a、b 两个数，若用一个正整数 K 去除，所得的余数相同，则称 a、b 对于模 K 是同余的（或称互补）。就是说 a 和 b 在模 K 的意义下相等，记做 a = b（MOD K）。例如，a = 13，b = 25，K = 12，用 K 去除 a 和 b 余数都是 1，记做 13 = 25（MOD12）。

实际上，在时针钟表校对时间时若顺时针方向拨 7 个小时与逆时针方向拨 5 个小时其效果是相同的，即加 7 和减 5 是一样的。就是因为在表盘上只有 12 个计数状态，即其模为 12，则 7 = -5（MOD12）。

对于计算机，其运算器的位数（字长）总是有限的，即它也有"模"的存在，可以利用"补数"实现加减法之间的相互转换。下面仅给出求补码和反码的算法和应用举例。

1）求反码的算法：对于正数，其反码和原码同形；对于负数，则将其原码的符号位保持不变，而将其他位按位求反（即将 0 换为 1，将 1 换为 0）。

2）求补码的算法：对于正数，其补码和原码同形；对于负数，先求其反码，再在最低位加"1"（称为末位加 1）。

求原码、反码和补码的计算，举例如表 1 – 2 所示（以 8 位代码为例）。若对一补码再次求补就又得到了对应的原码。

表 1 – 2   真值、原码、反码、补码对照举例

十进制数	二进制数真值	十六进制数	原码	反码	补码	说明
69	1000101	45	01000101	01000101	01000101	正整数
–92	–1011100	–5C	11011100	10100011	10100100	负整数

(2) 补码运算举例   补码运算的基本规则是 $[X]_\text{补} + [Y]_\text{补} = [X + Y]_\text{补}$，由此规律进行计算。

1）计算 18 – 13 = 5，由式 18 – 13 = 18 + (–13)，则 8 位补码计算的竖式如下：

$$00010010$$
$$+\quad 11110011$$
$$\overline{100000101}$$

最高位进位自动丢失后，结果的符号位为 0，即为正数，补码原码同形。转换为十进制数即为 +5，运算结果正确。

2）计算 25 − 36 = −11，由式 25 −36 = 25 + (−36)，则 8 位补码计算的竖式如下：

$$00011001$$
$$+\quad 11011100$$
$$\overline{11110101}$$

结果的符号位为 1，即为负数。由于负数的补码原码不同形，所以先将其再求补得到其原码 10001011，再转换为十进制数即为−11，运算结果正确。

1.3.2 数值转换

不同进制的数值都可以相互转换，下面介绍不同数制之间的转换方法。

1. 二进制数、八进制数、十六进制数转换成十进制数 将要转换的非十进制数的各位数字与它的位权相乘，其积相加（即按权展开再求和），就是其对应的十进制数。例如：

$(101101. 11)_2 = 1 \times 25 + 0 \times 24 + 1 \times 23 + 1 \times 22 + 0 \times 21 + 1 \times 20 + 1 \times 2 - 1 + 1 \times 2 - 2 = (45. 75)_{10}$

$(123. 4)_8 = 1 \times 8^2 + 2 \times 8^1 + 3 \times 8^0 + 4 \times 8^{-1} = (83. 5)_{10}$

$(5F. A)_{16} = 5 \times 16^1 + 15 \times 16^0 + 10 \times 16^{-1} = (95. 0625)_{10}$

2. 十进制数转换成二进制数、八进制数、十六进制数 将十进制数转换为其他进制数时，可将此数分成整数与小数两部分分别转换，然后再拼接起来即可。

整数部分转换：将十进制整数连续除以 2（或 8、16），并将所得余数保留下来，直到商为 0，然后用"倒数"的方式（第一次相除所得余数为最低位，最后一次相除所得余数为最高位），将各次相除所得余数组合起来即为所要求的结果。

小数部分转换：将十进制小数乘以 2（或 8、16），并将每次相乘后所得的整数保留下来，直到小数部分为 0 或已满足精确度要求为止，然后将每次相乘所得的整数部分按先后顺序（第一次相乘所得整数部分为最高值，最后一次相乘所得的整数部分为最低值）组合起来。

（1）如把 19. 375 转换为二进制数可以用以下方法

整数部分	商		余数		小数部分	取整数
$19 \div 2 = 9$		………	1	↑	$0. 375 \times 2 = 0. 75$ ………	0
$9 \div 2 = 4$		………	1		$0. 75 \times 2 = 1. 5$ ………	1
$4 \div 2 = 2$		………	0		$0. 5 \times 2 = 1. 0$ ………	1
$2 \div 2 = 1$		………	0			↓
$1 \div 2 = 0$		………	1			

十进制数 $(19. 375)_{10} = (10011. 011)_2$

（2）如把 327.6 转换为八进制数，小数部分精确到三位

整数部分	商	余数		小数部分	取整数
$325 \div 8 = 40$	………	7 ↑		$0.6 \times 8 = 4.8$ ……	4
$40 \div 8 = 5$	………	0		$0.8 \times 8 = 6.4$ ……	6
$5 \div 8 = 0$	………	5		$0.4 \times 8 = 3.2$ ……	3 ↓

十进制数 $(325.6)_{10} = (507.463)_8$

（3）如把 1021.7 转换为十六进制数，小数部分精确到四位

整数部分	商	余数		小数部分	取整数
$1021 \div 16 = 63$	……	13（D）↑		$0.7 \times 16 = 11.2$ ……	11（B）
$63 \div 16 = 3$	……	15（F）		$0.2 \times 16 = 3.2$ ……	3
$3 \div 16 = 2$	……	3		$0.2 \times 16 = 3.2$ ……	3
				$0.2 \times 16 = 3.2$ ……	3 ↓

十进制数 $(1021.7)_{10} = (3FD.B333)_{16}$

3. 二进制数与八进制数、十六进制数之间的转换

（1）**二进制数转换为八进制数和十六进制数**　因为 $2^3 = 8$ 且 $2^4 = 16$，所以 3 位二进制数对应一位八进制数，4 位二进制数对应一位十六进制数。将二进制数转换为八进制数和十六进制数的方法很简单，以二进制的小数点为界，整数部分从右到左每 3 位（或 4 位）组成一组，小数部分从左到右每 3 位（或 4 位）组成一组，最后不足 3 位（或 4 位）时，用 0 来补足，然后将每 3 位（或 4 位）二进制数用一个八进制数或十六进制数来表示即可转换为八进制数或十六进制数。

例如：

把二进制数 11010110001.1010101 转换成八进制数。

　　　011　010　110　001　.　101　010　100
　　　　3　　2　　6　　1　.　　5　　2　　4

二进制数 $(11010110001.1010101)_2 = (3261.524)_8$

把二进制数 10111010010011.110101 转换成十六进制数。

　　0010　1110　1001　0011　.　1101　0100
　　　2　　14　　9　　3　.　　11　　4

二进制数 $(10111010010011.110101)_2 = (2E93.B4)_{16}$

（2）**八进制数和十六进制数转换为二进制数**　将八进制或十六进制转换为二进制的方法是，以小数点为界，整数部分从右至左，小数部分从左至右，然后将每一位八进制数用 3 位二进制数表示，每一位十六进制数用 4 位二进制数表示即可得到对应的二进制数。

例如：

把八进制数 310.26 转换成二进制数。

　　3　　1　　0　.　2　　6
　011　001　000　.　010　110

八进制数 $(310.26)_8 = (11001000.010110)_2$。

把十六进制数 4C3F.9BD 转换成二进制数。

  4 C 3 F . 9 B D

 0100 1100 0011 1111 . 1001 1011 1101

十六进制数 $(4C3F.9BD)_{16} = (100110000111111.100110111101)_2$

1.3.3 字符编码

计算机中，对非数值的文字和其他符号进行处理时，要对文字和符号进行数字化处理，即用二进制编码来表示文字和符号。字符编码是用二进制编码来表示字母。

1. 数字编码   数字编码是二进制数码按照某种规律来描述十进制数的一种编码。最简单最常用的是 8421 码，或称 BCD 码（Binary – Code – Decimal）。它利用四位二进制代码进行编码，这四位二进制代码，从高位至低位的位权分别为 2^3、2^2、2^1、2^0，即 8、4、2、1。并用来表示一位十进制数。下面列出十进制数符与 8421 码的对应关系。

十进制数 0 1 2 3 4 5 6 7 8 9

8421 码 0000 0001 0010 0011 0100 0101 0110 0111 1000 1001

如 $(52)_2 = (01010010)$ BCD（1001 0100 1000 0101）BCD $= (9485)_{10}$

2. ASCII 码   ASCII 是美国标准信息交换码，被国际标准化组织规定为国际标准，是微型计算机普遍采用的一种编码方式。国际通用的 ASCII 码是 7 位码，它是用 7 位二进制数表示一个字符的编码，共有 $2^7 \sim 128$ 个不同的编码值，可以表示 128 个不同字符的编码。ASCII 字符编码表如表 1 – 3 所示。

表 1 – 3   ASCII 字符编码表

$d_6 d_5 d_4$ $d_3 d_2 d_1 d_0$	000	001	010	011	100	101	110	111
0000	NUL	DEL	SP	0	@	P	、	p
0001	SOH	DCL	!	1	A	Q	a	q
0010	STX	DC2	"	2	B	R	b	r
0011	EXT	DC3	#	3	C	S	c	s
0100	EOT	DC4	$	4	D	T	d	t
0101	ENQ	NAK	%	5	E	U	e	u
0110	ACK	SYN	&	6	F	V	f	v
0111	BEL	ETB	,	7	G	W	g	w
1000	BS	CAN	(	8	H	X	h	x
1001	HT	EM	)	9	I	Y	i	y
1010	LF	SUB	*	:	J	Z	j	z
1011	VT	ESC	+	;	K	[	k	|
1100	FF	FS	.	<	L	\	l	l

续表

d_6 d_5 d_4 d_3 d_2 d_1 d_0	000	001	010	011	100	101	110	111
1101	CR	GS	–	=	M	]	m	}
1110	SO	RS	。	>	N	↑	n	~
1111	SI	US	/	?	O	↓	o	DEL

注：NUL：空白；VT：垂直制表；SYN：空转同步；SOH：标题开始；FF：走纸控制；ETB：信息组传送结束；STX：正文开始；CR：回车；CAN：作废；ETX：正文结束；SO：移位输出；EM：纸尽；EOY：传输结束；SI：移位输入；UB：换置；ENQ：询问字符；DLE：空格；ESC：换码；CK：承认；DC1：设备控制1；FS：文字分隔符；BEL：报警；DC2：设备控制2；GS：组分隔符；BS：退一格；DC3：设备控制3；RS：记录分隔符；HT：横向列表；DC4：设备控制4；US：单元分隔符；LF：换行；NAK：否定；DEL：删除。

ASCII 码在初期主要用于远距离的有线或无线电通信中，为了及时发现在传输过程中因电磁干扰引起的代码出错，设计了各种校验方法，其中奇偶校验是采用最多的一种，即在 7 位 ASCII 代码之前再增加一位用做校验位，形成 8 位编码。

ASCII 码的具有以下规律：

（1）常见字符在 ASCII 码表中的先后顺序按照 ASCII 码值由大到小排列如下：

空串— > 空格— > 0 ~ 9— > A ~ Z— > a ~ z

（2）大写字母的 ASCII 码值比小写字母的 ASCII 码值小 32。字符 A 的 ASCII 码值为 65，字符 a 的 ASCII 值为 97。

（3）分别位于 0 ~ 9、A ~ Z、a ~ z 之间的字符，其 ASCII 码值有连续性。

3. 汉字编码　在我国，由于大多数用户都是把计算机用做中文信息处理的工具，因此首先遇到的问题是如何有效地把汉字输入到计算机内。

由于汉字属于图形符号，结构复杂，多音字和多义字比例较大，数量太多。这些导致汉字编码处理和西文有很大的区别，在键盘上难于表现，输入和处理都难得多。一个完整的汉字系统必须具备汉字的输入、存储、显示、打印等功能。为了实现这些功能汉字必须有不同的表示方法，所以每一个汉字都有相应的编码，即输入码、内码、汉字字形码和字形输出码等，通过这些编码完成汉字的输入、存储和输出。

（1）**输入码**　输入码（也称外码）是指用户从键盘上输入的代表汉字的编码。不同的输入方法，其输入的编码方案也不同。目前输入码有区位码、并音码（搜狗拼音）、字形码（如五笔字型编码）及音形混合码等。输入码由键盘管理程序转换为机内码，以便保存、显示和打印。

（2）**内码**　内码（也称机内码）是计算机系统内部存储、处理加工和传输汉字时所用的代码，通过内码可以达到通用和高效率传输文本的目的。比如 MS Word 中所存储和调用的就是内码而非图形文字。计算机在存储汉字时，每一个汉字用两个字节的二进制数来表示。

（3）**输出码**　由于汉字的数量很多，每个字的笔画、形状也各不相同，因此汉字系统在输出时一般采用点阵来表示汉字。一个汉字点阵的字形信息称为该字的字模。如

图 1-14 所示是一个 24×24 点阵，在点阵中用"1"表示黑点，"0"表示白点，黑白信息就可以用二进制数来表示。每一个点用一位二进制数来表示，一个 24×24 的点阵要用 72 个字节来存储。

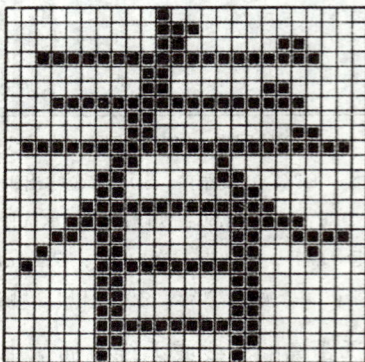

图 1-14　汉字点阵示意图

存放在存储器中的常用汉字和符号的字模集合称为汉字字模库，简称汉字库。汉字字形码是指存放在字库中的汉字字形点阵码。一般来说，使用的点阵越大，显示的汉字字形越美观，质量越高，但所需要的存储量越大。因此，汉字库容量的大小取决于字模点阵的大小。常用的汉字库有 16×16 点阵汉字库、24×24 点阵汉字库、32×32 点阵汉字库、64×64 点阵汉字库等。

1.3.4　声音编码

在多媒体系统中，语音和音乐是不可缺少的。自然界中的声音非常复杂，波形极其复杂，通常我们采用的是脉冲代码调制编码，即 PCM 编码。PCM 通过抽样、量化、编码三个步骤将连续变化的模拟信号转换为数字编码。

1. 声音　当运动使空气发生振动时就产生了声音。声音可以用声波来表示，声波是一条随时间连续变化的曲线。

声波有两个基本参数：频率和振幅。

频率 f 是指声音信号每秒钟变化的次数，以赫兹（Hz）为单位。比如人说话的声音频率为 300~3000Hz，频率越高则音调越高。

振幅是波形最高点或最低点与时间轴之间的距离，它反映了声音信号的强弱程度。为了表示方便，一般用分贝（dB）来表示声音的振幅，它是声音信号取对数运算后得到的值。

音频信号依据其覆盖的带宽分为电话、调幅广播、调频广播和宽带音频四种质量的声音。一般来说，覆盖频率越高的声音质量越好。对于通常的语音信号，电话或调幅广播的质量已经基本满足要求；而对于音乐则要求用调频广播或宽带音频质量。

2. 音频信号的采样与量化　对声音进行采样和量化是多媒体计算机获得声音最直接和最简便的方式。把模拟的声音信号变为数字信号的过程称为声音的数字化，它是通过对声音信号采样、量化和编码来实现的，如图 1-15 所示。

模拟信号 → 采样器 → 样本信号 → 量化编码 → 数字化音频信号
↑
采样信号

图 1-15 声音信号的数字化过程

(1) 采样 为了进行声音信号的转换，就必须以固定的时间间隔对当前的声音波形幅度进行测量，这个过程称为采样。采样频率越高声音失真越小，而数字化音频的数据量也就越大，应根据需要选择适当的采样频率。

(2) 量化 量化就是把采样得到的值加以数字化，即用二进制数来表示。量化时采用的二进制的位数称为量化精度。增加量化精度同样也会增加数字音频的数据量。

(3) 声道数 反映数字化音频质量的另一个因素是声道个数。所谓单声道，就是每一次生成一个声波数据。若同时生成两个声波数据，则称为立体声或双声道。立体声更能反映人的听觉感受，人通过两个耳朵听声音，从而可以判断声源的方向和位置。立体声反映了这种听觉特性，现场真实感强，在多媒体创作中也得到越来越广泛的应用，但立体声数字化以后其数据量是单声道的二倍。

3. 音频编码与标准 数字音频信号的数据量是很大的，未经压缩的数字化音频的数据量可由下列公式计算：

$$S = R \times D \times (r/8) \times C$$

其中：R 为采样频率，以 Hz 为单位。D 为录音时间，以秒为单位。r 为量化精度。S 为数字音频的数据量，单位为字节数。

例如，CD 唱片的采样频率为 44.1kHz，量化精度为 16 位，双声道，那么 1 分钟的数据量 S 为：

$$S = 44100 \times 60 \times (16/8) \times 2 = 10584 （字节）$$

由此看来，音频数字化后，占用了很大的存储空间，所以有必要对他们进行压缩。从语音压缩方法上讲，压缩编码可以分为波形编码、参数编码和混合编码。下面介绍几种常见的编码技术。

(1) PCM PCM 脉冲编码调制是 Pulse Code Modulation 的缩写。PCM 编码的最大的优点就是音质好，最大的缺点就是体积大。常见的 Audio CD 就采用了 PCM 编码，一张光盘的容量只能容纳 72 分钟的音乐信息。

(2) WAV WAV 是 Microsoft Windows 本身提供的音频格式，由于 Windows 本身的影响力，这个格式已经成为事实上的通用音频格式。通常我们使用 WAV 格式都是用来保存一些没有压缩的音频。但实际上 WAV 格式的设计是非常灵活的，该格式本身与任何媒体数据都不冲突，换句话说，只要有软件支持，用户甚至可以在 WAV 格式里面存放图像。

虽然 WAV 文件可以存放压缩音频甚至 MP3，但由于它本身的结构决定了它的用途是存放音频数据并用做进一步的处理，而不是像 MP3 那样用于聆听。目前所有的音频播放软件和编辑软件都支持这一格式，并将该格式作为默认文件保存格式之一。这些软件包括：Sound Forge、Cool Edit Pro 等。

（3）MP3　MP3 的全称是 MPEG（Moving Picture Experts Group）Audio Layer－3，刚出现时它的编码技术并不完善，更像是一个编码标准框架，留待人们去完善。MP3 是第一个实用的有损音频压缩编码。在 MP3 出现之前，一般的音频编码即使以有损方式进行压缩，能达到 4:1 的压缩比例已经非常不错了。但是，MP3 可以实现 12:1 的压缩比例，这使得 MP3 迅速流行起来。MP3 之所以能够达到如此高的压缩比例同时又能保持相当不错的音质是因为利用了知觉音频编码技术，也就是利用了人耳的特性，削减音乐中人耳听不到的成分，同时尝试尽可能地维持原来的声音质量。由于 MP3 是世界上第一个有损压缩的编码方案，所以可以说所有的播放软件和音频编辑工具都支持它。

（4）MIDI　MIDI 技术本来不是为了计算机发明的。该技术最初应用在电子乐器上，用来记录乐手的弹奏，以便以后重播。不过随着在计算机中引入了支持 MIDI 合成的声音卡之后 MIDI 才正式成为一种音频格式。MIDI 规定了电子乐器与计算机进行连接的电缆与硬件方面的标准，以及电子乐器之间、电子乐器与计算机之间传送数据的通信接口，用以保证各种乐器设备之间的数据、控制命令的信号传送。

随着网络的快速发展，出现了 RA 格式、APE 格式等压缩编码技术，各种各样的音频编码都有其技术特征及不同场合的适用性。

1.3.5　图形和图像编码

数字图像技术作为多媒体技术的重要组成部分，已经深入到社会生活的各个方面。它给计算机增添了更加丰富、形象的表现力，也给人们提供了更方便有效的图像处理手段。图像编码主要利用图像信号的统计特性以及人类视觉的生理学、心理学特性，对图像信号进行高效编码，即研究数据压缩技术，目的是在保证图像质量的前提下压缩数据，便于存储和传输，以解决数据量大的矛盾。一般来说，图像编码的目的有 3 个：①减少数据存储量。②降低数据率以减少传输带宽。③压缩信息量，便于特征提取，为后续识别做准备。经典的编码技术有：熵编码、预测编码、变换编码、混合编码等。第二代编码技术有：分型编码、小波变换编码等。作为普通的计算机用户，只需要了解一些图形图像的基础知识。

1. 图像的种类　计算机图像分为两大类：位图图像和矢量图形。

（1）位图图像　位图图像也叫作栅格图像，Photoshop 及其他的绘图软件一般都使用位图图像。位图图像由像素组成，每个像素都被分配一个特定位置和颜色值。在处理位图图像时，用户编辑的是像素而不是对象或形状，即编辑的是每一个点，每一个栅格代表一个像素点，而每一个像素点，只能显示一种颜色。位图图像具有以下特点：

文件所占的存储空间大，对于高分辨率的彩色图像，用位图存储所需的储存空间较大，像素之间独立，所以占用的硬盘空间、内存和显存比矢量图都大；位图放大到一定倍数后，会产生锯齿。由于位图是由最小的色彩单位"像素点"组成的，所以位图的清晰度与像素点的多少有关；位图图像在表现色彩，色调方面的效果比矢量图更加优越，尤其在表现图像的阴影和色彩的细微变化方面效果更佳。

（2）**矢量图** 矢量图也称为面向对象的图像或绘图图像，是计算机图形学中用点、直线或者多边形等基于数学方程的几何图元表示图像。矢量图形最大的优点是无论放大、缩小或旋转等不会失真；最大的缺点是难以表现色彩层次丰富的逼真图像效果。

矢量图以几何图形居多，图形可以无限放大，不变色、不模糊。常用于图案、标志、VI、文字等设计。

2. 图像的大小和分辨率

（1）**像素尺寸** 像素是图像的基本组成单位，像素尺寸即位图图像高度和宽度的像素数目。图像的文件大小与像素尺寸成正比。

（2）**屏幕显示的大小** 图像在屏幕上显示的大小取决于图像的像素尺寸、显示缩放比例、显示器尺寸及显示器分辨率设置等因素。

（3）**图像分辨率** 图像分辨率指图像中存储的信息量，是每英寸图像内有多少个像素点，分辨率的单位为 PPI（Pixels Per Inch），通常称为像素每英寸。相同尺寸的图像，分辨率越高，单位长度上的像素数越多，图像越清晰，反之图像越粗糙。

3. 图像文件的格式 图象格式即图像文件存储的格式，目前流行的图像文件存储格式有以下几种：

（1）**BMP** BMP（Windows 标准位图）是最普遍的点阵图格式之一，也是 Windows 系统下的标准格式，是将 Windows 下显示的点阵图以无损形式保存的文件，其优点是不会降低图片的质量，但文件大小比较大。

（2）**TIFF** TIFF（标记图像文件格式）用于在应用程序之间和计算机平台之间交换文件。TIFF 是一种灵活的位图图像格式，实际上被所有绘画、图像编辑和页面排版应用程序所支持。而且几乎所有的桌面扫描仪都可以生成 TIFF 图像。TIFF 格式的好处是大多数图像处理软件都支持这种格式，并且 TIFF 格式还可以加入作者、版权、备注及用户自定义信息，存放多幅图片。

（3）**JPG/JPEG** JPG/JPEG 格式最适合于使用真彩色或平滑过渡式的照片和图片。该格式使用有损压缩来减少图像文件的大小，因此用户将看到随着文件的减小，图片的质量也降低了，当图片转换成 JPG 文件时，图像中的透明区域将转化为纯色。

（4）**PNG** PNG 格式适合于任何类型、任何颜色深度的图片。也可以用 PNG 来保存带调色板的图片。该格式使用无损压缩来减少图片的大小，同时保留图片中的透明区域，所以文件也略大。尽管该格式适用于所有的图片，但有的 Web 浏览器并不支持它。

（5）**GIF** GIF（图形交换格式）最适合用于线条图的剪贴画以及使用大块纯色的图片。该格式使用无损压缩来减少图片的大小，当用户要保存图片为 GIF 格式时，可以自行决定是否保存透明区域或者转换为纯色。同时，通过多幅图片的转换，GIF 格式还可以保存动画文件。但要注意的是，GIF 最多只能支持 256 色。

目前，网页上较普遍使用的图片格式为 GIF 和 JPG（JPEG），因它们在网上的装载速度很快。所有较新的图像软件都支持 GIF、JPG 格式，要创建一张 GIF 或 JPG 图片，只需将图像软件中的图片保存为这两种格式即可。

实　　验

请按以下步骤进行操作：

1. 启动计算机

（1）查看计算机的连接状态，在连接完好的情况下查看计算机处于怎样的状态。

（2）若处于关机状态，打开电源，按下主机箱上的 POWER 按钮，打开计算机。

2. 键盘操作

（1）查看键盘的几个功能区，确定正确的打字姿势，熟悉基本键盘操作。

（2）选择操作系统中的输入法进行指法的训练。

（3）键盘上各键的使用。

3. 鼠标操作

（1）查看鼠标左、右按钮的基本功能。

（2）熟悉鼠标左、右按钮的使用方式，使用鼠标对操作系统中的对象进行单击、双击、拖拽、右击等基本操作。

4. 查看常见的输入、输出设备

（1）查看常见的输入设备，如键盘、鼠标、扫描仪等物理设备。

（2）查看常见的输出设备，如显示器、打印机等设备。

习　　题

一、选择题

1. 计算机系统中的主要核心部件是_____。

　A. 硬盘　　　　　B. CPU　　　　　C. 内存　　　　　D. 显示器

2. 计算机内存分为 RAM 和 ROM，其中 ROM 存储的内容断电后_____丢失。

　A. 完全　　　　　B. 部分　　　　　C. 有时　　　　　D. 不会

3. 计算机所具有的存储程序和程序原理是_____提出的。

　A. 图灵　　　　　B. 布尔　　　　　C. 冯·诺依曼　　　D. 爱因斯坦

4. 下列设备中只能作为输入设备的是_____。

　A. 磁盘驱动器　　B. 鼠标器　　　　C. 存储器　　　　D. 显示器

5. 操作系统是一种典型的_____软件。

　A. 实用　　　　　B. 应用　　　　　C. 编辑　　　　　D. 系统

6. 一个完整的计算机系统应包括_____。

　A. 主机、键盘、显示器　　　　B. 计算机及其外部设备

　C. 系统软件和应用软件　　　　D. 硬件系统与软件系统

7. 下列软件程序属于系统软件的是_____。

　A. Word　　　　　B. Windows　　　　C. Excel　　　　　D. WPS

8. CPU 处理的数据基本单位为字节，一个字节长度_____。

    A. 与 CPU 芯片型号有关   B. 为 8 位二进制位

    C. 为 16 位二进制位   D. 为 32 位二进制位

9. 下列存储器中，存取速度最快的是_____。

    A. U 盘   B. 硬盘   C. 光盘   D. 内存

10. 计算机的图像分为_____。

    A. 位图图像和矢量图形   B. 有失真图像和无失真图像

    C. 数字图像和模拟图像   D. 压缩图像和未压缩图像

二、填空题

1. 人们按照计算机硬件所使用的电子元器件的不同，将计算机分为四个发展阶段，每个阶段采用的电子元器件分别是_____、_____、_____和_____。

2. 计算机软件分为_____、_____两类。

3. 计算机能够直接执行的计算机语言是_____。

4. 计算机内进行算术与逻辑运算的功能部件是_____。

5. 十进制数 456 转换为二进制、八进制、十六进制数分别是_____、_____、_____。

2 Windows 操作系统

操作系统（Operating System，OS）是一种管理计算机硬件与软件资源的程序，同时也是计算机系统的内核与基石。操作系统是一个庞大的管理控制程序，大致包括 5 个方面的管理功能：进程与处理机管理、作业管理、存储管理、设备管理、文件管理。目前计算机上普遍采用 Windows 操作系统。

任务 1 掌握操作系统的基本功能

计算机发展到今天，从微型机到高性能计算机，无一例外都配置了一种或多种操作系统。操作系统已经成为现代计算机系统不可分割的重要组成部分，用户在使用计算机之前必须学会使用所安装的操作系统，并熟悉和掌握操作系统的基本功能。

2.1 操作系统基础

操作系统是最重要的系统软件。无论计算机技术如何纷繁多变，为计算机系统提供基础支撑始终是操作系统永恒的主题。从家庭常用的个人计算机到科学研究使用的功能强大的巨型计算机，每台计算机都配有各自的操作系统，可以说操作系统已成为现代计算机系统不可分割的重要组成部分。

2.1.1 操作系统概述

操作系统是管理计算机硬件和软件资源的程序，它为应用程序提供基础，并且充当硬件和用户的接口，如图 2 - 1 所示。操作系统使系统资源能够更加高效地被使用，当资源出现冲突时，操作系统能够及时处理、排除冲突。此外，操作系统还要使用户更方便地使用计算机。

操作系统从形成至今已有 50 多年的历史。从 20 世纪 50 年代中期形成，它经过 60 年代、70 年代的大发展时期，到 80 年代已经趋于成熟。但随着超大规模集成电路和计算机体系结构的发展，它也仍在继续发展。由此而先后形成了微型计算机操作系统、网络操作系统和分布式操作系统。

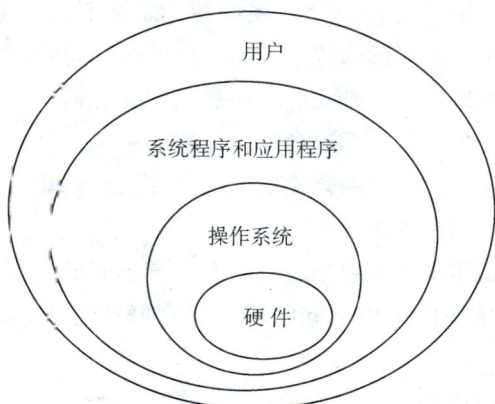

图 2 – 1　计算机系统组成部分的逻辑图

2.1.2　操作系统分类

经过了多年的迅速发展，操作系统种类繁多，功能也相差很大，已经能够适应各种应用和各种硬件配置。操作系统有各种分类标准：①按与用户对话的界面分类，可分为命令行界面操作系统（如 MS – DOS、Novell 等）和图形用户界面操作系统（如 Windows 等）。②以系统的功能为标准分类，可分为 3 种基本类型，即批处理系统、分时操作系统、实时操作系统。随着计算机体系结构的发展，又出现了许多操作系统，常见的有个人计算机操作系统、网络操作系统和智能手机操作系统。

下面简要介绍批处理系统、分时操作系统、实时操作系统、分布式操作系统、网络操作系统和手持操作系统。

1. 批处理系统　批处理操作系统的工作方式是用户将作业交给系统操作员，系统操作员将许多用户的作业组成一批作业，之后输入到计算机中，在系统中形成一个自动转接的连续的作业流，然后启动操作系统，系统自动、依次执行每个作业。最后由操作员将作业结果交给用户。

早期单道批处理操作系统中，内存中仅有一道作业。这使系统中仍有较多的空闲资源，致使系统的性能较差。为了进一步提高资源的利用率和系统吞吐量，在 20 世纪 60 年代中期又引入了多道程序设计技术。由此形成了多道批处理操作系统。

在多道批处理系统中，用户所提交的作业都先存放在外存上并排成一个队列，该队列被称为"后备队列"。然后，由作业调度程序按一定的算法从后备队列中选择若干个作业调入内存，使它们共享 CPU 和系统中的各种资源，以达到提高资源的利用率和系统吞吐量的目的。

和单道批处理操作系统相比，多道批处理系统具有资源利用率高，系统吞吐量大，可提高内存和 I/O 设备利用率的特点，但是仍存在平均周转时间长、无交互能力的缺点。

2. 分时操作系统　分时操作系统的工作方式是一台主机连接了若干个终端，每个终端有一个用户在使用。用户交互式地向系统提出命令请求，系统接受每个用户的命令，同时利用计算机的处理速度远远快于人的反应速度的特点，人为地将机器时间划分为若干个时间片，采用时间片轮转方式处理服务请求，并通过交互方式在终端上向用户显示结果，用户根据上步结果发出下道命令。对用户来说，并没感觉到机器时间片的存在，每个用户都认为自己独占了一台机器。适合办公自动化、教学及事务处理等要求人机会话的场合。

分时系统与多道批处理操作系统相比，具有完全不同的特征：

（1）多路性 允许在一台主机上同时联接多台联机终端，系统按分时原则为每个用户服务。

（2）独立性 每个用户各占一个终端，彼此独立操作，互不干扰。

（3）及时性 用户的请求能在很短时间内获得响应。

（4）交互性 用户可通过终端与系统进行广泛的人机对话。

3. 实时操作系统 实时操作系统是指使计算机能及时响应外部事件的请求，并在规定的严格时间内完成对该事件的处理，并控制所有实时设备和实时任务协调一致地工作的操作系统。资源的分配和调度首先要考虑的是实时性，然后才是效率。此外，实时操作系统应有较强的容错能力。

实时操作系统通常用于控制特定应用的设备，如科学实验、医学成像系统、工业控制系统等。

批处理操作系统、分时操作系统和实时操作系统只是三种基本操作系统类型。一种实际的操作系统，往往可能兼有三者或其中两者的功能。

4. 分布式操作系统 分布式操作系统是为分布式计算系统配置的操作系统。它在资源管理、通信控制和操作系统的结构等方面都与其他操作系统有较大的区别。由于分布计算机系统的资源分布于系统的不同计算机上，操作系统对用户的资源需求不能像一般的操作系统那样等待有资源时直接分配的简单做法，而是要在系统的各台计算机上搜索，找到所需资源后才可进行分配。对于有些资源，如具有多个副本的文件，还必须考虑一致性。为了保证一致性，操作系统须控制文件的读、写操作，使得多个用户可同时读一个文件，而任一时刻最多只能有一个用户在修改文件。分布操作系统的通信功能类似于网络操作系统。分布操作系统的结构也不同于其他操作系统，它分布于系统的各台计算机上，能并行地处理用户的各种需求，有较强的容错能力。

5. 网络操作系统 网络操作系统是为计算机网络配置的操作系统，它负责网络管理、通信、安全、资源共享和各种网络应用。其目标是相互通信及资源共享。在其支持下，网络中的各台计算机能互相通信和共享资源。其主要特点是与网络的硬件相结合来完成网络的通信任务。

常用的网络操作系统有 NetWare 和 Windows NT。

6. 手持操作系统 手持操作系统是用于手持设备的操作系统，如 PDA 和手机。绝大多数手持设备内存少，处理速度慢，且屏幕小。因此，这类操作系统必须有效地管理内存，并且操作系统要尽量减轻处理器的负担，否则会导致频繁充电。

应用在手机上的操作系统主要有 IOS、Android、Symbian、Linux 和微软新推出的 Windows8。

2.1.3 操作系统功能

操作系统的主要功能是资源管理、程序控制和人机交互等。从资源管理观点看，操作系统具有四大功能：处理机管理、存储器管理、设备管理、文件管理。

1. 处理机管理 处理机管理的主要任务是对处理机的分配和运行实施有效管理。对处理机管理，可归结为对进程的管理。

进程是运行中的程序，是系统进行资源分配和调度运行的基本单位。从软件结构的构造角度讲，进程是由"程序 + 数据 + 进程控制块"构成的。进程是可以并发执行的，它不同于程序。一个程序本身只是一个静态实体，是一组有序指令的集合，并存放在某种介质上。而一个进程是动态实体，它有一个程序计数器来表示下一个要执行的指令和相关的资源集合。"它由创建而产生、由调度而执行、因得不到资源而暂停执行以及由撤销而消亡"。因此，进程有一定的生命期，通常一个程序在运行时可以产生多个进程。

在进程的运行过程中，由于系统中多个进程的并发运行及相互制约的结果，使得进程的状态不断发生变化。通常，一个进程至少可分为三种基本状态，即就绪状态、运行状态、阻塞状态。就绪状态指进程等待被分配给某个处理器，如果被调度到，就转为运行状态，如果分配的时间片用完或者有 I/O 等事件发生，则转为阻塞态，事件完成后再转为就绪态。

对进程的管理主要包含进程控制、进程同步、进程通信和进程调度。

进程控制包括创建和撤销过程，以及控制进程的状态转换。

进程同步是指系统对并发执行的进程进行协调。最基本的进程同步方式是使诸进程以互斥方式访问临界资源。此外，对于彼此相互合作、去完成共同任务的多个进程，则应由系统对它们的运行速度加以协调。

进程通信是指相互合作的进程，在运行时相互之间所进行的信息交换。

当一个正在执行的进程已经完成，或因某事件而无法继续执行时，系统应进行进程调度，重新分配处理机。进程调度是指按一定算法，从进程就绪队列中选出一个进程，把处理机分配给它，为该进程设置运行现场，并使之投入运行。进程调度中应避免发生进程死锁现象。通常，进程的调度可以按不同的算法来实现。先来先服务、短进程优先、时间片轮转、高响应比优先等都是典型的进程调度算法。

2. 存储器管理 存储器管理的主要任务是为多道程序的并发运行提供良好环境，合理有效地为进程分配内存空间，并及时回收不再使用的空间，提高存储器的利用率，以及能从逻辑上来扩充内存。通常存储器管理功能具体由内存分配机制、内存保护机制、地址映射机制和内存扩充机制来实现。

（1）内存分配 多道程序能并发执行的首要条件是，各进程都有自己的内存空间。因此，为每进程分配内存是存储器管理的最基本功能。

（2）内存保护 为保证各个进程都能在自己的内存空间运行而互不干扰，要求每个进程在执行时能随时检查对内存的所有访问是否合法。必须防止因一个进程的错误而扰乱了其他进程，尤其应防止用户进程侵犯操作系统的内存区。

（3）**地址映射**　在多道程序的系统中，操作系统必须提供把进程地址空间中的逻辑地址转换为内存空间对应的物理地址的功能。

（4）**内存扩充**　借助于虚拟存储技术，使系统能运行内存要求量远比物理内存大得多的进程，或让更多的进程并发执行。

3. 设备管理　设备管理的主要任务有：为用户程序分配 I/O 设备，完成用户程序请求的 I/O 操作，提高 CPU 和 I/O 设备的利用率，以及改善人机界面。设备管理程序的功能体现在以下几个方面。

（1）**缓冲管理**　利用缓冲来缓和 CPU 和 I/O 设备间速度不匹配的矛盾，以及提高 CPU 与设备、设备与设备间操作的并行程度，以提高 CPU 和 I/O 设备的利用率。

（2）**设备分配**　系统根据用户所请求的设备类型和所采用的分配算法对设备进行分配，并将未获得所需设备的进程放进相应设备的等待队列。

（3）**设备处理**　启动指定的 I/O 设备，完成用户规定的 I/O 操作，并对由设备发来的中断请求进行及时响应，根据中断类型进行相应的处理。

（4）**虚拟设备功能**　系统可通过某种技术使设备成为能被多个用户共享的设备，以提高设备利用率及加速程序的执行过程。

4. 文件管理　文件管理是操作系统的一个重要的功能，主要是向用户提供一个文件系统，其中包含文件和目录结构。一个文件系统需要向用户提供创建文件、撤销文件、读写文件、查找文件、打开和关闭文件等功能。有了文件系统后，用户可按文件名存取数据而无须知道这些数据存放在哪里。这种做法不仅便于用户使用而且还有利于用户共享公共数据。此外，为防止文件被非法窃取和破坏，系统还提供相应的文件保护机制。

2.1.4　常用操作系统简介

1. Microsoft Windows 操作系统　Windows 操作系统是由美国微软公司开发的窗口化操作系统。采用了 GUI 图形化操作模式，比起从前的指令操作系统（如 DOS）更为人性化。它改变以往的键盘命令模式，取而代之的是鼠标、菜单和窗口操作，使得计算机操作方法和软件开发技术都发生了根本的变化。Windows 系列操作系统是目前世界上使用最广泛的操作系统。

2. UNIX 操作系统　UNIX 操作系统由美国 AT&T 公司贝尔实验室开发，是一个强大的多用户、多任务操作系统，支持多种处理器架构。可以应用在从巨型计算机到普通 PC 机等多种不同的平台上，是应用面最广的操作系统。

3. Linux 操作系统　Linux 是一个类似于 UNIX 的产品，这个系统是由世界各地成千上万的程序员设计的。其目的是建立不受任何商品化软件版权制约的、全世界都能自由使用的 Unix 兼容产品，是自由软件和开放源代码发展中最著名的例子。

4. Mac 操作系统　Mac 系统是苹果机专用系统，是基于 Unix 内核的图形化操作系统，通常在普通 PC 上无法安装。

5. Android 操作系统　Android 是一种基于 Linux 的自由及开放源代码的操作系统，主要用于便携设备，如智能手机和平板计算机。

6. IOS 操作系统　IOS 是由苹果公司开发的手持设备操作系统。苹果公司最早于 2007 年公布这个系统，最初是设计给 iPhone 使用的，后来陆续用到 iPod touch、iPad 及 Apple TV 等苹果产品上。

任务 2　熟悉 Windows 的基本应用

Windows 是基于图形用户界面的操作系统。因其生动、形象的用户界面，十分简便的操作方法，吸引着成千上万的用户，成为如今个人计算机中使用最为广泛的操作系统。通过学习，掌握和熟悉 Windows 的基本应用，能灵活运用 Windows 操作系统对计算机硬件资源进行设置和管理，能对计算机中的文件进行有效、合理的管理。

2.2　Windows 应用

目前世界上已开发出了多种操作系统，Windows 就是其中之一。本节主要介绍 Windows 的基础知识和基本应用。

2.2.1　Windows 基础

1. Windows 的发展历史　自 1983 年 11 月 Microsoft 公司宣告 Windows 诞生以来，微软公司在 20 世纪末推出 Windows95、Windows98 并获得巨大成功之后，在近几年又陆续推出了 Windows2000、Windows Me、Windows XP 及目前最新的 Windows 7、Windows 8，用于个人计算机的操作系统。Windows 虽然只有短短 30 年历史，但因其生动、形象的用户界面，简便的操作方法，吸引着众多的用户，成为目前应用最广泛的操作系统。

尽管 Windows 家族产品繁多，但是两个产品线的用户较多，一是面向个人消费者和客户机开发的，如 Windows XP/Vista/7/8 等；二是面向服务器开发的，如 Windows Server 2003/2008/2012。自 2010 年开始，微软公司推出了新的产品线，就是为智能手机开发的 Windows Phone，最新的版本是 Windows Phone 8。

Windows 7 于 2009 年 10 月发布。Windows 7 以其美观、简单、快速、稳定和高效等特点深受消费者喜爱。

Windows 8 于 2012 年 10 月发布。Windows 8 操作系统的推出，引领着操作系统走入平板电脑、手机端等，旨在让人们的日常电脑操作更加简单和快捷，为人们提供高效易行的工作环境。这是具有革命性变化的操作系统，微软公司自称从此触摸革命将开始。

2. 桌面　"桌面"是在安装好 Windows 后，用户启动计算机登录到 Windows 系统后看到的主屏幕区域，就像生活中实际的桌面一样，它是用户工作的平面，是用户和计算机进行交流的窗口，上面可以存放用户经常用到的应用程序和文件夹图标，用户可以根据自己的需要在桌面上添加各种快捷图标，在使用时双击图标就能够快速启动相应的程序或文件。通过桌面，用户可以有效地管理自己的计算机。

从更广义上讲，桌面有时包括任务栏。任务栏位于屏幕的底部，显示正在运行的程序，并可以在它们之间进行切换。它还包含「开始」按钮 ●，使用该按钮可以访问程序、文件夹和计算机设置。

用户安装好 Windows 第一次登录系统，可以看到一个非常简洁的画面，在桌面上只有一个回收站的图标，并标明了 Windows 的标志及版本号，图 2 – 2 所示为 Windows 系统默认的桌面。

图 2 – 2　Windows 系统默认的桌面

（1）图标　"图标"是指在桌面上排列的小图像，它包含图形、说明文字两部分，如果用户把鼠标放在图标上停留片刻，桌面上会出现对图标所表示内容的说明或者是文件存放的路径，双击图标就可以打开相应的内容。

安装好系统后，初始时桌面上只有一个"回收站"图标。执行相应操作，可恢复系统默认的图标，如我的文档、我的电脑、网上邻居、Internet Explorer 等。用户可以根据自己的喜好，把经常使用的程序、文档和文件夹放在桌面上或在桌面上为它们建立快捷方式。

（2）任务栏　任务栏位于桌面最下方，其最左端是"开始"按钮；中间部分显示了系统正在运行的程序和文件，在它们之间可以进行快速切换；最右端是通知区域，包括时钟以及一些告知特定程序和计算机设置状态的图标。用户通过任务栏可以完成许多操作，轻松、便捷地管理、切换和执行各类应用，也可对它进行一系列的设置。

（3）"开始"菜单　"开始"菜单是计算机程序、文件夹和计算机设置的主门户。通过"开始"菜单可以启动程序，打开文件夹，搜索文件、文件夹和程序，设置计算机，获取帮助信息，切换到其他用户账户等。

（4）回收站　"回收站"是一个文件夹，用来存储被删除的文件、文件夹。"回收站"的功能是存放已删除的文件、文件夹和快捷方式等，可根据需要在回收站中予以恢复或彻底清除。

3. 控制面板　控制面板是用来进行系统设置和设备管理的一个工具集。在控制面板中，用户可以根据自己的喜好对桌面、用户等进行设置和管理，还可以进行添加或删除程序等操作。

4. 用户管理　Windows 允许多个用户共同使用同一台计算机，这就需要进行用户管理，包括创建新用户以及为用户分配权限等。在 Windows 中，每一个用户都有自己的工作环境，如桌面、我的文档等。

Windows 中的用户有如下两种类型：

（1）**标准用户**　可以使用大多数软件，更改不影响其他用户或计算机的系统设置。

（2）**管理员**　有计算机的安全访问权，可以做任何的修改。

5. 帮助系统　在使用计算机的过程中，经常会遇到各种各样的问题。解决问题的方法之一是使用 Windows 提供的帮助和支持。

6. 剪贴板　在 Windows 中，剪贴板是程序和文件之间用于传递信息的临时存储区。剪贴板不但可以存储文字，还可以存储图像、声音等其他信息。

剪贴板的使用步骤是先将信息复制或剪切到剪贴板这个临时存储区，然后在目标应用程序中将插入点定位在需要放置信息的位置，再执行"粘贴"命令将剪贴板中信息传到目标应用程序中。

7. 任务管理器　在 Windows 中，同时按 Ctrl + Alt + Del 键，单击"启动任务管理器"，弹出任务管理器窗口。通过任务管理器窗口可查看系统当前的信息，还具有以下用途：

（1）**终止未响应的应用程序**　当因某种原因系统出现像"死机"一样的症状时，往往存在未响应的应用程序。此时，可通过任务管理器终止这些未响应的应用程序，系统就恢复正常了。

（2）**终止进程的运行**　当 CPU 的使用率长时间达到或接近100%，或系统提供的内存长时间处于几乎耗尽的状态时，通常是系统感染了蠕虫病毒的缘故。利用任务管理器，找到 CPU 使用率高或内存占用率高的进程，然后终止它。需要注意的是，系统进程无法终止。

2.2.2　Windows 基本操作

1. 鼠标操作　Windows 是一个图形界面操作系统，其基本操作方法是用鼠标选取、移动和激活屏幕上的操作对象。

（1）**指向**　移动鼠标，使其在屏幕上的指针对准某一个对象、图标或菜单。

（2）**单击**　将鼠标指针指向某个项目后，按下鼠标左键或右键后再放开按键，简称为单击或选择。常见为单击左键，用于选择该项目。单击右键通常用于打开对该项目可能操作的快捷菜单。

（3）**双击**　将鼠标指针指向某个项目后，很快地按两次鼠标左键，称为双击。通常用于执行该项目。

（4）**拖动**　将鼠标指针指向某个项目后，按住鼠标左键不放，移动鼠标，使鼠标指针移到一个新的位置，再松开左键。通常用于移动该项目。

2. 窗口操作　窗口是应用程序和用户交互的主要界面。Windows 中有多种窗口，大部分都包括了相同的组件，由标题栏、菜单栏、工具栏等几部分组成。如图 2-3 所示是 Windows 7 "计算机" 窗口界面。

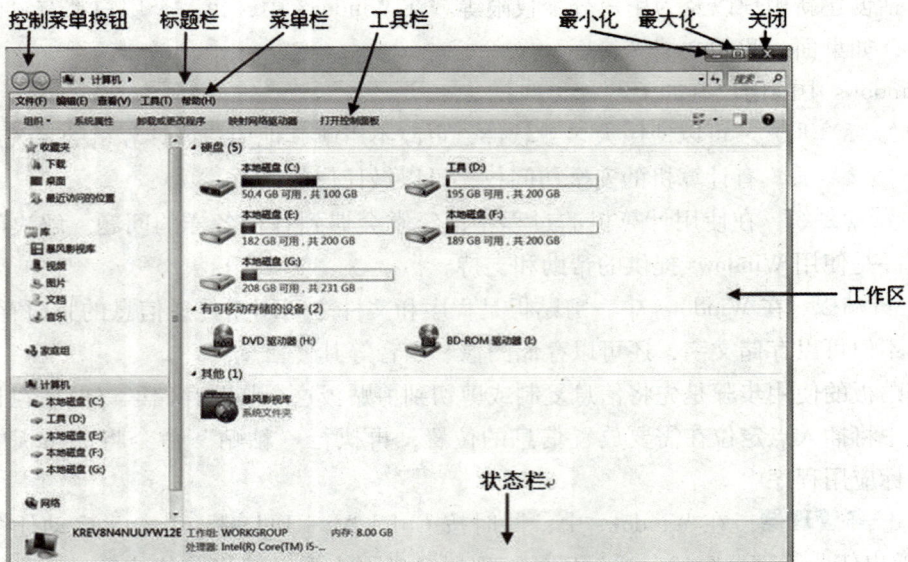

图 2-3　Windows 7 "计算机" 窗口界面

(1) 窗口的组成

1) 标题栏：标题栏是一个窗口的主要控制部分，拖动标题栏可以实现窗口的移动。标题栏包括如下内容。

①应用程序图标：位于标题栏最左端，用于标识该应用程序，同时作为控制菜单按钮。单击此图标可显示控制菜单，其中包括所有的窗口控制命令，即还原（恢复窗口的大小）、移动、大小（改变窗口的大小）、最小化（将窗口缩小为任务栏上的按钮）、最大化（将窗口放大到整个桌面）、关闭。

②标题：应用程序按钮左边的文字是窗口的标题，即应用程序的名字。

③窗口控制按钮：标题栏右边的三个按钮，依次是 "最小化" 按钮、"最大化" 按钮、"还原" 按钮、"关闭" 按钮。

2) 菜单栏：标题栏的下面是菜单栏，含有应用程序定义的各个菜单项。不同的应用程序有不同的菜单项，单击菜单项将打开相应的下拉菜单，在下拉菜单中，单击某个命令项可以执行该命令。

3) 工具栏：工具栏中包含若干个工具图标（按钮），单击这些图标可快速执行相应的命令。

4) 地址栏：地址栏可以显示文件和文件夹的所在路径，可从地址栏浏览文件夹（在地址栏中输入驱动器名或文件夹名，然后按 Enter 键）或运行程序（输入程序名或组件名，然后按 Enter 键）。另外，地址栏是输入和显示网页地址的地方，允许直接输入 web 页的地址而不需要事先打开 Internet Explorer 浏览器。

5）搜索栏：将要查找的目标名称输入在文本框中即可搜索当前窗口范围内的目标，同时可以添加搜索筛选器，可以更快速更准确地找到需要搜索的内容。

6）工作区：工作区位于窗口的右侧，显示窗口中的操作对象和结果。

7）状态栏：状态栏用于显示当前窗口的相关信息和被选中对象的状态信息。

8）滚动条：滚动条包括横向滚动条和纵向滚动条。当工作区域的内容太多而不能全部显示时，窗口将自动出现滚动条，可通过拖动水平或者垂直的滚动条来查看所有的内容。

（2）窗口的分类　Windows 窗口一般分为对话框窗口、应用程序窗口、文档窗口。

1）对话框窗口：对话框窗口包含按钮和各种选项，通过它们可以完成特定命令或任务。对话框通常需要用户进行响应，否则无法继续其他操作，它一般包含标题栏、选项卡与标签、文本框、列表框、命令按钮、单选按钮和复选框等几部分。对话框窗口可以移动和关闭，但不能改变大小。图 2-4 所示是典型对话框，从左至右包含了三个对话框，分别是"屏幕保护程序设置"对话框、"Internet 属性"对话框、"鼠标属性"对话框。

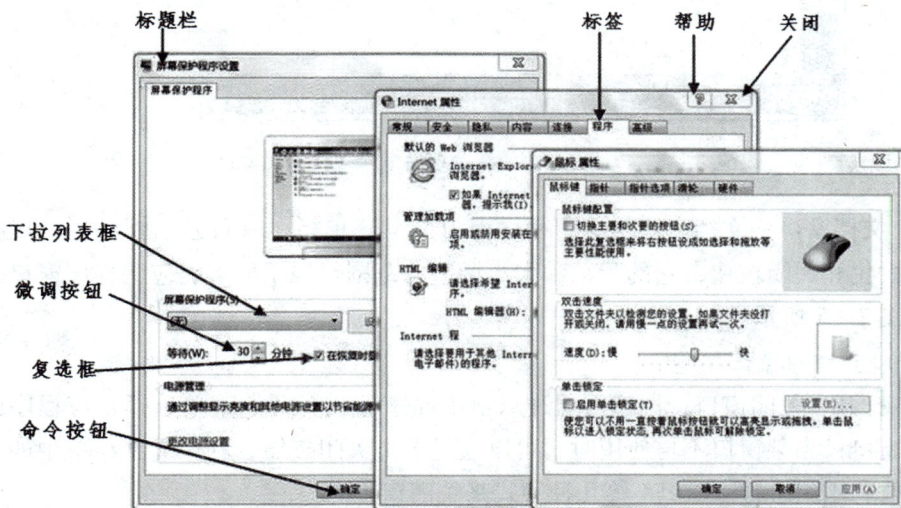

图 2-4　典型对话框

对话框含有各种不同的组件，主要有以下几项：

☞标题栏：同窗口的标题栏相似，但没有最小化、最大化按钮，有的对话框有帮助按钮。

☞选项卡和标签：在系统中有很多对话框都是由多个选项卡构成的，选项卡上写明了标签，以便于进行区分。可通过各个选项卡之间的切换查看不同的内容。

☞文本框：在有的对话框中需要手动输入某项内容，还可以对各种输入内容修改和删除。

☞列表框：有的对话框在选项组下已经列出了众多的选项，可从中选取，通常不能更改。

☞命令按钮：有文字的按钮，常用的有"确定""应用""取消"等。

☞单选按钮：通常由多个按钮组成一组，单击某个单选按钮可以选中相应的选项，但在一组单选按钮中只能有一个单选按钮被选中。

☞复选框：是一组相互之间并不排斥的选项，用户可以任意选中其中的某些选项。

☞有的对话框中还有调节数字的按钮，由向上和向下两个箭头组成，使用时分别单击箭头可增加或减少数字。

2）应用程序窗口：应用程序窗口是一个运行中的应用程序主窗口，如图2-5是Excel应用程序窗口。

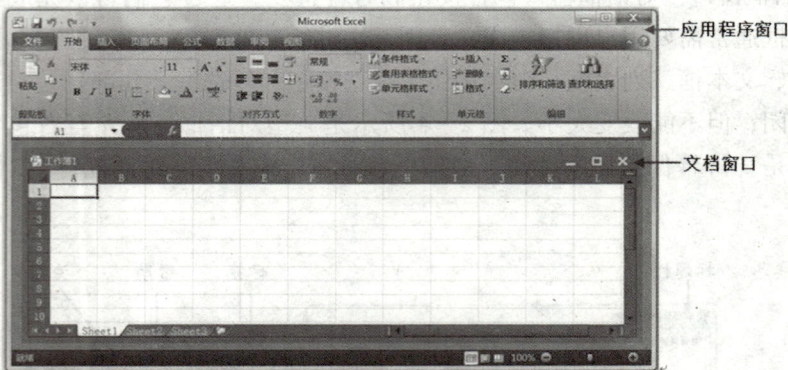

图2-5 Excel应用程序窗口

3）文档窗口：文档窗口与应用程序窗口共享菜单栏，有自己的标题栏，也有最小化、最大化和关闭按钮，它的移动和大小调整的范围仅限于所属的应用程序窗口工作区内，如图2-5所示。

(3) 窗口的操作

1）打开、关闭窗口：用户可通过双击桌面图标或在开始菜单选择相应程序或文件来打开窗口；当某窗口不再使用时，可以通过单击关闭按钮，利用文件菜单中的关闭菜单项，或利用组合键 Alt + F4 等几种方式来关闭窗口。

2）移动窗口、改变窗口的大小：按住鼠标左键，将鼠标指针指向窗口的标题栏，然后将窗口拖到想要放置的位置，释放鼠标按钮，完成了移动窗口。要改变窗口的大小可单击其"最大化"按钮，或双击该窗口的标题栏，可实现窗口最大化；单击按钮可实现最小化，单击按钮可实现窗口的还原。

3）排列窗口：当用户打开过多窗口时，可能会觉得杂乱无章，这时可以通过设置窗口的显示形式来排列窗口。右键单击任务栏的空白区域，弹出的快捷菜单（图2-6）中有三种可选择的排列方式："层叠窗口""堆叠显示窗口"或"并排显示窗口"。窗口三种排列方式效果如图2-7所示，三种效果从左至右依次在图中显示。

• 层叠窗口：把窗口按先后的顺序依次排列在桌面上。

- 横向平铺窗口：各窗口按水平方向并排显示。
- 纵向平铺窗口：各窗口按垂直方向并排显示。

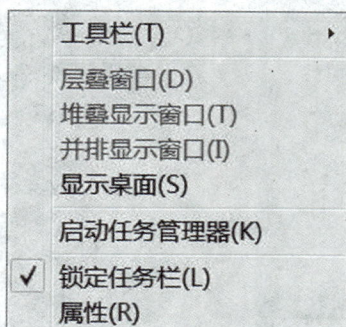

图 2-6 任务栏快捷菜单

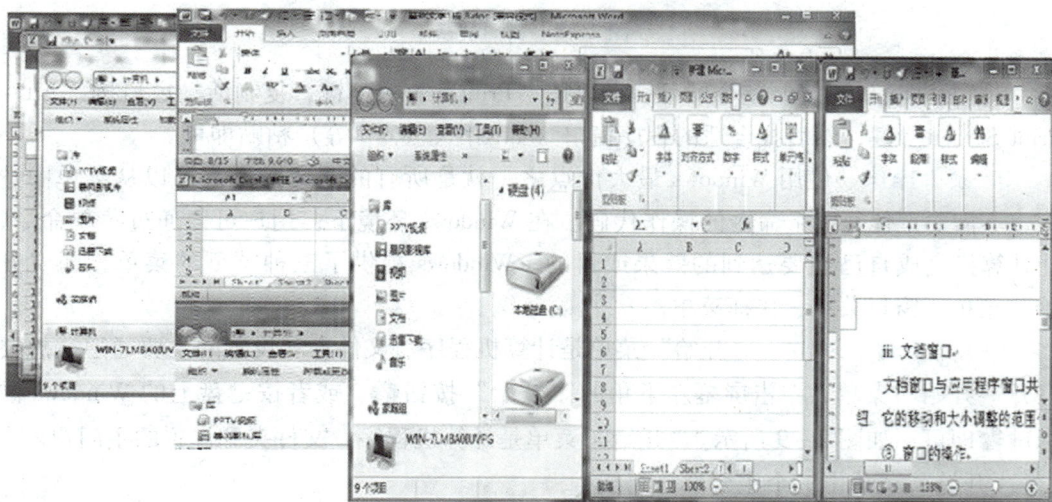

图 2-7 窗口三种排列方式效果图

4）窗口间的切换：Windows 环境下可以同时打开多个窗口，但是当前情况下活动的窗口只能有一个，因此用户在操作过程中会遇到在不同窗口间切换的情况。任务栏提供了整理所有窗口的方式。每个窗口都在任务栏上具有相应的按钮。要切换到其他窗口，单击任务栏按钮，该窗口成为活动窗口。

各个窗口之间进行切换，切换的方式有：①窗口处于最小化状态时，用户在任务栏上单击要选择的窗口按钮。窗口处于非最小化状态时，在所选窗口的任意位置单击。②使用 Alt + Tab 组合键，弄幕上出现切换任务栏，列出了当前正在运行的窗口，可从中直接选择。③使用 Alt + Esc 组合键，其操作与 Alt + Tab 组合键类似。

Windows 7 任务栏上还增加了 Aero Peek 新的窗口预览功能，用鼠标指向任务栏上已打开的文件或程序的图标，便可预览这些文件或程序的缩略图，如继续单击缩略图，便可打开相应的窗口。此功能可以轻松地识别窗口，来选择需要的窗口，如图 2-8 所示。

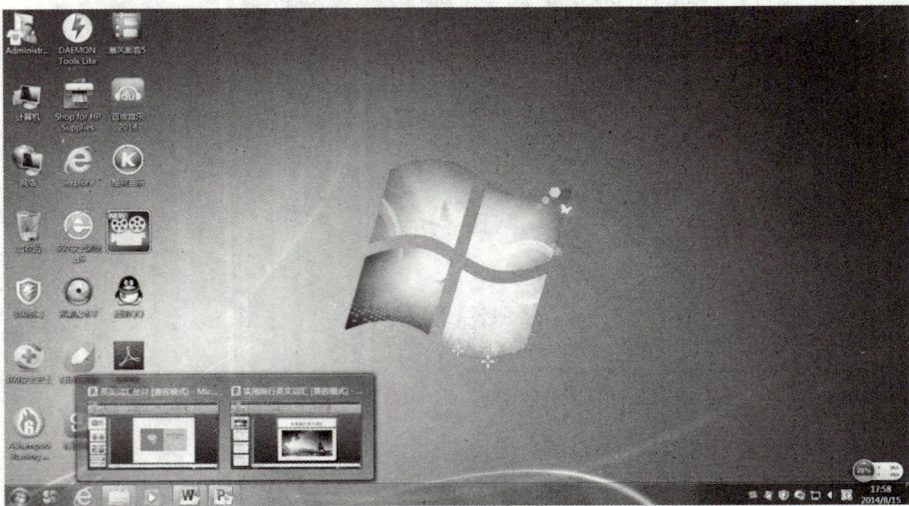

图 2 – 8　窗口切换

5）复制窗口：复制整个屏幕，可以按"Print Screen"键，复制活动窗口按"Alt +
Print Screen"键，然后找合适的程序窗口（如画图、Word 等）粘贴即可。

3. 菜单操作　使用 Windows 最大优点之一就是所有的基本操作都可以从菜单中选
取，不需要记住每一个命令的操作代码。在 Windows 环境下，用户可以通过菜单命令，
让计算机完成自己想要达到的效果或目的。Windows 提供了三种类型的菜单，即"开
始"菜单、窗口菜单、快捷菜单。

（1）"开始"菜单　"开始"菜单是计算机程序、文件夹和设置的主要通道，想要
打开"开始"菜单，单击屏幕左下角的"开始"按钮，或者按键盘上的 Windows 徽
标键即可，如图 2 – 9 所示。"开始"菜单是计算机程序、文件夹和设置的主门户。

"开始"菜单由三个主要部分组成：

1）左边的大窗格会显示计算机上程序的一个短列表。用户可自定义此列表，单击
"所有程序"可显示本机安装过的程序的完整列表，如图 2 – 10 所示。

2）左边窗格的最底部是搜索框，可在计算机上查找要搜索的程序和文件。

3）右边窗格提供常用文件夹、文件、设置和功能的访问，从上到下有：

☞个人文件夹：打开个人文件夹，此文件夹包含特定于用户的文件，其中包括"我
的文档""我的视频""我的图片""我的音乐"文件夹。

☞文档：在这里可以访问和打开各类文档，如演示文稿、电子表格、电子文本等。

☞图片：可访问和查看电脑中的数字图片及图形文件。

☞音乐：可以访问和播放电脑中的音乐及其他音频文件。

☞游戏：可以访问计算机上的所有游戏。

☞计算机：可以访问连接到计算机的硬件，如磁盘驱动器、照相机、打印机、扫描
仪等。

☞控制面板：可以自定义计算机的外观和功能、安装或卸载程序、设置网络连接和

管理用户账户。

☞设备和打印机：以查看有关打印机、鼠标和计算机上安装的其他设备的信息。

☞默认程序：打开一个窗口，可以选择要让 Windows 运行诸如记事本程序。

☞帮助和支持：可浏览和搜索有关使用 Windows 和计算机的帮助文件。

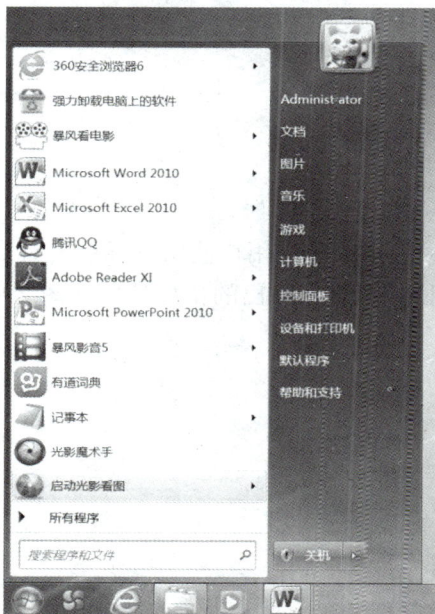

图 2-9　Windows 7"开始"菜单　　　图 2-10　"开始"菜单中"所有程序"列表

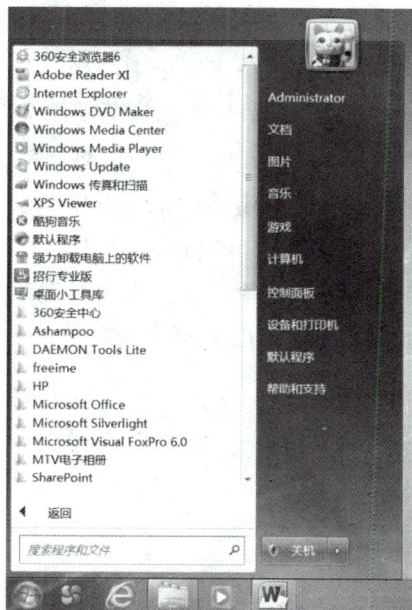

（2）窗口菜单　窗口菜单是指当启动某个应用程序时所打开的对应的窗口，这个窗口中包含菜单栏，列出了应用程序操作的相关命令。例如，打开计算器程序，点击"查看"会弹出如图 2-11 所示的菜单截图。

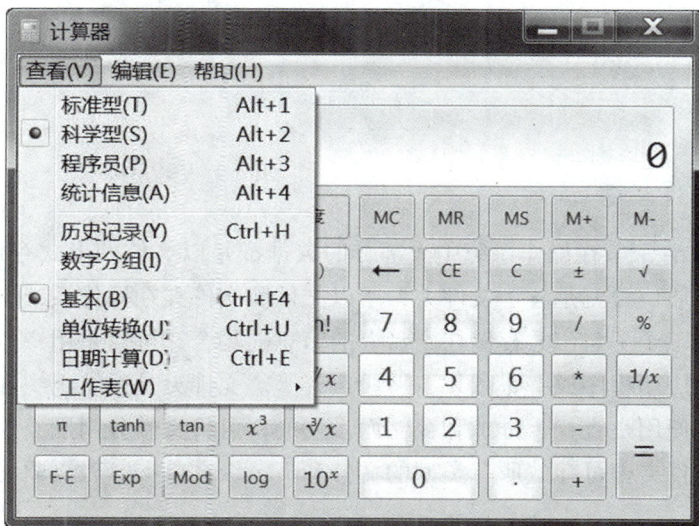

图 2-11　计算器程序对话框

在菜单中有一些常见的符号标记，分别表示以下含义：

☞字母标记：表示该菜单项或菜单命令的快捷键。不必打开菜单，用组合键可直接执行菜单命令。

☞▶标记：表示有下一级菜单。

☞✔标记：表示选择了该菜单命令。

☞分隔线标记：将菜单中的命令分为几个命令组。

☞●标记：表示只能选择菜单组命令中的一项。

☞···标记：表示菜单项有对话框。

☞❖标记：单击该标记可以显示全部菜单命令。

（3）**快捷菜单** Windows 7 中还有一种菜单称为快捷菜单，用户使用鼠标单击右键时常出现的那个菜单，所以也叫右键菜单。右击桌面空白处，弹出的快捷菜单如图 2-12 所示。针对不同的对象单击右键，会弹出不同的快捷菜单。

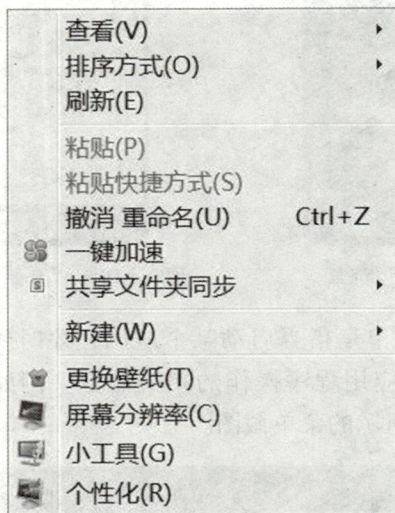

| 查看(V) ▶ |
| 排序方式(O) ▶ |
| 刷新(E) |
| 粘贴(P) |
| 粘贴快捷方式(S) |
| 撤消 重命名(U)　　Ctrl+Z |
| 一键加速 |
| 共享文件夹同步 ▶ |
| 新建(W) ▶ |
| 更换壁纸(T) |
| 屏幕分辨率(C) |
| 小工具(G) |
| 个性化(R) |

图 2-12　桌面快捷菜单

2.2.3　Windows 基本应用

1. 文件和文件夹　在操作系统中大部分的数据都是以文件的形式存储在磁盘上的，而这些文件的存放位置就是各个文件夹，所以文件和文件夹在操作系统中非常重要。

文件是指被赋予了名字并存储在磁盘上的信息的集合，可以是用户创建的文档，也可以是可执行的应用程序或一张图片、一段声音等。文件夹是系统组织和管理文件的一种形式，是为方便用户查找、维护和存储而设置的，可将文件分门别类地存放在不同的文件夹中。在文件夹中可存放所有类型的文件和下一级文件夹、磁盘驱动器及打印队列等内容。

（1）**文件的类型与命名**　在操作系统中，每个文件都有自己的文件名，文件名是存取文件的依据，即按名存取。一般来说，文件名包括文件主名和扩展名两个部分。文件名和扩展名之间用一个"."字符隔开，如文件"柴胡的药用价值.txt"，其中"柴胡的药用价值"为主文件名，"txt"为扩展名。日常工作时，人们通常把文件主名直接称为文件名，表示文件的名称，而文件的扩展名一般表示文件类型。

文件的命名具有唯一性，同一磁盘同一文件夹内不得有重名的文件。

1）文件的命名要遵守以下的规则：①文件名最多不超过 255 个字符，允许出现的字符包括：英文字母 A－Z（a－z）；数字符号 0～9；汉字；特殊符号，如 $ #&@！（ ）% ＿ ｜｝︿' ' ～等。②文件名中不允许使用? ＊ ／ ｜ ＼ ＜ ＞等字符。"?"和"＊"称为通配符，在用户查找文件时使用比较方便，"?"代表任意一个字符，"＊"代表任意长字符串。③一些常用的设备名不能用作文件名，如 CON，LPT1/PRN，COM1/AUX，COM2，NUL。

2）文件的类型主要有程序文件（.EXE 和.COM）、图像文件（.BMP 和.JPG 与.TIF等）、多媒体文件（.RAM 和.MP3 等）、文本文件（.TXT）等。

（2）文件的属性 除了文件名外，文件还有文件大小、所有者信息等，这些信息称为文件的属性。其中重要的属性有以下 3 种：①只读：设置为只读属性的文件只能读，不能修改或删除，起保护作用。②隐藏：具有隐藏属性的文件在一般情况下是不显示的。③存档：任何一个新创建或修改的文件都有存档属性。当用"附件"菜单下"系统工具"组中的"备份"程序备份后，存档属性消失。

（3）目录结构 操作系统中，用于存储程序和文件的容器就是文件夹，文件夹俗称目录，用于分类存放大量的文件。为了便于管理，可以把文件存放在不同的"文件夹"中。文件夹是文件和子文件夹的集合，即文件夹中可以包含文件或下属文件夹。同样，子文件夹也可以包含文件和下属文件夹。

一个磁盘上的文件成千上万，为了有效地管理和使用文件，用户通常在磁盘上创建文件夹（目录），在文件夹下再创建子文件夹（子目录），也就是将磁盘上所有文件组织成树状结构，然后将文件分门别类地存放在不同的文件夹中，如图 2－13 所示。这种结构像一棵倒置的树，树根为根文件夹（根目录），树中每一个分支为文件夹（子目录），树叶为文件。在树状结构中，用户可以将同一个项目相关的文件放在同一个文件夹中，也可以按文件类型或用途将文件分类存放；同名文件可以存放在不同的文件夹中；也可以将访问权限相同的文件放在同一个文件夹中，集中管理。

Windows 操作系统的文件组织结构是分层次的，即树形结构。图 2－13 代表了某个E 盘的文件结构，根文件夹记为"E：＼"包含 2 个文件夹"学校工作"和"音乐"，以及 1 个文件"个人总结.doc"。"学校工作"文件夹下有子文件夹"教学"和文件"管理制度.rar"。"音乐"文件夹下有子文件夹"民族音乐"。这里的文件存储结构像一棵倒置的树，这种文件结构称为树形结构。

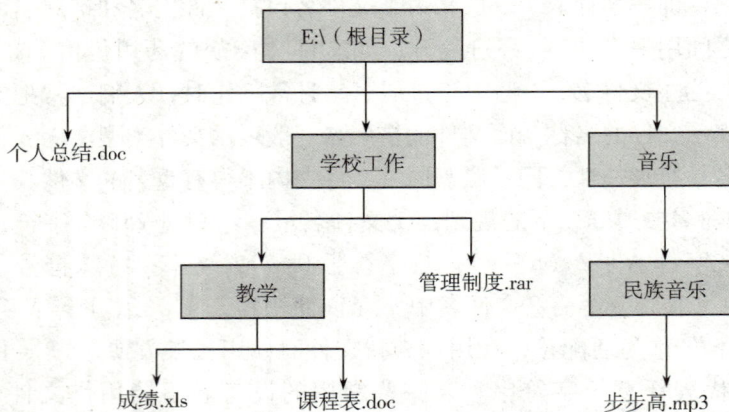

图 2 – 13　树形目录结构

（4）文件路径　当一个磁盘的目录结构建立后，所有的文件可以分门别类地存放在所属的文件夹中。接下来的问题是如何访问这些文件。如果要访问一个文件，需要知道这个文件所在的位置，即处于哪个磁盘的哪个文件夹中，称为文件的路径。一个完整的路径包括盘符（驱动器号），后面是找到该文件顺序经过的全部文件夹。盘符后用符号"："隔开，文件夹之间用"＼"隔开。

若要访问的文件不在同一个目录中，就必须加上文件路径，以便文件系统可以查找到所需要的文件。文件路径分为两种：

1）绝对路径：从根目录开始，依序到该文件之前的名称。

2）相对路径：从当前目录开始到某个文件之前的名称。

在图 2 – 13 所示的树形目录结构中，"成绩．xls"和"步步高．mp3"文件的绝对路径分别为 E：＼学校工作＼教学＼成绩．xls 和 E：＼音乐＼民族音乐＼步步高．mp3。如果当前目录为学校工作，则课程表．doc 文件的相对路径为教学＼课程表．doc。

2. 文件和文件夹的操作　对于用户来说，熟悉文件和文件夹的基本操作在管理计算机中的程序和数据是非常重要的，具体的操作包括文件和文件夹的新建、选择、重命名、删除、查找、复制和移动等。

（1）新建文件夹　如果用户需要新的文件夹，可在我的电脑或资源管理器中打开放置新文件夹的磁盘或文件夹。然后通过以下方式在磁盘的任意位置创建新的文件夹：

1）在工作区空白处点鼠标右键，在弹出的菜单中选择"新建"选项组中的"文件夹"项，即可在相应位置产生一个新文件夹，然后为其命名即可。

2）在工具栏中直接点击"新建文件夹"按钮。

（2）选择文件或文件夹　在对文件或文件夹进行操作时，一般要先选中文件或文件夹，当需要选择多个文件或文件夹时有以下几种方法：

1）单个文件或文件夹：直接单击鼠标左键选择。

2）选择窗口中的所有文件或文件夹，在工具栏上单击"组织"，然后单击"全选"或按 Ctrl + A 键。

3）选择连续的文件或文件夹，单击第一项，按住 Shift 键同时单击最后一项。

4）选择不连续的文件或文件夹，按 Ctrl 键，同时单击要选择的每个项目。

5）选择相邻的多个文件或文件夹，可拖动鼠标指针，通过在要包括的所有项目外围划一个框来进行选择。

（3）重命名文件或文件夹　对于新建的文件和文件夹，系统默认的名称为"新建……"，用户可根据自己的需要重命名文件和文件夹。

重命名文件可以在打开用来创建该文件的程序，然后打开该文件，最后用不同名称保存该文件；也可以右键单击要重命名的文件或文件夹，然后单击"重命名"，键入新的名称，然后按 Enter 键；还可通过工具栏上的"组织"下拉列表，选择"重命名"。

（4）复制和移动文件或文件夹　复制与移动文件和文件夹是两种常用的操作，要完成复制与移动文件和文件夹的方法有如下几种：

选中文件（文件夹），利用剪切、复制和粘贴命令可以在菜单栏上选择"编辑"菜单中的"剪切"（或"复制"）选项；或右击选中的文件或文件夹，在弹出的快捷菜单中选择"剪切"（或"复制"）选项，或按键盘上的 Ctrl + X（或 Ctrl + C）后到目标盘中的位置，在菜单栏中选择"编辑"菜单中的"粘贴"选项，或右击目标位置空白处，在弹出的快捷菜单中选择"粘贴"选项，或按键盘上的 Ctrl + V，完成移动或复制；也可利用鼠标拖动完成，选中文件（文件夹），在同一驱动器之间，直接拖动对象到目标位置是移动操作，同时按住 Ctrl 键，拖动对象到目标位置是复制操作，而对于不同驱动器之间，直接拖动对象到目标位置是复制操作，同时按住 Shift 键，拖动对象到目标位置是移动操作。

（5）删除文件或文件夹　当某些文件或文件夹不再需要时，用户可将其删除，可通过鼠标将文件或文件夹拖到回收站，或右键单击要删除的文件或文件夹，选择"删除"；选中要删除的文件或文件夹按 Delete 键将其删除。弹出"删除文件（文件夹）"对话框，如图 2 - 14 所示。若确认要删除该文件或文件夹，可单击"是"按钮；若不删除该文件或文件夹，可单击"否"按钮。

以上的几种方式从硬盘中删除文件或文件夹时并不会立即删除，而是将它们存储在回收站中。

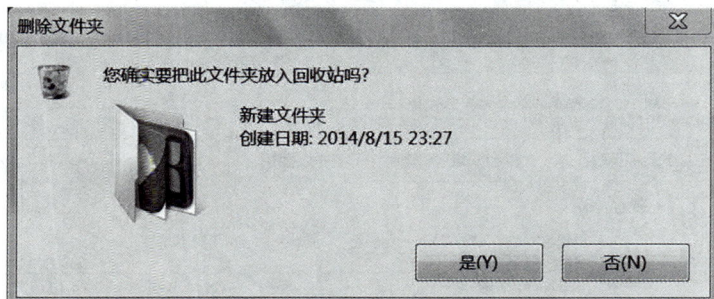

图 2 - 14　删除文件夹对话框

"回收站"提供了一个安全的删除文件或文件夹的解决方案，从硬盘中删除文件或文件夹时，Windows 系统将其默认放入"回收站"中，直到将其清空或还原到原位置。删除或还原"回收站"中文件或文件夹时，可双击桌面上的"回收站" 图标，打开"回收站"对话框。单击"回收站任务"窗格中的"清空回收站"命令或者"恢复所有项目"命令，可删除或者还原"回收站"中所有的文件和文件夹。若要还原某个文件或文件夹，可选中该文件或文件夹，单击"回收站任务"窗格中的"恢复此项目"命令。

如果要永久删除文件，可选中要删除的文件，后按 Shift + Delete 键。如果从网络文件夹或 USB 闪存驱动器中删除文件或文件夹，则会永久删除该文件或文件夹，而不是存储在回收站中。

(6) 查找文件或文件夹　电脑中的文件和文件夹会随着时间的推移而日益增多，要想在众多的文件中找到想要的文件并不复杂，通过搜索功能查找文件即可，可以采取以下的方式进行搜索：

1) 利用"开始"菜单上的搜索框：单击"开始"按钮，然后在搜索框中键入文件名或文件名的一部分，如图 2 - 15 所示。注意搜索时可以灵活利用通配符"＊"和"？"。

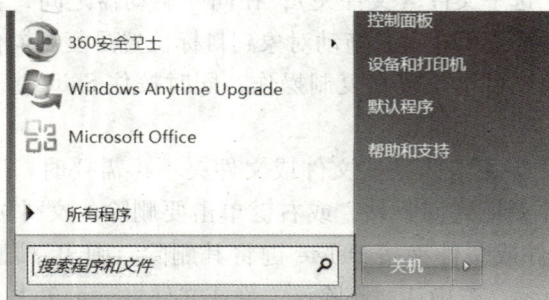

图 2 - 15　"开始"菜单中的搜索框

2) 使用文件夹或库中的搜索框：直接使用已打开窗口标题栏右端的搜索框，如图 2 - 16 所示，在搜索框中使用搜索技巧来快速缩小搜索范围。

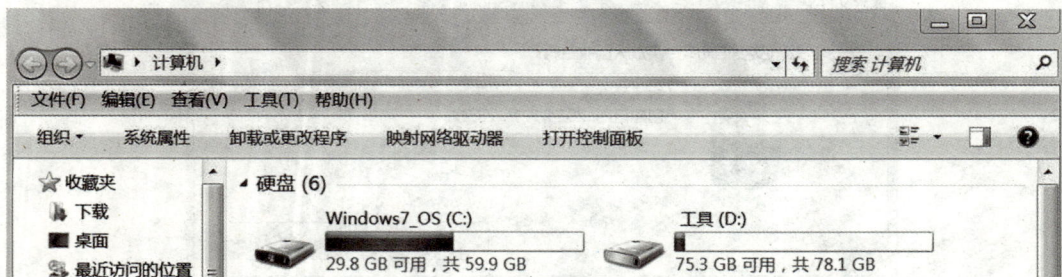

图 2 - 16　文件夹或库中的搜索框

（7）**更改文件或文件夹属性** 文件或文件夹包含三种属性：只读、隐藏和存档。将文件或文件夹设置为"只读"，不允许对其更改和删除；若设置为"隐藏"，在常规显示中将不被看到。如需更改文件或文件夹属性，可选中要更改属性的文件或文件夹，选择"文件"菜单中的"属性"命令，或将鼠标移至文件图标上单击右键，在弹出的快捷菜单中选择"属性"命令，打开"属性"对话框，选择"常规"选项卡，如图2-17所示，在该选项卡的"属性"选项组中选定需要的属性复选框，单击"应用"按钮，再单击"确定"按钮即可应用该属性。

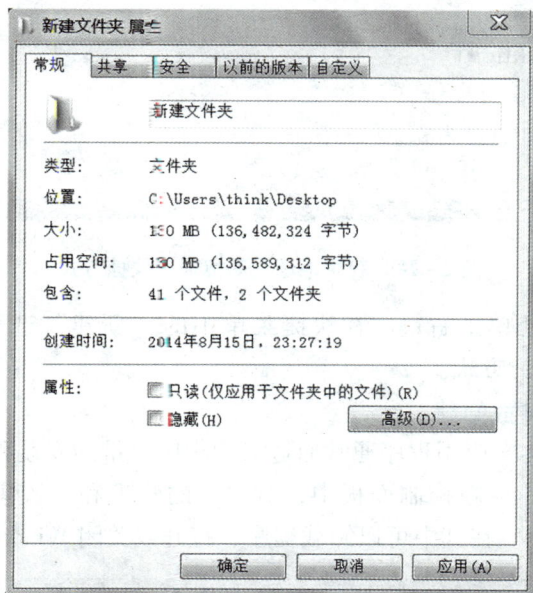

图2-17 文件或文件夹属性对话框"常规"选项卡

3. 快捷方式 快捷方式是指向计算机上某个项目的链接，左下角带有一个弧形箭头的图标，可用来区分快捷方式与原始文件。为了快速地启动某个应用程序或打开文件，通常在便捷的地方（如桌面或"开始"菜单）创建快捷方式。

可以将快捷方式看作一个指针，快捷方式仅指定对象的链接，不是对象本身，故删除快捷方式不会删除对象本身。不仅可以为应用程序创建快捷方式，而且可以为Windows中的任何一个对象建立快捷方式。例如，可以为程序文件、文档、文件夹、控制面板、打印机或磁盘等创建快捷方式。

创建快捷方式的方法主要有以下几种：

（1）打开要创建快捷方式的项目所在的位置。右键单击该项目，单击"创建快捷方式"，新的快捷方式将出现在原始项目所在的位置上，也可将新的快捷方式拖动到所需位置。

（2）快速创建快捷方式的方法。直接将地址栏左侧的图标拖动到"桌面"等位置，如图2-18所示。

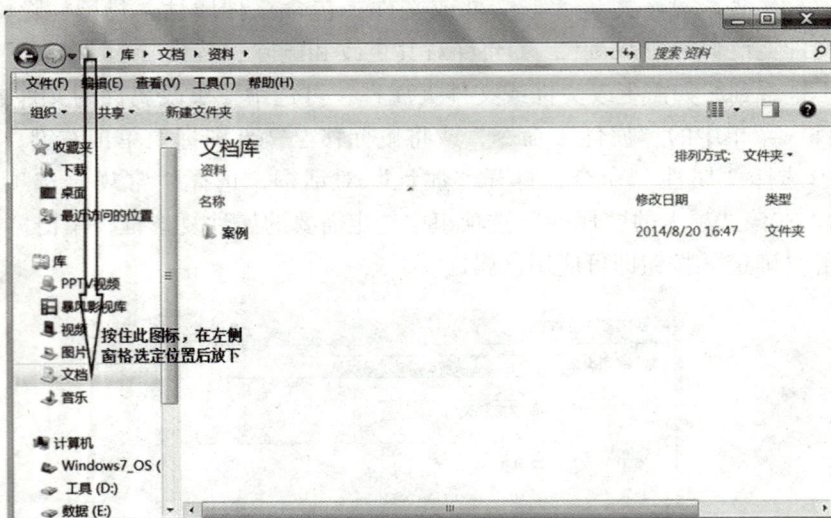

图 2 - 18　利用地址栏图标创建快捷方式

（3）在桌面空白处单击右键，在快捷菜单中的"新建"选项组中选择"快捷方式"，根据提示创建快捷方式。

4. 应用程序的安装或卸载

（1）安装应用程序　应用程序通常通过应用程序自带的安装程序进行安装。

（2）卸载应用程序　在控制面板中，对程序的管理和设置集中在"程序和功能"组中，如图 2 - 19 所示。在其中可以卸载程序、打开或关闭 Windows 功能等。

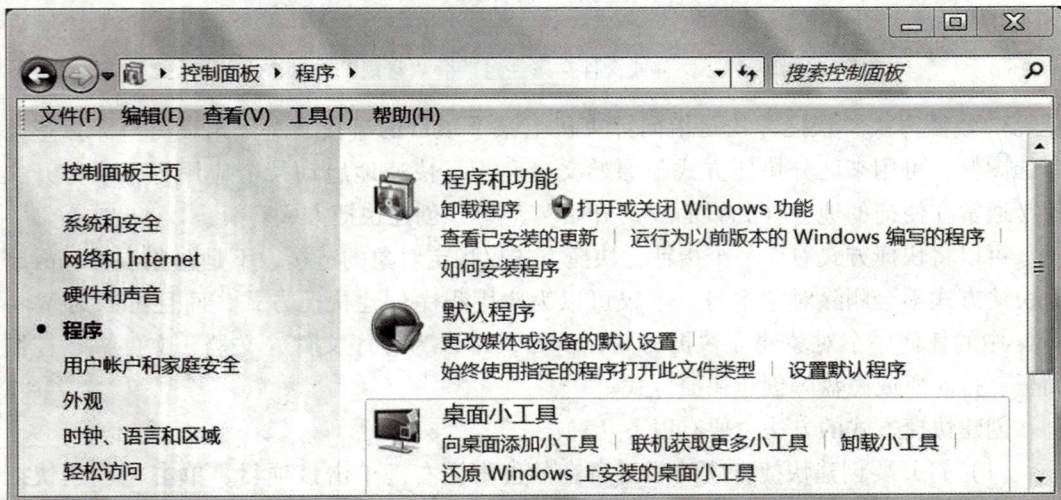

图 2 - 19　控制面板中的"程序"组

5. 硬件的添加和管理　每台计算机都配置了很多外部设备，它们的性能和操作方式都不一样。但是在操作系统的支持下，用户可以极其方便地添加和管理硬件设备。

（1）添加设备　目前，绝大多数设备都是 USB 设备，即通过 USB 电缆连接到计算机上的 USB 端口。USB 设备支持即插即用（Plug and Play，PnP）和热插拔。即插即用并不是说不需要安装设备驱动程序，而是指操作系统能自动检测到设备并自动安装驱动程序。第一次将某个设备插入 USB 端口进行连接时，Windows 会自动识别该设备并为其安装驱动程序。如果找不到驱动程序，Windows 将提示插入包含驱动程序的光盘。

（2）管理设备　各类外部设备千差万别，在速度、工作方式、操作类型等方面都有很大的差别。面对这些差别，确实很难有一种统一的方法管理各种外部设备。但是，现代各种操作系统求同存异，尽可能集中管理设备，为用户设计一个简洁、可靠、易于维护的设备管理系统。

在 Windows 中，对设备进行集中统一管理的是设备管理器，如图 2－20 所示。在设备管理器中，用户可以了解有关计算机上的硬件如何安装和配置的信息，以及硬件如何与计算机程序交互的信息，还可以检查硬件状态，并更新安装在计算机上的设备驱动程序。

在 Windows 7 中，打开"设备管理器"的方法是选择"控制面板"中的"硬件和声音"组中的"设备管理器"选项。

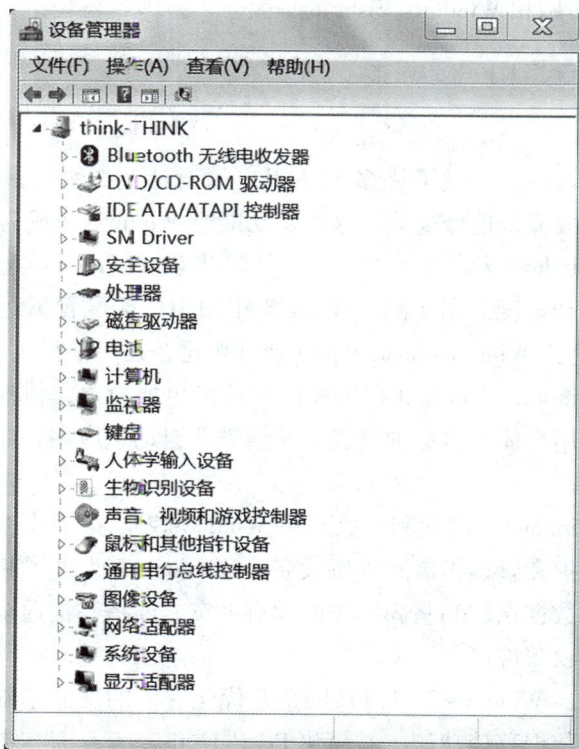

图 2－20　Windows 的设备管理器

任务 3　Windows 7 的个性化设置

Windows 7 借助其卓越性能，用户可以更好地控制最常使用的程序，管理多个窗口变得更加轻松，更好地满足了用户对计算机的期望。通过学习，熟悉 Windows 7 的基本应用，掌握 Windows 7 的个性化设置。

2.3 Windows 7 操作系统

　　Windows 系列操作系统是如今个人计算机中使用最为广泛的操作系统。它的第一个版本 Windows 1.0 于 1985 年面世，其本质为基于 MS－DOS 系统之上的图形用户界面的 16 位系统软件。从 Windows 3.x 开始，Windows 操作系统逐渐成为使用最为广泛的桌面操作系统。1995 年 8 月 24 日发售的 Windows 95 是一个混合的 16 位/32 位 Windows 系统，仍然基于 DOS 核心，但也引入了部分 32 位操作系统的特性，具有一定的 32 位处理能力。但与此同时，微软开发了 Windows NT，并在 2000 年 2 月发布了以 NT 5.0 为核心的 Windows 2000，正式取消了对 DOS 的支持，成为纯粹的 32 位系统。微软又于 2001 年发布了 Windows 2000 的改进型号 Windows XP，大幅度增强了系统的易用性，成为最成功的操作系统之一。微软于 2009 年推出了 Windows 7，借助其卓越性能，Windows 7 更好地满足了用户对计算机的期望。Windows 7 是微软公司对操作系统的一次升华，其继承了 Windows XP 的实用和 Windows Vista 的华丽。

2.3.1 Windows 7 特点和配置要求

1. 基本特点

　　(1) 更易用　Windows 7 做了许多方便用户的设计，如快速最大化，窗口半屏显示，跳跃列表，系统故障快速修复等，这些新功能令 Windows 7 成为最易用的 Windows。

　　(2) 更快速　Windows 7 启动、关闭、从睡眠状态恢复以及响应的速度更快。大幅缩减了 Windows 的启动速度。据实测，在 2008 年的中低端配置下运行，系统加载时间一般不超过 20 秒，这比 Windows Vista 的 40 余秒相比，是一个很大的进步。

　　(3) 更简单　Windows 7 将会让搜索和使用信息更加简单，包括本地、网络和互联网搜索功能，直观的用户体验将更加高级，还会整合自动化应用程序提交和交叉程序数据透明性。

　　(4) 更安全　Windows 7 桌面和开始菜单 Windows 7 包括了改进了的安全和功能合法性，还会把数据保护和管理扩展到外围设备。Windows 7 改进了基于角色的计算方案和用户账户管理，在数据保护和坚固协作的固有冲突之间搭建沟通桥梁，同时也会开启企业级的数据保护和权限许可。

　　(5) 更低的成本　Windows 7 可以帮助企业优化它们的桌面基础设施，具有无缝操作系统、应用程序和数据移植功能，并简化 PC 供应和升级，进一步向完整的应用程序更新和补丁方面努力。

　　(6) 更好的连接　Windows 7 进一步增强了移动工作能力，无论何时、何地，任何设备都能访问数据和应用程序，开启坚固的特别协作体验，无线连接、管理和安全功能会进一步扩展。令性能和当前功能及新兴移动硬件得到优化，拓展了多设备同步、管理和数据保护功能。最后，Windows 7 会带来灵活计算基础设施，包括胖、瘦、网络中心模型。

2. 配置要求

（1）最低配置

①CPU：1GHz 及以上的单/双核处理器。

②内存：1GB 及以上。安装识别的最低内存是 512M，小于 512M 会提示内存不足（只是安装时提示）。实际上，384M 就可以较好运行，即使内存小到 96M 也能勉强运行。

③硬盘：20GB 以上可用空间。

④显卡：有 WDDM1.0 或更高版驱动的集成显卡 64MB 以上。128MB 为打开 Aero 最低配置，不打开的话 64MB 也可以。

⑤其他设备：DVD-R/RW 驱动器或者 U 盘等其他储存介质安装用。如果需要，可以用 U 盘安装 Windows 7，这需要制作 U 盘引导。

（2）推荐配置

①CPU：1GHz 及以上的 32 位或 64 位双/或多核处理器。Windows 7 包括 32 位及 64 位两种版本，如果希望安装 64 位版本，则需要支持 64 位运算的 CPU 的支持。

②内存：1GB（32 位）/2GB（64 位）。最低允许 1GB。

③硬盘：20GB 以上可用空间。不要低于 16GB，参见 Microsoft。

④显卡：有 WDDM1.0 驱动的支持 DirectX 10 以上级别的独立显卡。显卡支持 DirectX 9 就可以开启 Windows Aero 特效。

⑤其他设备：DVD R/RW 驱动器或者 U 盘等其他储存介质。

2.3.2　Windows 7 新特性

在 Windows Vista 的全新操作系统的基础上，Windows 7 又进行了一次大的变革，围绕针对用户个性化的设计、应用服务的设计、用户易用性的设计、娱乐试听的设计，以及笔记本电脑的特有设计等几个方面，Windows 7 操作系统增加了许多有特色的功能。在 Windows 7 操作系统中，最具特色的是 Jump List（跳转列表）功能菜单、BitLocker 加密功能、轻松实现无线连接、轻松创建家庭网络、Windows Live Essentials 等技术。

新一代的操作系统 Windows 7 具有以往 Windows 操作系统所不可比拟的新特性，它可以给用户带来不一般的全新体验。

1. Windows 7 全新的任务栏　Windows 7 系统全新设计的任务栏，可以将来自同一个程序的多个窗口集中在一起并使用同一个图标来显示，让有限的任务栏空间发挥更大的作用，如图 2-21 所示。可以使用屏幕底部的任务栏在打开的程序之间切换。在 Windows 7 中，可以设置任务栏图标的顺序，且它们将保持该顺序，这些图标也会变得更大。将鼠标光标停留在任务栏一个应用程序图标时，在任务栏上方会显示动态的应用程序界面的小窗口，将鼠标移动到这些小窗口上，可以显示完整的应用程序界面，如图 2-22 所示。若要打开某个程序或文件，可单击图标或其中一个预览。

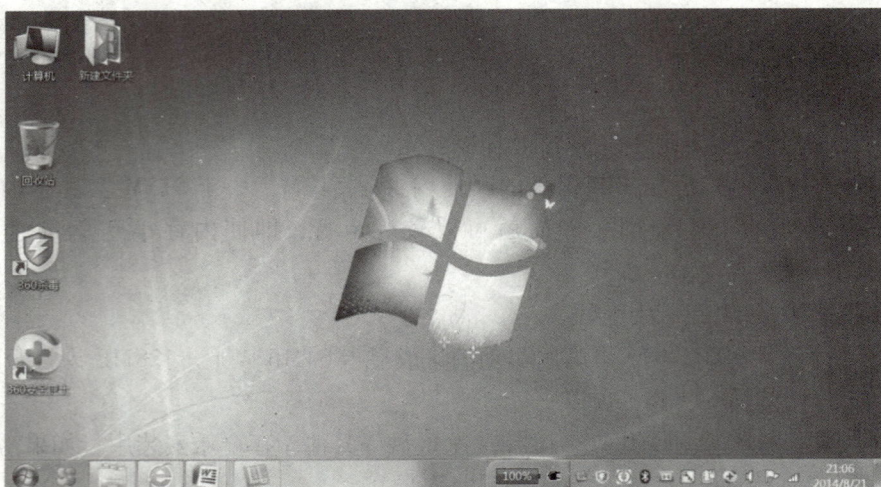

图 2 - 21　任务栏上的图标

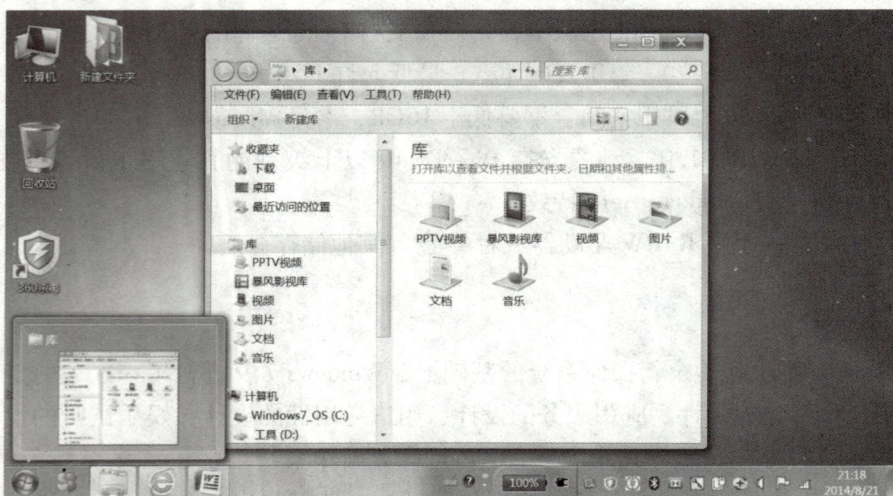

图 2 - 22　显示应用程序界面

2. Windows 7 应用 Jump List　Jump List 是 Windows 7 的一个全新功能，借助跳转列表，可以快速找到最近使用过的文件。用鼠标右击一个任务栏图标后，可以打开跳转列表（Jump List），通过该功能可以找到某个程序的常用操作，并会根据程序的不同而显示不同的操作，如图 2 - 23 所示。此外还可将该程序的一些常用操作锁定在 Jump List 的顶端，更加方便用户的查找。跳转列表还存在于"开始"菜单的常用程序列表中的下拉菜单内，如图 2 - 24 所示。

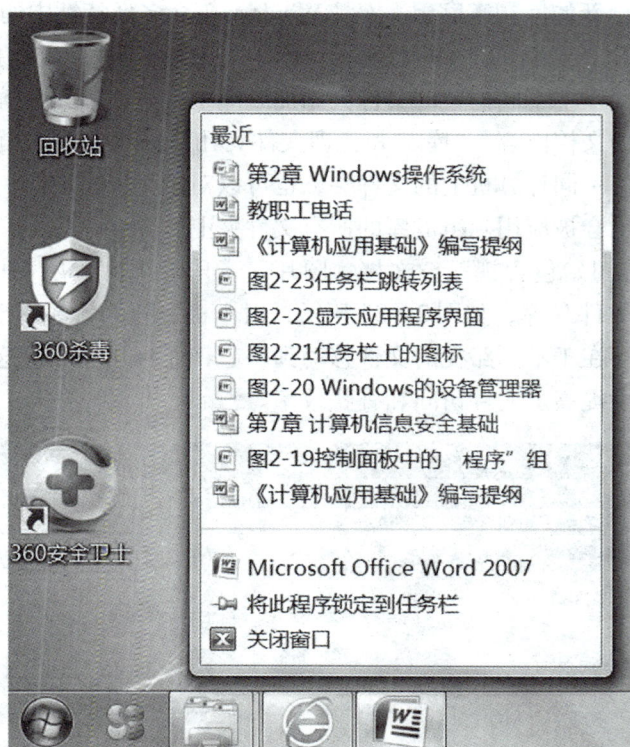

图 2 – 23　任务栏跳转列表

图 2 – 24　开始菜单跳转列表

3. Windows 7 全新的库和家庭组 库是 Windows 7 众多新特性中的一项。Windows 7 中"我的文档"使用了全新的"库"组件。所谓库，就是指一个专用的虚拟文件管理集合，用户可以将硬盘中不同位置的文件夹添加到库中，并在库这个统一的视图中浏览和修改不同文件夹的文档内容。"库"和管理文件夹几乎完全一样，就算库中的文件来自不同的硬盘分区、不同计算机上的文件夹，也可以对某个库采取统一操作，如删除或备份，而这些操作也会被应用到组成库的所有文件夹上。

Windows 7 系统初始包含视频、文档、图片、音乐 4 个库，用户也可以增加新库，如可以建立"下载软件"库，如图 2-25 所示，对本机下载的软件进行统一的管理。实际上，它并不是将存在于不同路径的文件移动到一起，而且通过库将这些文件的快捷方式整合在一起，大大提高了文件访问和查找效率。

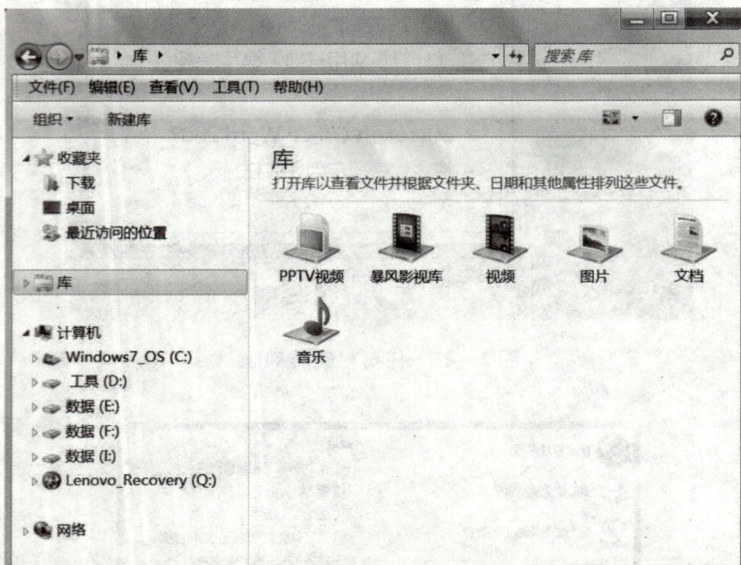

图 2-25 库

家庭组的目的是让用户更容易在局域网中共享资源。用户可以建立家庭组或加入已经建好的家庭组进行计算机数据共享，共享文件、照片、音乐和打印机，而且用户还可以设置共享文件的类型。

4. Windows 7 窗口的智能缩放功能 在 Windows 7 中加入了窗口的智能缩放功能，当用户使用鼠标将窗口拖动到显示器的边缘时，窗口即可最大化或平行排列。使用鼠标拖动并轻轻晃动窗口，即可隐藏当前不活动的窗口，使繁杂的桌面立刻变得简单舒适。

5. Windows 7 更新的操作中心 Windows 7 去掉了以前操作系统里的"安全中心"，取而代之的是"操作中心"（Action Center）。"操作中心"除了有"安全中心"的功能外，还有系统信息维护、计算机问题诊断等功能，如图 2-26 所示。

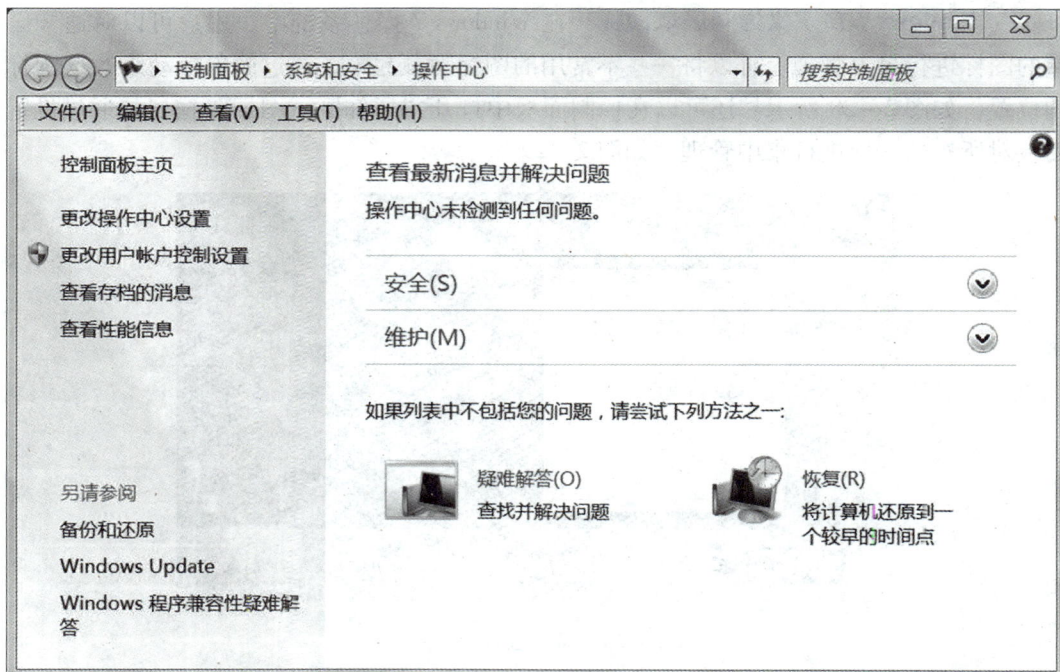

图 2 – 26　操作中心

6. Windows 7 全新的字体管理器　Windows 7 中以前操作系统中的"添加字体"对话框已不复存在，取而代之的是"字体管理器"窗口，用户可以选择适合的字体进行设置，如图 2 – 27 所示。

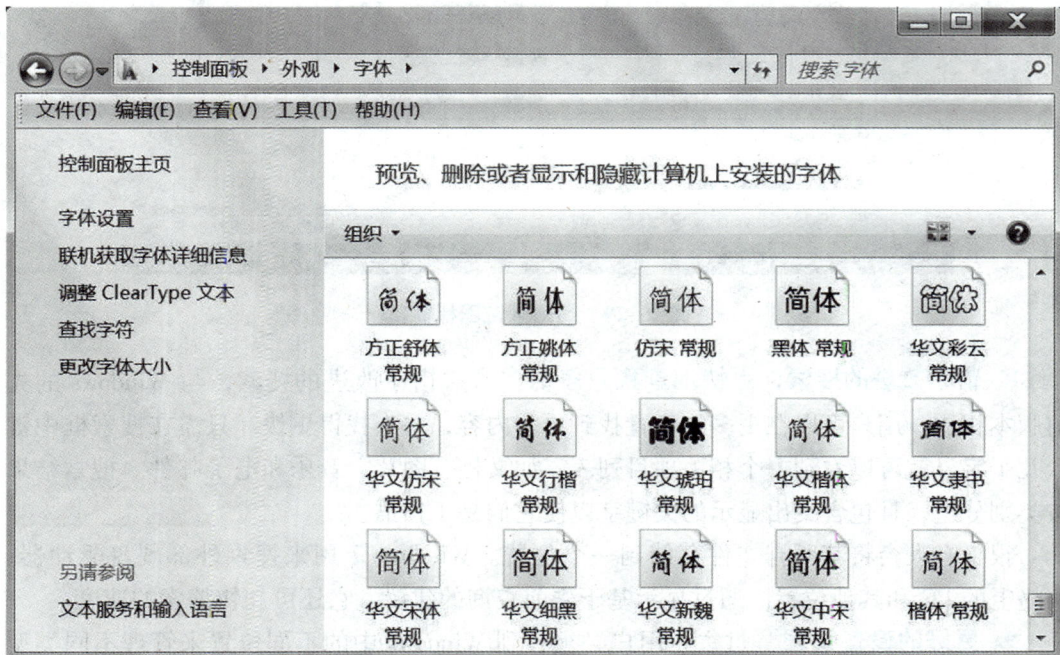

图 2 – 27　字体管理器

7. Windows 7 自定义通知区域图标　在 Windows 7 操作系统中，用户可以对通知区域的图标进行自由管理。可以将一些不常用的图标隐藏起来，通过简单拖动来改变图标的位置，如图 2 - 28 所示。还可以在控制面板中打开"通知区域图标"窗口，通过设置面板对所有的图标进行集中管理，如图 2 - 29 所示。

图 2 - 28　通知区域隐藏图标

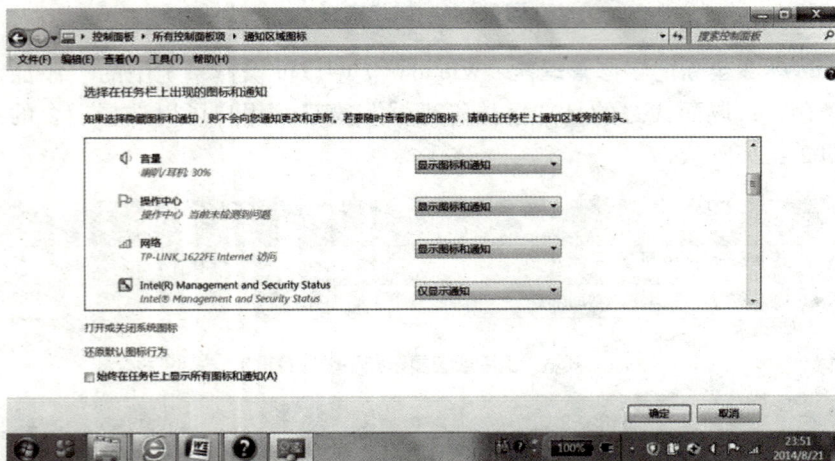

图 2 - 29　通知区域图标窗口

8. 借助改进的搜索，更快地查找更多的内容　由于改进的搜索，与 Windows 的先前版本相比，用户可以在更多的位置找到更多内容，并查找得更快。只需在搜索框中键入几个字母就可以看到一个相关项目列表，如文档、图片、音乐和电子邮件。搜索结果按类别分组，且包含突出显示的关键字以使它们易于扫描。

很少有人会将其所有文件存储到一个位置。Windows 7 用来搜索外部硬盘驱动器、网络上的 PC 和其他位置。通过显示基于先前查询的建议，它还可加快搜索的速度。

9. 更好的设备管理　过去，用户必须转到 Windows 中的不同位置来管理不同类型的设备。在 Windows 7 中，存在一个单一的"设备和打印机"位置，如图 2 - 30 所示，用于连接、管理、使用打印机和电话等设备。从此处可以与设备交互、浏览文件及管理设置。将设备连接到 PC 时，只需单击几下就可将其启动并运行。

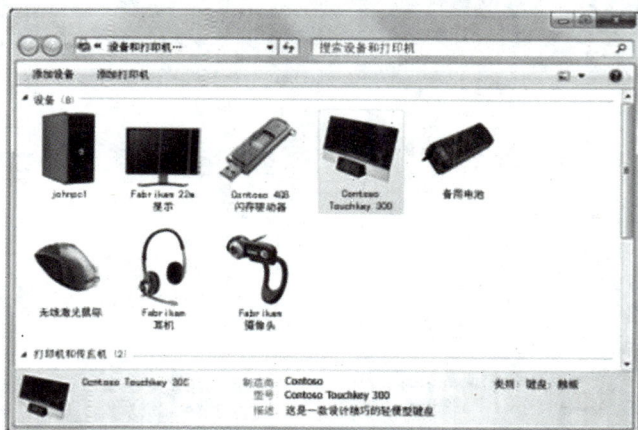

图 2-30　设备和打印机

10. Windows 7 的 BitLocker 加密功能　Windows 7 旗舰版中为用户提供了一个强大的 BitLocker 加密功能，此功能最早出现在 Vista 操作系统中。BitLocker 加密能够同时支持 FAT 和 NTFS 两种格式，用来加密保护用户数据，可以加密电脑的整个系统分区，也可以加密可移动的便携存储设备，如 U 盘和移动硬盘等。其中对 U 盘等移动存储设备进行加密的 BitLocker To Go 是最新加入的一项功能。

在 Windows 7 操作系统控制面板的"系统和安全"中找到"BitLocker 驱动器加密"，如图 2-31 所示。单击"BitLocker 驱动器加密"，如图 2-32 所示，再选择要加密的驱动器右侧的"启用 BitLocker"，接着选择希望解锁驱动器的方式，如图 2-33 所示。

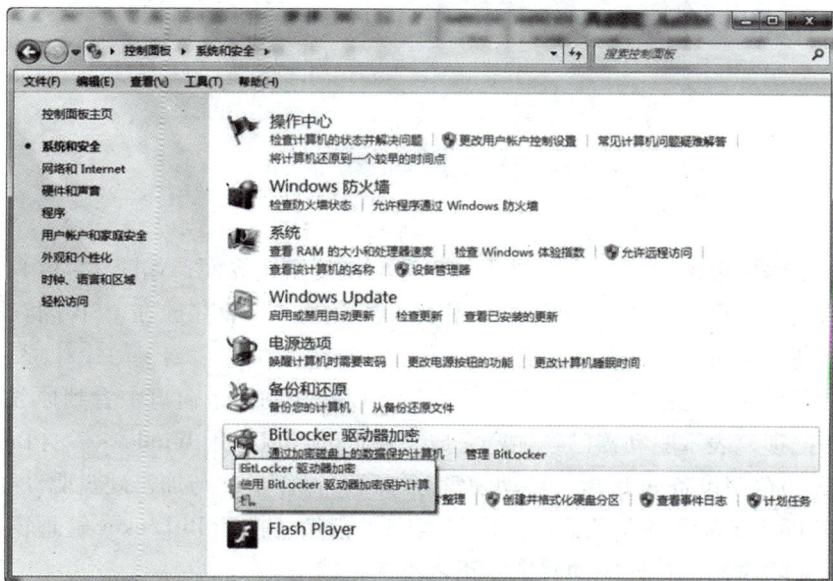

图 2-31　BitLocker 驱动器加密

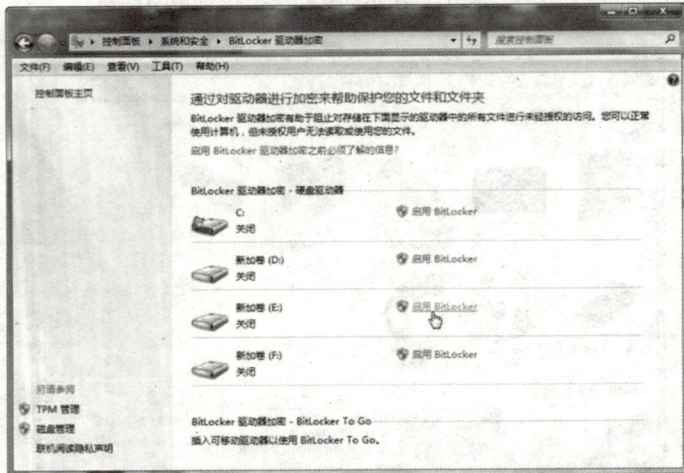

图 2 – 32　选择加密驱动器

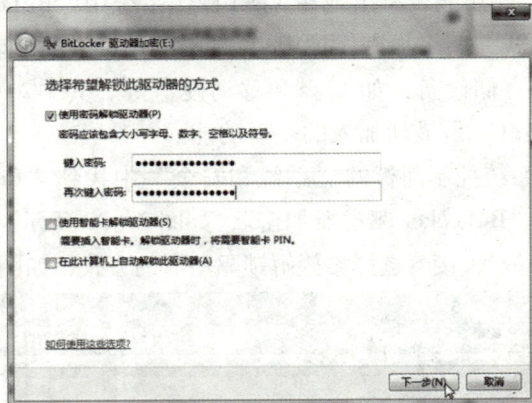

图 2 – 33　设置解锁驱动器方式

设置好密码后单击"下一步"进入如何存储恢复密钥界面，如图 2 – 34 所示。选择保存密钥的地方，再单击"下一步"即完成加密设置。一般存放在 USB 闪存驱动器中安全系数最高，备份好密钥避免遗忘。

加密过程时间可能比较长，加密完成之后可以在控制面板窗口中看到原先的磁盘图标上多了一把锁，表示驱动器已经加密完成。用户还可以利用 Windows 7 的 BitLocker To Go 功能给移动存储设备如 U 盘、移动硬盘等加密，操作步骤与加密硬盘驱动器相似。

使用 BitLocker 加密的驱动器也可以将其密码删除，打开 BitLocker 管理窗口就可以修改或彻底删除密码，让该驱动器恢复正常不加密状态。

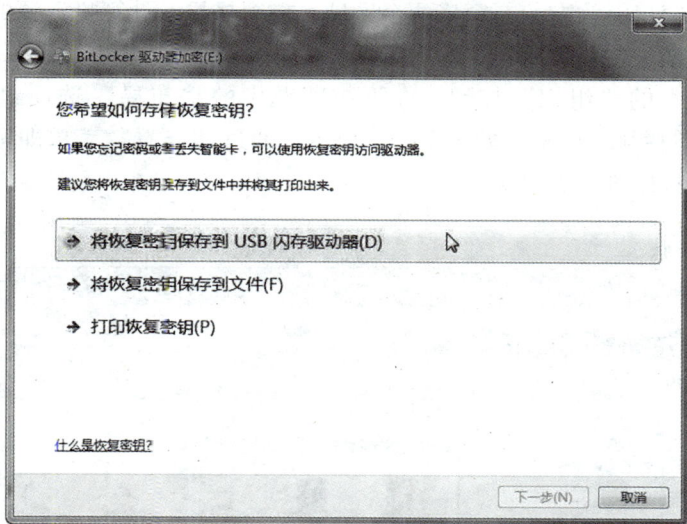

图 2 - 34　存储密钥

2.3.3　Windows 7 资源管理器

Windows 资源管理器的主要功能是管理计算机里的资源，也是 Windows 管理文件和文件夹的重要工具之一。资源管理器可以以分层的方式显示计算机内所有的文件。使用资源管理器可以更方便地实现浏览、查看、移动和复制文件或文件夹等操作，可不必打开多个窗口，只在一个窗口中就可以浏览所有的磁盘和文件夹。启动资源管理器的方法如下：①在"开始"菜单中选择"计算机"。②右击"开始"按钮，在弹出的快捷菜单中选择"打开 Windows 资源管理器"。③在"开始"菜单中单击"所有程序"，在"附件"中选择"资源管理器"。

如图 2 - 35 所示即为打开后的资源管理器窗口。

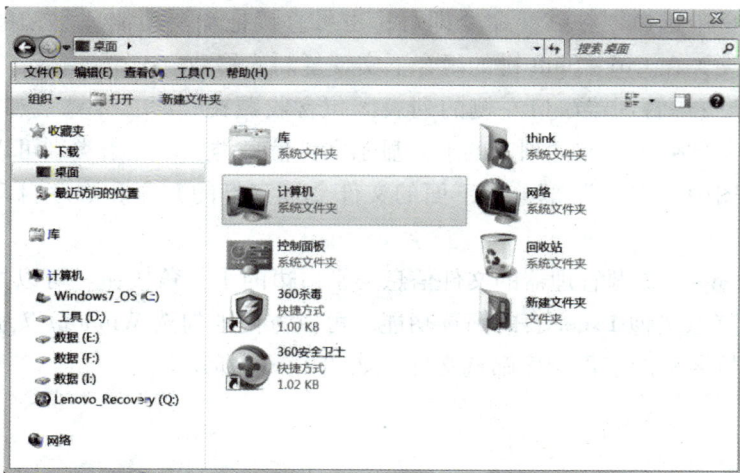

图 2 - 35　资源管理器

资源管理器窗口分为左、右窗格两个区域。左窗格显示计算机资源的结构组织，右窗格显示左窗格选定的对象所包含的内容。

单击工具栏上的"组织"按钮，在下拉菜单中的"布局"选项组中选择"菜单栏"，将会把菜单栏显示出来，如图 2 – 36 所示。通过"查看"菜单即可以对右窗格内容的显示风格和排序方式做出选择。

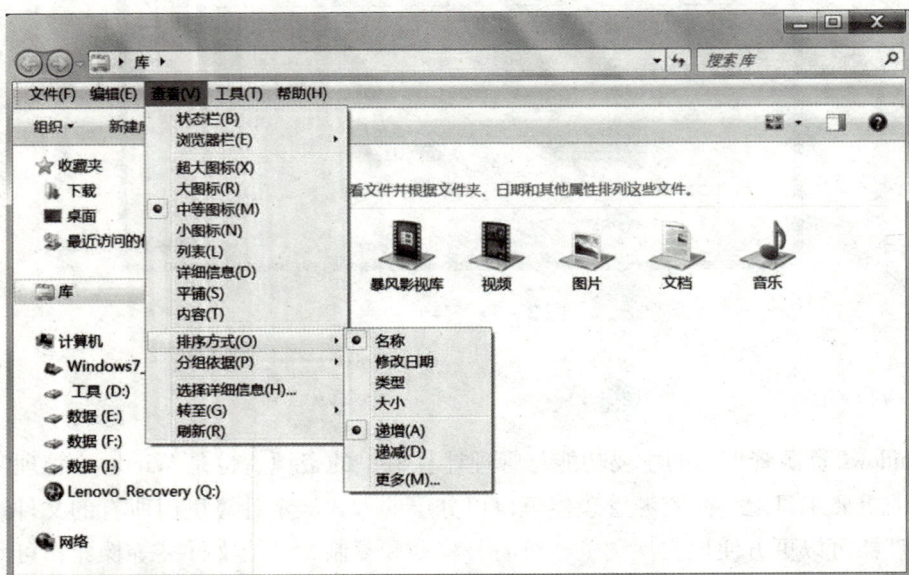

图 2 – 36　资源管理器中菜单栏

若要移动或复制文件或文件夹，可选中要移动或复制的文件或文件夹，单击右键，在弹出的快捷菜单中选择"剪切"或"复制"命令，选择目标文件夹，单击右键，在弹出的快捷菜单中选择"粘贴"命令即可；也可直接拖动要复制或移动的文件或文件夹到目标文件夹，在 Ctrl + Shift 键的组合下实现复制或移动。

Windows 7 资源管理器窗口左侧的列表区包含收藏夹、库、计算机和网络等资源，右边部分显示文件列表，文件列表的上方显示文件信息类别。点击类别可以反复切换排列顺序，点击图中"名称"部分，下面的文件会按字母的升序和降序自动排序，如图 2 –37所示。

点击 Windows 7 资源管理器的文件信息类别右边的小三角按钮，可以按条件自动详细筛选文件，有点类似 Excel 表的筛选功能。可以方便地勾选 Windows 7 资源管理提供的字母范围，按名称的字母顺序筛选文件，如图 2 – 38 所示。

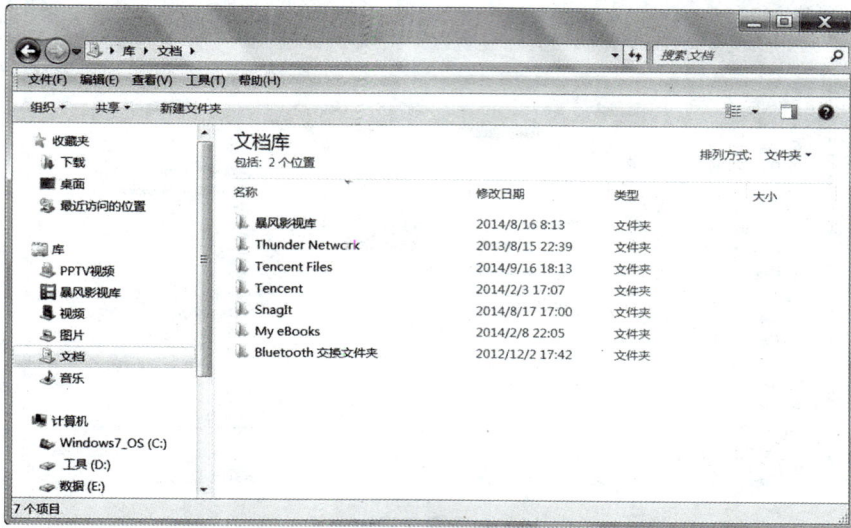

图 2 – 37　点击分类名称可以自动排序

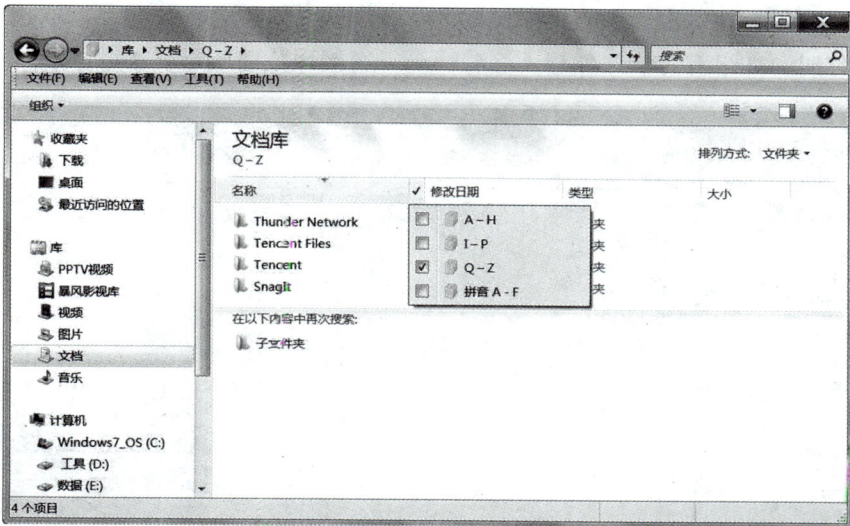

图 2 – 38　按条件筛选分类信息

　　Windows 7 资源管理器可以显示非常丰富的文件信息，用鼠标右键点击分类区域，可以看到当前文件可以显示的详细信息类别，只需勾选需要显示的信息类别，相关信息便会立刻显示出来，如图 2 – 39 所示。

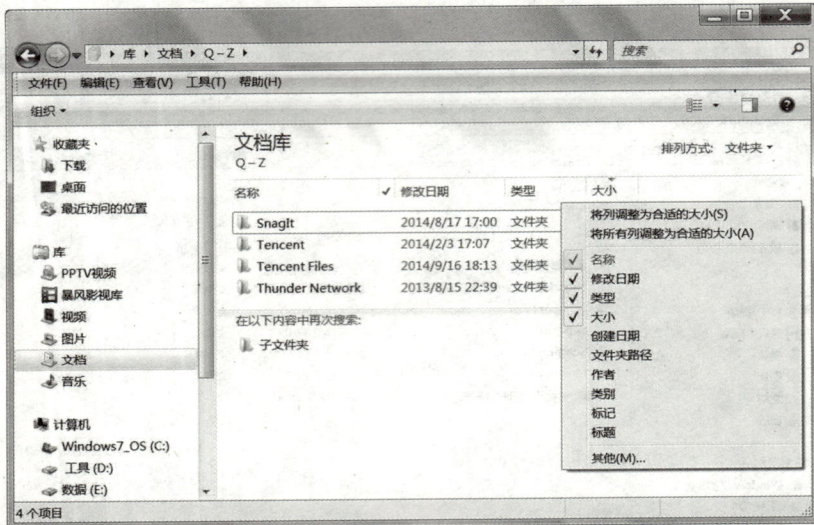

图 2 – 39　勾选显示更多分类信息

Windows 7 系统资源管理器提供了非常方便的文件预览功能，点击预览窗格按钮
▢ 即可打开和关闭 Windows 7 资源管理器的预览窗格，如图 2 – 40 所示。对于音乐和
视频文件，可以在预览窗格中直接播放文件。有了这个直观方便的文件预览功能，在整
理音乐文件时，如果有哪个文件想不起旋律了，直接预览播放一下就可以了。

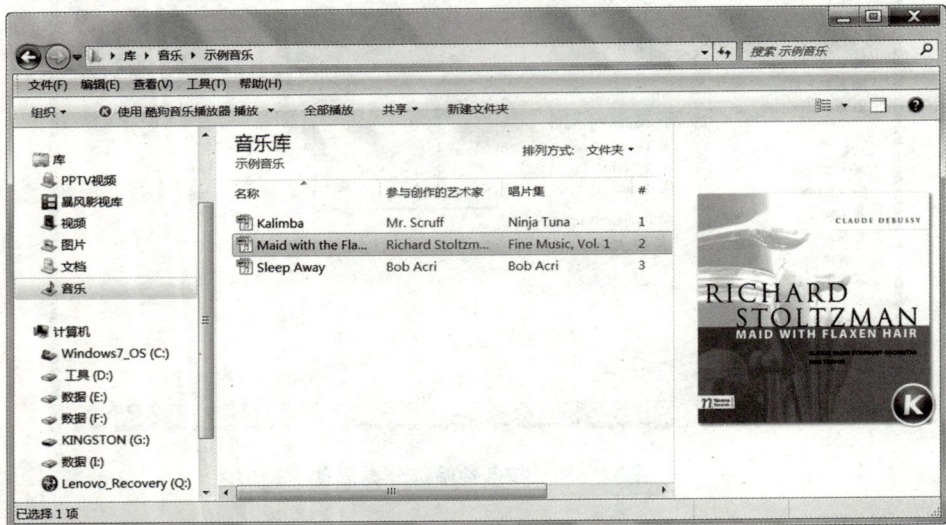

图 2 – 40　Windows 7 资源管理器的文件预览

点击 Windows 7 资源管理器的"组织"按钮，在"布局"选项组中选择"细节窗
格"，可以打开 Windows 7 资源管理器底部的文件细节显示部分，如图 2 – 41 所示。

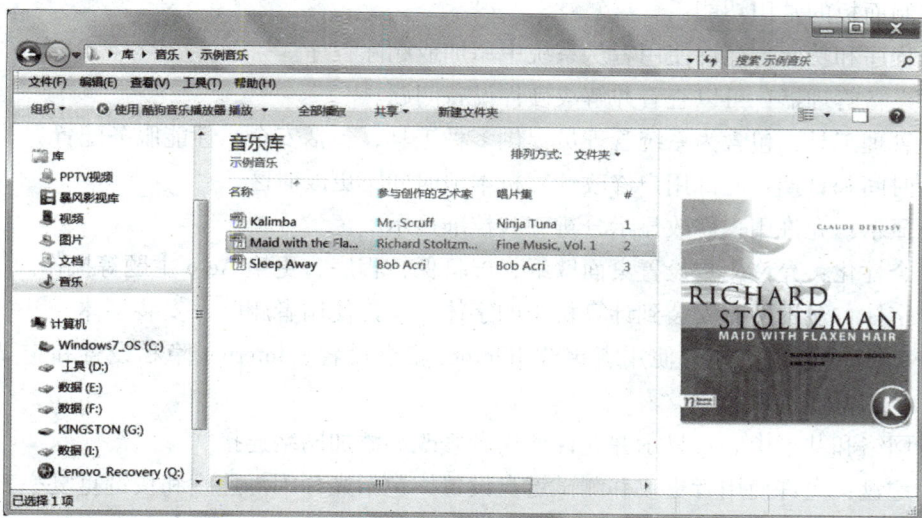

图 2 –41　Windows 7 资源管理器的细节窗格

　　Windows 7 的资源管理器提供了更加丰富和方便的功能，除了以上介绍的文件信息查询之外，还有高效搜索框、库功能、灵活地址栏、丰富视图模式切换等，可以帮助我们轻松有效地提高文件操作效率。

2.3.4　Windows 7 控制面板及系统设置

　　作为新一代的操作系统，Windows 7 发生了重大的变革，Windows 7 新颖的个性化设置在视觉上为用户带来了不一样的感受。

　　Windows 7 中控制面板可用来进行系统管理和系统环境设置，是 Windows 7 的功能控制和系统配置中心，提供丰富的专门用于更改 Windows 外观和行为方式的工具。通过单击"开始"菜单中的"控制面板"选项可以打开控制面板，如图 2 –42 所示。

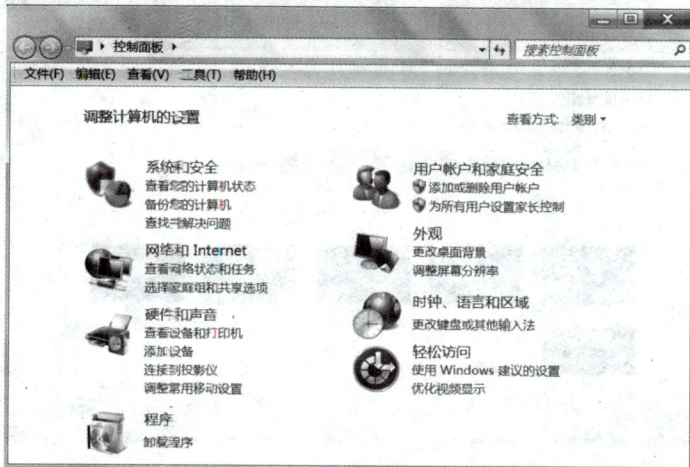

图 2 –42　控制面板

控制面板的常用功能：

☞程序和功能：允许使用者从系统中添加或删除程序。

☞设备管理器：可以查看并解决硬件设备问题。

☞管理工具：包含为系统管理员提供多种工具，包括安全、性能服务配置。

☞时间和日期：允许用户修改计算机本地时间，更改时区。

☞显示：允许用户修改显示分辨率和校准显示颜色。

☞个性化：允许用户设置桌面壁纸、屏幕保护程序，更换 Aero 主题等操作。

☞字体：显示所有安装到计算机中的字体，允许使用者删除、安装字体。

☞Internet 选项：允许使用者更改 Internet 安全设置、Internet 隐私设置和定义主页等浏览器选项。

☞网络和共享中心：显示并允许使用者修改和添加网络连接。

☞键盘：允许使用者更改并测试键盘设置，包括光标闪烁速度和按键重复率。

☞设备和打印机：显示所有安装在计算机上的打印机和传真设备，并允许使用者配置该设备或移除。

☞区域和语言：可允许使用者更改时间区域，更改数字、货币的显示方式。

☞声音：允许使用者调整音量等其他相关功能。

☞系统：查看计算机的基本系统信息，显示用户计算机的常规信息。

☞任务栏和开始菜单：更改任务栏和开始菜单的行为和外观。

☞用户账户：允许使用者控制系统中用户账户，如添加账户、删除账户、设置账户密码等操作。

1. 桌面显示属性设置

（1）桌面背景　桌面背景可以是个人收集的数字图片、Windows 提供的图片、纯色或带有颜色框架的图片。可以选择一个图像作为桌面背景，也可以显示幻灯片图片，如图 2-43 所示。

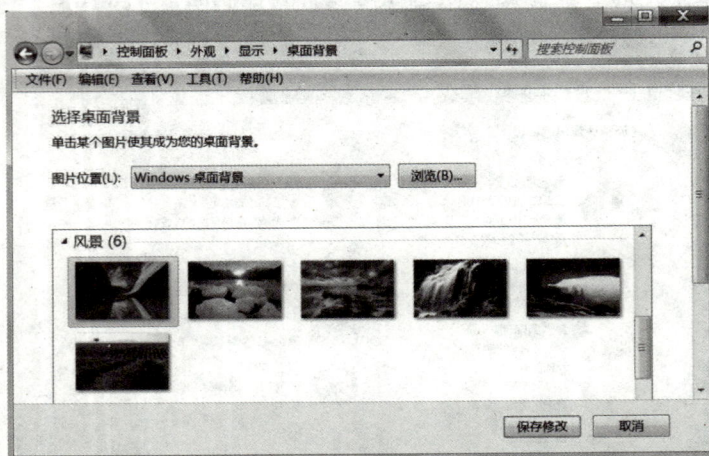

图 2-43　设置桌面背景

①单击控制面板中"外观和个性化"类别下的"更改桌面背景",打开桌面背景。
②单击选中准备用于桌面背景的图片或颜色。

要将自定义的图片设置为桌面背景可通过单击"图片位置"列表中的选项查看其他类别,或单击"浏览"搜索计算机上的图片,找到所需的图片后,双击该图片即可。

单击"图片位置"下的箭头,选择"填充、适应、拉伸、平铺、居中"显示,然后单击"保存更改"。

Windows 7 桌面支持幻灯片壁纸播放功能,打开"控制面板"中的"桌面背景"窗口,然后选中多幅背景图片,并设置图片的播放时间间隔,即可将桌面多幅图片进行幻灯片播放。

(2) 调整显示器分辨率 打开"控制面板",在"外观和个性化"类别下,单击"调整屏幕分辨率",打开"屏幕分辨率"。单击"分辨率"旁边的下拉列表,将滑块移动到所需的分辨率,然后单击"应用"。单击"保留更改"使用新的分辨率,或单击"还原"回到以前的分辨率,如图 2-44 所示。分辨率越高,屏幕越清楚,图标等项目越小。

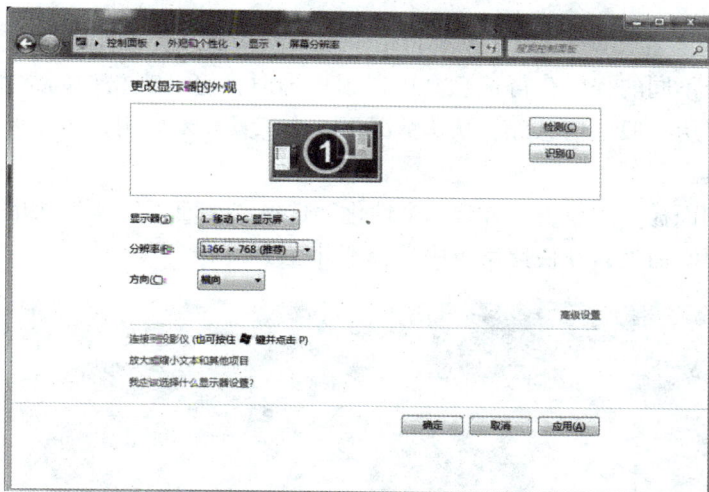

图 2-44 调整分辨率

(3) 设置屏幕保护程序 在"控制面板"中单击"外观和个性化"选择"屏幕保护程序设置"。在"屏幕保护程序"列表中,单击要使用的屏幕保护程序,然后单击"确定"。如果选中"在恢复时显示登录屏幕",当结束屏幕保护后,会显示 Windows 7 登录界面,有密码的话会要求再次输入密码,如图 2-45 所示。

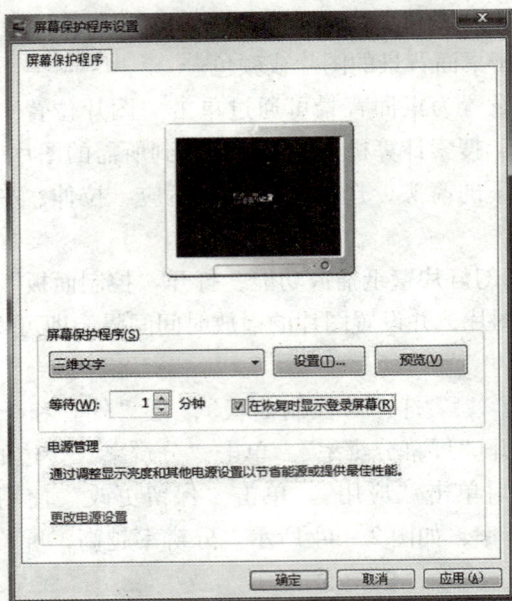

图 2 - 45　设置桌面保护程序

（4）桌面小工具　Windows 7 系统自带了很多实用、漂亮的小工具，使用者可以通过小工具从多个不同的程序获得信息，可以提供即时信息及轻松访问常用工具的途径，如天气信息、日历和股票信息等。默认情况下，小工具并未启用，用户可按照以下步骤启用桌面小工具。

①在"控制面板"中单击"外观和个性化"选择"桌面小工具"，如图 2 - 46 所示。
②右击桌面空白处，在快捷菜单中选择"小工具"。

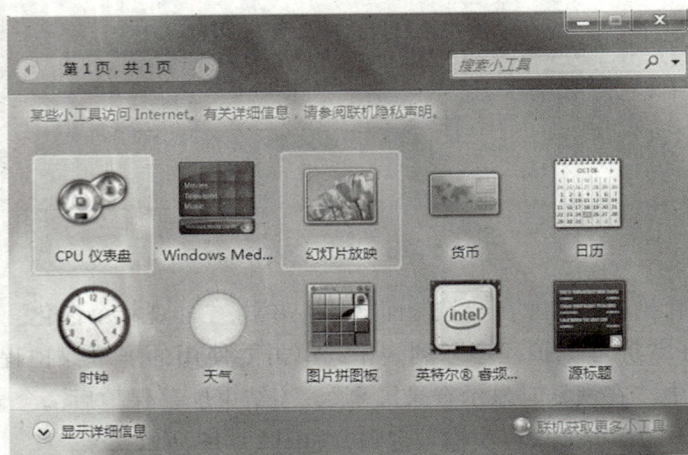

图 2 - 46　桌面小工具

2. 键盘和鼠标设置　键盘和鼠标是两个最基本最常用的输入设备，用户可根据自己的习惯对这两种设备进行个性化的设置，如鼠标指针外观、左右手习惯等，如图 2 - 47 所示。

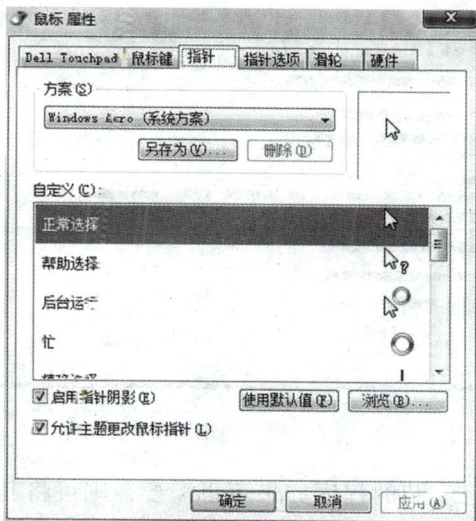

图 2 - 47　鼠标属性

3. 创建新用户　Windows 7 和 Windows XP 系统类似，也可以设置多个用户，不同帐号类型拥有不同的权限，各账户间相互独立，从而可达到多人使用同一台电脑又不会互相影响的目的。每个用户都可以使用自己的用户名和密码登录计算机。创建方式：打开控制面板，在"用户账户和家庭安全设置"项目下单击"添加或删除用户账户"，弹出的窗口如图 2 - 48 所示。

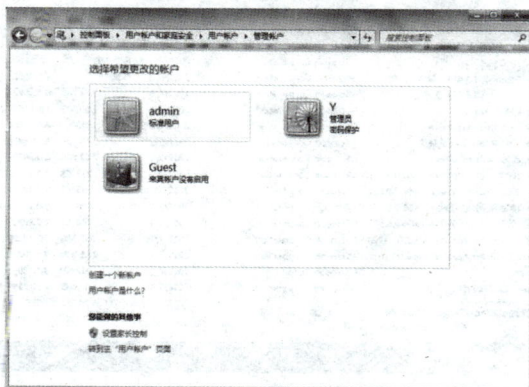

图 2 - 48　管理用户

可以更改已有的账户名称、密码、图片、类型等。如要创建一个新的用户，则单击图 2 - 48 所示窗口中的"创建一个新账户"，然后键入要为用户账户提供的名称，选择账户类型，然后单击"创建账户"，如图 2 - 49 所示。

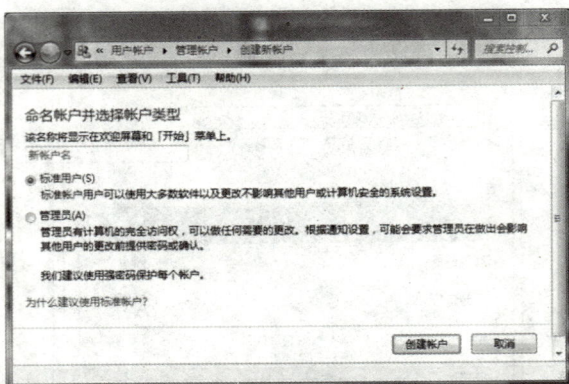

图 2-49　创建新用户

4. 卸载程序　通常已安装的程序如果不再需要，则可将其卸载，因为直接删除程序会在硬盘上留下大量垃圾文件。卸载可以直接调用程序附带的卸载功能，也可以使用Windows 7 提供的卸载程序。

打开控制面板，单击"程序"类别下的"卸载程序"，弹出的窗口如图 2-50 所示。在窗口下方选中将要卸载的项目，然后在工具栏中选择卸载按钮，即可完成卸载。

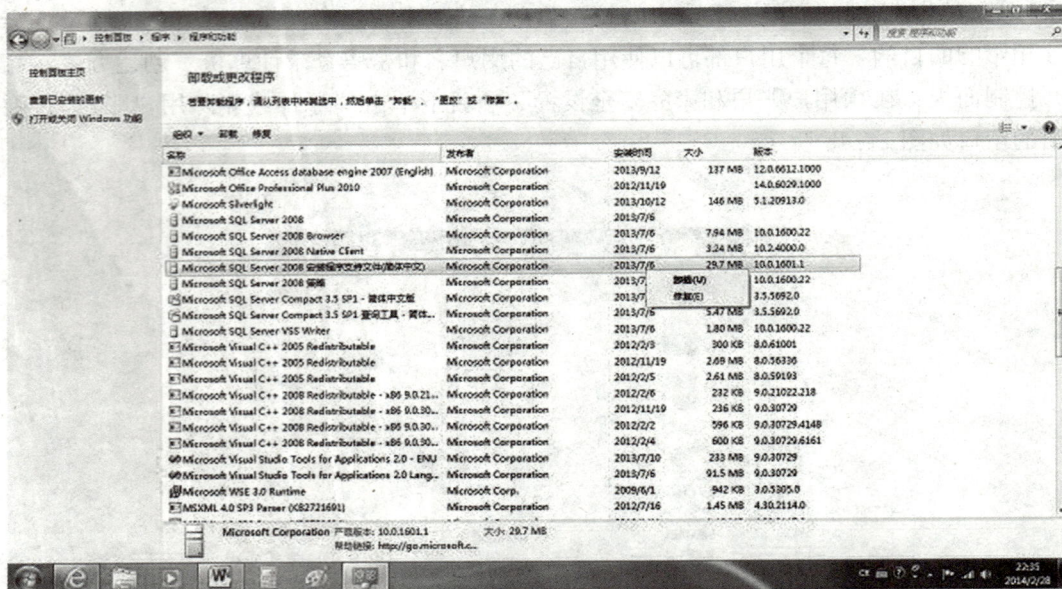

图 2-50　卸载程序

5. 系统信息与系统还原

（1）**系统信息**　系统信息显示有关您计算机硬件配置、计算机组件和软件（包括驱动程序）的详细信息。单击打开"系统信息"窗口，如图 2-51 所示。

系统信息在左窗格中列出了类别，在右窗格中列出了有关每个类别的详细信息。这些类别包括：

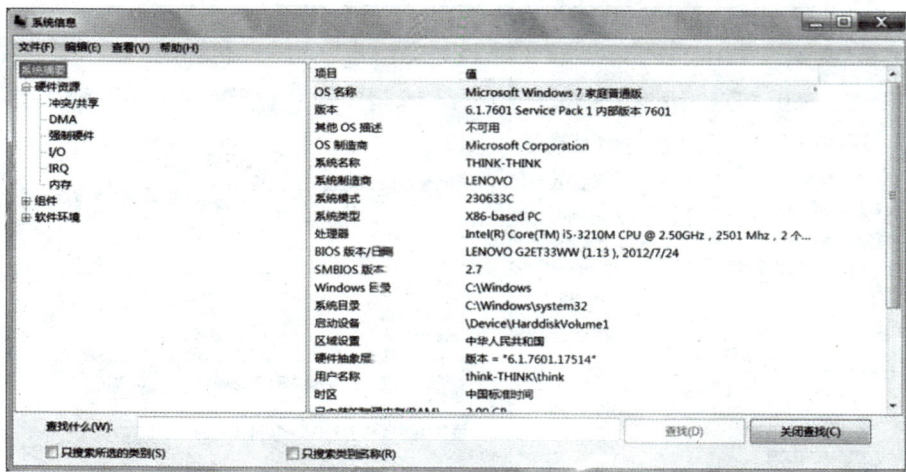

图 2-51 "系统信息"窗口

①系统摘要：显示有关计算机和操作系统的常规信息，如计算机名称和制造商、计算机所使用的基本输入/输出系统（BIOS）的类型及安装内存量。

②硬件资源：显示有关计算机硬件的高级详细信息，主要面向 IT 专业人员。

③组件：显示有关计算机上安装的磁盘驱动器、声音设备、调制解调器和其他组件的信息。

④软件环境：显示有关驱动程序、网络连接及其他与程序相关的详细信息。

若要在系统信息中查找特定的详细信息，请在窗口底部的"查找内容"框中键入要查找的信息。例如，若要查找计算机的 Internet 协议（IP）地址，则在"查找内容"框中键入 IP 地址，然后单击"查找"。

（2）系统还原　操作系统在使用过程中可能会发生故障，Windows 7 为我们提供了系统还原的功能，它可以将计算机的系统文件及时还原到之前某个运行正常的日期，并且不影响个人文件。用这种方式恢复系统的特点是简单、速度快。

系统还原使用名为"系统保护"的功能定期创建和保存计算机上的还原点。这些还原点包含有关注册表设置和 Windows 使用的其他系统信息的信息。默认情况下，安装了 Windows 的磁盘上（如 C 盘）已打开系统保护，可以自动创建还原点。除此之外，用户还可以根据需要手动创建还原点。

①单击"开始"菜单，右键单击右侧列表中的"计算机"选项，选择"属性"，弹出"系统"窗口。在左侧窗格中，单击"系统保护"，弹出的窗口如图 2-52 所示。

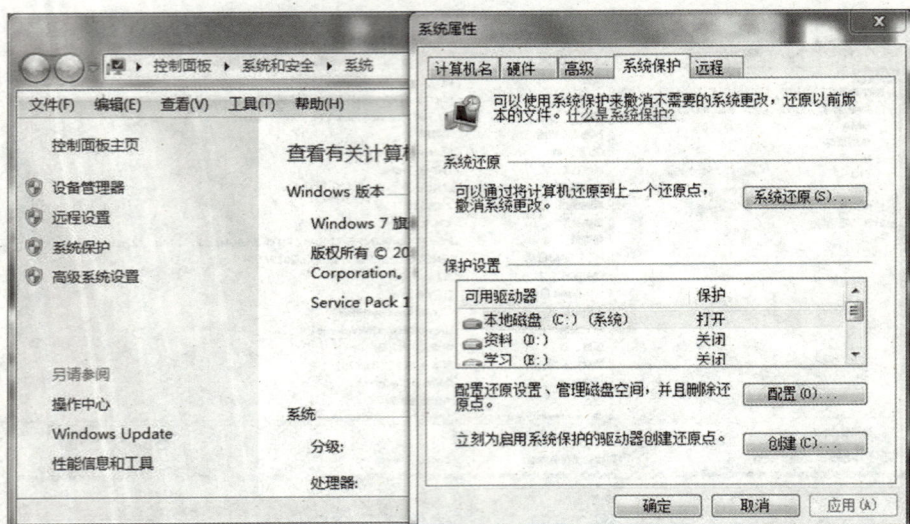

图 2-52　打开系统保护

②单击"系统保护"选项卡中的"系统还原"按钮，在弹出的窗口中选择合适的还原点，然后再完成还原。

③如果用户需要自定义还原点，则单击"创建"按钮，在新弹出的窗口中，键入还原点名称，然后单击"创建"。

6. 区域和语言设置　区域和语言设置用于更改显示日期、时间、货币和度量的格式，以及更改键盘和语言的选项。

打开控制面板，单击"时钟、语言和区域"，选择"区域和语言"，如图 2-53 所示。

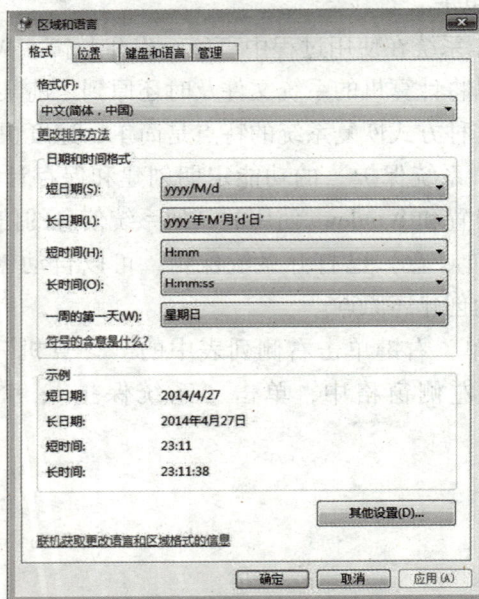

图 2-53　区域和语言

单击"格式"选项卡，在"格式"列表中选择合适的区域，然后选择要使用的日期和时间格式。单击最下方的"其他设置"，将弹出新的对话框，用户可以继续设置数字、货币、时间、日期、排序的规则。

7. 网络和 Internet 网络和 Internet 主要实现计算机上的网络连接，创建共享及 Internet 选项的管理。打开"控制面板"，在左侧列表中选择"网络和 Internet"，如图 2 - 54 所示。

图 2 - 54 网络和 Internet

（1）**网络和共享中心** 网络和共享中心提供了有关网络的实时状态信息。可以查看计算机是否连接在网络或 Internet 上、连接的类型，以及用户对网络上其他计算机和设备的访问权限级别。当设置网络或者网络出现问题时，可以从网络和共享中心找到更多有关网络映射中网络的详细信息，如图 2 - 55 所示。

（2）**家庭组** 使用家庭组，可在家庭网络上共享库和打印机。可以与家庭组中的其他人共享图片、音乐、视频、文档及打印机。家庭组受密码保护，并且始终可以选择与此组共享的内容。

（3）**Internet 选项** 通过 Internet 选项可以设置上网时浏览器的状态、清除临时文件、清扫历史记录、安全等，如图 2 - 56 所示。

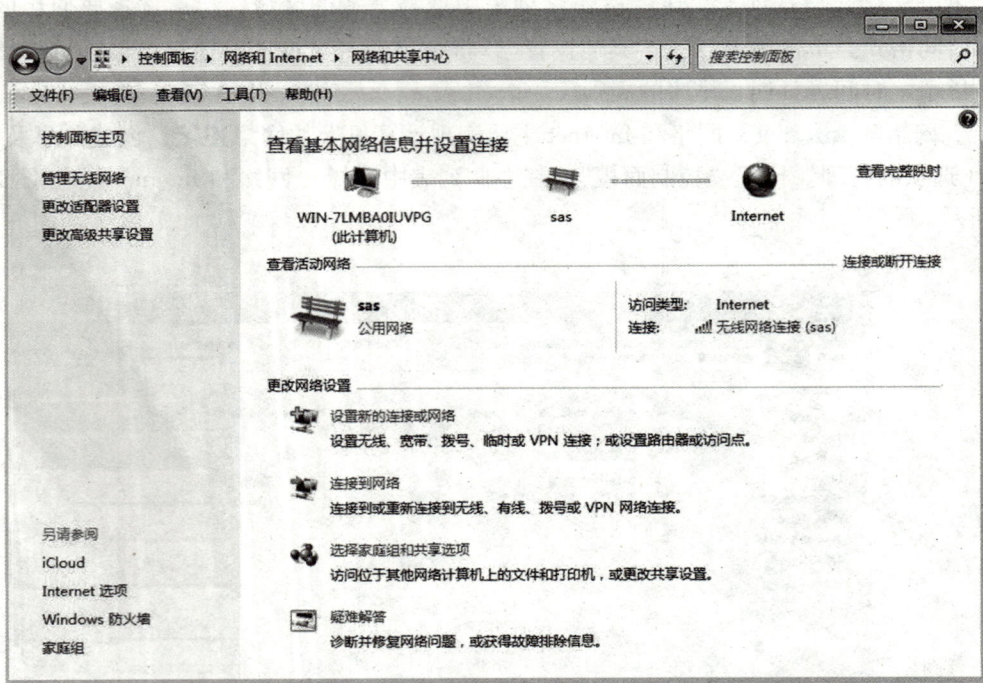

图 2 – 55   网络和共享中心

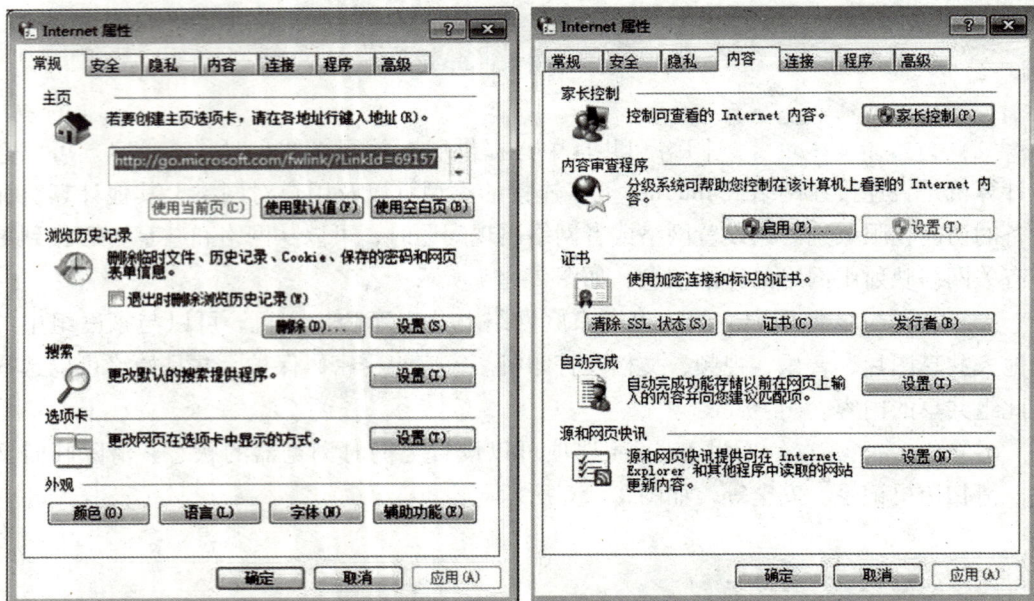

图 2 – 56   Internet 选项

8. 安装和删除打印机   使用计算机的过程中，安装打印机可以打印各种文档和图片等内容。在 Windows 7 中，不但可以在本地计算机上安装打印机，也可以安装网络打印机，使用网络中的共享打印机来完成打印作业。

（1）**安装本地打印机** 在安装本地打印机之前首先要进行打印机的连接，将打印机直接连接到计算机上，这称为"本地打印机"。如果所连接的打印机是通用串行总线（USB）型号，在插入后，Windows 将自动检测并安装此打印机。由于 Windows 7 自带了一些硬件的驱动程序，在启动计算机的过程中，系统会自动搜索新硬件并加载其驱动程序，在任务栏上会提示其安装的过程，如"查找新硬件""发现新硬件""已经安装好并可以使用了"等文本框。如果所连接的打印机为使用串行或并行端口连接的较旧型号，就需要使用打印机厂商所附带的光盘进行手动安装。

安装（添加）本地打印机的步骤：

①单击开始菜单中的"设备和打印机"或在"控制面板"窗口中双击"设备和打印机"图标，打开"设备和打印机"窗口，如图 2－57 所示。

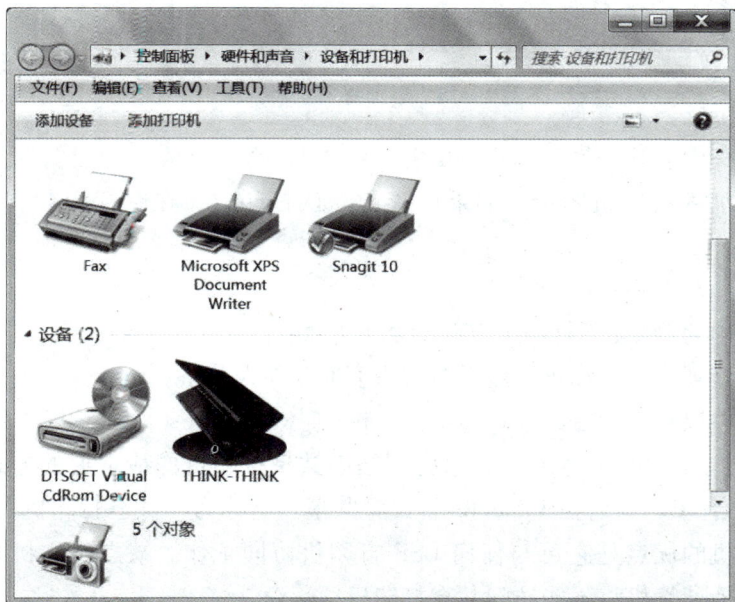

图 2－57 设备和打印机窗口

②单击窗口菜单栏下"添加打印机"选项，可启动"添加打印机向导"，在"添加打印机向导"中，单击"添加本地打印机"。

③在"选择打印机端口"页上，选择"使用现有端口"按钮和建议的打印机端口，然后单击"下一步"。

④在"安装打印机驱动程序"页上，选择打印机制造商和型号，然后单击"下一步"。如图 2－58 所示。

☞如果未列出打印机，请单击"Windows Update"，然后等待 Windows 检查其他驱动程序。

☞如果未提供驱动程序，但已安装 CD，请单击"从磁盘安装"，然后浏览到打印机驱动程序所在的文件夹。

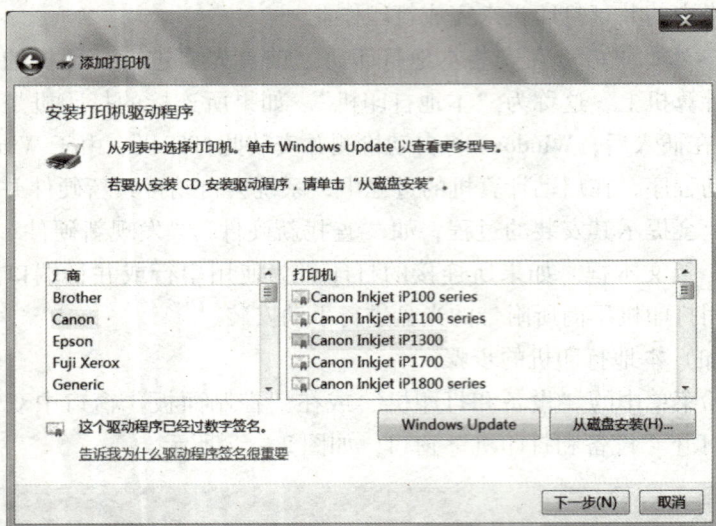

图 2-58　添加打印机对话框

⑤完成向导中的其余步骤，然后单击"完成"。全部完成后"设备和打印机"窗口中会出现刚添加的打印机图标，如果设置为默认打印机，在图标旁会有一个带"√"标志的符号。

(2) 安装网络打印机

家庭网络中的 PC 使用打印机有两种基本方式：

☞直接连接到一台计算机，然后与网络上的其他人共享。

☞在网络中以独立设备的方式连接打印机。

1）设置共享打印机：通常，在家庭网络中共享打印机的最常见的方式是将打印机连接到其中一台 PC，然后在 Windows 中设置共享。这称为"共享打印机"。

共享打印机的优点是它可与任何 USB 打印机协同工作。缺点是主机必须打开，否则网络中的其他计算机将不能访问共享打印机。

在以前版本的 Windows 中，设置共享打印机有时可能需要技巧。但是在 Windows7 中被称为"家庭组"的新的家庭网络功能已经极大地简化了此过程。

将某个网络设置为家庭组时，此网络上的打印机和特定文件将会自动共享。如果已经组建了一个家庭组并希望从家庭组的另一台 PC 访问共享打印机，只需按以下步骤进行操作：

☞在物理连接打印机的计算机上，单击「开始」按钮，再单击"控制面板"，在搜索框中键入家庭组，然后单击"家庭组"。

☞确保已选中"打印机"复选框（如果没有，选中后单击"保存更改"）。

☞转到要从中打印的计算机。

☞单击"安装打印机"。

☞如果尚未安装该打印机的驱动程序，请在出现的对话框中单击"安装驱动程序"。

☞打印机安装完成后，用户可以通过任何程序中的"打印"对话框进行访问，就像打印机直接连接到了你的计算机一样。打印机连接到的计算机必须为打开状态才能使用该打印机。

2）设置网络打印机：设计为作为独立设备直接连接到计算机网络中的打印机称为"网络打印机"，在大型办公室中被广泛使用。网络打印机与共享打印机相比有一个非常大的优势，就是随时可以使用。

网络打印机有两种常见类型：有线和无线。

☞有线打印机有一个以太网端口，用户可以通过以太网电缆连接到路由器或集线器。

☞无线打印机通常使用 Wi – Fi 或 Bluetooth 技术连接到用户的家庭网络。

安装一个网络、Wi – Fi 或 Bluetooth 打印机的步骤：

☞单击打开"设备和打印机"。

☞单击"添加打印机"。

☞在"添加打印机向导"中，单击"添加网络、无线或 Bluetooth 打印机"。

☞在可用的打印机列表中，选择要使用的打印机，然后单击"下一步"。

☞如有提示，请单击"安装驱动程序"在计算机中安装打印机驱动程序。如果系统提示输入管理员密码或进行确认，请键入该密码或提供确认。

☞完成向导中的其余步骤，然后单击"完成"。

（3）删除打印机　如果不再使用打印机，可以从"设备和打印机"窗口中删除该打印机。删除打印机的步骤如下：

☞单击打开"设备和打印机"窗口。

☞右键单击要删除的打印机，单击"删除设备"，然后单击"是"。如果无法删除打印机，请再次右键单击，依次单击"以管理员身份运行""删除设备"，然后单击"是"。如果系统提示输入管理员密码或进行确认，请键入该密码或提供确认。

如果打印列队中有未完成的作业，将无法卸载打印机。删除这些作业，或者等待系统完成打印。打印列队清空后，即可删除打印机。

9. 磁盘管理　磁盘是微型计算机必备的最重要的外存储器，现在可移动磁盘越来越普及，所以为了确保信息安全，掌握有关磁盘的基本知识和管理磁盘的正确方法是非常必要的。

（1）格式化磁盘　格式化磁盘可分为格式化硬盘和格式化软盘两种。格式化硬盘又可分高级格式化和低级格式化，高级格式化是指在 Windows 7 操作系统下对硬盘进行的格式化操作；低级格式化是指在高级格式化操作之间，对硬盘进行的分区和物理格式化。

进行格式化磁盘的具体操作如下：

①若要格式化的是移动硬盘或优盘，应先将其插入相应接口；若要格式化的是硬

盘，可直接执行第二步。

②单击"计算机"图标，打开"计算机"窗口，或打开资源管理器。

③选择要进行格式化操作的磁盘，单击"文件"菜单下的"格式化"命令，或右键单击要进行格式化操作的磁盘，在打开的快捷菜单（如图2-59）中选择"格式化"命令。

④打开"格式化"对话框，如图2-60所示。

图 2-59 "格式化"的快捷菜单	图 2-60 "格式化"对话框

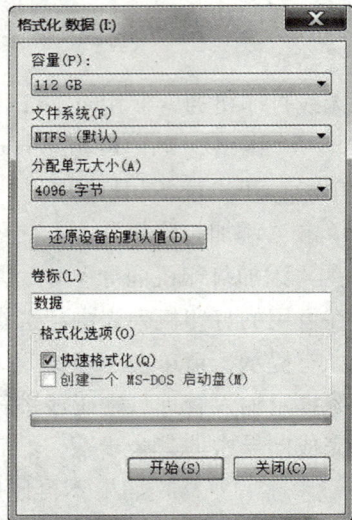

⑤格式化磁盘时可在"文件系统"下拉列表中选择 NTFS 或 FAT32，在"分配单元大小"下拉列表中选择要分配的单元大小。若需要快捷格式化，可选中"快速格式化"复选框。

快速格式化，不扫描磁盘的坏扇区而直接从磁盘上删除文件。只有在磁盘已经进行过格式化而且确认该磁盘没有损坏的情况下才使用该选项。

⑥单击"开始"按钮，将弹出"格式化警告"对话框，若确认要进行格式化，单击"确定"按钮即可开始进行格式化操作。

⑦这时在"格式化"对话框中的"进程"框中可看到格式化的进程。

⑧格式化完毕后，将出现"格式化完毕"对话框，单击"确定"按钮即可。

（2）清理磁盘　使用磁盘清理程序可以帮助用户释放硬盘驱动器空间，删除临时文件、Internet 缓存文件和可以安全删除不需要的文件，腾出它们占用的系统资源，以提高系统性能。

执行磁盘清理程序的具体操作如下：

①单击"开始"按钮，选择"所有程序"列表中的"附件"，在选项组中单击

"系统工具"下的"磁盘清理"命令。

②打开"选择驱动器"对话框，如图2－61所示。

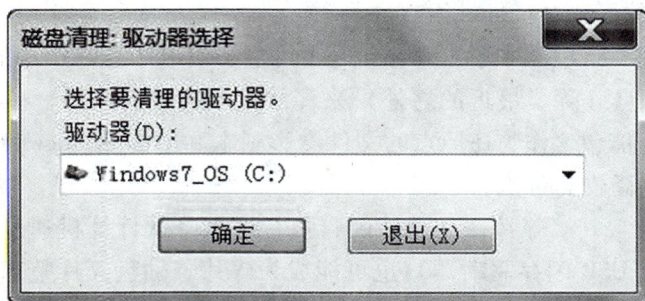

图2－61　"驱动器选择"对话框

③在该对话框中可选择要进行清理的驱动器。选择后单击"确定"按钮可弹出该驱动器的"磁盘清理"对话框，选择"磁盘清理"选项卡，如图2－62所示。

④在该选项卡中的"要删除的文件"列表框中列出了可删除的文件类型及其所占用的磁盘空间大小，选中某文件类型前的复选框，在进行清理时即可将其删除；在"获取的磁盘空间总数"中显示了若删除所有选中复选框的文件类型后，可得到的磁盘空间总数；在"描述"框中显示了当前选择的文件类型的描述信息，单击"查看文件"按钮，可查看该文件类型中包含文件的具体信息。

⑤单击"确定"按钮，将弹出"磁盘清理"确认删除对话框，单击"是"按钮，弹出显示清理进度的"磁盘清理"对话框，清理完毕后，该对话框将自动消失。

⑥若要删除不用的可选Windows组件或卸载不用的安装程序，可选择"其他选项"选项卡，如图2－63所示。

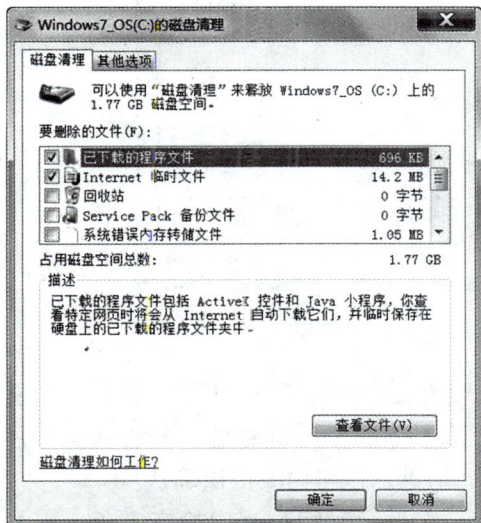

图2－62　"磁盘清理"选项卡

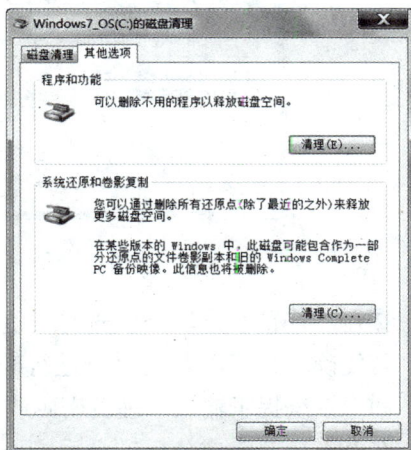

图2－63　"其他选项"选项卡

⑦在该选项卡中单击"程序和功能"选项组中的"清理"按钮，打开"程序和功能"窗口，可卸载或更改已安装的程序。若在该窗口中单击"打开或关闭 Windows 功能"，可删除不用的可选 Windows 组件。

在"磁盘清理"选项卡中单击"系统还原和卷影复制"选项组中的"清理"按钮，可以通过所有还原点（除了最近的之外）来释放更多的磁盘空间。在某些版本的 Windows 中，此磁盘可能包含作为还原点的文件卷影副本和旧的 Windows Complete PC 备份映像，删除些信息释放空间。

（3）清理磁盘碎片　碎片往往会使硬盘执行许多降低计算机速度的额外工作。可移动存储设备（如 USB 闪存驱动器）也可能成为碎片。磁盘碎片整理程序可以重新排列碎片数据，以便磁盘和驱动器能够更有效地工作。磁盘碎片整理程序可以按计划自动运行，但也可以手动分析磁盘和驱动器，以及对其进行碎片整理。

运行磁盘碎片整理程序的具体操作如下：

①单击"开始"按钮，选择"所有程序"列表中的"附件"选项组，单击"系统工具"下的"磁盘碎片整理程序"命令，打开"磁盘碎片整理程序"对话框，如图 2-64所示。

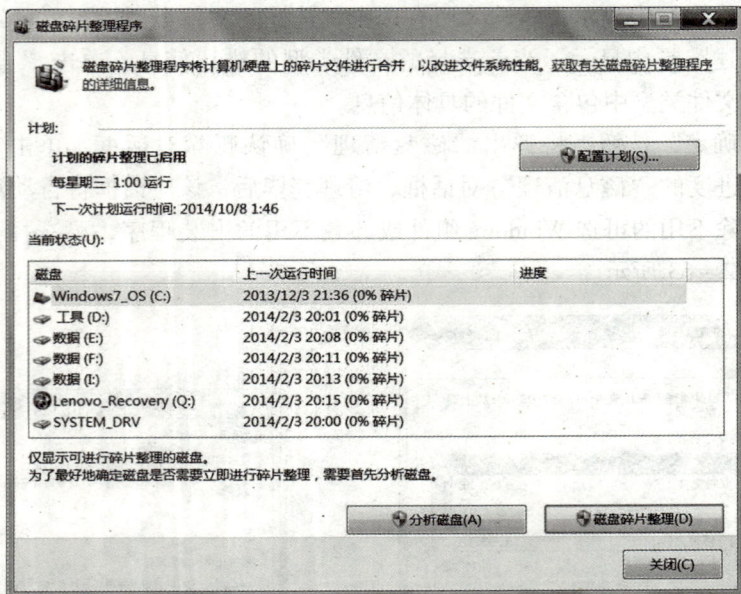

图 2-64　"磁盘碎片整理程序"对话框

②在"当前状态"下，选择要进行碎片整理的磁盘进行"分析磁盘"。

若要确定是否需要对磁盘进行碎片整理，请先单击"分析磁盘"分析磁盘碎片情况，如果系统提示输入管理员密码或进行确认，请键入该密码或提供确认。

在 Windows 完成分析磁盘后，可以在"上一次运行时间"列中检查磁盘上碎片的百分比。如果数字高于10%，则应该对磁盘进行碎片整理。

③磁盘碎片整理：单击"磁盘碎片整理"。如果系统提示输入管理员密码或进行确

认，请键入该密码或提供确认。

　　磁盘碎片整理程序可能需要几分钟到几小时才能完成，具体取决于硬盘碎片的大小和程度。在碎片整理过程中，仍然可以使用计算机。

　　如果磁盘已经由其他程序独占使用，或者磁盘使用 NTFS 文件系统、FAT 或 FAT32 之外的文件系统格式化，则无法对该磁盘进行碎片整理。

　　不能对网络位置进行碎片整理。

　　如果此处未显示希望在"当前状态"下看到的磁盘，则可能是因为该磁盘包含错误，这时应该首先尝试修复该磁盘，然后返回磁盘碎片整理程序重试。

　　（4）查看磁盘属性　　磁盘的属性通常包括磁盘的类型、文件系统、空间大小、卷标信息等常规信息，以及磁盘的查错、碎片整理等处理程序和磁盘的硬件信息等。

　　1）查看磁盘的常规属性：磁盘的常规属性包括磁盘的类型、文件系统、空间大小、卷标信息等，查看磁盘的常规属性可执行以下操作：

　　①双击"我的电脑"图标、打开"我的电脑"对话框。

　　②右键单击要查看属性的磁盘图标，在弹出的快捷菜单中选择"属性"命令。

　　③打开"磁盘属性"对话框，选择"常规"选项卡，如图 2 - 65 所示。

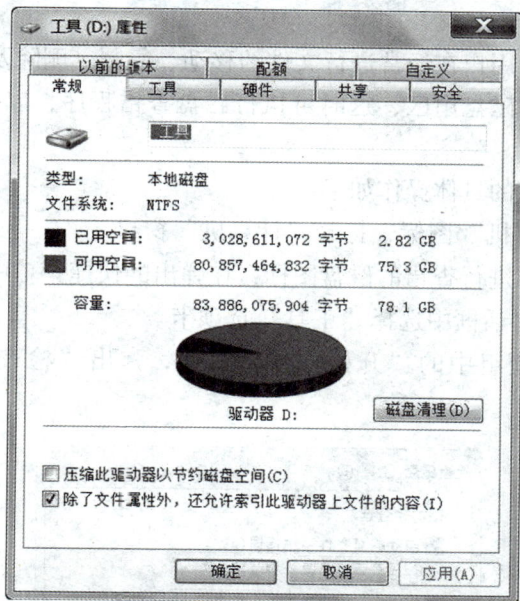

图 2 - 65　"常规"选项卡

　　④在该选项卡中，用户可以在最上面的文本框中键入该磁盘的卷标，在该选项卡的中部显示了该磁盘的类型、文件系统、已用空间及可用空间等信息；在该选项卡中以饼图显示该磁盘的容量、已用空间和可用空间的比例信息。

　　2）"工具"选项卡："工具"选项卡如图 2 - 66 所示，包括查错、碎片整理和备份三项内容。

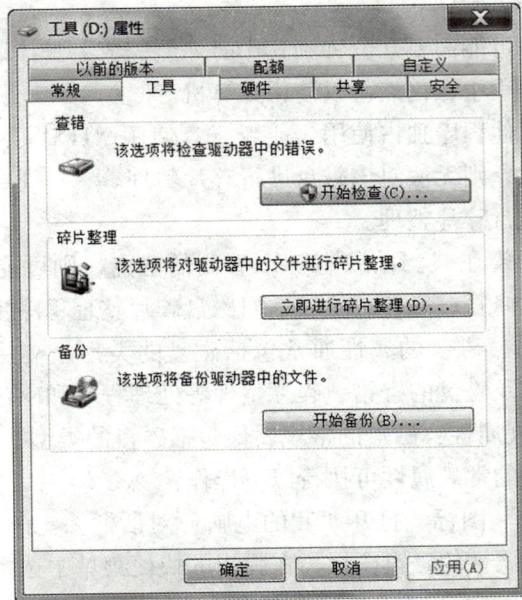

图 2 –66　　"工具"选项卡

　　①进行磁盘查错：用户在经常进行文件的移动、复制、删除及安装、删除程序等操作后，可能会出现坏的磁盘扇区，这时可执行磁盘查错程序，以修复文件系统的错误、恢复坏的扇区等。

　　执行磁盘查错程序的具体操作如下：

　　双击桌面的"计算机"图标，打开"计算机"窗口。

　　选中并右键单击要进行查错的磁盘图标，在弹出的快捷菜单中选择"属性"命令。

　　在"磁盘属性"对话框中选择"工具"选项卡。

　　单击"查错"选项组中的"开始检查"按钮，弹出"检查磁盘"对话框，如图2 –67所示。

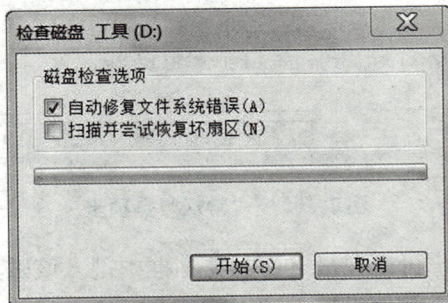

图 2 –67　　"检查磁盘"对话框

　　在该对话框中用户可选择"自动修复文件系统错误"和"扫描并尝试恢复坏扇区"选项，单击"开始"按钮，即可进行磁盘查错，在"进度"框中可看到磁盘查错的进度。

　　磁盘查错完毕后将弹出"正在检查磁盘"对话框，单击"确定"按钮即可。

②磁盘碎片整理：单击"碎片整理"选项组中的"开始整理"按钮，可执行"磁盘碎片整理程序"。

③备份与还原：单击"开始备份"打开"备份和还原"窗口，如图 2－68 所示。

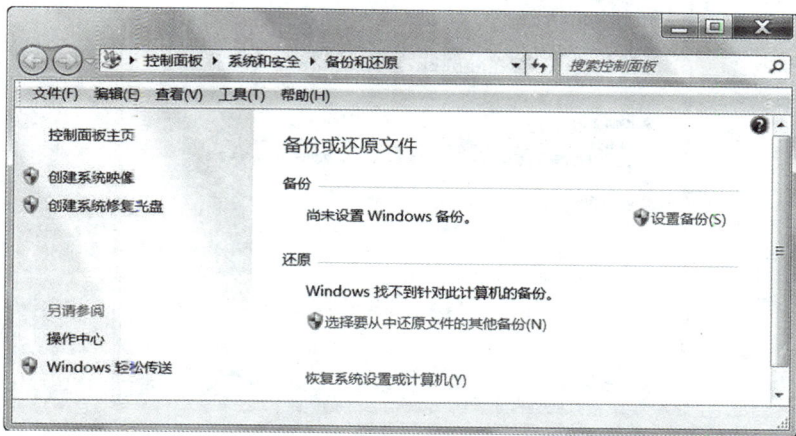

图 2－68　"备份和还原"窗口

☞文件备份：Windows 备份允许为使用计算机的所有人员创建数据文件的备份。可以让 Windows 选择备份的内容或者用户可以选择要备份的个别文件夹、库和驱动器。默认情况下，将定期创建备份。可以更改计划，并且可以随时手动创建备份。设置 Windows 备份之后，Windows 将跟踪新增或修改的文件和文件夹并将它们添加到你的备份中。

创建文件备份的操作步骤如下：

单击打开"备份和还原"。

如果以前从未使用过 Windows 备份，请单击"设置备份"，然后按照向导中的步骤操作。如果系统提示输入管理员密码或进行确认，请键入该密码或提供确认。

如果以前创建了备份，则可以等待定期计划备份发生，或者可以通过单击"立即备份"手动创建新备份。

建议不要将文件备份到安装 Windows 的硬盘中，防止因出现系统故障而损坏备份文件。应将用于备份的介质（外部硬盘、DVD 或 CD）存储在安全的位置。

☞系统映像备份：Windows 备份提供创建系统映像的功能，系统映像是驱动器的精确映像。系统映像包含 Windows 和系统设置、程序及文件。如果硬盘或计算机无法工作，则可以使用系统映像来还原计算机的内容。从系统映像还原计算机时，将进行完整还原，不能选择个别项进行还原，当前的所有程序、系统设置和文件都将因系统映像还原而被替换。尽管此类型的备份包括个人文件，但还是建议使用 Windows 备份定期备份文件，以便根据需要还原个别文件和文件夹。

创建系统映像备份的操作步骤如下：单击打开"备份和还原"窗口，单击窗口左侧的"创建系统映像"弹出相应对话框（图 2－69），指定创建的位置（可以指定到磁盘、在碟片和网络上），单击"下一步"，指定要备份的磁盘（图 2－70），单击"下一步"创建系统映像。

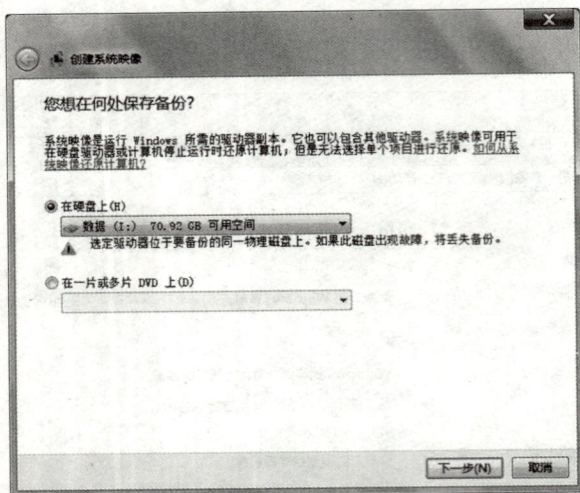

图 2 – 69　指定存放系统映像备份的位置

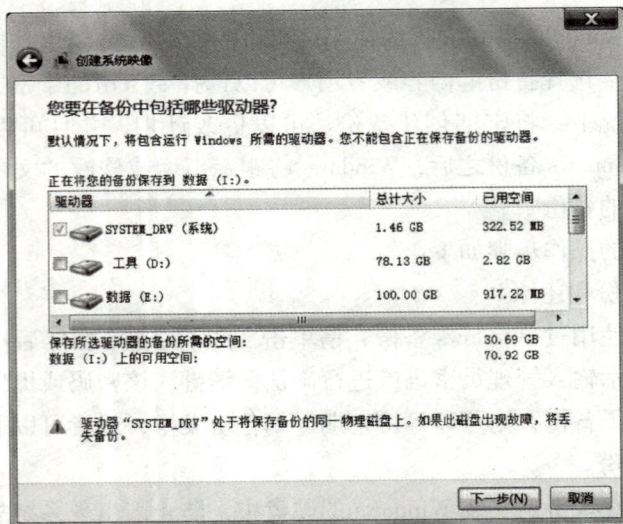

图 2 – 70　指定要备份的磁盘

☞从备份还原文件：可以还原丢失、受到损坏或意外更改的备份版本的文件，也可
　以还原个别文件、文件组成或者已备份的所有文件。

　　从备份还原文件的操作步骤如下：单击打开"备份和还原"。若要还原文件，请单
击"还原我的文件"。若要还原所有用户的文件。请单击"还原所有用户的文件"。若
要浏览备份的内容，请单击"浏览文件"或"浏览文件夹"。浏览文件夹时，将无法查
看文件夹中的个别文件。若要查看个别文件，使用"浏览文件"选项。

　　3）查看磁盘的硬件信息及更新驱动程序：若用户要查看磁盘的硬件信息或要更新
驱动程序，可执行下列操作：

①双击"计算机"图标,打开"计算机"窗口。

②右击磁盘图标,在弹出的快捷菜单中选择"属性"命令。

③打开"磁盘属性"对话框,选择"硬件"选项卡,如图2-71所示。

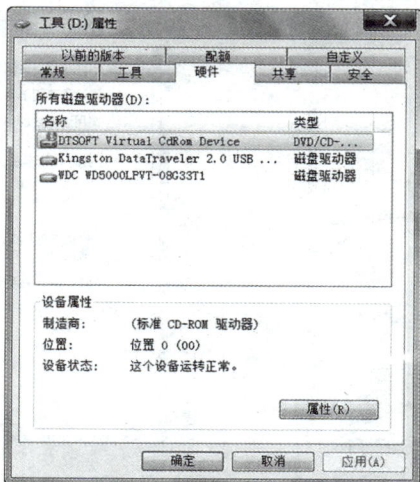

图2-71 "硬件"选项卡

④在该选项卡中的"所有磁盘驱动器"列表框中显示了计算机中的所有磁盘驱动器。单击某一磁盘驱动器,在"设备属性"选项组中看到关于该设备的信息。

⑤单击"属性"按钮,可打开设备属性对话框,在该对话框中显示了该磁盘设备的详细信息。

⑥若用户要更新驱动程序,可选择"驱动程序"选项卡。

⑦单击"更新驱动程序"按钮,即可在弹出的"硬件升级向导"对话框中更新驱动程序。单击"驱动程序详细信息"按钮,可查看驱动程序文件的详细信息;单击"返回驱动程序"按钮,可在更新失败后,用备份的驱动程序返回到原来安装的驱动程序;单击"卸载"按钮,可卸载该驱动程序。

⑧单击"确定"或"取消"按钮,可关闭该对话框。

4) 查看并设置共享:如图2-72所示,应用"共享"选项卡可以查看当前磁盘、网络文件和文件夹的共享信息。应用"高级共享"可以设置自定义权限,创建多个共享,并设置其他高级共享选项。应用"密码保护"可以设置打开此共享的用户账户和密码。

5) 设置"Ready Boost":如果想提高电脑的性能,通常会选择升级处理器、内存相关硬件,而在Windows 7操作系统中增加的Ready Boost功能,只需插入一个USB接口的闪存盘(如U盘),就能达到加快系统启动速度的效果。将U盘插入电脑的USB接口,Windows 7会弹出"自动播放"的窗口,选择"加速我的系统"选项,这时系统就会自动打开U盘"属性"面板中的"Ready boost"标签页,如图2-73所示(如果Windows 7系统中禁用了自动播放选项,同样可以在U盘图标上右键单击选择"属性"选项)。应用"Ready Boost"选项卡可以查看、设置当前设备上的可用空间以加快系统速度。可设置的选项包括：

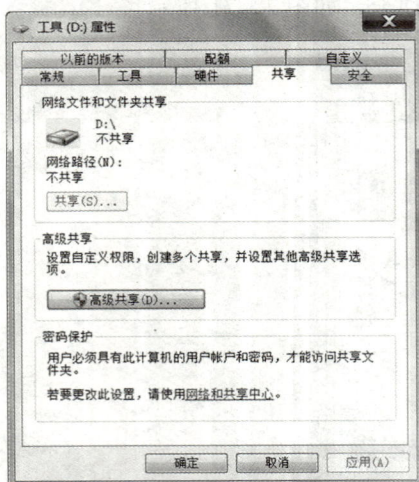

图 2 - 72 "共享" 选项卡

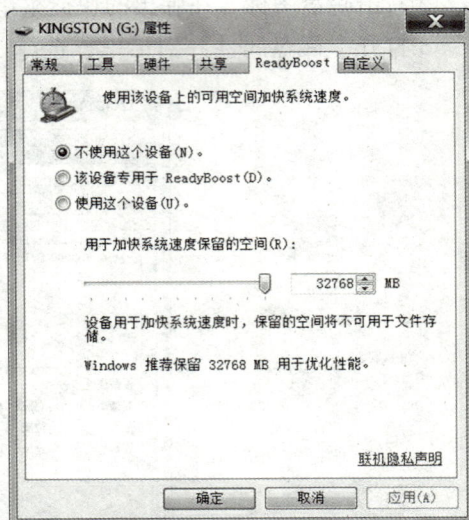

图 2 - 73 "Ready Boost" 选项卡

不使用这个设备。

该设备专用于 "Ready Boost"。

使用这个设备。选择该项时可设置该设备上的预留空间用于加快系统速度，保留的空间将不用于文件存储。

6）自定义：如图 2 - 74 所示，应用 "自定义" 选项卡可以设置优化文件夹和文件夹图片。

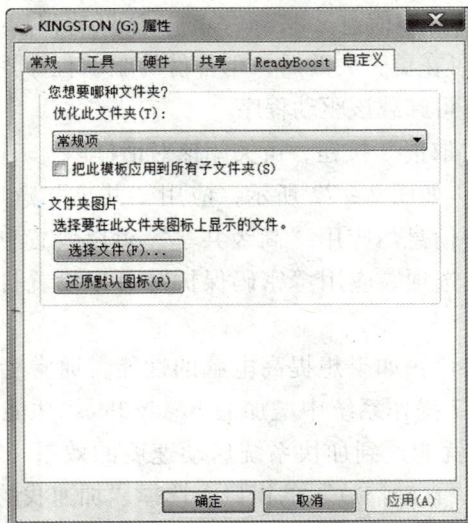

图 2 - 74 "自定义" 选项卡

10. 任务管理器的使用　任务管理器用来显示当前电脑中正在运行的程序、进程和服务，用户可以通过使用任务管理器监视电脑的性能或者关闭没有响应的程序或多余的进程。

（1）打开 Windows 7 任务管理器　在 Windows 7 操作系统中，用户可使用"Ctrl + Alt + Del"组合键进入选择页面，从中选择"启动任务管理器"；也可通过在任务栏处单击鼠标右键在快捷菜单中选择"启动任务管理器"，弹出的任务管理器窗口如图 2 - 75 所示。这个窗口中，包括了"应用程序""进程""服务""性能""联网"和"用户"6 个选项卡。

（2）应用程序选项卡　应用程序选项卡，如图 2 - 76 所示。在这个选项卡中，显示了当前用户打开的所有应用程序，用户可以选中某个想要结束的应用程序，单击"结束任务"，即可结束应用程序；用户可以选中某个应用程序后单击"切换"至按钮，实现激活选中应用程序的目的；单击"新任务按钮"，会弹出"创建新任务"对话框，在"打开"下拉列表文本框中，用户可以选择或输入相应的命令、IP 地址来运行相应的程序或访问相应的局域网主机。

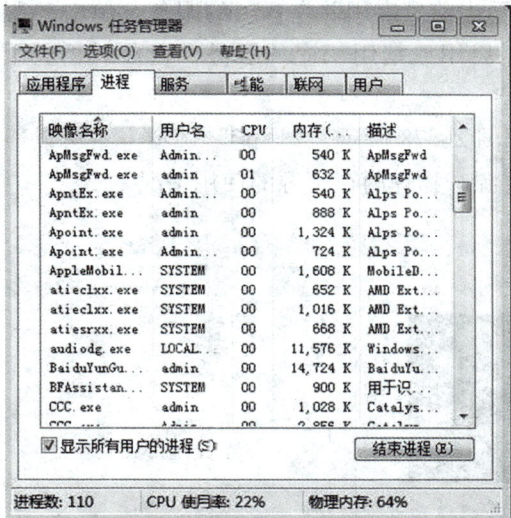

图 2 - 75　Windows 任务管理器　　　　　图 2 - 76　任务管理器—应用程序选项卡

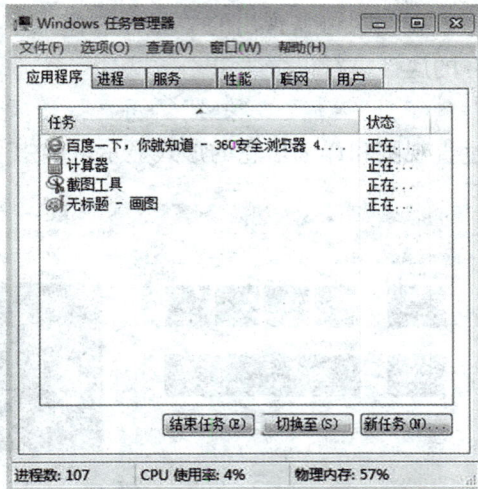

（3）"进程"选项卡　进程是应用程序的映射，"应用程序"中显示的是用户运行的应用程序，并不显示系统运行必需的程序，系统程序的进程只能在"进程"选项卡中查看，用户可以通过"进程"选项卡查找、结束正在运行的病毒和木马等。

在选中进程上，单击右键，选中"属性"菜单项，可以查看描述、位置、和数字签名等情况。选中某个想要结束的进程，单击"结束进程"按钮，弹出"Windows 任务管理器"对话框，单击"结束进程"按钮即可结束该进程，如图 2 - 77 所示。

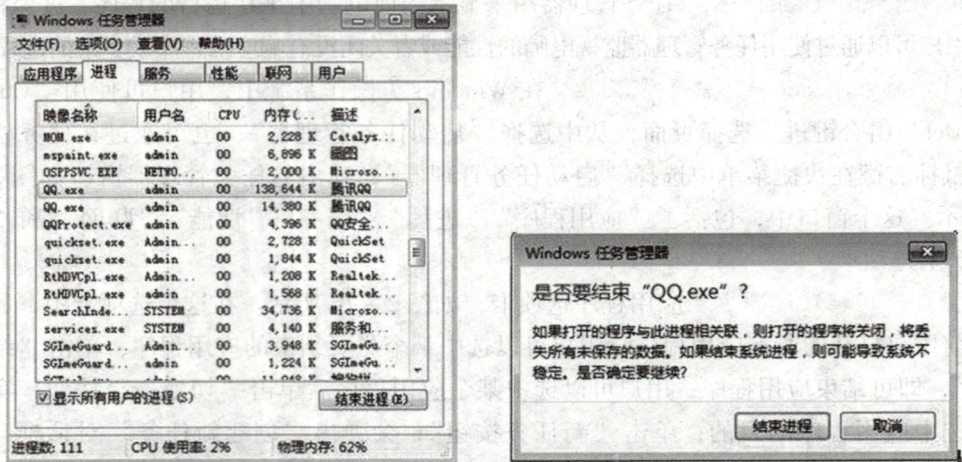

图 2-77 任务管理器—进程选项卡

(4)"服务"选项卡 在该选项卡中，显示当前已启用并在运行的服务。单击"服务"按钮，可从弹出的"服务"窗口中查看、启用或禁用相应的服务，以及对相应服务的属性进行设置。

(5)"性能""联网""用户"选项卡 如图 2-78 所示，"性能"选项卡中可以通过直观图和详细信息的形式显示电脑中 CPU 资源和物理内存资源的使用情况。

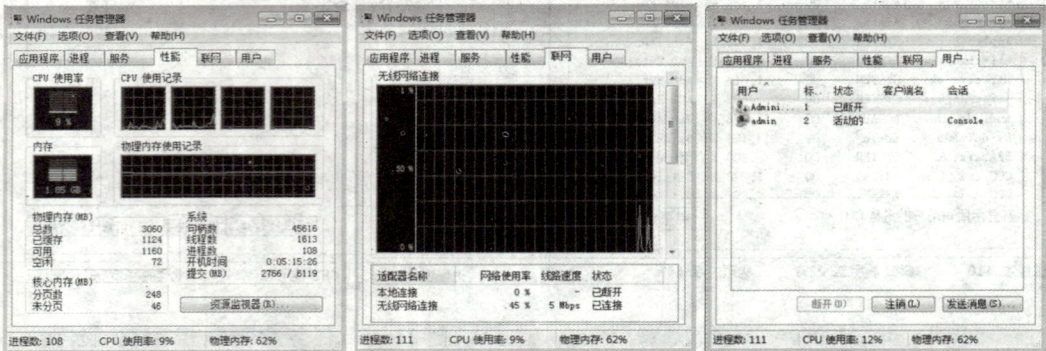

图 2-78 任务管理器—"性能""联网""服务"选项卡

"联网"选项卡可以通过动态直观图的方式显示电脑中网络的应用情况。

"用户"选项卡显示当前已经登录到系统的所有用户。

2.3.5 Windows 7 附件程序

Windows 7 操作系统中自带了一些实用的附件小程序，存储在"开始"菜单的"附件"中，如画图程序、计算器、文档编辑器等。现简单介绍其中的一些功能，如果想要熟练地使用这些小程序，可以通过系统提供的帮助详细了解。

1. 画图程序 画图程序是一款简单的图形编辑软件，可以绘制简单的几何图形，也可以完成一些图片的编辑功能，如图片的复制、裁剪、大小调整、增加效果等，如图 2 - 79 所示。

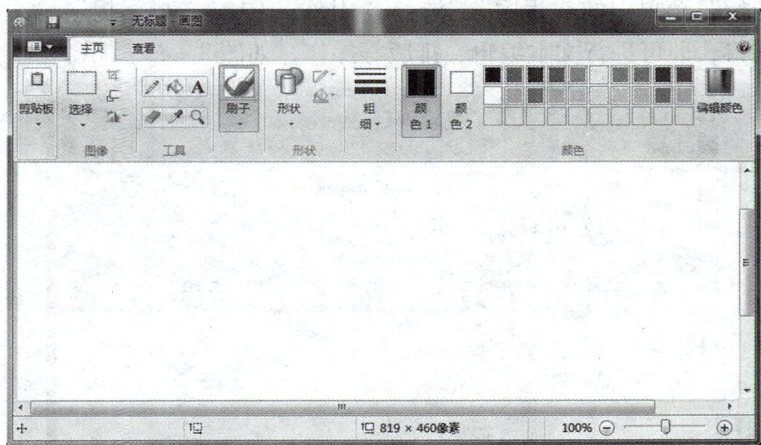

图 2 - 79　画图程序

2. 截图工具　截图工具用于帮助用户截取屏幕图像，同时可对所截取的图像进行编辑，如图 2 - 80 所示。

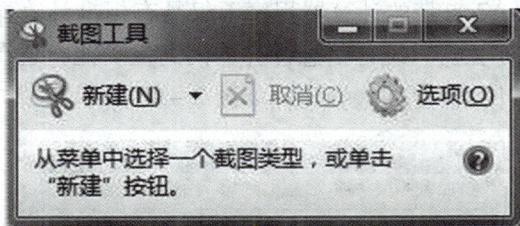

图 2 - 80　截图工具

3. 记事本　"记事本"是 Windows 7 附件中提供的一个简单的文本编辑器。"记事本"新增了一项功能，即可以通过选择不同的字体和大小控制显示的内容。"记事本"可以创建一个新文件、打开文件或保存文件，但只有文字处理功能，不能插入图形、表格，也没有段落排版等功能。

选择"开始"菜单中的"程序"，选择"附件"中的"记事本"命令，打开"记事本"程序窗口，即可进行文本编辑操作。如图 2 - 81 所示。

4. 写字板　"写字板"是 Windows 7 附件中提供的另一个文本编辑器，适用于编辑具有特定格式的短小文档。写字板的功能虽然不如专业文本处理软件

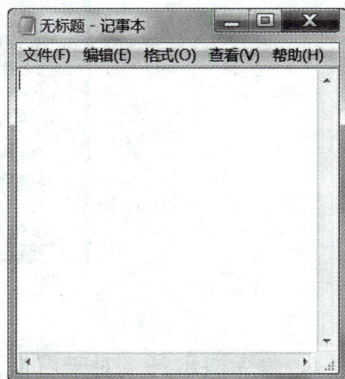

图 2 - 81　"记事本"窗口

（如 Word 2013），但它对编辑和保存的文档可以设置不同的字体和段落格式，还可以插入图形，具备了编辑较为复杂文档的基本功能。

    选择"开始"菜单中的"程序"，选择"附件"中的"写字板"命令，打开"写字板"程序窗口，即可进行文本编辑、排版等操作，如图 2－82 所示。

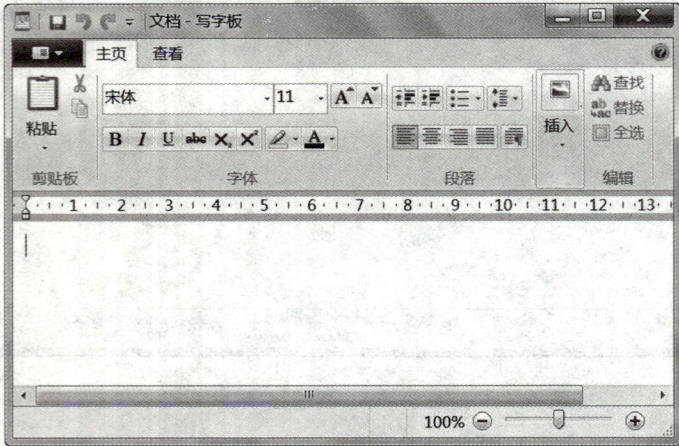

图 2－82　"写字板"窗口

    5. 计算器　Windows 7 自带的计算器程序不仅具有标准计算器的功能，同时还集成了编程计算器、科学型计算器、统计信息计算器的高级功能，还有了单位转换、日期计算和工作表等功能，使计算器更加人性化，如图 2－83 所示。

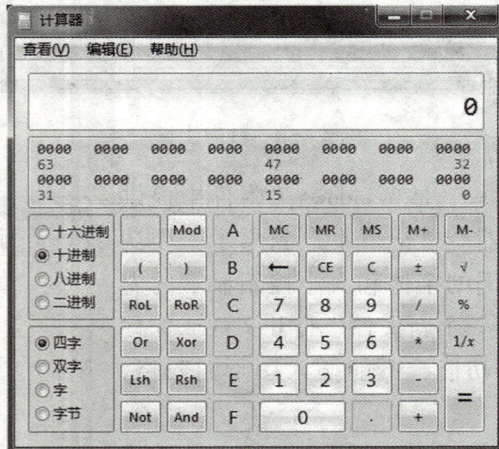

图 2－83　计算器

    6. 命令提示符　对于习惯了用 DOS 命令进行操作的用户，在命令提示符下输入命令便可让电脑执行各种任务，如图 2－84 所示。

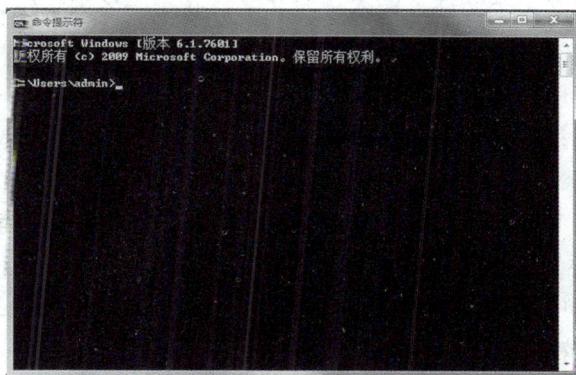

图 2-84　命令提示符

7. 入门　包含了用户在设置电脑时需要执行的一系列任务，便于用户更好地熟悉 Windows 7 系统，如图 2-85 所示。

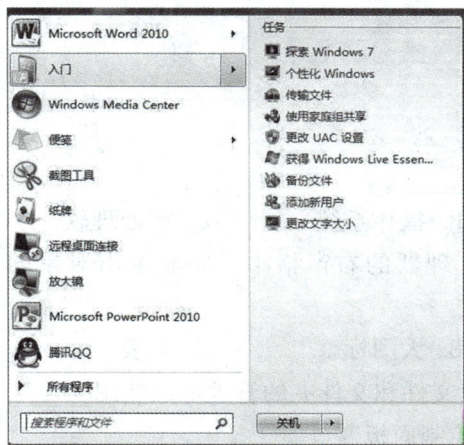

图 2-85　入门

实　　验

1. 请依次解答以下各小题：

（1）在桌面上建立 2 个文件夹 Stud1 和 Stud2。

（2）查找 Calc.exe 并将其拷贝到桌面上。

（3）把 Calc.exe 文件分别复制到 Stud1 和 Stud2 这两个文件夹中。

（4）把 Stud1 文件夹中的 Calc.exe 文件删除，把 Stud2 文件夹中的 Calc.exe 文件属性设置为隐藏。

2. 请依次解答以下各小题：

（1）在桌面上建立两个并列的子文件夹，分别命名为 files1 和 files2。

（2）用记事本建立一个文件，输入一段文字：我是一名大学生，并用 temp1 文件名以 ".txt" 文件类型保存到 files1 文件夹中。

（3）将以上文件拷贝到 files2 文件夹下，并更名为 temp2.txt。

（4）用画图建立当前屏幕（剪切到适当大小）的位图文件，以文件名 figure 保存到文件夹 files1 中。

（5）在桌面创建 files1 文件夹中 figure.bmp 文件的快捷方式，命名为 abc。

3. 通过"桌面背景"对话框，进行下列设置操作：

（1）选择图片库中名为"八仙花"的墙纸，分别选择填充、适应、平铺、拉伸、居中，然后观察实际效果。

（2）选择名为"三维文字"的屏幕保护程序，并将滚动的文字改为"欢迎使用我的电脑"，等待时间设置为 1 分钟，然后观察实际效果。

（3）将屏幕分辨率分别设为 800×600，1280＊1024，观察两者的效果和区别。

4. 删除本机上已安装的打印机，添加一台新打印机。

习　　题

一、选择题

1. Windows 是一种_____。
   A. 工具软件　　　B. 操作系统　　　C. 字处理软件　　　D. 图形软件

2. 在 Windows 资源管理器的右窗格中，要显示出对象的名称大小等内容应选择_____显示方式。
   A. 小图标　　　B. 大图标　　　C. 列表　　　D. 详细资料

3. 在 Windows 中，对文件和文件夹的管理可以使用_____。
   A. 资源管理器或控制面板窗口
   B. 资源管理器或"我的电脑"窗口
   C. "我的电脑"窗口或控制面板窗口
   D. 快捷菜单

4. 桌面是由桌面图标、背景及_____组成。
   A. 任务栏和"开始"菜单　　　　　B. 标题栏
   C. "开始"菜单　　　　　　　　　D. 通知区域

5. Windows 的文件夹组织结构是一种_____。
   A. 表格结构　　　B. 树型结构　　　C. 网状结构　　　D. 线型结构

6. 在 Windows 中，剪贴板是指_____。
   A. 硬盘上的一块区域　　　　　　B. 软盘上的一块区域
   C. 内存中的一块区域　　　　　　D. 高速缓存中的一块区域

7. 快速格式化_____磁盘的坏扇区而直接从磁盘上删除文件。
   A. 扫描　　　B. 不扫描　　　C. 有时扫描　　　D. 由用户自己设定

8. 使用_____可以帮助用户释放硬盘驱动器空间，删除临时文件、Internet 缓存文件和可以安全删除不需要的文件，腾出它们占用的系统资源，以提高系统性能。

    A. 格式化   B. 磁盘清理程序   C. 整理磁盘碎片   D. 磁盘查错

9. 非法的 Windows 文件夹名是_____。

    A. x + y   B. x − y   C. x × y   D. x ÷ y

10. 下列带有通配符的文件名中，能代表文件 ABC. TXT 的是_____。

    A. ? . ?   B. ? BC. *   C. A? . *   D. * BC. ?

二、填空题

1. 在管理文件或文件夹时，选择文件或文件夹可以拖框选、按_____选择连续的、按_____键选不连续的文件、全选的快捷键为_____。

2. Windows 系统安装完毕并启动后，由系统安装到桌面上的图标是_____。

3. 回收站是_____上的一块空间，若将一个文件进行物理删除的快捷键为_____。

4. 一个文件（夹）具有几种属性，它们是_____、_____、_____。

5. 将当前桌面存入剪贴板的快捷键为_____，将当前窗口存入剪贴板的快捷键为_____。

3 文字处理软件 Word

Word 是目前应用最为广泛的文字处理软件之一，可以便捷地进行文本输入、编辑和排版，实现段落的格式化处理及版面设计和模板套用，生成规范的办公文档和可供印刷的出版物。本章将以 Word 2013 为例，介绍文字处理软件的基本功能和使用方法。

Word2013 的基本功能：①创建和保存文档：在 Word 中用户可利用各种输入方法输入文本，并可以保存所创建的文档。在 Word2013 中可以使用兼容模式打开在早期版本的 Word 中创建的文档，文档窗口的标题栏中会显示"兼容模式"；也可以升级文档以使用 Word2013 中的新增功能或增强功能。②文本编辑：Word 2013 具有文本、图形及表格的强大的编辑功能，它不仅提供插入、剪切、复制、粘贴等常规功能，还提供绘图、各种符号、分栏制表、图表及键入时自动更正错误、创造艺术字体等功能。此外，Word2013 提供了许多操作工具，如菜单、对话框、快捷键等，使文档编辑容易进行。③选择模板：每次启动 Word2013 时，用户可以从库中选择模板，单击类别以查看其包含的模板，或联机搜索更多模板（不使用模板，单击"空白文档"）。通常使用模板创建新文档（而不是从空白页开始）比较容易。Word 模板可以使用主题和样式，用户只需添加内容。④文档格式管理：用户可以快捷地修改字体的大小和字形，对段落进行设置与调整。通过"段落格式"的应用，既可以解决段落修饰的重复性工作，又规范了同类段落格式的样式。⑤表格的制作与编辑：在 Word 中可以方便地绘制表格，并可对表格进行编辑（如列宽和行高的调整、内容的复制与移动、表格内容格式的调整等）。表中可以任意插图，对表内数据进行统计和排序，并生成各种统计图表等，使用户能直观快速地完成复杂表格的制作。⑥图形处理与运用功能：用户可以在文档中方便地插入图形、图片、图像。并且 Word 还具有绘图和图形处理功能，可美化文字和图形，使之具有三维效果、阴影效果、纹理填充及水印等效果，使文档图文并茂。⑦排版与打印：输入文本、图表的文档，通过页面设置，可以制作成丰富多彩的文章。采用整页"所见即所得"的模式，真实的显示字体及字号、页眉页脚、图形、图表的整体效果。同时，屏幕上的标尺，使得用户能灵活地改变版面布局，使文档具有风格迥异的不同章节。编辑排版后的文档，可以利用 Word 的打印功能进行打印。

任务 1　文档的创建和编辑

Word 是由微软公司推出的办公自动化软件系统 Office 中的重要组件。它充分利用

Windows 环境的优点，以明了、快捷的编辑方式，全新的自动排版概念，方便的图形与表格处理功能备受用户青睐。文档的创建和编辑是文字处理软件中最基本的知识点，本节通过一个简单的文档编排任务来展开相关知识点的介绍。

3.1 创建和编辑文档

使用 Word 可以创建多种类型的文档，其基本操作是类似的，主要包括新建文档、输入正文、文档编辑、文档的保存和打开文档等。这些操作可以通过单击"文件"按钮，然后在打开的菜单中选择相应的命令，或者通过"开始"选项卡中的"剪贴板"组和"编辑"组中的相应按钮来实现。

3.1.1 创建和保存文档

1. 创建和保存文档

(1) 创建文档 首先了解一下 Word 2013，启动后的工作窗口如图 3 – 1 所示，它主要包括快速访问工具栏、功能区、编辑区等部分。各部分的作用如下：

①快速访问工具栏：快速访问工具栏用于放置一些常用按钮，默认情况下包括"保存""撤销"和"重复"3 个按钮，用户可以根据需要进行添加。其中"撤销"按钮一旦使用后，"重复"按钮会转换为"恢复"按钮。

②标题栏：标题栏显示了当前文档名和应用程序名。首次进入 Word 2013 时，默认打开的文档名为"文档1"，其后依次是"文档2""文档3"。Word 2013 的扩展名是".docx"。

③窗口控制按钮：窗口控制按钮包括"最小、最大化""向下还原"和"关闭"3个按钮，用于对文档窗口的大小和关闭进行相应控制。

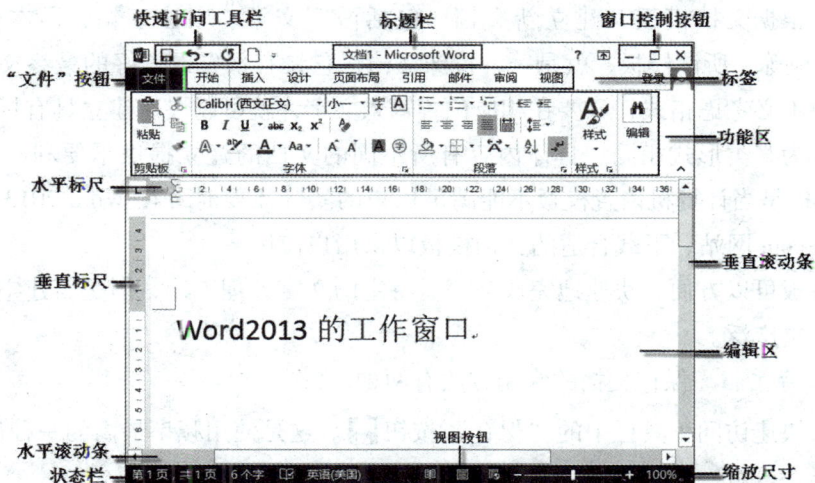

图 3 – 1 Word 2013 的工作窗口

④"文件"按钮："文件"按钮用于打开"文件"菜单，菜单中包括"新建""打开""保存"等命令。

⑤标签和功能区：标签用于功能区的索引，单击标签就可以进入相应的功能区。功能区用于放置编辑文档时所需要的功能按钮，程序将各功能按钮划分为一个一个的组。

⑥水平和垂直标尺：水平和垂直标尺用于显示或定位文档的位置。

⑦水平滚动条和垂直滚动条：拖动滚动条可向上、向下或向左、向右查看文档中未显示的内容。

⑧编辑区：编辑区是用于显示或编辑文档内容的工作区域。编辑区中闪烁着的垂直条称为"光标"或"插入点"，代表文字当前的插入位置。

⑨状态栏和缩放标尺：状态栏用于显示当前文档的页数、字数、使用语言、输入状态等信息。缩放标尺用于对编辑区的显示比例和缩放尺寸进行调整，缩放后，缩放标尺左侧会显示出缩放的具体数值。

⑩视图按钮：视图按钮用于切换文档的查看方式，分别是页面视图、阅读版式视图、Web 版式视图、大纲视图和草稿。在需要时，用户可以在各个视图间进行切换。

了解了窗口之后，就可以开始对文字进行处理。处理文档首先需要新建一个文档，新建 Word 空白文档有两种常用方法：

第一种方法是在快速访问工具栏中添加"新建"按钮 🗋 后，单击该按钮。

第二种方法是单击"文件"按钮，在菜单中选择"新建"命令，在"可用模板"栏中选择"空白文档"，然后在右边预览窗格下单击"创建"按钮。

其中，前一种方法是建立空白文档最快捷的方法，而后一种方法的命令功能要强一些，它可以根据文档模板来建立新文档，包括博客文章、书法字帖、样本模板、Office. com 模板等。所谓模板，就是一种特殊文档，它具有预先设置好的最终文档的外观框架，用户不必考虑格式，只要在相应位置输入文字，就可以快速建立具有标准格式的文档。模板为某类形式相同、具体内容有所不同的文档的建立提供了便利。其中，Office. com 模板是当计算机内置模板不能满足用户的实际需要时，在 Word 2013 文档中连接到 Office. com 网站，下载合适的文档模板以供用户使用。

利用模板可以方便、快速地完成某一类特定的文字处理工作，但是新建空白文档应用更普遍、更广泛。

(2) 保存文档　保存文档的常用方法有两种。

①单击快速访问工具栏中的"保存"按钮 💾 。这是使用频率最高的一种保存方法。

②单击"文件"按钮，在菜单中选择"保存"或"另存为"命令。

"保存"和"另存为"命令的区别在于："保存"命令是以新替旧，用新编辑的文档取代原文档，原文档不再保留；而"另存为"命令则相当于文档复制，它建立了当前文档的一个副本，原文档依然存在。

　　新文档第一次执行保存命令时，会出现"另存为"对话框，如图 3 - 2 所示。此时，需要指定文件的三要素：保存位置、文件名、文件类型。Word 2013 默认的文件类型是 Word 文档（ ＊. docx），也可以选择保存为文本文件（ ＊. txt）、HTML 文件或其他文档。

　　注意：如果希望保存的文档能被低版本的 Word 打开的话，保存类型应选择"Word 97·2003 文档"；如果希望保存为 PDF 文档，则保存类型应选择"PDF"。

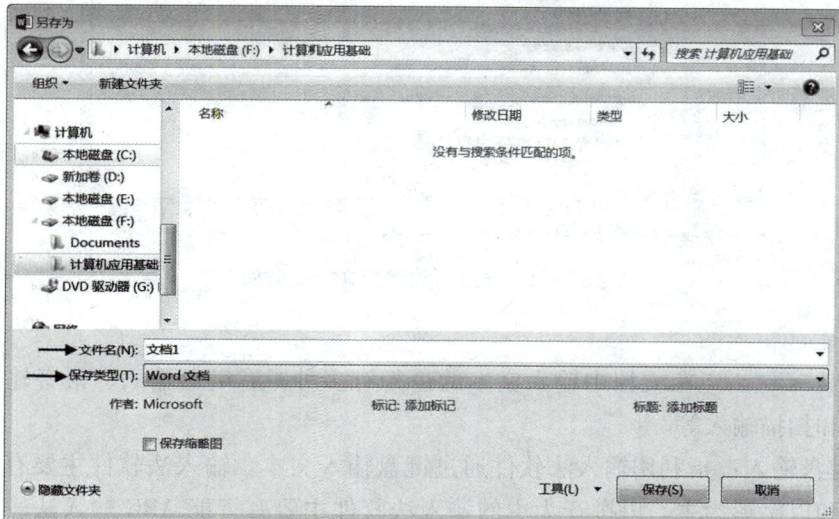

图 3 - 2　"另存为"对话框

　　保存文档时，如果文件名与已有文件重名，系统会弹出对话框，提示用户改变文件名。保存文档后，可以继续编辑文档，直到关闭文档。以后再次执行保存命令时将直接保存文档，不会再出现"另存为"对话框。对于已经保存过的文档，当单击"文件"按钮，在其菜单中选择"另存为"命令，将会打开"另存为"对话框，供用户将文档保存在其他位置，或者另取一个文件名，或者保存为其他类型。

　　为了使文档能够及时保存，以避免因突然断电等情况造成文件丢失现象的发生，Word 2013 设置了自动保存功能。在默认的情况下，Word 2013 每 10 分钟自动保存一次，如果用户所编辑的文档十分重要，可缩短文档的保存时间，操作方法是：单击"文件"按钮，在菜单中选择"选项"命令，打开"Word 选项"对话框，再在对话框左侧选择"保存"标签，单击"保存自动恢复信息时间间隔"文本框右侧的下调按钮，设置好需要的数值，如图 3 - 3 所示。需要注意的是，它通常在输入文档内容之前设置，而且只对 Word 文档类型有效。

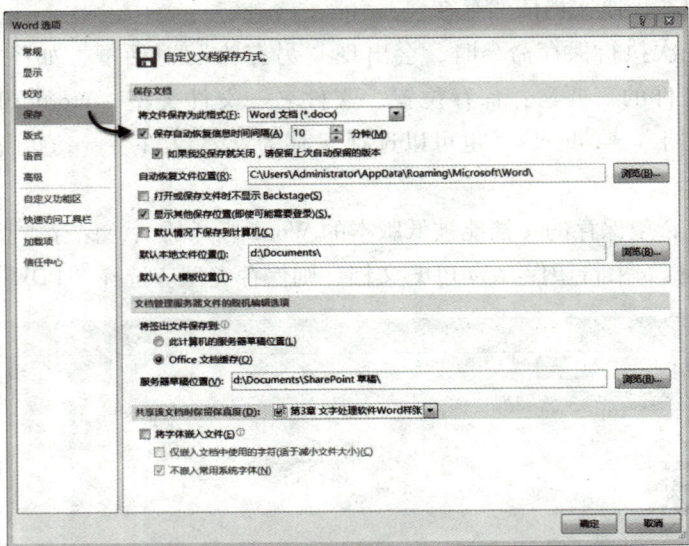

图 3-3　设置自动保存文档的时间

2. 文档的输入

（1）**输入途径**　在文档中输入文本的途径有多种，有键盘输入、语音输入、联机手写输入和扫描输入等。

1）键盘输入：指利用输入法软件通过键盘输入文本。输入法软件主要有两类：以拼音为主和以字形为主。以拼音为主的输入法软件主要有智能 ABC 输入法、搜狗拼音输入法、微软拼音输入法等；以字形为主的主要有万能五笔、陈桥五笔等。因为同音字较多，需花费时间选择，因此，以拼音为主的输入法软件不如以字形为主的输入法软件打字快，但是它简单、容易上手。

2）语音输入：是用语音代替键盘输入文本或发出控制命令，即让计算机具有"听懂"语音的能力，这利用到了语音识别技术。计算机对语音的识别主要采用样板匹配法，即对输入的语音信息和识别系统中的词汇表内的词条进行匹配来实现语音识别。随着计算机技术的发展，语音输入已进入使用阶段，它将彻底改变人们与计算机的沟通方式。

3）联机手写输入：是利用输入设备（如输入板或鼠标）模仿成一支笔进行书写。联机手写输入主要用来解决两个问题，一是输入生僻字或只会写不会读的字，二是对电子文档进行手写体签名。它对手写汉字的识别原理是，输入板或屏幕中内置的高精密的电子信号采集系统将笔画变为一维电信号，输入计算机的是以坐标点序列表示的笔尖移动轨迹，因而被处理的是一维的线条（笔画）串，这些线条串含有笔画数目、笔画走向、笔顺和书写速度等信息。微软拼音输入法 2013 通过"输入板"按钮提供了手写输入方式。

4）扫描输入：是利用扫描仪将纸介质上的字符和图形数字化后输入到计算机，再经过光学字符识别（Optical Character Recognition，OCR）软件对输入的字符和图形进行判断，转换成文字并以 . txt 格式文件保存。对于印刷字，扫描仪自带的光学字符识别软件的识别率很高。扫描输入为大量文字的输入带来了方便，也可以减少重要数据键盘输入时的人为错误。

在以上几种输入途径中，最常用的是键盘输入方法。

（2）输入状态　通过键盘输入文本有两种状态：插入和改写。在插入状态下，状态栏中出现"插入"按钮，输入的字符插在光标后的字符前；在改写状态下，状态栏中出现"改写"按钮，输入的字符将替代光标后的字符。要在插入和改写状态间切换，可以单击"插入"或"改写"按钮切换或按键盘上的 Insert 键。输入文本一般在插入状态下进行。

（3）输入文本的一般步骤

1）光标定位分为两种情况：一种是光标定位在文档中，即在欲插入文本处单击；另一种是光标定位在文档外，在当前文本范围之外的区域双击。

2）选择输入法有 3 种方法：单击任务栏右侧的输入法指示器▤，在打开的菜单中选择需要的输入法；按组合键 Ctrl + Shift（有的计算机设置为 Alt + Shift）在英文和各种中文输入法之间进行切换；按组合键 Ctrl + Space 在英文和系统首选中文输入法之间进行切换。

3）输入文字：选择好中文输入法之后（如搜狗拼音输入法），就会有一个如图 3 - 4 所示的输入法状态栏出现在文档窗口下方来帮助输入。状态栏最左边的是输入法按钮设置"S"，接着是最常用的 4 个按钮，名称从左至右依次为"切换中/英文""全/半角"（Shift + Space）、"中/英文标点"（Ctrl + . ）及"软键盘"（Ctrl + Shift + K），可用鼠标单击各按钮实现切换。

图 3 - 4　搜狗拼音输入法的状态栏

其中的半角（半月形）、全角（满月形）状态，是用来控制字母和数字的输入效果的，半角使输入的字母和数字仅占半个汉字的宽度，全角则使输入的字母和数字占一个汉字的宽度。半角和全角切换的快捷键是 Shift + Space。

输入文字时应注意以下几点：

①随着字符的输入，插入点光标从左向右移动，到达文档的右边界时自动换行。只有再开始一个新的自然段或需要产生一个空行时才需要按 Enter 键，按键后会产生一个段落标记（↵），用于区分段落。在 Word 2013 中，还存在一些有特殊意义的符号，称为非打印字符（不能被打印出来的字符），除了段落标记符外，还有手动换行符（↓）、分页符、制表符和空格符等。

②如果遇到这种情况，即录入没有到达文档的右边界就需要另起一行，而又不想开始一个新的段落时（如唐诗或诗歌的输入），可以按快捷键 Shift + Enter 产生一个手动换

行符，实现既不产生新段落又可换行的操作。

③当输入的内容超过一页时，系统会自动换页。如果要强行将后面的内容另起一页，可以按快捷键 Ctrl + Enter 输入分页符来达到目的。

④在输入过程中，如果遇到只能输入大写英文字母不能输入中文的情况，这是因为大小写锁定键已打开，按 Caps Lock 键使之关闭回到小写输入状态。

⑤如果不小心输入了错误的字符，可以用 Backspace 键或 Delete 键来删除。前者删除的是光标前面的字符，而后者删除的是光标后面的字符。

(4) **输入符号及特殊符号**　文档中除了普通文字外，经常还需要输入一些符号。各种符号的输入方法如下：

①输入常用的标点符号，在中文标点符号状态下，直接按键盘的标点符号，如输入英文句号"."，会显示为小圆圈"。"；输入"\"，会显示为顿号"、"；输入小于、大于符号"<"">"，会显示为书名号"《"和"》"等。可以按快捷键 Ctrl + "."实现中英文标点符号的切换。

②输入特殊的标点符号、数学符号、单位符号、希腊字母等。可以利用输入法状态栏的软键盘，方法是：右击"软键盘"按钮⌨，在快捷菜单中选择字符类别，再选中需要的符号。

③输入特殊的图形符号，如✂、📖等。可以在"插入"选项卡中单击"符号"组中的"符号"下拉按钮，选择其中的"其他符号"命令，在打开的"符号"对话框中进行操作。

(5) **插入日期和时间**　如果需要快速地在文档中加入各种标准的日期和时间，可以在"插入"选项卡中单击"文本"组中的"日期和时间"按钮，打开"日期和时间"对话框，选择需要的日期和时间格式即可。如果希望每次打开文档时，时间自动更新为打开文档的时间，需要在"日期和时间"对话框中选择"自动更新"复选框。

(6) **插入文件**　有时需要将另一个文件的全部内容插入到当前文档的光标处，此时可以单击"插入"选项卡中的"文本"组中的"对象"下拉按钮，在下拉菜单中选择"文件中的文字"命令，打开"插入文件"对话框，在其中选择需要的文件插入。

(7) **插入网络文字素材**　有时在文档中需要引用从 Internet 上找到的信息，这时可以将网络文字素材复制到文档中。首先在浏览器窗口中，选择所需文字右击，在快捷菜单中选择"复制"命令，将所选文字放入剪贴板；然后打开 Word 文档，定位光标，单击"开始"选项卡中的"剪贴板"组中的"粘贴"下拉按钮，在下拉菜单中选择"选择性粘贴"命令；在打开的"选择性粘贴"对话框中选择"无格式文本"，如图 3 – 5 所示为将不带任何格式的文字插入文档中。

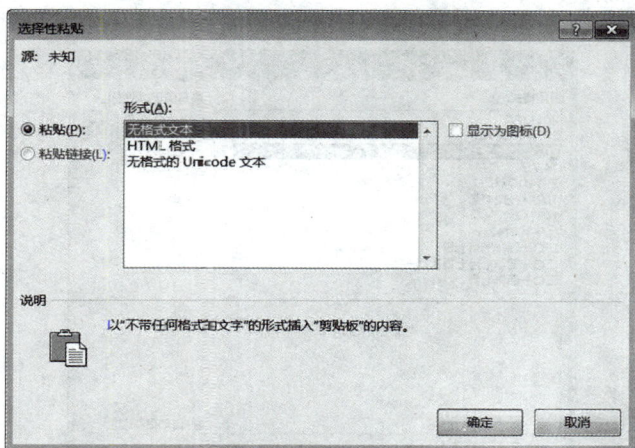

图 3 – 5 "选择性粘贴"对话框

注意：不要直接单击"粘贴"按钮，这样它会把网页文字中的许多排版格式一同带到文档中（如表格边框），这些格式信息将给文档后续的排版操作带来困难，增加许多工作量。

【例 3 – 1】

创建一个新文档，写一封信，内容如下（要求其中的日期有自动更新功能）。

滴滴：你好！

听说你最近对中医很着迷，特寄给你两本我国古代著名的医学书籍《黄帝内经》和《伤寒杂病论》，希望你能喜欢！

有空常联系。☎：66666666；📧：diandian@163.com。

纸短情长，再祈珍重！

点点

2013 年 2 月 12 日星期二晚🕐

操作步骤如下：

单击快速访问工具栏右侧的下拉按钮，在展开的"自定义快速访问工具栏"下拉菜单中，勾选要添加的"新建"命令，在快速访问工具栏中添加"新建"按钮📄，然后单击该按钮新建一个空白文档，输入文档内容。其中，日期和一些特殊符号使用下面的方法输入。

• 日期：选择"插入"选项卡，单击"文本"组中的"日期和时间"按钮，打开"日期和时间"对话框，确保"语言（国家/地区）"下拉列表框中是"中文（中国）"，在"可用格式"列表框中选择需要的格式，并选中"自动更新"复选框，如图 3 – 6 "确定"按钮。当计算机系统的日期发生变化时，该文档的日期也会进行相应的更改。

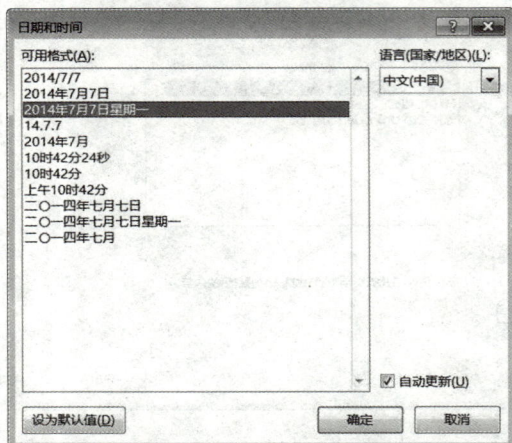

图 3-6 "日期和时间"对话框

● 『、』、·符号：右击输入法状态栏上的"软键盘"按钮 ⌨，在弹出的快捷菜单（见图 3-7）中选择"标点符号"命令，找到相应的符号单击完成输入，最后单击"软键盘"按钮使之关闭。

图 3-7 "软键盘"的快捷菜单

● ☎、▤、🕑：单击"插入"选项卡中的"符号"组中的"符号"下拉按钮，单击"其他符号"命令，弹出"符号"对话框。在"符号"选项卡的"字体"下拉列表框中选择"Wingdings"（倒数第 3 个），如图 3-8 所示，然后从相应符号集中选定需要的字符，单击"插入"按钮或直接双击符号完成输入。

图 3-8　"符号"对话框

3. 文档的编辑　对于输入的内容经常要进行插入、删除、移动、复制、替换、拼写和语法检查等编辑操作，这些操作都可以通过"开始"选项卡中的"剪贴板"组、"编辑"组中的相应按钮来实现。文档编辑遵守的原则是"先选定，后执行"。被选定的文本一般以高亮显示，容易与未被选定的文本区分开来。

（1）**选定文本**　选定文本有两种方法，即基本的选定方法和利用选定区的方法。

1）基本的选定方法

①鼠标选定：将光标移到欲选取的段落或文本的开头，按住鼠标左键拖拽经过需要选定的内容后松开鼠标。

②键盘选定：将光标移到欲选取的段落或文本的开头，同时按住 Shift 键和光标移动键来选定内容。

2）利用选定区：在文本区的左边有一垂直的长条形空白区域，称为"选定区"。当鼠标移动到选定区时，鼠标指针变为右向箭头，在该区域单击鼠标，可选中鼠标指针所指的一整行文字；双击鼠标，可选中鼠标指针所在的段落；三击鼠标，整个文档全部被选中。另外，在选定区中拖动鼠标指针可选中连续的若干行。

选定文本的常用技巧如表 3-1 所示。

表 3-1　选定文本的常用技巧

选取范围	鼠标操作
字和词	双击要选定的字和词
选取范围	鼠标操作
句子	按住 Ctrl 键，单击该句子
行	单击该行的选定区
段落	双击该行的选定区，或者在该段落的任何地方三击

续表

选取范围	鼠标操作
垂直的一块文本	按住 Alt 键，同时拖动鼠标
一大块文字	单击所选内容的开始处，然后按住 Shift 键，单击所选内容的结束处
全部内容	三击选定区

Word 2013 还提供了可以同时选定多块区域的功能，可通过按住 Ctrl 键再加选定操作来实现。

若要取消选定，在文本窗口的任意处单击鼠标或按光标移动键即可。

(2) 编辑文档

1) 插入：将光标移动到想要插入字符的位置，然后输入字符即可（注意要确保此时的输入状态是插入状态）。如果要插入一个空行，只需要将光标定位在需要产生空行的行首位置，按 Enter 键即可。

2) 删除：对于单个字符，用 Backspace 键或 Delete 键删除；对于大量文字，可以先选定要删除的内容，然后采用下面任何一种方法删除。

①按 Backspace 键或 Delete 键。

②单击右键，在快捷菜单中选择"剪切"命令，或单击"开始"选项卡中的"剪贴板"组中的"剪切"按钮✂（快捷键 Ctrl + X）。

删除段落标记可以实现合并段落的功能。要将两个段落合并，可以将光标定位在第一段的段落标记前，然后按 Delete 键，这样两个段落就合并成了一个段落。

【例 3 - 2】

对【例 3 - 1】中的"一封信"文档进行如下编辑处理：①在信的最前面插入一行标题"一封信"。②在"滴滴：你好！"后面插入一段内容。③将"纸短情长，再祈珍重！"与前一段落合并为一段。

一封信

滴滴：你好！

我近来在学习《黄帝内经》中的《素问》，其中，"夏三月，此谓蕃秀，天地气交，万物华实，夜卧早起，无厌于日，使志无怒，使华英成秀，使气得泄，若所爱在外，此夏气之应，养长之道也。逆之则伤心，秋为痎疟，奉收者少，冬至重病。"令我受益匪浅。

听说你最近对中医很着迷，特寄给你两本我国古代著名的医学书籍《黄帝内经》和《伤寒杂病论》，希望你能喜欢！

有空常联系。☏：66666666；✉：diandian@163.com。纸短情长，再祈珍重！

点点

2013 年 2 月 12 日星期二晚🕐

操作步骤如下：

●将光标置于"滴滴：你好！"段首，按 Enter 键，产生一个空行，在空行中输入

"一封信"。

● 将光标置于"滴滴：你好!"段尾，按 Enter 键，产生一个空行，然后输入需要的内容。

● 将光标置于"有空常联系。☎：88888888；▤：diandian@163.com。"这一段的段落标记前，按 Delete 键。

(3) 移动或复制 在编辑文档时，可能需要把一段文字移动到另外一个位置。这时，可以根据移动距离的远近选择不同的操作方法。

1）短距离移动：短距离移动时，可以采用鼠标拖拽的简捷方法。选定文本，移动鼠标到选定内容上，当鼠标指针形状变成左向箭头时，按住鼠标左键拖拽。此时，箭头右下方出现一个虚线小方框，随着箭头的移动又会出现一条竖虚线，此虚线表明移动的位置。当虚线移到指定位置时，松开鼠标左键，完成文本的移动。

2）长距离移动：长距离移动时（如从一页到另一页，或在不同文档间移动），可以利用剪贴板进行操作。选定文本块，单击右键，在快捷菜单中选择"剪切"命令，或单击"开始"选项卡中的"剪贴板"组中的"剪切"按钮，然后将光标定位至要插入文本的位置，单击右键，在快捷菜单中选择"粘贴选项"命令，或单击"开始"选项卡中的"剪贴板"组中的"粘贴"按钮📋（快捷键 Ctrl + V）。执行粘贴操作时，根据所选的内容 Word 2013 提供了 3 种方式：保留源格式（默认方式）、合并格式及只保留文本，用户可以根据需要自行选择。

剪贴板是 Windows 操作系统专门在内存中开辟的一块存储区域，作为移动或复制的中转站。它功能强大，不仅可以保存文本信息，也可以保存图形、图像和表格等信息。Word 2013 的剪贴板可以存放多次移动（剪切）或复制的内容。通过单击"开始"选项卡中的"剪贴板"组中右下角的对话框启动器 ⬒，打开"剪贴板"任务窗格，可显示剪贴板的内容。只要不破坏剪贴板上的内容，连续执行粘贴操作可以实现一段文本的多处移动和复制。

复制文本和移动文本的区别在于：移动文本，选定的文本在原处消失；而复制文本，选定的文本仍在原处。它们的操作相似，不同的是：在使用鼠标拖拽的方法复制文本时，要同时按下 Ctrl 键；在利用剪贴板进行操作时，应单击"复制"按钮📑（快捷键 Ctrl + C）。

注意：应灵活使用文档之间的复制功能，Word 的复制功能不仅仅局限于一个 Word 文档或两个 Word 文档之间，用户还可以从其他程序，如 IE 浏览器、其他文本、某些图形软件中直接复制文本或图形到 Word 文档中。

(4) 查找和替换 如果想在一篇长文档中查找某段文字，或者想用新输入的一段文字代替文档中已有的且出现在多处的特定文字，可以使用 Word 提供的查找和替换功能。

查找和替换功能既可以将文本的内容与格式完全分开，单独对文本或格式进行查找和替换处理，也可以把文本和格式看成一个整体统一处理。除此之外，该功能还可作用于特殊字符和通配符。

从网上获取文字素材时，由于网页制作软件排版功能的局限性，文档中经常会出现一些非打印字符，此时可利用查找和替换功能进行处理。例如，当文档中空格比较多的时候，可以在"查找内容"下拉列表框中输入空格符号，在"替换为"下拉列表框中不进行任何字符的输入，单击"全部替换"按钮将多余的空格删除。再如当要把文档中不恰当的手动换行符替换为真正的段落标记符的时候，可以在"查找内容"下拉列表框中通过"特殊格式"列表选择"手动换行符（L）"，在"替换为"下拉列表框中选择特殊格式"段落标记（P）"，如图 3 - 9 所示，再单击"全部替换"按钮来达到目的。

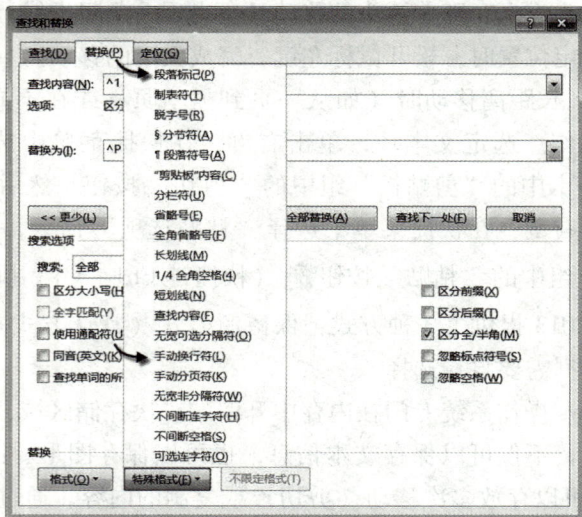

图 3 - 9   将手动换行符替换为段落标记

利用替换功能还可以简化输入，如在一篇文章中，如果多次出现"Microsoft Office Word 2013"字符串，在输入时可先用一个不常用的字符如"#"，表示该字符串，然后利用替换功能用字符串代替字符。

【例 3 - 3】

把【例 3 - 2】"一封信"中所有的"你"替换为带着重号的蓝色字"您"。

操作步骤如下：

• 单击"开始"选项卡中的"编辑"组中的"替换"按钮，打开"查找和替换"对话框。在"查找内容"下拉列表框中输入待查找文字"你"。

• 在"替换为"下拉列表框中输入目标文字"您"，单击"更多"按钮（此时按钮标题变为"更少"），然后单击"格式"按钮，选择"字体"，在"字体"对话框中设置字体颜色为"蓝色"，着重号为"."，如图 3 - 10 所示。

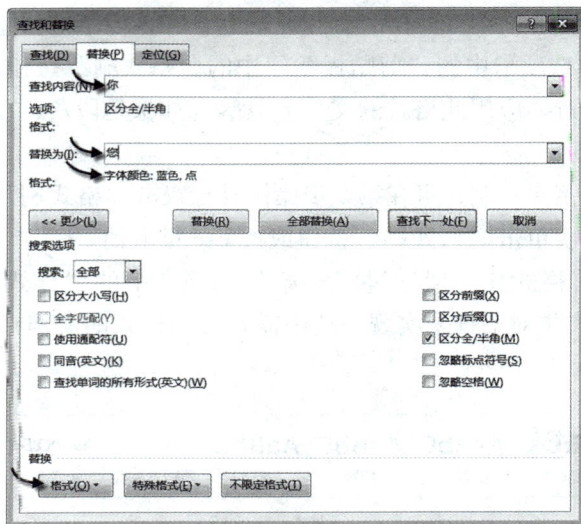

图 3－10　"查找和替换"对话框

●单击"全部替换"按钮，则文档中所有满足条件的文字均被替换成目标文字。

若单击"替换"按钮，只是将根据默认方向查找到的第一处文字替换成目标文字。

注意：在单击"格式"按钮进行设置前，光标应定位在"替换为"下拉列表框中，如果不小心把"查找内容"下拉列表框中的文字进行了格式设置，可以单击"不限定格式"按钮来取消该格式，然后重新操作。

（5）检查拼写和语法　用户输入的文本，难免会出现拼写和语法上的错误，如果自己检查，会花费大量时间。Word 提供了自动拼写和语法检查功能，这是由其拼写检查器和语法检查器来实现的。

单击"审阅"选项卡中的"校对"组中的"拼写和语法"按钮，拼写检查器就会使用拼写词典检查文章中的每一个词。如果该词在拼写词典中，拼写检查器就认为它是正确的，否则就会加红色波浪线来报告错词信息，并根据拼写词典中能够找到的词给出修改建议。如果 Word 指出的错误不是拼写或语法错误时（如人名、公司或专业名称的缩写等），可以单击"忽略"或"全部忽略"按钮忽略错误提示，继续文档其余内容的检查工作。也可以把它们添加到拼写词典中，避免以后再出现同样的问题。语法检查器则会根据当前语言的语法结构，指出文章中潜在的语法错误，并给出解决方案参考，帮助用户校正句子的结构或词语的使用。

目前，文字处理软件对英文的拼写和语法检查的正确率较高，对中文校对的作用不大。

3.1.2　格式化和排版文档

1. 格式刷、样式和模板

（1）格式刷　有时候需要对多个段落使用同一格式，利用"开始"选项卡中的"剪贴板"组中的"格式刷"按钮 ✔，可以快速地复制格式，提高效率。该按钮也可用来实现字符格式的快速复制。格式刷的使用方法如下：

①选定要复制格式的文本或段落（如果是段落，在该段落的任意处单击即可）。

②单击"开始"选项卡中的"剪贴板"组中的"格式刷"按钮。

③用鼠标拖拽经过要应用此格式的文本或段落（如果是段落，在该段落的任意处单击即可）。

如果同一格式要多次复制，可在第 2 步操作时，双击"格式刷"按钮。若需要退出多次复制操作，可再次单击"格式刷"按钮或按 Esc 键取消。

(2) 样式　字符格式化一般通过"开始"选项卡中的"样式"组中的相应按钮（图 3 - 11）及"样式"对话框来实现。选中需要文本样式的文档，单击"样式"组中的任意样式来转变。

图 3 - 11　"样式"组

"正文"样式是文档中的默认样式，新建的文档中的文字通常采用"正文"样式。很多其他的样式都在"正文"样式的基础上经过格式改变而设置出来的，因此"正文"样式是 Word 中的最基础样式，不要轻易修改。一旦正文样式被改变，将会影响所有基于"正文"样式的其他样式格式。

"标题 1 ~ 标题 9"为标题样式，它们通常用于各级标题段落，与其他样式最为不同的是标题样式具有级别，分别对应级别 1 ~ 9。这样就能通过级别得到文档结构图、大纲和目录。

如果需要改变默认的样式，右键单击所需要调整的样式，选择"🖊 修改(M)..."弹出修改样式对话框（图 3 - 12），可以修改样式的名称，以及字体、字号等。

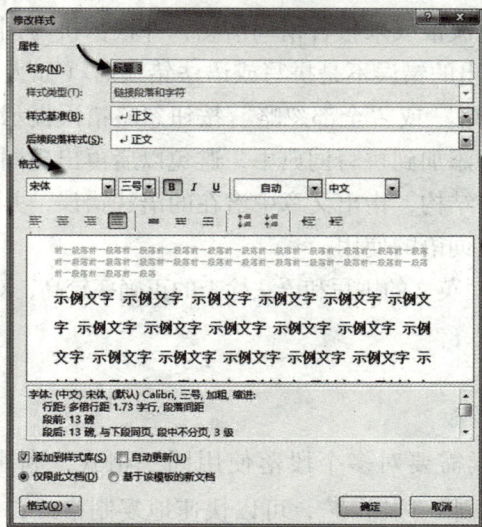

图 3 - 12　修改样式对话框

（3）模板 单击"文件"按钮，在菜单中选择"新建"命令，就可以看见在 Office 2013 中的"可用模板"（图 3 – 13），用户可以根据文档模板来建立新文档，包括个人简历、求职信、书法字帖、新年贺卡等模板，还可以通过界面顶端的搜索条来搜索联机模板。所谓模板，就是一种特殊文档，它具有预先设置好的、最终文档的外观框架，用户不必考虑格式，只要在相应位置输入文字，就可以快速建立具有标准格式的文档。模板为某类形式相同、具体内容有所不同的文档的建立提供了便利。利用模板可以方便、快速地完成某一类特定的文字处理工作，但是新建空白文档应用更普遍、更广泛。

图 3 – 13 模板窗口

2. 字符排版 字符是指文档中输入的汉字、字母、数字、标点符号和各种符号。字符排版有两种：字符格式化和中文版式。字符格式化包括字符的字体、字号、字形（加粗和倾斜）、字符颜色、下划线、着重号、删除线、上下标、文本效果、字符缩放、字符的间距、字符和基准线的上下位置等。对于中文字符，还有中文版式。

对字符进行格式化需要先选定文本，否则只对光标处新输入的字符有效。字符格式化设置主要包括以下几个方面：

（1）字体 字体指文字在屏幕或纸张上呈现的书写形式。字体包括中文字体（如宋体、楷体、黑体等）和英文字体（如 Times New Roman 和 Arial 等）。英文字体只对英文字符起作用，而中文字体则对汉字和英文字符都起作用。字体数量的多少取决于计算机中安装的字体数量。

（2）字号 字号指文字的大小，是以字符在一行中垂直方向上所占用的点来表示的。它以 pt（磅值）为单位，1pt 约为 1/72in 或 0.353mm。字号有"汉字数码表示"和"阿拉伯数字表示"两种。其中，汉字数码越小字体越大，阿拉伯数字越小字体越小，用阿拉伯数字表示的字号要多于用汉字数码表示的字号。选择字号时，可以选择这两种字号表示方式的任何一种，但如果需要使用大于"初号"的大字号时，只能使用阿拉伯数字的方式进行设置，方法是根据需要直接在"字号"下拉列表框内输入表示字号大小的阿拉伯数字。默认状态下，字体为宋体，字号为五号字。

（3）字形　字形指常规、倾斜、加粗、加粗倾斜等形式。

（4）字符颜色　字符颜色指字符的颜色。

（5）字符缩放　字符缩放指对字符的横向尺寸进行缩放，以改变字符横向和纵向的比例。

（6）字符间距　字符间距指两个字符之间的间隔距离，标准的字符间距为0。当规定了一行的字符数后，可通过加宽或紧缩字符间距来进行调整，以保证一行能够容纳规定的字符数。

（7）字符位置　字符位置指字符在垂直方向上的位置，包括字符提升和降低。

（8）特殊效果　特殊效果指根据需要进行多种设置，包括删除线、上下标、文本效果等。其中，文本效果可以为文档中的普通文本应用多彩的艺术字效果，使文本更加多样、美观。设置时，可以直接使用 Word 2013 中预设的外观效果，也可以从轮廓、阴影、映像、发光四方面进行自定义设置。

字符格式化一般通过"开始"选项卡中的"字体"组中的相应按钮（图3-14）及"字体"对话框来实现。单击"字体"组右下角的对话框启动器 ，打开"字体"对话框，其中有"字体"和"高级"两个选项卡。

其中，"B""I""U"3个按钮是快捷键，单击按钮使选定的或将要键入的文字分别以加粗、倾斜、下划线显示，再单击对应的按钮，则取消设置。

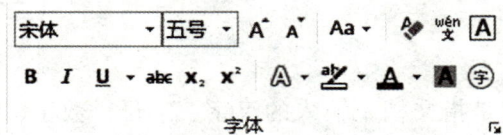

图3-14　"字体"组中各按钮的功能

①"字体"选项卡：用于设置字体、字号、字形、字符颜色、下划线、着重号和静态效果。

②"高级"选项卡：用于设置字符的缩放比例、字符间距、字符位置等内容。

注意：选中文本后，右上角会出现"字体"浮动工具栏，字符格式化也可以通过单击其中相应的按钮快捷完成。

【例3-4】

打开【例3-3】中的"一封信"文档，进行字符排版：①将标题"一封信"设为华文琥珀、三号、倾斜；字符缩放150%，加宽2磅。②使用喜欢的文本效果预设样式设置标题"一封信"，并添加阴影和发光效果。③给正文第二段加波浪线。

最后的效果如图3-15所示。

一封信

滴滴：您好！

我近来在学习《黄帝内经》中的《素问》，其中，"夏三月，此谓蕃秀，天地气交，万物华实，夜卧早起，无厌于日，使志无怒，使华英成秀，使气得泄，若所爱在外，此夏气之应，养长之道也。逆之则伤心，秋为痎疟，奉收者少，冬至重病。"令我受益匪浅。

听说您最近对中医很着迷，特寄给您两本我国古代著名的医学书籍《黄帝内经》和《伤寒杂病论》，希望您能喜欢！

有空常联系。☎：66666666；✉：diandian@163.com。纸短情长，再祈珍重！

点点

2013 年 2 月 12 日星期二晚☺

图 3 – 15　　"一封信"字符排版效果

操作步骤如下：

● 打开文档，选中标题"一封信"，单击"开始"选项卡中的"字体"组中"字体"下拉列表框右边的下拉按钮，选择"华文琥珀"，然后单击该组中"字号"下拉列表框右边的下拉按钮，选择"三号"，再单击该组中的"倾斜"按钮 *I*。设置好字体、字号、字形后，单击该组右下角的对话框启动器 ⌐⌐，打开"字体"对话框，在"高级"选项卡中的"缩放"下拉列表框中选择"150%"，在"间距"下拉列表框中选择"加宽"，在右边的"磅值"文本框中选择或输入"2 磅"，如图 3 – 16 所示，单击"确定"按钮。

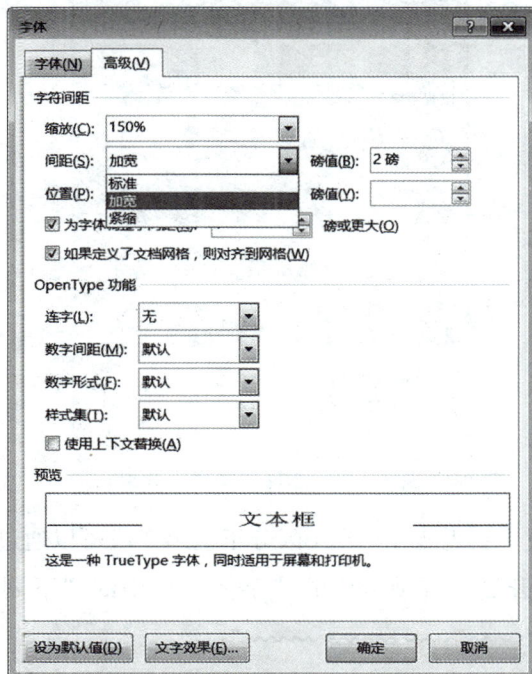

图 3 – 16　　"字体"对话框

● 选中标题"一封信",单击"开始"选项卡中的"字体"组中的"文本效果"下拉按钮 **A ▾**,在弹出的文本效果库中选择"渐变填充 – 蓝色,着色 1,反射"按钮,如图 3 – 17 所示;再次单击"文本效果"下拉按钮,指向"阴影"命令,在展开的子列表中选择"透视"区的"左下对角透视",如图 3 – 18 所示;再次单击"文本效果"下拉按钮,指向"发光"命令,在展开的子列表中选择"红色,11 磅发光,强调文字颜色 2",如图 3 – 19 所示。

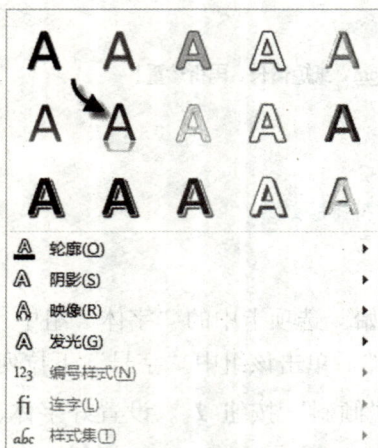

图 3 – 17　选择文本效果预设样式

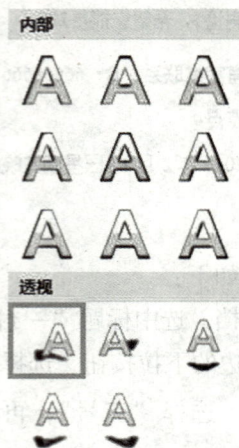

图 3 – 18　选择文本阴影效果

图 3 – 19　选择文本发光效果

● 选中正文第 2 段"我近来……"(区分正文第 2 段可以通过段落标记来选择,标题段落除外),单击"开始"选项卡中的"字体"组中的"下划线"下拉按钮 **U ▾**,在列表中选择波浪线" ～～～～～～～～～～ "。

【例3-5】

将【例3-4】"一封信"中的"信"字加菱形圈号，变成 。

操作步骤如下：

● 选中"信"字。

● 单击"开始"选项卡中的"字体"组中的"带圈字符"按钮，打开"带圈字符"对话框，选择样式为"增大圈号"，圈号为"◇"，如图3-20所示，然后单击"确定"按钮。

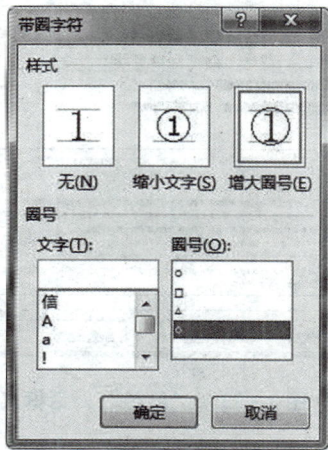

图3-20 "带圈字符"对话框

注意：若要清除文档中的所有样式、文本效果和字体格式，单击"开始"选项卡中的"字体"组中的"清除格式"按钮 即可。

3. 段落排版 完成字符排版后，应该对段落进行排版。段落由一些字符和其他对象组成，最后是段落标记（ ，按 Enter 键产生）。段落标记不仅标识段落结束，而且存储了这个段落的排版格式。段落的排版是指整个段落的外观，包括对齐方式、段落缩进、段落间距、行距等，同时还可以添加项目符号和编号、边框和底纹等。

段落排版一般通过"开始"选项卡中的"段落"组中的相应按钮（图3-21），或单击"段落"组右下角的对话框启动器 打开"段落"对话框（图3-22）来完成。

图3-21 "段落"组中各按钮的功能

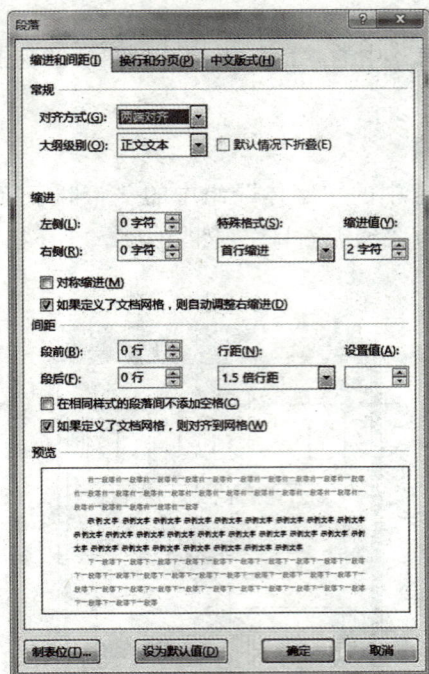

图 3－22　"段落"对话框

段落排版主要是从以下几个方面进行设置的。

（1）**对齐方式**　在文档中对齐文本可以使文本清晰易读。对齐方式一般有 5 种：左对齐、居中、右对齐、两端对齐和分散对齐。其中，两端对齐是以词为单位，自动调整词与词间空格的宽度，使正文沿页面的左、右边界对齐，可以防止英文文本中一个单词跨两行的情况，但对于中文，其效果等同于左对齐。分散对齐是使字符均匀地分布在一行上。

（2）**段落缩进**　段落缩进是指段落各行相对于页面边界的距离。一般的段落都规定首行缩进两个字符，但为了强调某些段落，可以适当进行缩进。Word 2013 提供了 4 种段落缩进方式：①首行缩进：段落第一行的左边界向右缩进一段距离，其余行的左边界不变。②悬挂缩进：段落第一行的左边界不变，其余行的左边界向右缩进一段距离。③左缩进：整个段落的左边界向右缩进一段距离。④右缩进：整个段落的右边界向左缩进一段距离。

Word 提供了两种缩排文本的方法，使用"标尺"或"段落命令"：①使用标尺：可以使用标尺来快速缩进段落，具体方法是：将插入点放在要缩进的段落中，然后将标尺上的缩进符号拖动到合适的位置，被选定的段落随缩进标尺的变化而重新排版。要显示标尺，需要在"视图"选项卡中的"显示"组中选中"标尺"复选框。注意：最好不要用 Tab 键或空格键来设置文本的缩进，这样做可能会使文章对不齐。②使用"段落"命令：首先选择要缩排的段落，选择"开始"选项卡中的"段落"组，打开"段落"对话框，选择"缩进和间距"标签，如图 3－22 所示。在"缩进"框中"左侧"

中设置段落从左边距缩进的值，正值表示向右缩进，负值表示向左缩进。在"特殊格式"列表框中选择"首行缩进"或"悬挂缩进"，然后在"缩进值"中输入缩进量。单击"确定"按钮即可按照所做设置缩排选定的段落。

（3）段落间距与行距　段落间距指当前段落与相邻两个段落之间的距离，即段前距离和段后距离。加大段落之间的间距可使文档显示清晰。行距指段落中行与行之间的距离，有"单倍行距""1.5 倍行距"等，如果选择其中的"最小值""固定值"和"多倍行距"选项时，可在"设置值"文本框中选择或输入磅数。固定值行距必须大于0.7 磅，多倍行距的最小倍数必须大于 0.06。用得最多的是"最小值"选项，当文本高度超出该值时，Word 会自动调整高度以容纳较大字体；当行距选择"固定值"选项时，如果文本高度大于设置的固定值，则该行的文本不能完全显示出来。

设置段落缩进和段落间距时，单位有"磅""厘米""字符""英寸"等。可以通过单击"文件"按钮，在菜单中选择"选项"命令，打开"Word 选项"对话框，然后单击"高级"标签，在"显示"栏中进行度量单位的设置。一般情况下，如果度量单位选择为"厘米"，而"以字符宽度为度量单位"复选框也被选中的话，默认的缩进单位为"字符"，对应的段落间距和行距单位为"磅"；如果取消选中"以字符宽度为度量单位"复选框，则缩进单位为"厘米"，对应的段落间距和行距单位为"行"。

【例 3 – 6】

将【例 3 – 5】"一封信"中的正文第 1 段设置为左、右各缩进 1 厘米，首行缩进0.8 厘米，行距为最小值 15 磅，段前间距为 8 磅。

排版后的效果如图 3 – 23 所示。

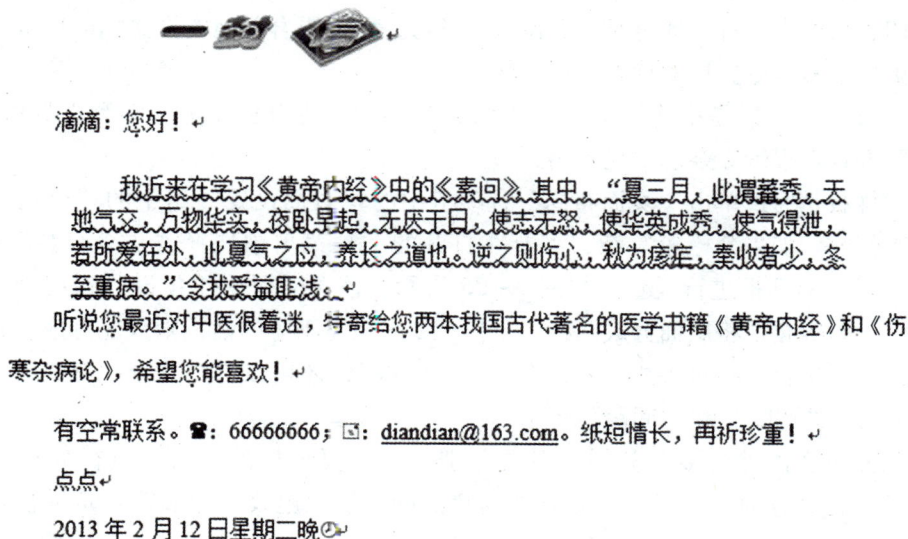

图 3 – 23　"一封信"段落排版效果

操作步骤如下：

● 单击"文件"按钮，在菜单中选择"选项"命令，打开"Word 选项"对话框。单击"高级"标签，在"显示"栏中确保度量单位为"厘米"，注意不要选中下面的"以字符宽度为度量单位"复选框，如图 3 - 24 所示。

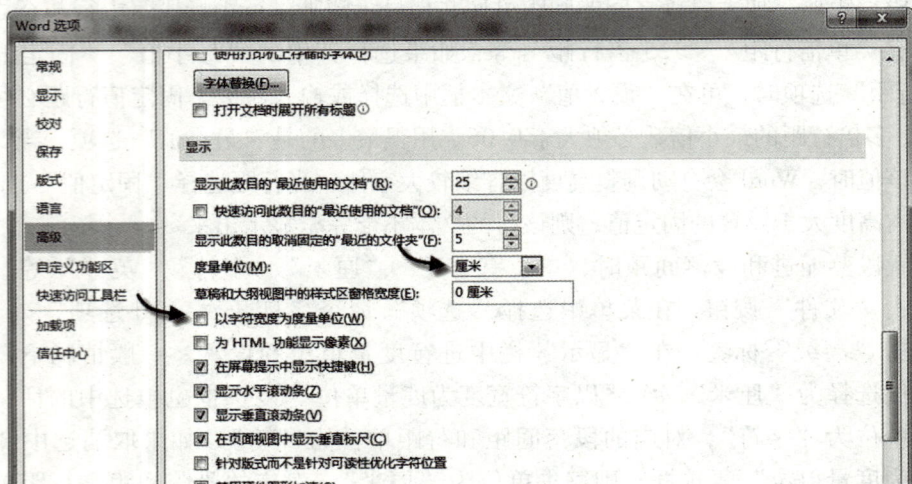

图 3 - 24　设置段落缩进和间距单位

● 选中正文第 2 段（注意要将段首的空格删除，否则特殊格式的度量值会是字符而不是厘米），单击"开始"选项卡中的"段落"组右下角的对话框启动器 ⌐ ，打开"段落"对话框，进行相应设置，然后单击"确定"按钮。

4. 页面排版　页面排版反映了文档的整体外观和输出效果，页面排版主要包括分栏、水印、页面设置等，通过对页面排版的学习，可以更合理地安排文档的结构，使视觉效果更加丰富，令文档阅读者一目了然。

(1) 分栏　分栏是指将一页纸的版面分为几栏，使得页面更生动和更具可读性。这种排版方式在报纸、杂志中经常用到。

分栏排版是通过单击"页面布局"选项卡中的"页面设置"组中的"分栏"下拉按钮来操作的。如果分栏较复杂，需要在打开的下拉菜单中选择"更多分栏"命令，打开"分栏"对话框进行设置，如图 3 - 25 所示。该对话框的"预设"栏用于设置分栏方式，可以等宽地将版面分成两栏、三栏；如果栏宽不等的话，则只能分成两栏。此外，用户可以选择分栏时各栏之间是否带"分隔线"，还可以自定义分栏形式，按需要设置"栏数""宽度"和"间距"。

如果要对文档进行多种分栏，只要分别选择需要分栏的段落，执行分栏操作即可。多种分栏并存时，系统会自动在栏与栏之间增加双虚线的分节符（草稿视图下可见）。

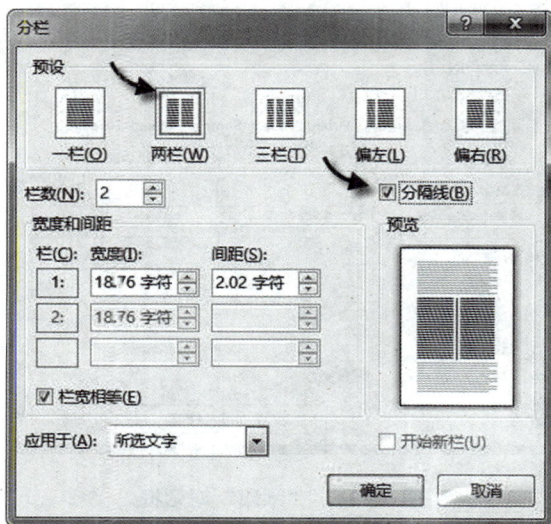

图 3 – 25   "分栏"对话框

分栏排版不满一页时，会出现分栏长度不一致的情况，采用等长栏排版可使栏长一致，操作如下：首先将光标移到分栏文本的结尾处，然后单击"页面布局"选项卡中的"页面设置"组中的"分隔符"下拉按钮，在打开的下拉菜单中选择"分节符"区中的"连续"命令。

若要取消分栏，只要选择已分栏的段落，改为一栏即可。

注意：分栏操作只有在页面视图下才能看到效果。当分栏的段落是文档的最后一段时，为使分栏有效，必须在分栏前，在文档最后添加一个空段落（按 Enter 键产生）。

(2) 页面背景   可以通过为文档添加文字或图片水印、设置文档的颜色或图案填充效果、为页面添加边框，使页面更加美观。操作可通过"设计"选项卡中的"页面背景"的相应按钮来实现。

【例 3 – 7】

为【例 3 – 6】中的"一封信"文档添加喜欢的图片水印效果。

操作步骤如下：

• 单击"设计"选项卡中的"页面背景"组中的"水印"下拉按钮，选择"自定义水印"命令，打开"水印"对话框，如图 3 – 26 所示。

• 选中"图片水印"单选按钮，再单击"选择图片"按钮，打开"插入图片"对话框，从中选择需要的图片，单击"插入"按钮。返回"水印"对话框后，根据图片大小在"缩放"下拉列表框中输入图片的缩放比例，然后选中"冲蚀"复选框，如图 3 – 26 所示，最后单击"确定"按钮。其效果如图 3 – 27 所示。

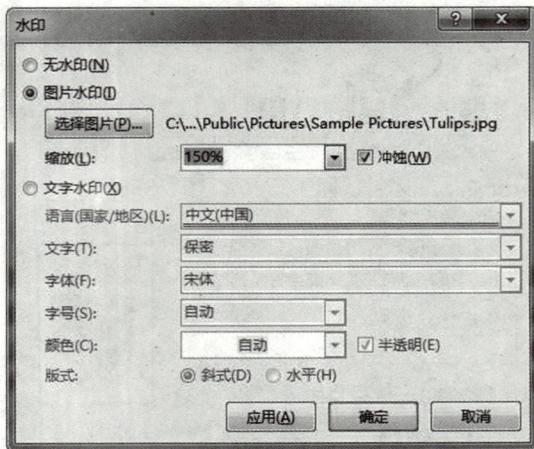

图 3-26　"水印"对话框

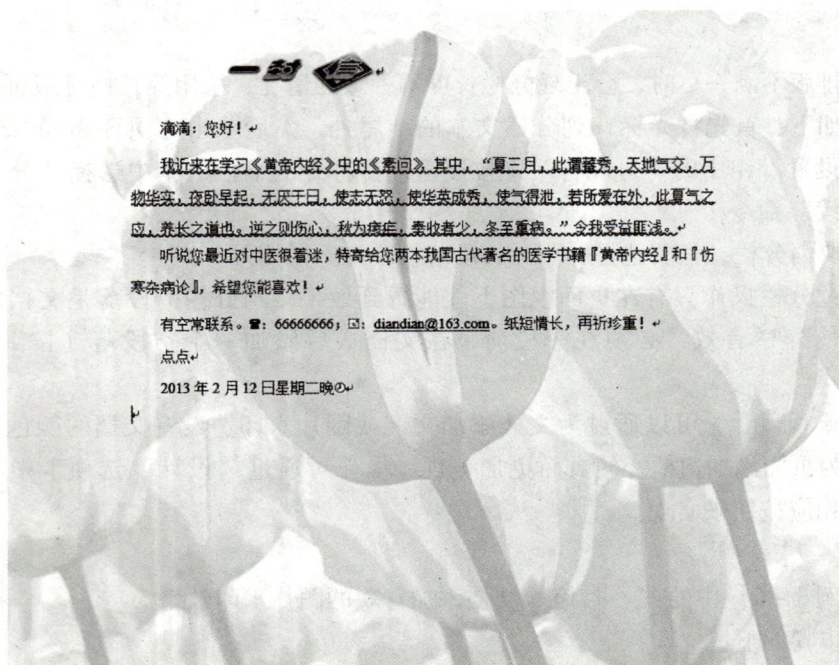

图 3-27　图片水印效果

（3）页面设置　页面设置通常包括设置页边距、纸张大小、页眉和页脚的位置，调整好这些之后就可以进行打印。通过"页面布局"选项卡中的"页面设置"相应按钮或通过"页面设置"对话框来实现。

"页面设置"对话框可通过单击"页面布局"选项卡中的"页面设置"右下角的对话框启动器 ⬛ 打开，如图 3-28 所示，该对话框有 4 个选项卡。

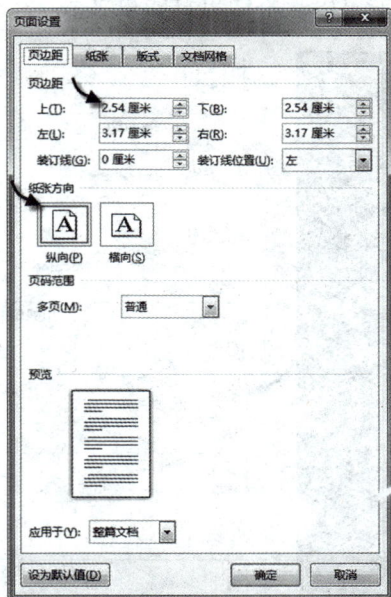

图 3－28　"页面设置"对话框

①"页边距"选项卡："页边距"选项卡用于设置文档内容与纸张四边的距离，从而确定文档版面的大小。通常正文显示在页边距以内，包括脚注和尾注，而页眉和页脚显示在页边距上。页边距包括"上边距""下边距""左边距"和"右边距"。通过"页面设置"对话框设置页边距的同时，还可以设置装订线的位置或选择纸张打印方向等。其中，页边距还可以通过"页面设置"组中的"页边距"下拉按钮快捷设置，它提供了"普通""窄""适中""宽""镜像"5种预设方式。纸张方向也可以通过该组中的"纸张方向"下拉按钮快捷设置。

②"纸张"选项卡："纸张"选项卡用于选择纸张的大小，一般默认值为 A4 纸。如果当前使用的纸张为特殊规格，可以选择"自定义大小"选项，并通过"宽度"和"高度"文本框定义纸张的大小。纸张大小也可以通过"页面设置"组中的"纸张大小"下拉按钮快捷设置。

③"版式"选项卡："版式"选项卡用于设置页眉和页脚的特殊选项，如奇偶页不同、首页不同、距页边界的距离、垂直对齐方式等。

④"文档网格"选项卡："文档网格"选项卡用于设置每页容纳的行数和每行容纳的字数，以及文字打印方向和行、列网格线是否要打印等。

通常，页面设置作用于整个文档，如果对部分文档进行页面设置，应在"应用于"下拉列表框中选择范围。

（4）打印　在调整好页面设置后，可以用打印机打印出来。在"文档"选项卡中单击打印，在打印界面中，可以进行打印份数的调整、选择打印机，在设置中可以选择（图 3－29），包括"打印整文档""打印当前页""打印所选内容"和"打印自定义范围"。在这里也可以进行页边距的调整。在界面的右侧会生成"打印预览"。调整好之后单击"打印"按钮，文档就可以从打印里打印出来。

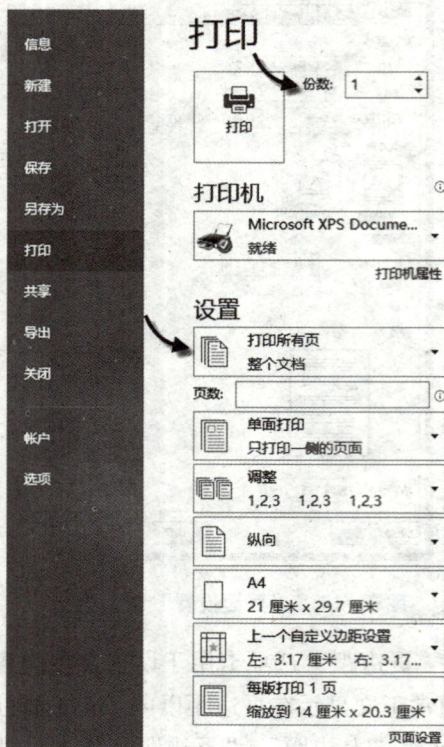

图 3-29　"打印"对话框

任务2　表格和图文混排

文档中经常需要使用表格来组织文档中有规律的文字和数字，也需要加入图片来使文档图文并茂，赏心悦目。本节学习 Word 中表格和图片的编辑与使用。

3.2　表格和图文混排

表格具有分类清晰、简明直观的优点。Word 2013 提供的表格处理功能可以方便地处理各种表格，特别适用于简单表格（如课程表、作息时间安排表、成绩表等）。如果要制作大型、复杂的表格（如年度销售报表），或是要对表格中的数据进行大量、复杂的计算和分析的时候，Excel 2013 是更好的选择。图片与图形可以让文档所表达的内容更加形象地呈现在用户的面前。学习图片和文字的美化，以及图文的混排，能让文档更加形象具体地呈现出其所要表达的内容。

3.2.1　制作表格

Word 中的表格有 3 种类型：规则表格、不规则表格、文本转换成的表格，如图 3-30 所示。表格由若干行和若干列组成，行和列的交叉处称为"单元格"。单元格内可以输入字符、图形，或插入另一个表格。

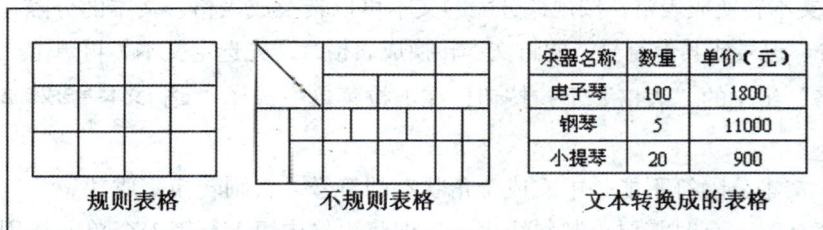

乐器名称	数量	单价（元）
电子琴	100	1800
钢琴	5	11000
小提琴	20	900

规则表格　　　　不规则表格　　　　文本转换成的表格

图 3 – 30　表格的 3 种类型

对表格的操作可以通过"插入"选项卡"表格"组中的"表格"下拉按钮来完成。

1. 表格的建立和编辑

（1）创建表格

1）建立规则表格：建立规则表格有两种方法。

①单击"插入"选项的"表格"组中的"表格"下拉按钮，在下拉菜单中的虚拟表格里移动鼠标指针，经过需要插入的表格行列，确定后单击鼠标左键，如图 3 – 31 所示，即可创建一个规则表格。

②单击"插入"选项卡的"表格"组中的"表格"下拉按钮，在下拉菜单中选择"插入表格"命令，出现如图 3 – 32 所示的对话框，选择或直接输入所需的列数和行数，单击"确定"按钮。

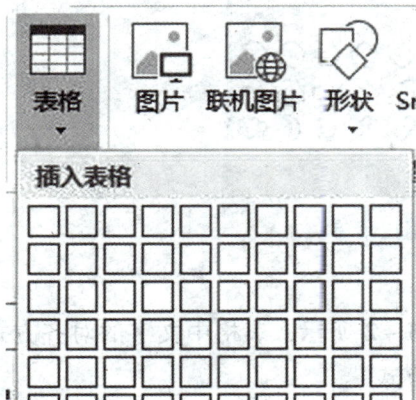

图 3 – 31　"表格"下拉按钮　　　　图 3 – 32　"插入表格"对话框

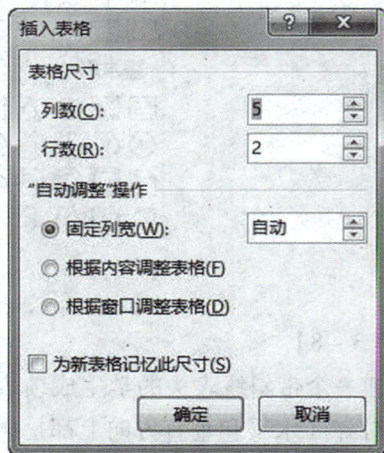

2）建立不规则表格：单击"插入"选项的"表格"组中的"表格"下拉按钮，在下拉菜单中选择"绘制表格"命令，此时光标呈铅笔状，可直接绘制表格外框、行列线和斜线（在线段的起点单击并拖拽至终点释放）。表格绘制完成后，单击"表格工具"选项的"设计"中的"绘制表格"按钮 ✍，取消选定状态。在绘制过程中，可以根据需要选择表格线的线型、宽度和颜色等。对多余的线段可利用"橡皮擦" 按钮，

用鼠标指针沿表格线拖拽或单击即可。

3）将文本转换成表格：按规律分隔的文本可以转换成表格，文本的分隔符可以是空格、制表符、逗号或其他符号。要将文本转换成表格，需先选定文本，再单击"插入"选项的"表格"组中的"表格"下拉按钮，在下拉菜单中选择"▦ 文本转换成表格(V)…"命令即可。

注意：文本分隔符不能是中文或全角状态的符号，否则转换不成功。

创建表格时，有时需要绘制斜线表头，即将表格中第1行第1个单元格用斜线分成几部分，每对应于表格中行和列的内容。对于表格中的斜线表头，可以在"插入"选项的"插图"组中单击"形状"下拉按钮，使用"线条"区中的"直线"和"基本形状"区中的"文本框"共同完成，如图3-33所示。

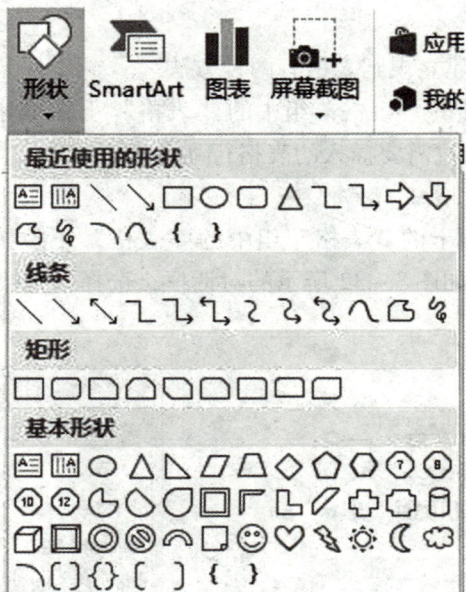

图 3-33 形状下拉菜单

【例3-8】

创建一个带斜线表头的学生成绩表，如表3-2所示，表格中文字的对齐方式为水平居中对齐（水平和垂直方向上都是居中对齐方式）。

表 3-2 带斜线表头的表格

	中医临床学	中药学	护理学
张三	86	75	98
李四	68	77	71
王五	86	85	75

操作步骤如下:

● 新建一个文档,单击"插入"选项的"表格"组中的"表格"下拉按钮,在下拉菜单中的虚拟表格里移动鼠标指针,经过4行4列时,单击鼠标左键。在表格中任意一个单元格中单击,将鼠标指针移至表格右下角的符号🔲处,当鼠标指针变成箭头时,拖动鼠标适当调整表格大小。

● 单击第1个单元格,单击"插入"选项,在"插图"组中单击"形状"下拉按钮,在"线条"区单击"直线"按钮◟。在第1个单元格左上角顶点处单击并按住鼠标左键拖动至右下角顶点,绘制出斜线表头。然后在"插入"选项卡中单击"插图"组中的"形状"下拉按钮,在"文本"区中单击"文本框"按钮🔲,在单元格的适当位置绘制一个文本框,输入"科"字。选中文本框,单击右键,在快捷菜单中选择"设置形状格式"命令,打开"设置形状格式"对话框。在"填充"和"线条颜色"选项卡中分别选中"无填充"和"无线条"单选按钮,如图3-34所示,单击"确定"按钮。用同样的方法制作斜线表头中的"目""姓""名"等字。

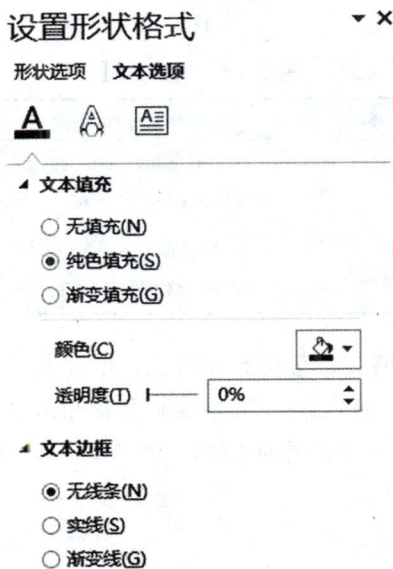

图3-34 斜线表头中文本框的处理

● 在表格其他单元格中输入相应内容,然后选定整个表格中的文字,单击右键,在快捷菜单中选择"表格属性"命令,在打开的对话框中的表格的"对齐方式"和单元格的"垂直对齐方式"选择"居中",具体操作如图3-35所示。

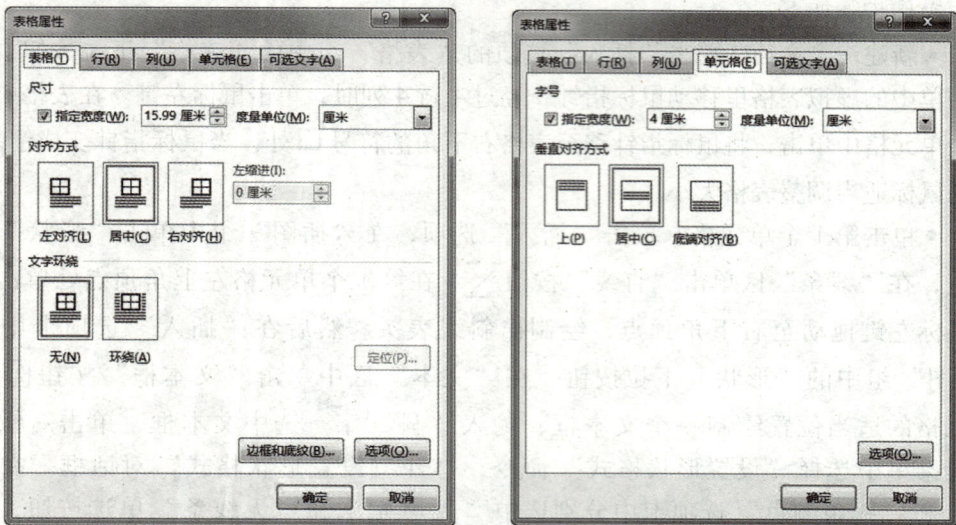

图 3 – 35　设置水平居中和垂直居中

（2）**表格的编辑**　表格的编辑操作同样遵守"先选定，后执行"的原则。选定表格的操作如表 3 – 3 所示。

表 3 – 3　选定表格

选取范围	鼠标操作
一个单元格	将鼠标指针指向单元格内左下角处，光标呈向右上方黑色实心箭头时单击
一行	将鼠标指针指向该行左端边沿处（选定区）时单击
一列	将鼠标指针指向该列顶端边沿处，光标呈向下黑色实心箭头时单击
整个表格	单击表格左上角的符号

表格的编辑包括缩放表格，调整行高和列宽，增加或删除行、列和单元格，表格计算和排序，拆分和合并表格、单元格，表格复制和删除，表格跨页操作等。这主要通过"表格工具"选项的"布局"中的相应按钮（图 3 – 36）或快捷菜单中的相应命令来完成。

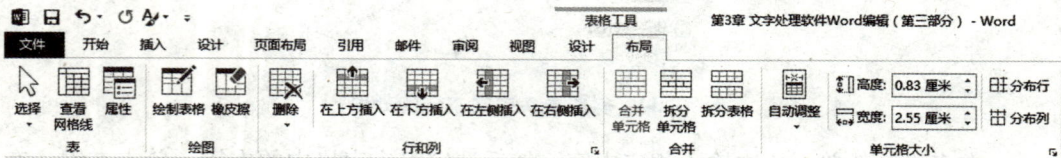

图 3 – 36　"表格工具"菜单下"布局"中的按钮

1）缩放表格：当鼠标指针位于表格中时，在表格的右下角会出现符号，称为"句柄"。将鼠标指针移动到句柄上，当鼠标指针变成箭头时，拖动鼠标可以缩放表格。

2）调整行高和列宽：根据不同情况，调整行高和列宽有 3 种方法。

①局部调整：可以采用拖动标尺或表格线的方法。

②精确调整：选定表格，在"表格工具"选项的"布局"中的"单元格大小"组中的"高度"文本框和"宽度"文本框中设置具体的行高和列宽。或单击"表"组中的"属性"按钮，或在快捷菜单中选择"表格属性"命令，打开"表格属性"对话框，在"行"和"列"选项卡中进行相应设置。

③自动调整列宽和均匀分布：选定表格，单击"表格工具"选项的"布局"中的"单元格大小"组中的"自动调整"下拉按钮，在下拉菜单中选择相应的调整方式。或在快捷菜单中的"自动调整"中选择相应命令。

3）增加或删除行、列和单元格：增加或删除行、列和单元格可利用"表格工具"选项卡中的"布局"中的"行和列"组中的相应按钮或快捷菜单中的相应命令完成。如果选定的是多行或多列，那么增加或删除的也是多行或多列。

【例3-9】

对【例3-8】中的表格设置行高为2厘米，列宽为3厘米，然后在表格的底部添加一行并输入"平均分"，在表格的最右边添加一列并输入"总分"。

操作步骤如下：

● 选定整个表格。

● 单击"表格工具"选项的"布局"中的"单元格大小"组中的"高度"文本框，调整至"2厘米"或者直接输入"2厘米"。同样，在"宽度"文本框中设置"3厘米"，按 Enter 键，并适当调整斜线表头的长短和位置。

● 选中最后一行，单击"表格工具"选项的"布局"中的"行和列"组中的"在下方插入"按钮，或者将光标置于最后一个单元格并按 Tab 键，或者将光标置于最后一行段落标记前按 Enter 键，然后在新插入行的第1个单元格中输入"平均分"。

● 选中最后一列，单击"表格工具"选项的"布局"中的"行和列"组中的"在右侧插入"按钮，然后在新插入列的第1个单元格中输入"总分"。设置新增加的行和列中的文字对齐方式为水平居中对齐。

2. 格式化表格

(1) 自动套用表格样式　Word 2013 为用户提供了90余种表格样式，这些样式包括表格边框、底纹、字体、颜色的设置等，使用它们可以快速格式化表格。这通过"表格工具"选项卡中的"设计"中的"表格样式"组中的相应按钮来实现。

(2) 边框和底纹　自定义表格外观，最常见的是为表格添加边框和底纹。使用边框和底纹可以使每个单元格或每行、每列呈现不同的风格，使表格更加清晰、明了。这通过单击"表格工具"选项卡中的"设计"中的"表格样式"组中的"边框"下拉按钮，在下拉菜单中选择"边框和底纹"命令，打开"边框和底纹"对话框来进行操作。其设置方法与段落的边框和底纹设置类似，只是在"应用于"下拉列表框中选择"表格"。

【例3-10】

为【例3-9】中的表格设置边框和底纹：表格外边框为1.5磅单实线，内边框为1

磅单实线，"平均分"行文字设置红色底纹。效果如表 3 - 4 所示。

表 3 - 4　表格加边框和底纹的效果

	中医临床学	中药学	护理学	总分
张三	86	75	98	259
李四	68	77	71	216
王五	86	85	75	246
平均分	80.00	79.00	81.33	240.33

操作步骤如下：

● 选定表格，单击"表格工具"选项卡中的"设计"中的"表格样式"组中的"边框"下拉按钮，在下拉菜单中选择"边框和底纹"命令，打开"边框和底纹"对话框。在"边框"选项卡中的"样式"列表框中选择单实线，在"宽度"下拉列表框中选择"1.5 磅"，在预览区中单击示意图的 4 条外边框；再在"宽度"下拉列表框中选择"1.0 磅"，在预览区中单击示意图的中心点，生成十字形的两条内边框，如图 3 - 37 所示，单击"确定"按钮。设置边框时除单击示意图外，也可以使用其周边的按钮。

● 选定"平均分"行，单击"表格工具"选项"设计"中的"表格样式"组中的"边框"下拉按钮，在下拉菜单中选择"边框和底纹"命令，打开"边框和底纹"对话框。在"底纹"选项卡中的"填充"栏的下拉列表框中选择红色，在"应用于"下拉列表框中选择"文字"，然后单击"确定"按钮。

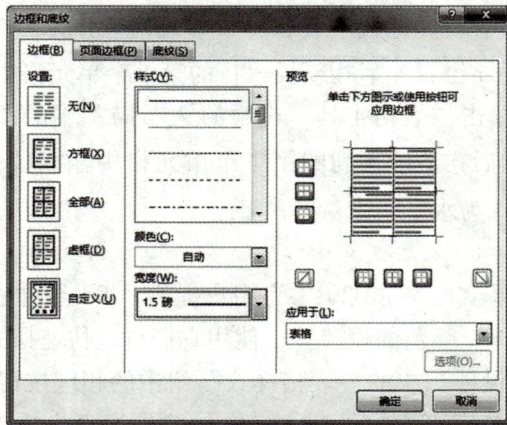

图 3 - 37　设置表格边框

3.2.2　图文混排

目前的文字处理软件不仅仅局限于对文字的处理，还能插入各种各样的媒体对象，使文档的可读性、艺术性和感染力大大增强。在 Word 2013 中，可以插入的对象包括各种类型的图片、图形对象（如形状、SmartArt 图形、文本框、艺术字等）、公式和图表等。

要在文档中插入这些对象，通常单击"插入"选项卡中的"插图"组中的相应按钮，"文本"组中的"文本框"下拉按钮、"艺术字"下拉按钮和"符号"组中的"公式"下拉按钮。

如果要对插入的对象进行编辑和格式化操作，可以利用各自的快捷菜单及对应的选项卡进行操作。图片对应的是"图片工具"选项卡，图形对象对应的选项卡分别是"绘图工具""SmartArt 工具""公式工具"和"图表工具"等。选定对象，这些工具选项卡就会出现。

1. 图片的插入与编辑

（1）通常情况下，文档中所插入的图片主要来源于 4 个方面：①从图片剪辑库中插入剪贴画或图片。②通过扫描仪获取出版物上的图片或一些个人照片。③来自于数码相机。④从网络上下载所需图片。上网搜索到所需图片后，右击图片，在打开的快捷菜单中选择"图片另存为"命令，将图片保存到计算机上。

（2）图片文件具体分为 3 大类：①剪贴画，文件扩展名为"wmf"（Windows 图元文件）或"emf"（增强型图元文件）。②其他图形文件，文件扩展名为"bmp"（Windows 位图）、"jpg"（静止图像压缩标准格式）、"gif"（图形交换格式）、"png"（可移植网络图形）和"tiff"（标志图像文件格式）等。③截取整个程序窗口或截取窗口中的部分内容。

要在文档中插入图片，可以通过"插入"选项卡中的"插图"组中的相应按钮进行操作。

【例 3 – 11】

新建一个空白文档，插入一幅剪贴画、一张图片、一个程序窗口图像（截取整个程序窗口）及搜狗拼音输入法状态栏图标（截取窗口中的部分内容）。

操作步骤如下：

• 插入剪贴画：①将光标移到文档中需要放置剪贴画的位置，单击"插入"选项卡中的"插图"组中的"连击图片"按钮，将打开"插入图片"任务窗。②在"Office.com 剪贴画"文本框中输入剪贴画的关键字，如"信"，任务窗格将列出搜索结果，如图 3 – 38 所示。③挑选合适的剪贴画后单击，或单击剪贴画右边的下拉按钮，在随后出现的下拉菜单中选择"插入"命令，将剪贴画插入到指定位置。

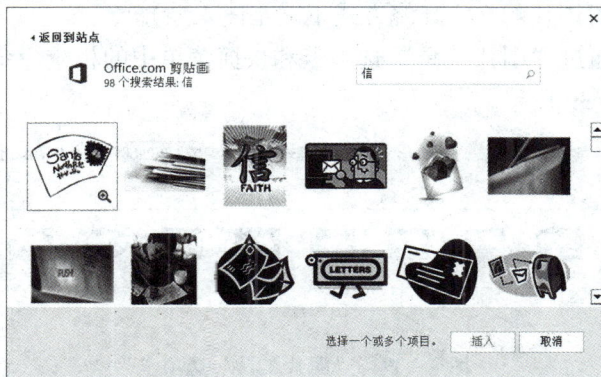

图 3 – 38　插入剪贴画

● 插入图片文件：①将光标移到文档中需要放置图片的位置。②单击"插入"选项卡中的"插图"组中的"图片"按钮，打开"插入图片"对话框，选择图片所在的位置和图片名称，单击"插入"按钮，将图片插入到文档中。

● 插入一个程序窗口图像（截取整个程序窗口）：①打开一个程序窗口，如画图程序，然后将光标移到文档中需要放置图片的位置。②单击"插入"选项卡中的"插图"组中的"屏幕截图"下拉按钮，在弹出的下拉菜单中可以看到当前打开的程序窗口，单击需要截取画面的程序窗口即可。也可以打开程序窗口后，按 Alt + PrintScreen 组合键将其复制到剪贴板，然后粘贴至文档。

注意：如果是整个桌面图像，可以先右击任务栏空白处，在快捷菜单中选择"显示桌面"命令，然后打开文档，定位光标，单击"插入"选项卡中的"插图"组中的"屏幕截图"下拉按钮，在下拉菜单中选择"屏幕剪辑"命令，截取整个屏幕。也可以显示桌面后，按 PrintScreen 键将其复制到剪贴板，然后粘贴至文档。

● 插入图标：①显示搜狗输入法状态栏，移到屏幕上的空白区域（方便截取）。②单击"插入"选项卡中的"插图"组中的"屏幕截图"下拉按钮，在弹出的下拉菜单中选择"屏幕剪辑"命令，然后迅速将鼠标移动到系统任务栏处，单击截取画面的程序图标（此处是 Word 程序窗口），激活该程序。等待几秒，当画面处于半透明状态时，在要截图的位置处（搜狗拼音输入法状态栏）拖动鼠标，选中要截取的范围，然后释放鼠标完成截图操作。

插入文档中的图片，除复制、移动和删除等常规操作外，可以进行调整图片的大小、裁剪图片（按比例或形状裁剪）等操作；可以设置图片排列方式（文字对图片的环绕），如嵌入型（将图片当作文字对象处理）及其他非嵌入型，其他非嵌入型包括四周型、紧密型等（将图片当作区别于文字的外部对象处理）；可以调整图片的颜色（亮度、对比度、颜色设置等）；可以删除图片背景使文字内容和图片互相映衬；可以设置图片的艺术效果，包括标记、铅笔灰度、铅笔素描、线条图、粉笔素描、画图刷、发光散射、虚化、浅色屏幕、水彩海绵、胶片颗粒等 22 种效果；可以设置图片样式（样式是多种格式的总和，包括为图片添加边框、效果的相关内容等）。如果是多张图片，可以进行组合和取消组合的操作，多张图片叠放在一起时，还可以通过调整叠放次序得到最佳效果（注意此时图片的文字环绕方式不能是嵌入型）。

上述这些主要通过"图片工具"选项卡和快捷菜单中的相应命令来实现。"图片工具"选项卡如图 3 - 39 所示。

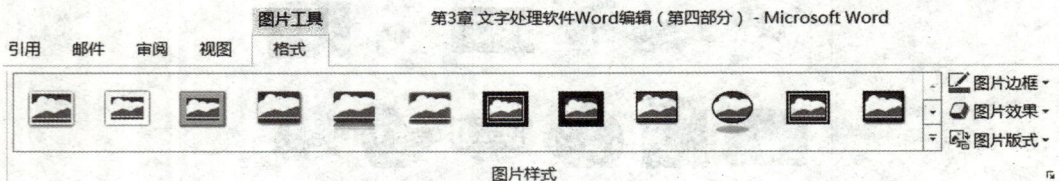

图 3 - 39 "图片工具"选项卡

　　图片刚被插入文档时往往很大，这就需要调整图片的尺寸，最常用的方法是：单击图片，此时图片四周出现 8 个方向的控制句柄，拖拽它们可以进行图片缩放。如果是需要准确地改变尺寸，可以右击图片，在快捷菜单中选择"大小和位置"命令，打开"布局"对话框，在"大小"选项卡中完成操作，如图 3-40 所示。也可以在"图片工具"选项卡中的"格式"中的"大小"组中进行设置。

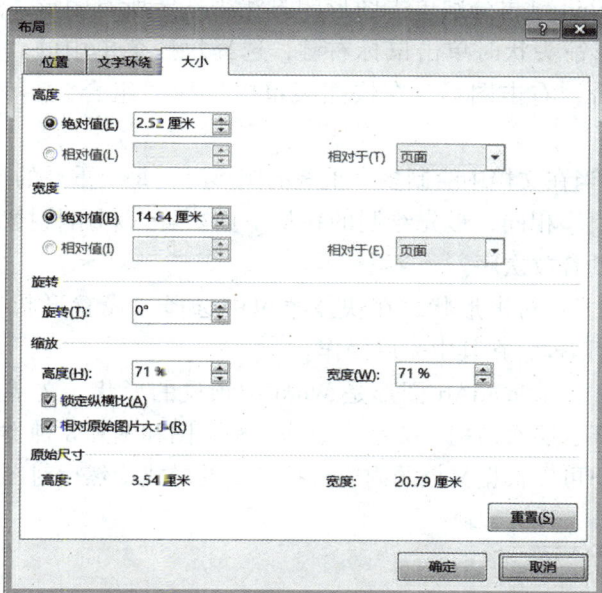

图 3-40　在"布局"对话框中设置图片大小

　　2. 图形的插入与编辑　图形对象包括形状、SmartArt 图形和艺术字等。

　　（1）形状　Word 2013 中的形状包括线条、矩形、基本形状、箭头总汇、公式形状、流程图、星与旗帜、标注 8 种类型，每种类型又包含若干图形样式。插入的形状中可以添加文字，以及设置阴影、发光、三维旋转等各种特殊效果。

　　插入形状是通过单击"插入"选项卡中的"插图"组中的"形状"下拉按钮来完成的。在形状库中单击需要的图标，然后在文本区拖动鼠标指针从而形成所需要的图形。需要编辑和格式化时，先选中形状，然后在"绘图工具"选项卡（图 3-41）或快捷菜单中操作。

图 3-41　"绘图工具"选项卡

　　形状最常用的编辑和格式化操作包括缩放和旋转、添加文字、组合与取消组合、叠放次序、设置形状格式等。

　　1）缩放和旋转：单击图形，在图形四周会出现 8 个方向的控制句柄和一个绿色圆点。拖动控制句柄可以进行图形缩放，拖动绿色圆点可以进行图形旋转。

2）添加文字：在需要添加文字的图形上单击鼠标右键，从快捷菜单中选择"添加文字"命令，这时光标就出现在选定的图形中，输入需要添加的文字内容即可。输入的文字会变成图形的一部分，当移动图形时，图形中的文字也跟随移动。

3）组合与取消组合：如果要使画出的多个图形构成一个整体，以便同时编辑和移动，可以用先按住 Shift 键再分别单击图形的方法来选定所有图形，然后移动鼠标指针至鼠标指针呈十字形箭头状时单击鼠标右键，选择快捷菜单中的"组合"→"组合"命令。若要取消组合，右击图形，在快捷菜单中选择"组合"→"取消组合"命令即可。

4）叠放次序：当在文档中绘制多个重叠的图形时，每个重叠的图形有叠放的次序，这个次序与绘制的顺序相同，最先绘制的在最下面。可以利用快捷菜单中的"叠放次序"命令改变图形的叠放次序。

5）设置形状格式：右击形状，在快捷菜单中选择"设置形状格式"命令，打开"设置形状格式"对话框，在其中完成操作。

（2）SmartArt 图形 SmartArt 图形是 Word 中预设的形状、文字及样式的集合，包括列表、流程、循环、层次结构、关系、矩阵、棱锥图和图片 8 种类型，每种类型下有多个图形样式，用户可以根据文档的内容选择需要的样式，然后对图形的内容和效果进行编辑。

【例 3 – 12】

组织结构图是一种用一系列图框和连线来表示组织结构和层次关系的图形。绘制一个组织结构图，如图 3 – 42 所示。

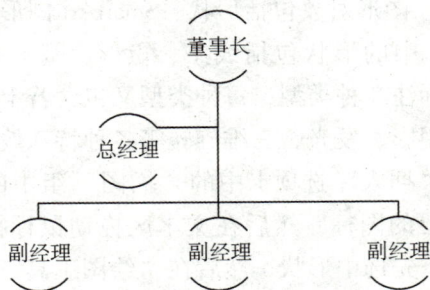

图 3 – 42 绘制组织结构图

操作步骤如下：

●新建一个空白文档，单击"插入"选项卡中的"插图"组中的"SmartArt"按钮，打开"选择 SmartArt 图形"对话框。在"层次结构"选项卡中选择"半圆组织结构图"，如图 3 – 43 所示，单击"确定"按钮。

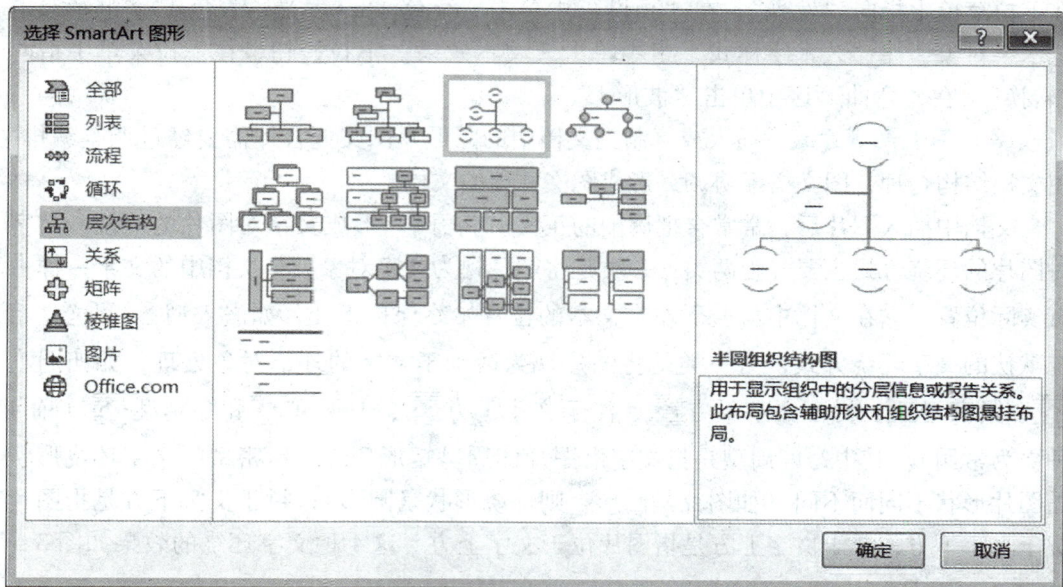

图 3 – 43 "选择 SmartArt 图形"对话框

- 单击各个文本框，从上至下依次输入"董事长""总经理"和 3 个"副经理"。
- 单击文档中其他任意位置，组织结构图完成。插入 SmartArt 图形后，可以利用其"SmartArt 工具"选项卡完成设计和格式的编辑操作。

(3) **插入艺术字** 艺术字以普通文字为基础，通过添加阴影，改变文字的大小和颜色，把文字变成多种预定义的形状等来突出和美化文字。艺术字的使用会使文档产生艺术美的效果，常用来创建旗帜鲜明的标志或标题。

在文档中插入艺术字，可以通过"插入"选项卡中的"文本"组中的"艺术字"下拉按钮**A**来实现。生成艺术字后，会出现"绘图工具"选项卡，可在其中的"艺术字样式"组中进行编辑操作，如改变艺术字样式、增加艺术字效果等。

如果要删除艺术字，只要选中艺术字，按 Delete 键即可。

【例 3 – 13】
制作效果如图 3 – 44 所示的艺术字。

三人行，必有我师焉。

图 3 – 44 艺术字效果

操作步骤如下：
- 单击"插入"选项卡中的"文本"组中的"艺术字"下拉按钮，在展开的艺术字样式库中选择"填充——金色，着色 4，软棱台"，输入文字"三人行，必有我师焉"。
- 选中文字，界面右侧出现"设置文本效果格式"组中的"文本效果"下拉按钮，在下拉菜单中指向"发光",在"预设"中单击"金色,8pt 发光,着色 4"。继续双击艺术字对象,在"艺术字样式"组中单击"文本效果"下拉按钮,在下拉菜单中指向"转换",在"弯曲"区中单击"波形 1"。

(4) 图文混排方式　插入或复制到文档中的图形及图文混合体需要经过调整编排,使文档结构合理,图文搭配协调,形成图文并茂的文档。

文档中插入图片后,常常会把周围的正文"挤开",形成文字对图片的环绕。文字对图片的环绕方式主要分为两类:一类是将图片视为文字对象,与文档中的文字一样占有实际位置,它在文档中与上下左右文本的位置始终保持不变,如嵌入型，这是系统默认的文字环绕方式;另一类是将图片视为区别于文字的外部对象处理,如四周型、紧密型、衬于文字下方、浮于文字上方、上下型和穿越型（前 4 种更为常用）。其中,四周型是指文字沿图片四周呈矩形环绕;紧密型的文字环绕形状随图片形状不同而不同（如图片是圆形,则环绕形状是圆形）;衬于文字下方是指图片位于文字下方;浮于文字上方是指图片位于文字上方。这 4 种文字环绕的效果如图 3 - 45 所示。

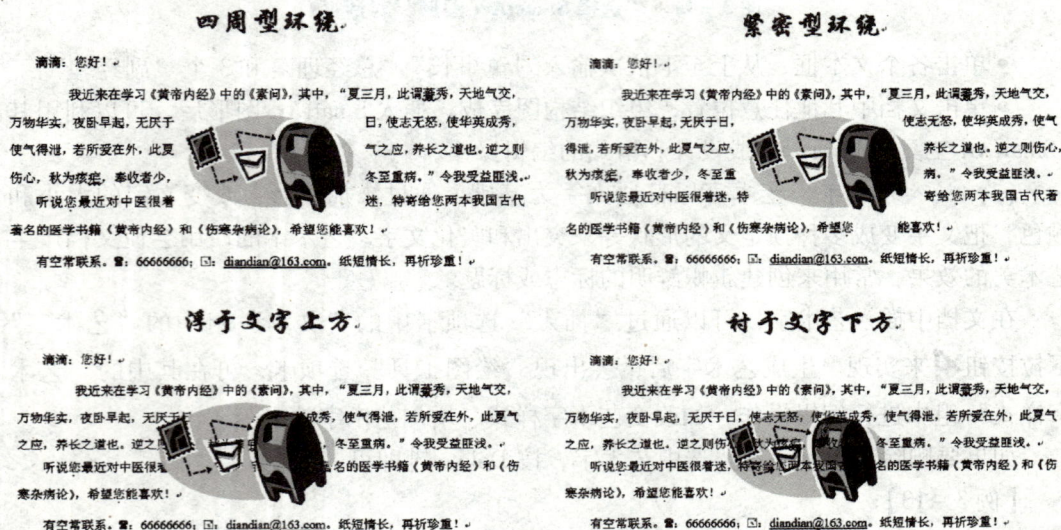

图 3 - 45　4 种常用的文字环绕效果

设置文字环绕方式有两种方法:一是单击"图片工具"选项卡中的"格式"中的"排列"组中的"自动换行"下拉按钮,在下拉菜单中选择需要的环绕方式,如图 3 - 46 所示;二是右击图片,在快捷菜单中选择"自动换行"命令,在打开的级联菜单中选择所需的方式。

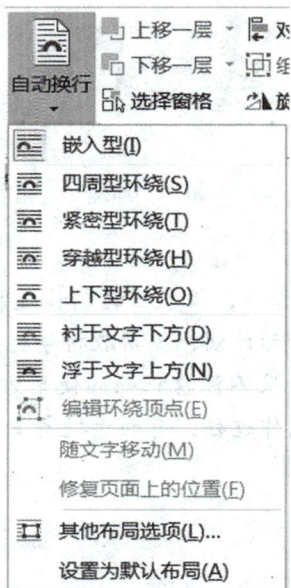

图 3 – 46 "自动换行"下拉菜单

如果在文档中插入图片时发生图片显示不全的情况，此时只要将文字环绕方式由嵌入型改为其他任何一种方式即可。

在非嵌入型文字环绕方式中，衬于文字下方比浮于文字上方更为常用，但图片衬于文字下方后会使字迹不清晰，此时可以利用图形着色效果使图片颜色淡化。方法是：单击"图片工具"选项卡中的"格式"中的"调整"组中的"颜色"下拉按钮，在下拉菜单中的"重新着色"区中选择"冲蚀"命令，如图 3 – 47 所示。其效果如图 3 – 48 所示。

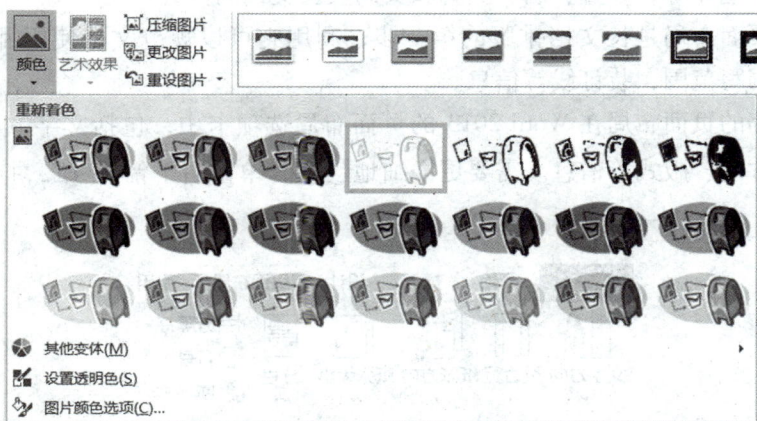

图 3 – 47 "颜色"下拉菜单中的"冲蚀"命令

图 3 – 48　"冲蚀"效果

任务 3　长文档排版

在日常使用 Word 办公的过程中，长文档的制作是常常需要面临的任务。比如毕业论文、学术报告、宣传手册、活动计划、编辑教材等类型的长文档。由于长文档的纲目结构比较复杂，内容页较多，如果不注意正确的使用方法，会使工作过程费时、费力。通过本节的学习，掌握长文档制作过程，有助于提高工作效率。

3.3　长文档的制作

3.3.1　编辑长文档

在写作长篇文档的时候，经常需要根据特定的格式要求对文档进行排版，使文章更加规范、整洁、美观。Word 是广为使用的文档排版软件，使用 Word 能够对文章进行专业排版，并且操作简单，易于使用。在实际排版使用中，有一套较为实用的排版流程，本节以 Word 2013 为基础，对 Word 长篇文档排版中经常遇到的问题加以说明。

Word 长篇文档排版的一般步骤主要分为设置页面布局和设置文档格式。其中设置文档格式具体包含以下几方面内容：设置文档中使用的样式，设置引用功能中的目录、脚注、尾注、题注等，设置页眉、页脚和页码及长文档的修订。

文档的页面布局是长文档排版的第一步，利用它可以规范文档使用哪种幅面的纸张，文档的书写范围，装订线等信息。

设置文档的页面布局在 Word 2013 的页面布局选项卡中，包括文字方向、页边距、纸张大小和方向、版式等信息。需要更详细地设置，单击右下箭头 ⌐，打开"页面设置"对话框，如图 3 – 49 所示。

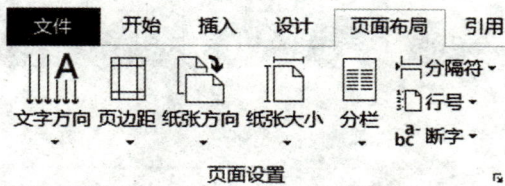

图 3 – 49　设置文档的页面布局

设置的页边距与所用的纸张大小有关。页边距是指文本与纸张边缘的距离。Word

通常在页边距以内打印文本，而页眉、页脚和页码都打印在页边距上。同一文档不同的节可以设置不同的页边距。在设置页边距的同时，还可以添加装订线，以便于装订。

　　页边距选项卡中，可以根据需要设置上下左右边距及装订线位置，页边距各参数，如图 3 – 50 所示。纸张选项卡中可以设置页面纸张类型大小，一般选"A4"即可，也可以自定义纸张大小。版式选项卡可以设置有关节的相关信息及页眉、页脚的布局、垂直对齐方式等。

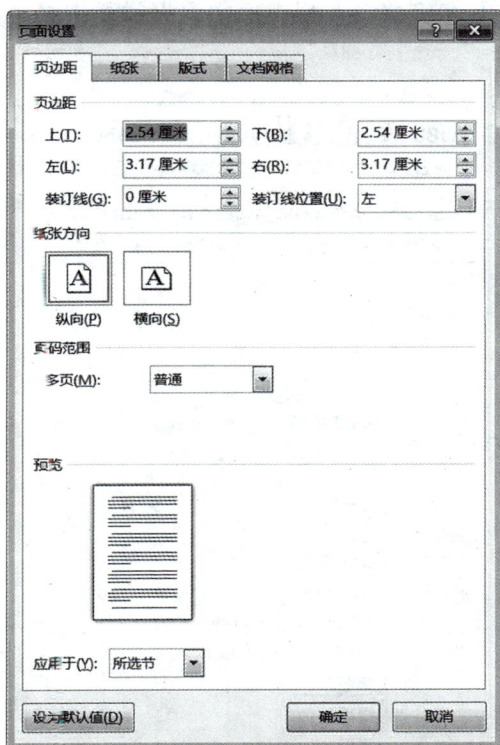

图 3 – 50　"页面设置"常用选项

　　长篇文档一般很多文字，为使文字更清晰，一般采用增大字号的方法，也可以在页面设置中调整字与字、行与行之间的间距，即使不增大字号，也能使内容看起来更清晰。

3.3.2　设置文档格式

1. 样式　样式是文档中文字的呈现风格，通过定义常用样式，可以使相同类型的文字呈现风格高度统一，同时可以对文字快速套用样式，简化排版工作。Word 中许多自动化功能（如目录）都需要使用样式功能。对于常用的样式，还可以先定义到一个模板文件中，创建属于自己的风格，以后只需基于该模板新建文档，就不需要重新定义样式，让写作者更关注文档内容本身。

　　样式是一组命名的字符和段落排版格式的组合。例如，一篇文档有各级标题、正文、页眉和页脚等，它们分别有各自的字符格式和段落格式，并各以其样式名存储以便使用。

Word 2013 不仅预定义了很多标准样式，还允许用户根据自己的需要修改标准样式或自己新建样式。

（1）使用已有样式　选定需要使用样式的段落，在"开始"选项卡中的"样式"组中的快速样式库（图 3 – 51）中选择已有的样式。或单击"样式"右下角的对话框启动器 ⌐ ，打开"样式"任务窗格，在列表框中根据需要选择相应的样式，如图 3 – 52 所示。

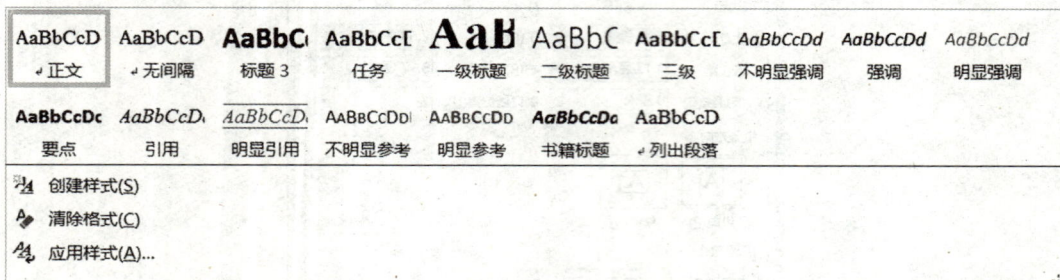

图 3 – 51　快速样式库

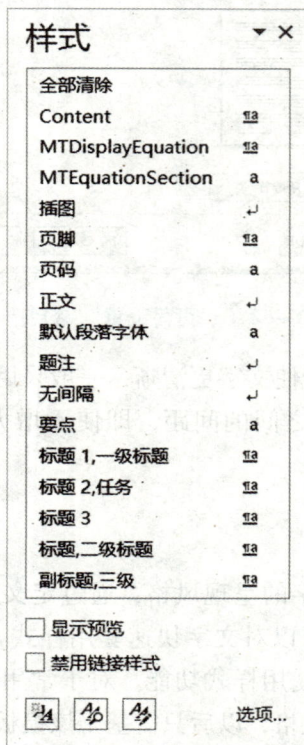

图 3 – 52　"样式"任务窗格

（2）新建样式　当 Word 提供的样式不能满足用户需要时，可以创建新样式。

单击"样式"任务窗格左下角的"新建样式"按钮，打开"根据格式设置创建新样式"对话框。在该对话框中输入样式名，选择样式类型、样式基准，设置该样式的格式，再选择"添加到快速样式列表"复选框，如图 3 – 53 所示。在"根据格式设置创建新样式"对话框中设置样式格式时，可以通过"格式"栏中的相应按钮快速、简单地设置，也可以单击"格式"下拉按钮，在弹出的下拉菜单中选择相应的命令详细设置。

新样式建立后，就可以像已有样式一样直接使用了。

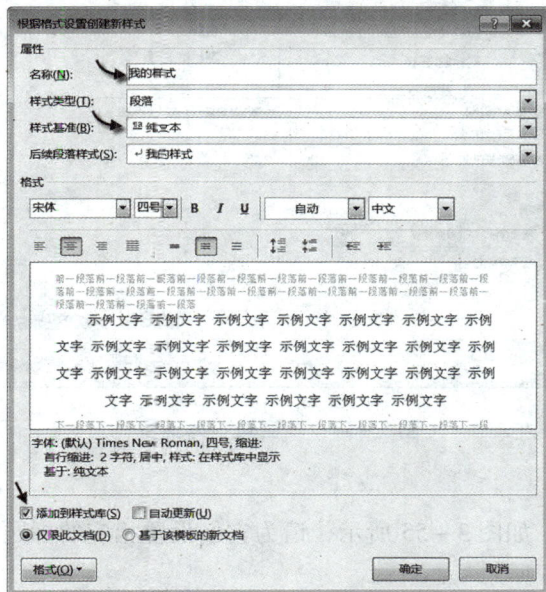

图 3 – 53　新建样式

（3）修改和删除样式　如果对已有的样式不满意，可以进行更改和删除。更改样式后，所有应用了该样式的文本都会随之改变。

修改样式的方法是：在"样式"任务窗格中，右击需要修改的样式名，在快捷菜单中选择"修改"命令，在打开的"修改样式"对话框中设置所需的格式即可。

删除样式的方法与修改样式类似，不同的是应在快捷菜单中选择删除样式的命令，此时带有此样式的所有段落自动应用"正文"样式。

2. 引用功能中的目录、脚注、尾注、题注等

（1）目录　书籍或长文档编写完后，需要为其制作目录，方便读者阅读和大概了解文档的层次结构及主要内容。除了手工输入目录外，Word 2013 还提供了自动生成目录的功能。

1）创建目录：要自动生成目录，前提是将文档中的各级标题用快速样式库中的标题样式统一格式化。一般情况下，目录分为 3 级，可以使用相应的 3 级标题"标题 1""标题 2""标题 3"样式，也可以使用其他几级标题样式或者自己创建的标题样式来格式化。然后单击"引用"选项卡中的"目录"组中的"目录"下拉按钮，在下拉菜单中选择"自动目录1"或"自动目录2"。如果没有需要的格式，可以在下拉菜单中选择"自定义目录"命令，打开"目录"对话框进行自定义操作，如图3－54所示。

注意：Word 2013 默认的目录显示级别为3级，如果需要改变设置，在"显示级别"文本框中利用数字微调按钮调整或直接输入相应级别的数字即可。

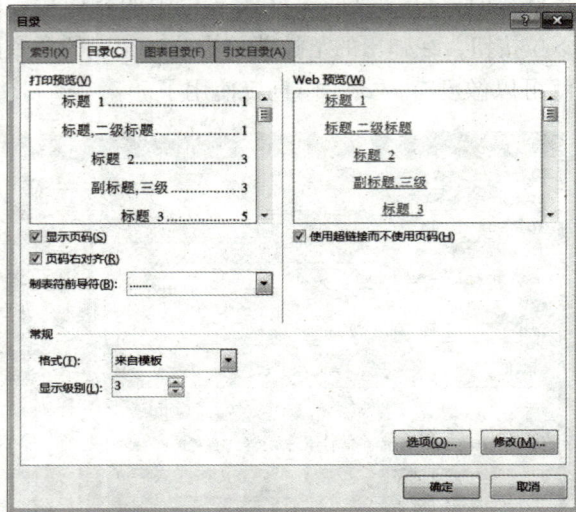

图3－54　"目录"对话框

【例3－14】

有下列标题文字，如图3－55所示，请为它们设置相应的标题样式并自动生成4级目录，效果如图3－56所示。

·第三章　文字处理软件　Word·

.3.1 创建和编辑文档

.3.1.1 创建和保存文档

.3.1.2 格式化和排版文档

图3－55　自动生成目录时使用的标题文字

·目录·

图3－56　自动生成目录的效果

操作步骤如下：

• 为各级标题设置标题样式。选定标题文字“第 3 章 文字处理软件 Word”，在“开始”选项卡中的“样式”组中的快捷样式库中选择“标题 1”。用同样的方法依次设置“3.1 创建和编辑文档”为“标题 2”，“3.1.1 创建和保存文档”和“3.1.2 格式化和排版文档”设置为“标题 3”。

• 将光标定位到插入目录的位置，单击“引用”选项卡中的“目录”组中的“目录”下拉按钮，在目录库中选择“自动目录 1”。

2）更新目录：如果文字内容在编制目录后发生了变化，Word 2013 可以很方便地对目录进行更新。方法是：在目录中单击鼠标左键，单击“更新目录”按钮，再选择“更新整个目录”单选按钮，单击“确定”按钮即可。也可以通过“引用”选项卡中的“目录”组中的“更新目录”按钮操作。

（2）脚注和尾注 脚注和尾注用于给文档中的文本添加注释。脚注对文档某处内容进行注释说明，通常位于页面底端；尾注用于说明引用文献的来源，一般位于文档末尾。在同一个文档中，可以同时包括脚注和尾注，但一般在页面视图方式下可见。

脚注和尾注由两部分组成：注释引用标记和与其对应的注释文本。对于注释引用标记，Word 2013 可以自动为其编号，还可以创建自定义标记。添加、删除或移动自动编号的注释时，Word 将对注释引用标记重新编号。注释可以使用任意长度的文本，可以像处理其他文本一样设置文本格式，还可以自定义注释分隔符，即用来分隔文档正文和注释文本的线条。

设置脚注和尾注是通过单击“引用”选项卡中的“脚注”组中的相应按钮，或单击“脚注”组右下角的对话框启动器，在打开的“脚注和尾注”对话框中进行的，如图 3－57 所示。选定好脚注和尾注的位置和格式等点击“插入”即可。

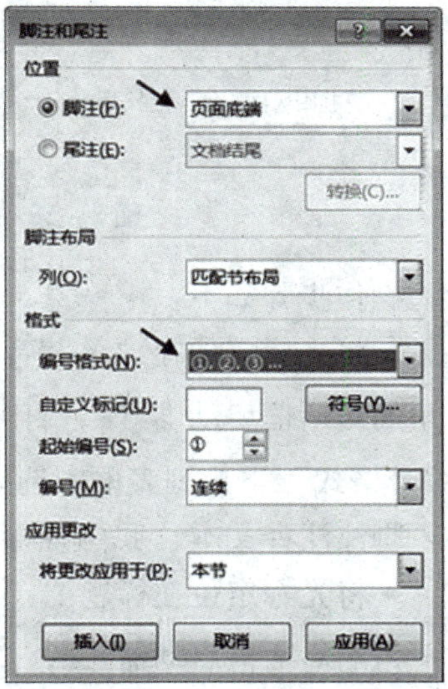

图 3－57 “脚注和尾注”对话框

要删除脚注和尾注，只要定位在脚注和尾注引用标记前，按 Delete 键，则注释引用标记和注释文本同时被删除。

【例 3－15】

打开【例 3－4】中的“一封信”文档，为“《黄帝内经》”添加脚注，脚注引用标记是“①”，脚注注释文本是“我国现存医书中最早的典籍之一”。为文档添加尾注，尾注引用标记是“♥”，尾注注释文本是“书信摘选”。效果如图 3－58 所示。

一封信 ━━━━━━━━━ 尾注引用标记

滴滴：您好！

我近来在学习《黄帝内经》①中的《素问》，其中，"夏三月，此谓蕃秀，天地气交，万物华实，夜卧早起，无厌于日，使志无怒，使华英成秀，使气得泄，若所爱在外，此夏气之应，养长之道也。逆之则伤心，秋为痎疟，奉收者少，冬至重病。"令我受益匪浅。

听说您最近对中医很着迷，特寄给您两本我国古代著名的医学书籍《黄帝内经》和《伤寒杂病论》，希望您能喜欢！

有空常联系。☎：66666666；✉：diandian@163.com。纸短情长，再祈珍重！

点点

2013 年 2 月 12 日星期二晚

♥书信摘选 ━━━━━━━━━ 尾注注释文本

①我国现存医书中最早的典籍之一 ━━━━━━━━━ 脚注注释文本

脚注引用标记（指向右上方）

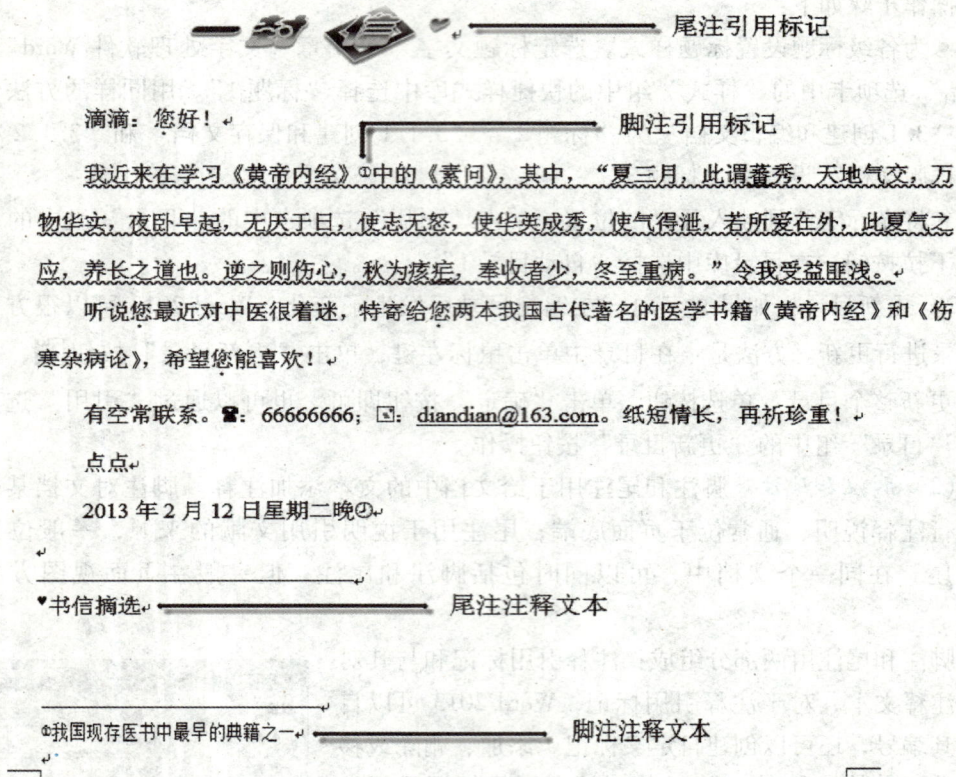

图 3 - 58　添加页眉和页码、脚注和尾注后的效果图

操作步骤如下：

• 将光标定位在"《黄帝内经》"后面，单击"引用"选项卡中的"脚注"组中右下角的对话框启动器 ⌐ ，打开"脚注和尾注"对话框。选中"脚注"单选按钮，在"编号格式"下拉列表框中选择"①，②，③…"，再单击"插入"按钮，进入脚注区，输入脚注注释文本"我国现存医书中最早的典籍之一"。

• 将光标定位在标题"一封信"的最后，单击"引用"选项卡中的"脚注"组中右下角的对话框启动器 ⌐ ，打开"脚注和尾注"对话框。选择"尾注"单选按钮，单击"自定义标记"旁边的"符号"按钮，在出现的"符号"对话框中选择"♥"，单击"确定"按钮，再单击"插入"按钮，进入尾注区，输入尾注注释文本"书信摘选"，在尾注区外单击鼠标结束输入。

(3) 题注　题注通常是对文章中表格、图片或图形、公式或方程等对象的下方或上方添加的带编号的注释说明。生成题注编号的前提是必须将标题中的章节符号转变成自动编号。

1）插入表题注

①将光标置于表的上方文字前，单击"引用"选项卡中的"题注"组中的"插入题注"按钮，打开"题注"对话框，如图 3 - 59 所示。

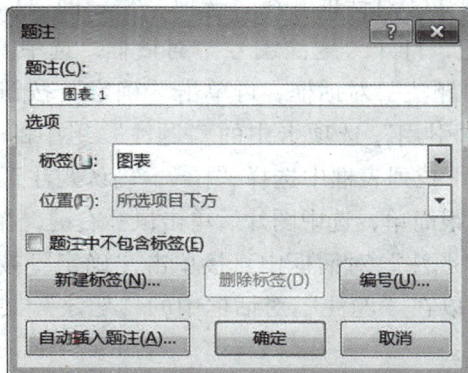

图 3－59　"题注"对话框

　　②单击"新建标签"按钮，打开"新建标签"对话框，在文本框中输入"表"，单击"确定"按钮返回"题注"对话框。在"选项"栏中的"标签"下拉列表框中选择"表"，单击"编号"按钮，打开"题注编号"对话框，选中"包含章节号"复选框，单击"确定"按钮返回。然后单击"自动插入题注"按钮，打开"自动插入题注"对话框，在"插入时添加题注"列表框中选中"Microsoft Word 表格"复选框，在"使用标签"下拉列表框中选择"表"，在"位置"下拉列表框中选择"项目上方"（如图3－60所示），单击"确定"按钮。如果表格文字前没有插入题注，再次单击"引用"选项卡中的"题注"组中的"插入题注"按钮，在"选项"栏中的"标签"下拉列表框中选择"表"，确认题注正确后，单击"确定"按钮。

图 3－60　"自动插入题注"对话框

　　2）插入图题注

　　①将光标置于图的下方文字前，单击"引用"选项卡中的"题注"组中的"插入题注"按钮，打开"题注"对话框。

　　②单击"新建标签"按钮，打开"新建标签"对话框，在文本框中输入"图"，单

击"确定"按钮返回"题注"对话框。在"选项"栏中的"标签"下拉列表框中选择"图",单击"编号"按钮,打开"题注编号"对话框,选中"包含章节号"复选框,单击"确定"按钮返回"题注"对话框,再单击"确定"按钮。如果图文字前没有插入题注,可以再次单击"引用"选项卡中的"题注"组中的"插入题注"按钮,在"选项"栏中的"标签"下拉列表框中选择"图",确认题注正确后,单击"确定"按钮。为其他图片插入题注很简单,选中图片后单击鼠标右键,在快捷菜单中选择"插入题注"命令,在打开的"题注"对话框中直接单击"确定"按钮。如果需要在编号后再增加一些说明文字,可以在"题注"对话框中的"题注"文本框中的题注编号后直接输入说明文字。

3. 页眉、页脚、页码

(1) 页眉和页脚 在文档排版打印时,有时需要在每页的顶部和底部加入一些说明性的信息,称为页眉和页脚。这些信息可以是文字、图形、图片等,内容可以是文件名、标题名、日期、页码、单位名等,还可以是用来生成各种文本的域代码(如日期、页码等)。域代码与普通文本不同,它在显示和打印时会被当前的最新内容代替。例如,日期域代码是根据显示或打印时系统的时钟生成当前的日期,同样,页码域代码也是根据文档的实际页数生成当前的页码。

Word 2013 中内置了 20 余种页眉和页脚样式,可以直接应用于文档中,通过单击"插入"选项卡中的"页眉和页脚"组中的相应按钮来完成。选择样式并输入内容后,可以双击正文返回文档。

插入页眉的时候,选好样式,进入页眉编辑区,此时正文呈浅灰色,表示不可编辑。页眉内容输入完后,双击正文部分完成操作。页脚和页码的操作方法与此类似。

编辑时,双击页眉、页脚或页码,窗口中会出现"页眉和页脚工具"选项卡,如图 3 – 61 所示。

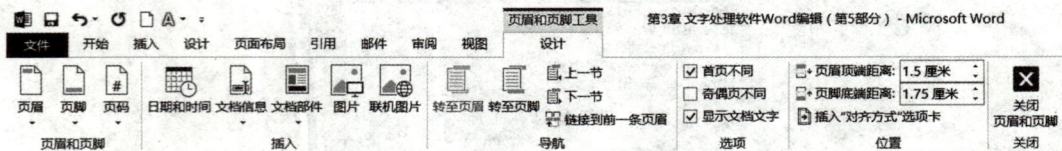

图 3 – 61 "页眉和页脚工具"选项卡

可以根据需要插入图片、日期或时间、域(单击"插入"选项卡中的"文本"组中的"文档部件"下拉按钮,在打开的下拉菜单中选择"域"命令)等内容。如果要关闭页眉和页脚的编辑状态回到正文,直接单击"关闭"组中的"关闭页眉和页脚"按钮即可。如果要删除页眉和页脚,先双击页眉和页脚,选定要删除的内容,按 Delete 键,或者单击"插入"选项卡中的"页眉和页脚"组中的"页眉"或"页脚"下拉按钮,在打开的下拉菜单中选择相应的"删除页眉""删除页脚"命令。

在文档中可自始至终使用同一个页眉和页脚,也可在文档的不同部分使用不同的页眉和页脚。例如,首页不同、奇偶页不同,这需要在"页眉和页脚工具"选项卡中的

"选项"组中勾选相应的复选框。如果文档被分为多个节，也可以设置节与节之间的页眉和页脚互不相同。

（2）页码 设置页码。在页面视图下，将光标置于第 1 节中，单击"插入"选项卡中的"页眉和页脚"组中的"页码"下拉按钮（如图 3 - 62），页码可以放在"页面顶端""页面底端""页边距"和"当前位置"。单击"设置页码格式"可以在"编号格式"下拉列表框中选择编号格式"i，ii，iii……"如图 3 - 63 所示。

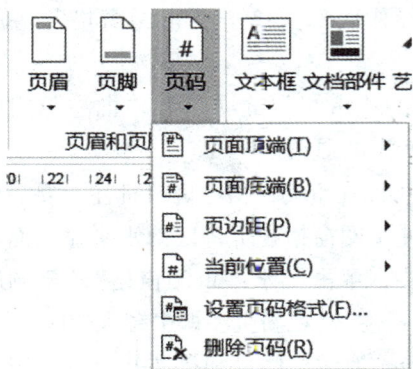

图 3 - 62　页码下拉菜单

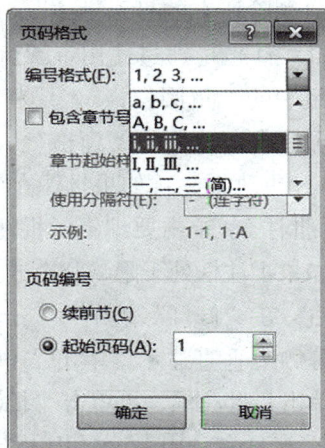

图 3 - 63　页码格式对话框

4. 长文档修订

（1）批注 批注是作者或审阅者根据自己的修改意见给文档添加的注释或注解，通过查看批注，可以更加详细地了解某些文字的修改意见。Word 2013 中提供了插入批注的功能。

1）创建批注：①将光标移动到要插入"批注"的位置或选中要对其增加"批注"的某个单词、某段文本等。②在"插入"菜单中单击"批注"，此时的 Word 窗体被分成左右两部分。左半部分是 Word 文档正文区，右半部分是批注编辑区，如图 3 - 64 所示。

图 3 - 64　创建批注

2）删除批注：要快速删除单个批注，请右键单击该批注，然后单击"删除批注"。要快速删除文档中的所有批注，请单击文档中的一个批注。在"审阅"选项卡上的"批注"组中，单击"删除"下的箭头，单击"删除文档中的所有批注"。在"审阅"选项卡上的"跟踪"组中，单击"显示标记"旁边的箭头。要清除所有审阅者的复选框，指向"审阅者"，单击"所有审阅者"。单击"显示标记"旁的箭头，指向"审阅者"，单击要删除其批注的审阅者的姓名。在"批注"组中，单击"删除"下的箭头，单击"删除所有的显示批注"。此过程会删除选择的审阅者的所有批注，包括整篇文档中的批注。也可通过使用审阅窗格审阅和删除批注。要显示或隐藏审阅窗格，单击"修订"组中的"审阅窗格"。要将审阅窗格移动到屏幕底部，单击"审阅窗格"旁的箭头，再单击"水平审阅窗格"。

3）更改批注：如果批注在屏幕上不可见，单击"审阅"选项卡上"批注"组中的"显示批注"。单击要编辑的批注框的内部，进行所需的更改。

如果批注框处于隐藏状态或只显示部分批注，可以在审阅窗格中更改批注。要显示审阅窗格，在"修订"组中，单击"审阅窗格"。要使审阅窗格在屏幕底部水平显示而不是在屏幕侧边垂直显示，单击"审阅窗格"旁的箭头，单击"水平审阅窗格"。要响应批注，单击其批注框，再单击"批注"组中的"新建批注"。在新批注框中键入响应。

(2) 修订　用 Word 2013 编辑文档时，可以轻松地做出修订和批注并查看它们。默认情况下，Word 使用批注框显示删除内容、批注、格式更改和已移动的内容。如果要查看所有嵌入式修订，可以更改设置以便按需要的方式显示修订和批注。

批注框显示格式更改、批注和删除内容。打开要修订的文档，在"审阅"选项卡上的"修订"组中，单击 [修订图标]。若要向状态栏添加修订指示器，右击该状态栏，然后单击"修订"。单击状态栏上的"修订"指示器可以打开或关闭修订。通过插入、删除、移动或格式化文本或图形进行所需的修订。

在修订状态下，可以添加或删除源文档中的文字，在有修改的段落左侧会显示一条灰色的竖线，修改的详情出现在段落右侧的修订详情里，如图 3－65 所示。单击灰色竖线，隐藏修订详情，此时黑色竖线变成红色竖线如图 3－66 所示。

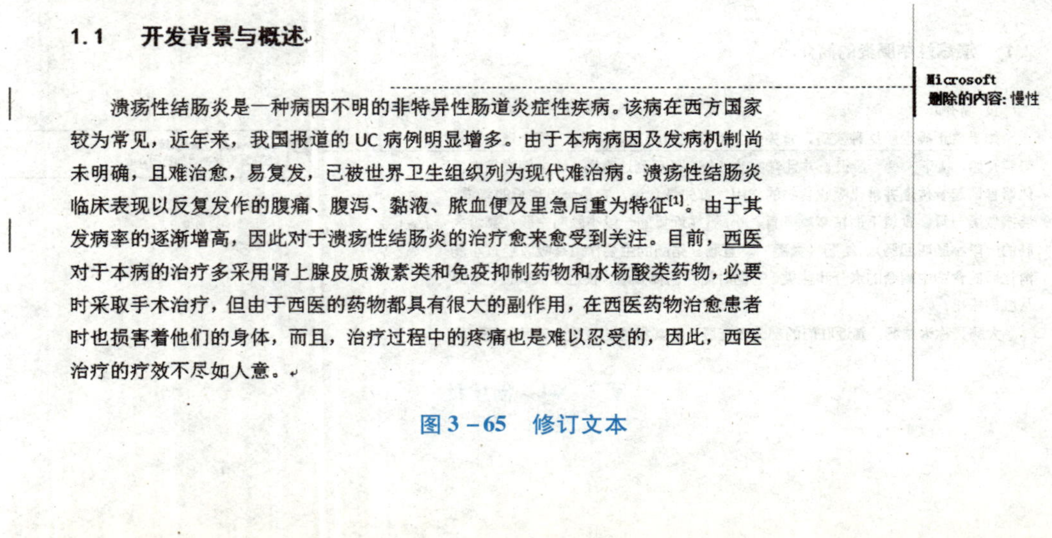

1.1　开发背景与概述

溃疡性结肠炎是一种病因不明的非特异性肠道炎症性疾病。该病在西方国家较为常见，近年来，我国报道的 UC 病例明显增多。由于本病病因及发病机制尚未明确，且难治愈，易复发，已被世界卫生组织列为现代难治病。溃疡性结肠炎临床表现以反复发作的腹痛、腹泻、黏液、脓血便及里急后重为特征[1]。由于其发病率的逐渐增高，因此对于溃疡性结肠炎的治疗愈来愈受到关注。目前，西医对于本病的治疗多采用肾上腺皮质激素类和免疫抑制药物和水杨酸类药物，必要时采取手术治疗，但由于西医的药物都具有很大的副作用，在西医药物治愈患者时也损害着他们的身体，而且，治疗过程中的疼痛也是难以忍受的，因此，西医治疗的疗效不尽如人意。

Microsoft
删除的内容: 慢性

图 3－65　修订文本

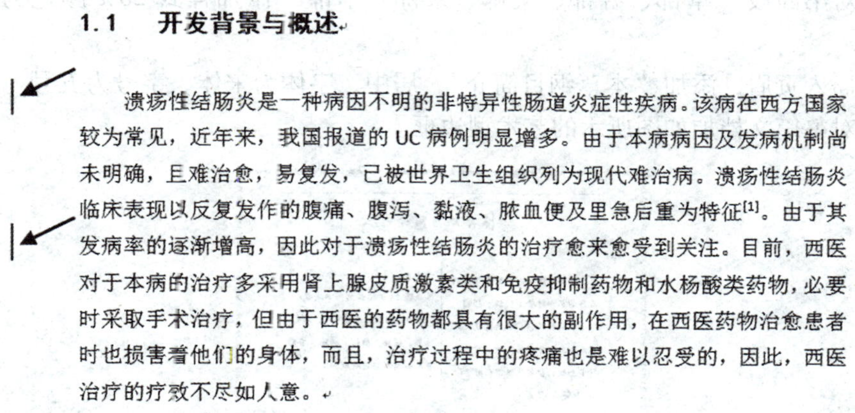

1.1   开发背景与概述

溃疡性结肠炎是一种病因不明的非特异性肠道炎症性疾病。该病在西方国家较为常见，近年来，我国报道的 UC 病例明显增多。由于本病病因及发病机制尚未明确，且难治愈，易复发，已被世界卫生组织列为现代难治病。溃疡性结肠炎临床表现以反复发作的腹痛、腹泻、黏液、脓血便及里急后重为特征[1]。由于其发病率的逐渐增高，因此对于溃疡性结肠炎的治疗愈来愈受到关注。目前，西医对于本病的治疗多采用肾上腺皮质激素类和免疫抑制药物和水杨酸类药物，必要时采取手术治疗，但由于西医的药物都具有很大的副作用，在西医药物治愈患者时也损害着他们的身体，而且，治疗过程中的疼痛也是难以忍受的，因此，西医治疗的疗效不尽如人意。

图 3 – 66   显示或隐藏修订详情

点击段落左侧的竖线隐藏或显示修订的内容。由于进入修订模式，系统将记录对文档的修改，提示信息难免会对操作者产生一定的影响。操作者可以根据自己的需要，设置修订的显示状态。Word 中提供四种不同的显示状态：

简单标记：在有做出修改的文本左端显示一高亮红竖线提示。

所有标记：在有做出修改的文本左端批注框中，对记录修改操作。

无标记：显示接受修改后的文档，不做出任何提示。

原始状态：显示原始的未修改的文档，或是拒绝所有修订后的文档。

修订完成，此时单击"菜单栏"—"审阅"—"接受"或"拒绝"按钮，可以是"接受此修订"也可以"接受所有修订"。修订完成之后，文档保存，修订过的痕迹并不会消失。

实   验

1. 针对"实验练习题 1. doc"有如下实验要求，完成操作后的 Word 文档样图如图 3 – 67 所示：

（1）在第一段的前面插入标题"本草纲目简介"，字体为楷体，字号为小二号，居中对齐，字符间距设置加宽、磅值为 2 磅。

（2）对正文第一段"简介"和第三段"书籍简介"的格式进行设置，字体为黑体，字号为小三号，颜色绿色并添加项目符号。

（3）对正文第二段"《本草纲目》是明朝……"进行首行缩进两个字符，然后分成相等两栏，加分割线，段前间距 0.5 行。

（4）对正文第四段"《本草纲目》共有……"首行缩进两个字符，适当调整图片位置并选择紧密型环绕。

（5）对正文第四段中"全书收录……总数的 58%。"添加方框，颜色红色，宽度为 1 磅，应用于文字。

（6）对第四段"草部、谷部、菜部、果部、本部"添加样式20%颜色为红色的底纹。

（7）插入页眉，添加"本草纲目简介"，居中，字体为宋体，字号为五号。

（8）对整篇文档加如图所示的艺术型边框。

图3-67　实验练习题1样图

2. 针对"实验练习题2.doc"有如下实验要求，完成操作后的Word文档样图如图3-68所示：

（1）将第一段"李时珍的故事"设置为艺术字标题（3行4列），黑体，加粗，44磅，文字环绕为"四周型"。

（2）将第二段"李时珍生于——（公元1593年）"设置为小标题，格式为：黑体，小五号，居中，加字符底纹。

（3）将所有正文字体设置为隶书，字号为四号，首行缩进2字符。

（4）按样张对正文第二段"李时珍喜欢读书……授给太医院判的职位"添加有阴影的边框和25%的红色底纹。

（5）将正文第三段"李时珍只做了……当时认为已经算是完善的"分成等宽的两栏并加分隔线。

（6）将正文最后一段按样张加竖排的文本框，文字加下划线。

（7）插入"医生"类如样图3-68所示的图片，图片文字环绕方式为"衬于文字下方"，按样张放置。

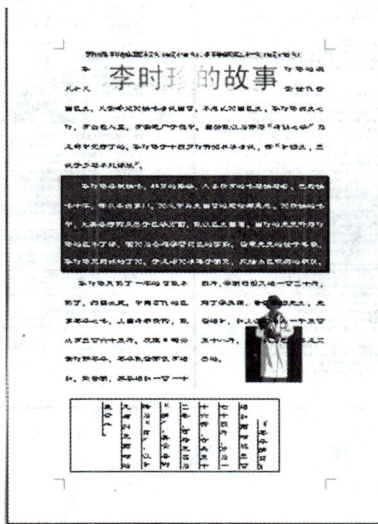

图 3−68　实验练习题 2 样图

3. 针对"实验练习题 3. doc"有如下实验要求，完成操作后的 Word 文档样图如图 3−69 所示：

（1）设置页面纸型为"自定义大小"，宽度"567 磅"，高度为"793.8 磅"。

（2）设置正文第 3 段"苏州园林是文化……美的享受"首字下沉，下沉 3 行，距正文 8.5 磅，字体为楷体_ GB2312，字体颜色为红色。

（3）设置正文中除第 3 段以外的其余各段首行缩进"2 字符"。

（4）在文档右上角适当位置插入一个竖排文本框，输入文字"苏州古典园林"，设置字体为隶书，字号为一号，环绕方式为"紧密型"，如参考样张所示。

（5）设置文档页眉和页脚"奇偶页不同"，奇数页页眉为"上有天堂下有苏杭"，偶数页页眉为"苏州园林"。

（6）设置正文第 5 段"苏州古典园林……《世界遗产名录》"边框为"阴影边框"，线型为"实线"，粗细为"1 磅"，颜色为"蓝色"，底纹填充色为"淡蓝色"。

（7）在正文倒数第 2 段"苏州古典园林宅园……艺术成就"中部插入图片"园林. jpg"设置图片高度为 141.75 磅，宽度为 113.25 磅，环绕方式为四周型。

（8）在正文倒数第 2 段"苏州古典园林宅园……艺术成就右上角插入自选图形"云形标注"，并输入文字"留园冠云峰"，设置图形填充色为浅绿色，线条颜色为蓝色，环绕方式为紧密型。

（9）将"增强型图元文件. jpg"粘贴到 Word 文档的末尾，如样图 3−69 所示。

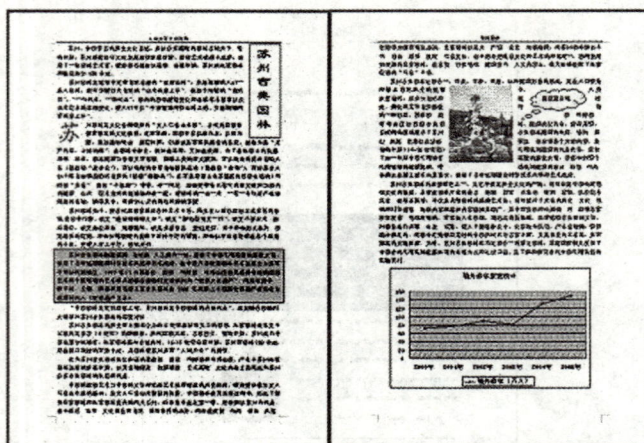

图 3 - 69   实验练习题 3 样图

习　　题

一、选择题

1. Word 2013 中，如果要精确地设置段落缩进量，应该使用以下_____操作。

　　A. 页面设置　　　B. 标尺　　　　　　　C. 样式　　　　　　　　D. 段落

2. Word 2013 中，以下_____操作可以使在下层的图片移至上层。

　　A. "绘图"菜单中的"旋转与翻转"　　B. "绘图"菜单中的"微移"

　　C. "绘图"菜单中的"组合"　　　　　D. "绘图"菜单中的"叠放次序"

3. Word 2013 中，在选定文档内容之后，单击工具栏上的"复制"按钮，是将选定的内容复制到_____。

　　A. 指定位置　　　B. 另一个文档中　　　C. 剪贴板　　　　　　　D. 磁盘

4. Word 2013 的模板文件的后缀名是_____。

　　A. dat　　　　　　B. xls　　　　　　　　C. dot　　　　　　　　　D. doc

5. 对于首页不同的页眉和页脚设置，是通过页面设置中的_____复选框进行的。

　　A. 页边距　　　　B. 纸张　　　　　　　C. 版式　　　　　　　　D. 文档网格

6. 在 Word 2013 表格中，合并操作_____。

　　A. 对行/列或多个单元格均可　　　　　B. 只对同行单元格有效

　　C. 只对同列单元格有效　　　　　　　　D. 只对一个单元格有效

7. Word 2013 中，"样式"栏在_____选项卡当中。

　　A. 文件　　　　　B. 开始　　　　　　　C. 插入　　　　　　　　D. 引用

8. Word 2013 中，在页面设置中可以设置_____。

　　A. 打印范围　　　B. 纸张方向　　　　　C. 是否打印批注　　　　D. 页眉文字

9. 在_____中能看到分栏格式、自绘图形等。

A. 页面视图　　　　B. WEB 视图　　　　C. 阅读版式视图　　D. 大纲视图

10. 在使用"绘图"工具栏中的"自选图形"时，如果按住_____画出图形会从中心向四周扩展。

A. Ctrl　　　　　　B. Shift　　　　　　C. Ctrl + Alt　　　　D. Alt

二、填空题

1. 选定文本后，把鼠标移动到选定的文本上拖动鼠标会_____选定的文本，把鼠标移动到选定的文本时按住 Ctrl 键拖动鼠标会_____选定的文本。

2. Word 2013 中段落的对齐方式有_____、_____、_____、_____和_____5 种。

3. Word 2013 中段落的缩进方式有_____、_____、_____、和_____4 种。

4. 段落结束时，应按_____键，可继续输入新段落。

5. 如果用户想保存一个正在编辑的文档，但希望以不同的文件名存储，可使用_____命令。

4　电子表格处理软件 Excel

Excel 是微软公司推出的一个功能强大的电子表格软件，它不仅具有强大的数据计算与分析处理功能，还可以把数据用表格、图表的形式表现出来，使得制作出来的数据信息表达清晰、方便直观。本章以 Excel 2013 为例，介绍电子表格软件的基本功能和使用方法。

任务1　学生基本信息表的建立

Excel 提供了简单方便的表格制作功能，可方便地创建和编辑表格，对数据进行输入、编辑和格式设置等。本节是通过建立工作簿文件（命名为：学生情况统计表.xlsx，如图 4-1 所示），来逐步介绍工作簿的基本操作，工作表的数据输入方法，以及对工作表数据进行字体、对齐方式、填充色等格式设置。

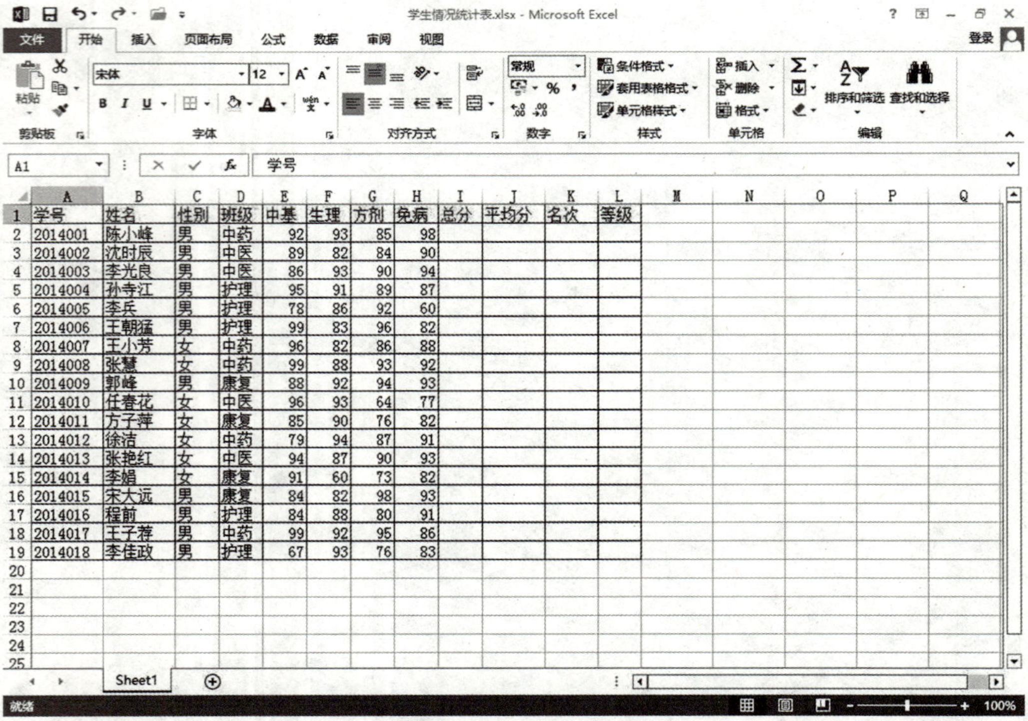

图 4-1　学生情况统计表

4.1　电子表格基础

　　Excel 的窗口界面除了示题栏、选项卡、功能区、滚动条等常用工具外，还有一些 Excel 有别于其他程序特有的概念和功能，如图 4-2 所示。

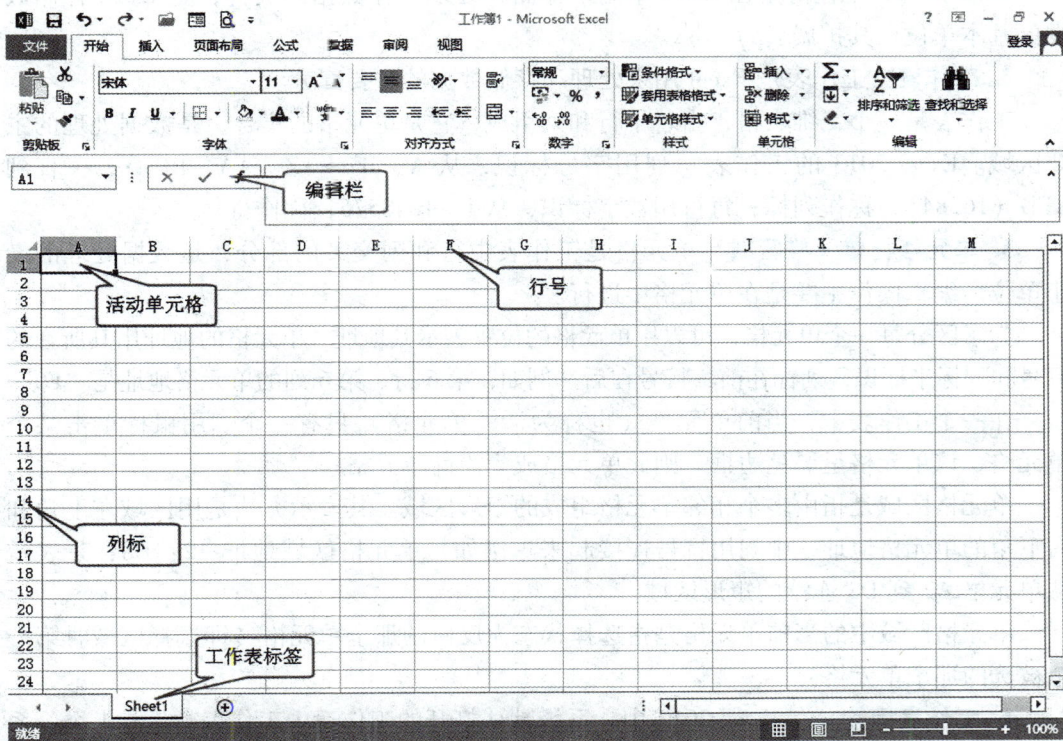

图 4-2　Excel 2013 工作簿窗口

4.1.1　Excel 2013 新增的功能

　　1. 全新的启动菜单　与之前的版本不同，Excel 2013 启动后，不是直接建立一个空白工作簿，而是打开全新的启动菜单。在菜单中，用户不仅可以选择打开最近使用的工作簿或保存在计算机中的其他工作簿，而且也可以在选择建立空白工作簿或通过选择模板来建立工作簿。

　　2. 独立的工作簿窗口　在 Excel 2013 中，每个工作簿都拥有自己的窗口，从而能够更加轻松地同时操作两个或更多工作簿。

　　3. 即时数据分析　使月新增的"快速分析"工具，用户可以为数据创建图表和添加缩略图，还可以应用图表样式、创建数据透视表等。

　　4. "快速填充"助手　"快速填充"像数据助手一样帮助用户完成工作。当检测到需要进行的工作时，"快速填充"会根据用户的数据中识别的模式，一次性输入剩余数据。

　　5. 图表和透视表推荐功能　通过"图表推荐"，Excel 可针对用户的数据推荐最合适的图表。通过快速浏览查看数据在不同图表中的显示方式，然后选择能够展示呈现数据关系的图表。

4.1.2　Excel 2013 窗口的组成

1. 工作簿　工作簿是在 Excel 中用来存储并处理工作数据的文件，是 Excel 存储数据的基本单位。其扩展名为 .xlsx。

2. 工作表　工作表是 Excel 用来处理和存储数据的主要部分。

工作表是一个二维表格，由若干行和列组成，它是单元格的集合，是数据处理的主要区域。Excel 2013 的工作表每列用字母标识，从 A、B……Z、AA、BB……一直到 XFD（16384），称作列标；每行用数字标识，从 1～1048576，称作行号。

3. 单元格与单元格区域　单元格是工作表中行和列交叉的部分，是数据处理的最小单位。编辑操作主要是在单元格中进行。

为了区分每一个单元格，可以用单元格的位置表示其地址，单元格的地址用其所在的行号和列标来标识，列标在前，行号在后。例如，第 6 行、第 6 列的单元格地址是"F6"。

在一个工作表中，当前单元格（也称为活动单元格）只有一个。用鼠标单击某个单元格，该单元格呈黑色边框，则此单元格成为当前单元格。

单元格区域是指由多个相邻单元格组成的矩形区域。其表示方法是用区域左上角和右下角的单元格地址，中间用冒号连接起来。例如，单元格区域地址 A2：D8，是表示从单元格 A2 到 D8 连续的矩形区域。

单元格区域中的当前单元格是指选择状态为反白的那个单元格（即选择区域时第一个被选的那个单元格）。

4. 工作表标签　在 Excel 2013 中，系统默认打开的工作簿中工作表数量是 1 个，系统给工作表提供了一个缺省名：Sheet1，工作表的名称可以更改。工作表标签位于工作簿窗口左下方。在工作簿中单击某个工作表标签，它的名字就呈反白显示，该工作表就成为当前工作表（又称活动工作表）。

5. 编辑栏　编辑栏位于功能区的下面，它是 Excel 2013 所特有的。主要是用来显示或编辑当前单元格的常数、公式和函数等，它有以下 3 个部分组成，如图 4－3 所示。

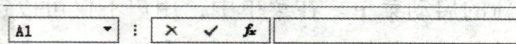

图 4－3　编辑栏

（1）**名称框**　名称框在编辑栏的最左边，主要用来显示当前单元格的地址，也可以在输入公式时从其下拉列表框中选择常用函数。

（2）**工具按钮**　当编辑数据时，名称框右侧会出现"取消 ✖ "按钮和"输入 ✔ "按钮，单击"取消 ☐ "按钮可以取消本次输入的内容，也可以按"Esc"键来取消。单击"输入 🔒 "按钮可以确认本次输入的内容，相当于按回车键。

"插入函数 *fx* "按钮可以用来输入和编辑公式，也可以直接在单元格中通过输入

"＝"来输入公式。

（3）编辑区　编辑区位于"插入函数 f_x "按钮的右边。主要用于显示当前单元格中的内容，可以直接在此位置对当前单元格进行输入和编辑操作。

6. 工作表编辑区　工作表编辑区位于编辑栏的下面，是由行、列交叉组成的单元格区域。

在工作表编辑区左边是行号，上方是列标，在右侧和下方为垂直滚动条和水平滚动条，在工作表编辑区的左下方是工作表标签栏和标签控制钮，通常工作表标签显示为 Sheet1 、Sheet2 和 Sheet3 等。

4.1.3　Excel 2013 的启动和退出

1. Excel 2013 的启动　启动 Excel 通常有以下 4 种常用的操作方法：

（1）选择菜单"开始→所有程序→Microsoft Office 2013→Excel 2013"命令。

（2）双击桌面上已建立的 Excel 2013 的快捷方式图标。

（3）双击已建立好的 Excel 2013 工作簿。

（4）通过"开始"菜单，再单击其中的"运行"命令，在弹出来的"运行"对话框中输入"Excel"，就可以启动 Excel。

2. Excel 2013 的退出　退出 Excel 通常有以下 4 种常用的操作方法：

（1）单击标题栏最右端的"关闭"按钮。

（2）双击标题栏的"控制菜单 ▣"按钮。

（3）单击"控制菜单 ▣"按钮，再选其中的"关闭"命令。

（4）按快捷键 Alt + F4。

4.1.4　管理工作簿

Excel 的工作簿实际上就是保存在磁盘上的工作文件，一个工作簿文件可以同时包含多个工作表。若把工作簿比作一本书，那么工作表就是书中的每一页。在 Excel 2013 中一个工作簿最多包含 255 个工作表。

1. 创建工作簿　启动 Excel 后，系统会自动创建启动一个空白的工作簿，等待用户输入信息。用户可以根据自己的实际来创建新的工作簿。

（1）创建空白工作簿　单击"文件"选项卡，在菜单中选择"新建"命令，然后在"新建"选项面板中单击"空白工作簿"图标，就可以建立一个新的工作簿。

提示：按快捷键【Ctrl + N】可以快速新建空白工作簿；也可以先将"新建"按钮添加到"快速启动工具栏"中，然后在需要创建空白工作簿时单击该按钮。

（2）基于模板创建新工作簿　Excel 2013 自带了很多表格模板，通过这些模板，用户可以快速新建各种具有专业表格样式的工作簿。具体方法如下：

①单击"文件"选项卡，在菜单中选择"新建"命令。

②在弹出的"新建"选项面板中选择模板类型，如图 4 - 4 所示。

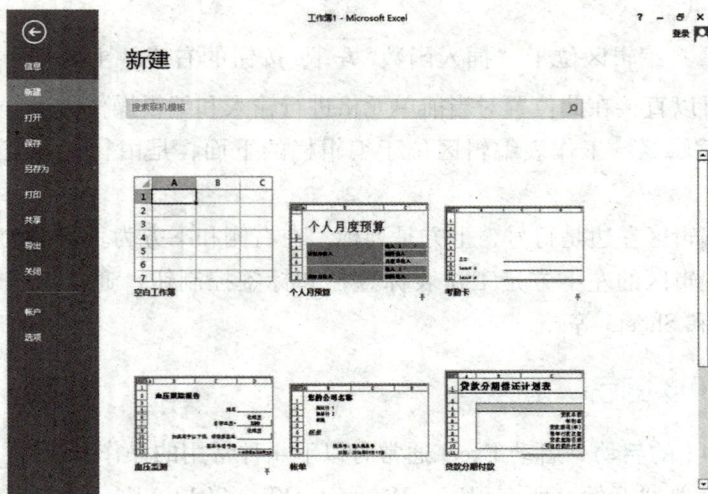

图 4 - 4　新建工作簿

③选择模板样式，在弹出的对话框中，可以预览该模板中的内容，然后单击"创建"按钮，便可看见按照选定模板新建的工作簿。

2. 保存工作簿　工作簿的保存是非常重要的，如果意外退出 Excel 2013，会造成工作成果的丢失。

（1）保存新建工作簿　当用户第一次保存工作簿时，必须为其设置文件名和路径，通常有以下三种常用的操作方法：

①单击"文件"选项卡，选择其中的"保存"命令（或"另存为"命令），在左侧面板中双击"计算机"选项，如图 4 - 5 所示；在弹出的"另存为"对话框中，选择保存位置，输入工作簿名称、类型，如图 4 - 6 所示。

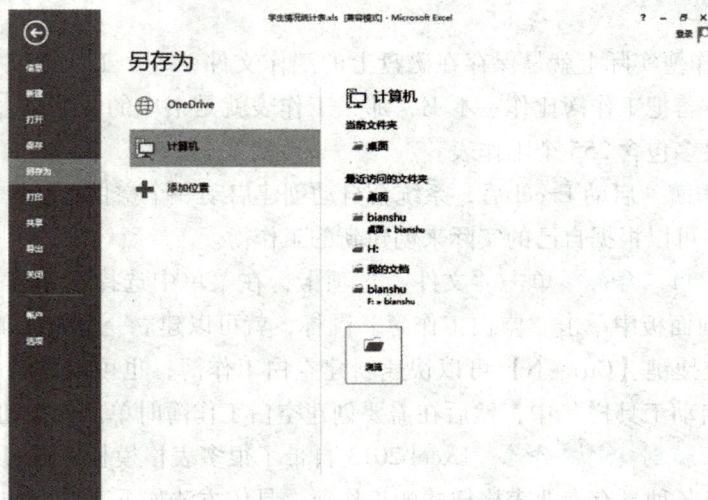

图 4 - 5　"计算机选项"窗口

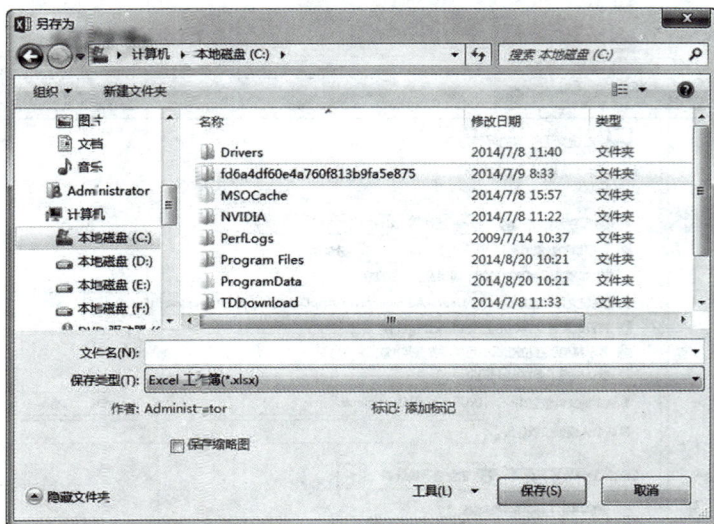

图 4 - 6　"另存为"对话框窗口

②使用快捷键 Ctrl + S 进行保存，步骤方法同上。

③单击快速访问工具栏中的"保存"按钮，步骤方法同上。

(2) 保存已有的工作簿　已有的工作簿在进行保存时，不需要更新其路径文件名和类型，只需更新其内容，通常有以下三种常用的操作方法：

①单击"文件"选项卡，选择其中的"保存"命令。

②使用快捷键 Ctrl - S 进行保存。

③单击快速访问工具栏中的"保存"按钮。

(3) 另存工作簿　如果需要将已保存的工作簿另存为别的路径、名称、类型，则需要选择"另存为"命令。具体步骤如下：

①单击"文件"选项卡，选择其中的"另存为"命令。

②在"另存为"命令左侧面板中双击"计算机"选项，在弹出的"另存为"对话框中选择保存位置，输入工作簿名称、类型，即可完成工作簿的另存为操作。

(4) 保存自动恢复信息　用户在使用 Excel 进行工作时，可能会出现没有保存就意外关闭的情形，这时程序会根据默认的自动保存间隔和恢复后的保存位置将关闭的工作簿保存起来。

自动保存位置是程序默认的，如果想要更为方便地找到自动保存的工作簿，用户可将其更改为一个常用的保存路径，其具体操作为：

①打开"文件"选项卡，选择"选项"命令，进入"Excel 选项"对话框。

②在"Excel 选项"对话框中，单击"保存"选项，在"保存工作簿"栏中的"自动恢复文件位置"文本框中显示默认的保存位置，用户可将其更改为更加方便的位置，如图 4 - 7 所示：

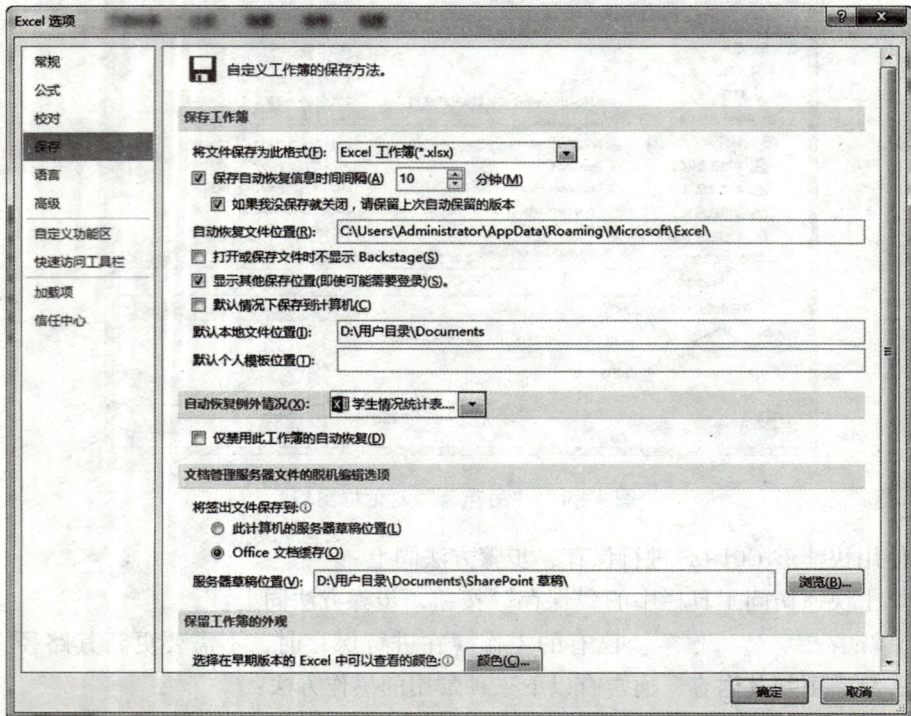

图 4 – 7　"Excel 选项"对话框

还可在"保存自动恢复信息时间间隔"数值框中设置保存时间间隔，自动保存会以设置的时间间隔进行保存。

3. 打开工作簿　打开一个已经保存过的工作簿，通常有以下 6 种常用的操作方法：

（1）找到保存工作簿的位置，用鼠标双击工作簿图标，可以快速打开该文件。

（2）用鼠标单击选择工作簿，然后单击鼠标右键，选择快捷菜单的"打开"命令。

（3）启动 Excel 2013，从"文件"选项卡中单击"最近所用的文档"，在右侧的文件列表中显示最近编辑过的 Excel 工作簿名，单击相应的文件名。

（4）在当前工作簿窗口中，从"文件"选项卡中单击"打开"命令，然后在"打开"面板中，双击打开的"计算机"选项（如图 4 – 8 所示），再单击"浏览"选项，在弹出的"打开"对话框中（如图 4 – 9 所示），依次选择待打开的工作簿位置和名称，就可以将工作簿打开。

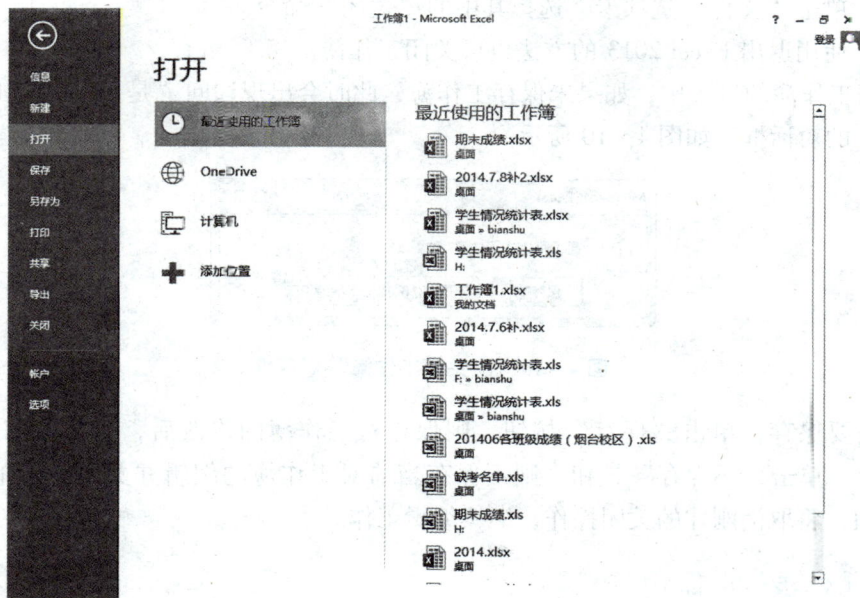

图 4 – 8　"打开"命令面板

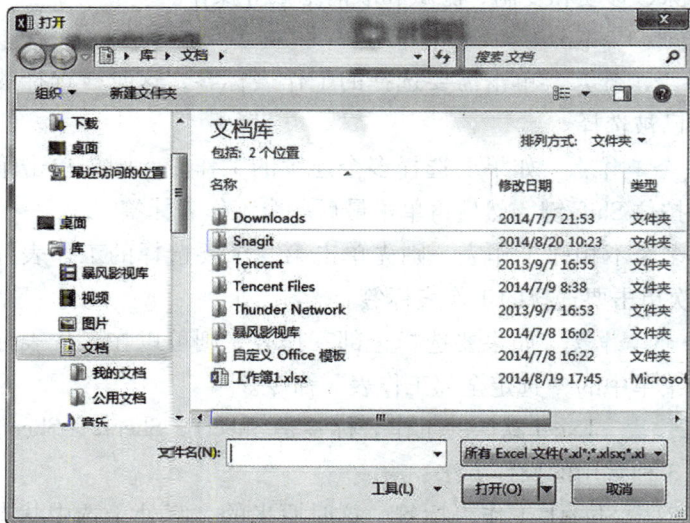

图 4 – 9　"打开"对话框

（5）使用快捷键 Ctrl + O。此时会打开"打开"命令，然后依次找到工作簿的保存位置、名称和类型，即可打开工作簿。

（6）单击快速访问工具栏的"打开"按钮，步骤、方法同上。

4. 关闭工作簿　关闭当前工作簿而不影响其他正在打开的 Excel 工作簿，通常有以下 3 种常用的操作方法：

（1）单击工作簿窗口右上角的"关闭"按钮。

（2）单击"文件"选项卡，选择其中的"关闭"命令。

（3）使用退出 Excel 2013 的方法也可关闭工作簿。

关闭工作簿的过程中，如果未保存工作簿，此时会出现询问"是否保存对工作簿 * 的更改"的对话框，如图 4 – 10 所示。

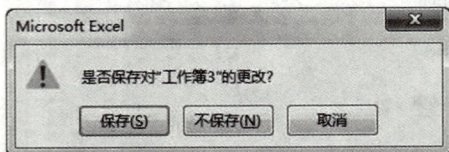

图 4 – 10　"关闭工作簿"对话框

若需要保存，单击"保存"按钮，则保存对工作簿的修改后，自动关闭工作簿。若不保存，单击"不保存"按钮，则不保存当前对工作簿的编辑并关闭。若单击"取消"按钮，将取消刚才的关闭操作，继续编辑工作。

4.1.5　工作表的操作

一个工作簿中有若干张工作表，根据需要可以插入工作表，也可以对工作表进行选择、重命名、删除、移动和复制、隐藏和取消隐藏等操作。

1. 选择工作表

（1）选择单个工作表　单击需要选择的工作表标签，这时被选择的工作表标签呈反白显示，表示已被选择。

（2）选择多个工作表　如果要选择多个连续的工作表，则先单击第一个要选择的工作表标签，再按住 Shift 键，然后再单击最后一个工作表标签。

如果要选择多个不相邻工作表，则先单击第一个要选择的工作表标签后，再按住 Ctrl 键，然后依次单击要选择的工作表标签。

（3）选择全部工作表　如果要选择全部工作表，则可以在工作表标签处单击鼠标右键，选择快捷菜单中的"选定全部工作表"命令。

2. 重命名工作表　Excel 默认的工作表标签是 Sheet1、Sheet2、Sheet3……重命名工作表通常有以下 3 种常用的操作方法：

（1）用鼠标双击 Sheet1 工作表标签，这时原来的名字处于选中状态，接着输入新的名字，最后按回车键结束。

（2）选择工作表后，单击鼠标右键，选择"重命名"命令，接着输入新的名字，最后按回车键结束。

（3）单击"开始"选项卡"单元格"组中的"格式"按钮，再选择其下拉菜单中的"重命名工作表"命令。

3. 插入工作表　一个工作簿中默认只有 1 张工作表，用户可以插入新工作表。通常有以下 3 种常用的操作方法：

（1）先选择工作表，单击鼠标右键，在快捷菜单中选择"插入"命令，出现"插入工作表"对话框，如图 4-11 所示，选择"工作表"选项，这样就可以增加一个新工作表。

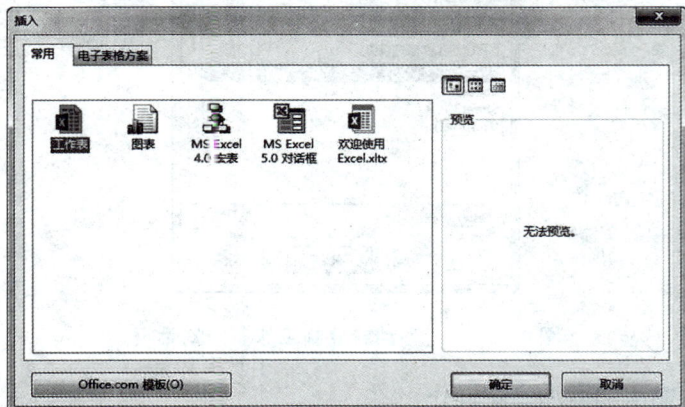

图 4-11 "插入工作表"对话框

（2）先选择插入工作表的位置，然后单击工作表标签右侧的"新工作表"按钮，插入的工作表放在当前表的后面。

（3）单击"开始"选项卡"单元格"组中的"插入"按钮，再选择其下拉菜单中的"插入工作表"命令。

4. 删除工作表 工作表的删除操作是永久删除，该命令的效果是不可恢复的，通常有以下两种常用的操作方法：

（1）先选择工作表，然后单击右键，在快捷菜单中选择"删除"命令。

（2）单击"开始"选项卡"单元格"组中的"删除"按钮，再选择其下拉菜单中的"删除工作表"命令，在弹出的"删除"对话框中，单击"确认"按钮。

5. 移动、复制工作表 工作表的移动、复制操作，通常有以下两种常用的操作方法：

（1）**鼠标拖动法** 进行移动操作时，直接用鼠标指向被移动的工作表标签，然后按下鼠标左键，沿着标签区域拖动到目标位置就可以了，拖动时注意下边有一个指示移动位置的黑色倒三角标志。

如果进行复制操作，在拖动的过程中需要同时按住 Ctrl 键。

（2）**利用"移动或复制工作表"对话框** 例如，将"学生情况统计表 .xlsx"中的 Sheet2 工作表复制一份放到 Sheet3 后面，步骤如下：

1）选择 Sheet2 工作表标签。

2）单击鼠标右键，打开"移动或复制工作表"对话框，如图 4-12 所示。

3）从"移动或复制工作表"对话框中选择目标位置"移至最后"，再选择"建立副本"复选框选项，最后单击"确定"按钮。

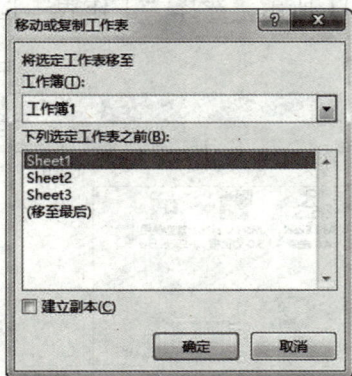

图 4 – 12   "移动或复制工作表"对话框

6. 工作表的隐藏和取消隐藏操作

（1）隐藏工作表，具体操作步骤如下：①单击要进行隐藏的工作表标签。②单击鼠标右键，选择"隐藏"命令，就可以将该工作表隐藏。

（2）取消工作表的隐藏   一次只能取消一个工作表的隐藏，如果隐藏了多个工作表，要取消隐藏，则需要分多次才能完成。具体操作步骤如下：

1）单击鼠标右键，选择"取消隐藏"命令，打开"取消隐藏"对话框，如图4 – 13所示。

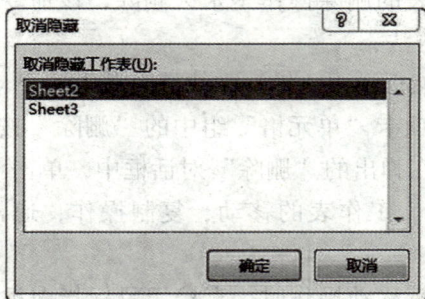

图 4 – 13   "取消隐藏"工作表对话框

2）在"取消隐藏"对话框中，选择要取消隐藏的工作表名称，最后单击"确定"按钮。

7. 单元格、区域、行和列的选择

（1）选择单元格：用鼠标单击该单元格，选中后该单元格边框呈黑色。

（2）选择行、列：鼠标单击相应的行号或列标。若要选择多行、多列，可以直接在行号、列标上拖动鼠标，也可以通过按住 Shift（Ctrl）键来选择相邻（不相邻）的行或列。

（3）选择所有单元格：用鼠标单击"全选"按钮（在行号 1 的上方、列标 A 的左边）。

（4）选择一个连续区域，通常有以下 3 种常用的操作方法：①用鼠标指向待选区域

任意一角的单元格，然后按住鼠标拖动到待选区域对角的单元格（注意：从不同的方向可以选择同一个区域，但选择区域后的当前单元格是不一样的）。②在编辑栏的名称框中输入区域地址，然后按回车键。③当所选区域较大时，可先单击一个起始单元格，然后按住 Shift 键，再单击最后一个单元格。

（5）选择不连续的单元格区域：可以先选择其中的一个单元格或单元格区域，然后按住 Ctrl 键，再依次选择其他的单元格或单元格区域。

（6）选定单元格中的文本：用鼠标双击文本所在的单元格，然后按住鼠标拖动选择文本；也可以先单击该文本所在的单元格，然后到编辑栏中选择所需文本。

如果要取消某个选择操作，可以用鼠标单击工作表其他位置的任意一个单元格。

8. 行、列和单元格的基本操作

（1）插入行（列）操作　①选择要插入行（列）的位置。②选择"开始"选项卡中的"单元格"组，单击其中的"插入"按钮（或用单击鼠标右键的方法），再选择其中的"插入工作表行（列）"命令。

（2）插入单元格操作　①选择要插入单元格的位置。②选择"开始"选项卡中的"单元格"组，单击其中的"插入"按钮，再选择其中的"插入单元格"命令，在"插入"对话框中选择相应选项，如图 4-14 所示。③单击"确定"按钮。

（3）删除行（列）操作　①选择要删除的行（列）。②选择"开始"选项卡中的"单元格"组，单击其中的"删除"按钮，再选择其中的"删除工作表行（列）"命令（也可以用单击鼠标右键的方法）。

（4）删除单元格操作　①选择要删除的单元格。②选择"开始"选项卡中的"单元格"组，单击其中的"删除"按钮，再选择其中的"删除单元格"命令，在"删除"对话框中选择相应选项，如图 4-15 所示。③单击"确定"按钮。

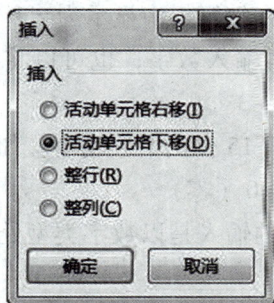

图 4-14　"插入"对话框　　　　图 4-15　"删除"对话框

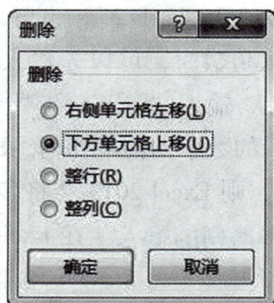

（5）行、列的隐藏和取消隐藏　在 Excel 中，将行、列隐藏指的是将行和列的高度、宽度变为零，而取消隐藏是将行高和列宽的度量值恢复。具体操作步骤如下：

1）隐藏行、列：选择要隐藏的行（列），单击鼠标右键，在快捷菜单中选择"隐藏"命令，这时可以将选择的行或列隐藏。

2）行（列）的取消隐藏：同时选择已被隐藏的行（列）所在位置的上面一行和下面一行（左边一列和右边一列），然后单击鼠标右键，在快捷菜单中选择"取消隐藏"

命令，这时可以看见原来被隐藏的行（列）重新出现。

4.1.6　数据类型和数据输入

Excel 能够接受文本、数字、日期和时间、公式与函数等数据类型。在数据输入过程中，系统自行判断所输入的数据是哪一种类型，并进行适当的处理。

输入数据时，先选择目标单元格，使之成为当前单元格，然后输入数据。数据在单元格和编辑栏是同步显示的。

1. 文本型数据的输入　在 Excel 中，文本可以是字母、数字、汉字和空格等字符，也可以是它们的组合。在默认情况下，所有文本型数据在单元格中左对齐。文本型数据输入可分为两种情况：

（1）字母、汉字等非数值型的数据可以直接输入，Excel 会自动识别。

（2）如果输入的文本是数字组成的，如邮政编码、电话号码这种类型的数据，为了与数值区别，首先输入半角状态下的单引号" ' "，然后再输入相应数据。例如，输入邮编"265200"，则先输入单引号" ' "，再输入"265200"，然后按回车键结束。

2. 数值型数据的输入　在 Excel 中，数字只能由下列字符组成：0 ~ 9 的数字，还包括 + 、 − 、(,) 、∕ 、 $ 、% 、E 和 e 等特殊字符。

Excel 将忽略数字前面的正号" + "。当单元格中输入的数据长度超过 11 位时，会自动转换成科学计数形式。在默认状态下，所有数字在单元格中右对齐。输入时注意以下两种情况：

（1）输入分数时，应在分数前输入"0"及一个空格。例如，输入分数"1/2"，则应输入"0 1/2"，这样在单元格中得到分数"1/2"，在编辑栏则显示为 0.5。如果不输入"0"，则系统把它视作日期，显示是 1 月 2 日。假分数的输入方式类似，如输入一又二分之一可以输入"1 1/2"，也可以输入"0 3/2"，在编辑栏中显示为"1.5"。

（2）输入负数时，可以先输入一个负号，然后再输入数字；也可以将数字括在圆括号中。例如，输入" − 3"和"（3）"都可以得到 − 3。

无论显示的数字的位数如何，Excel 2013 都只保留 15 位的数字精度。如果数字长度超出了 15 位，则 Excel 2013 会将多余的数字位转换为 0（零）。

3. 日期和时间的输入　在 Excel 中，日期和时间的输入是以数字类型处理的，在单元格中右对齐。

（1）日期的分隔符是" − "或"/"，显示结果一般按照"年 − 月 − 日"形式，可以通过设置日期格式来完成。例如，输入"2014 − 1 − 24"或"2014/1/24"，显示的结果都为"2014 − 1 − 24"。如果只输入月和日，而省略年，则使用当前系统的年份。

如果要快速输入当前系统的日期，则可以按"Ctrl + ;"（分号）组合键。

（2）时间的分隔符为"："，输入时按小时、分钟、秒的顺序输入，在后面加上字母 A 或 P 来表示上午或下午。例如，输入"5：00 P"，方法是先输入"5：00"，然后空一格，再输入字母"P"，则结果显示为"17：00"。如果不加字母 P，则结果显示为"5：00"。

如果要快速输入当前系统的时间，则可以按"Ctrl + Shift + :"（冒号）组合键。

（3）如果输入的内容为日期和时间的混合，则先按照顺序输入日期、时间，中间用空格间隔。

（4）如果输入了系统不能识别的日期和时间，输入的内容将被作为文本，并在单元格中靠左对齐。

4. 输入内容到同组单元格 Excel 提供了对多个单元格输入相同内容的方法，具体步骤如下：

（1）先选择其中的一个单元格。

（2）按住 Ctrl 键，再逐个选中其他单元格。

（3）输入内容，然后再同时按下组合键"Ctrl + Enter"，这样就可以在所有选中的单元格中填入相同内容。

5. 自动填充 在输入数据的过程中，经常会遇到在单元格中需要输入相同的数据或输入有规律的数据，为了提高输入速度，用户可利用系统提供的"自动填充"功能完成此类情况的输入。

自动填充主要是将单元格中的原有数据，利用填充柄（单元格右下角的黑色实心方块）进行填充。自动填充的过程中，可以向上、下、左、右方向进行填充。也可以将一些数据定义成自定义序列，便于以后填充，下面依次介绍自动填充的几种情况：

（1）填充相同数据

1）如果初值是纯文本型、数值型的数据，用鼠标单击该单元格，拖动填充柄至目标位置松开鼠标即可，如图 4 - 16 所示。

2）如果初值是日期、时间或文本与数字的混合型数据，按住 Ctrl 键，拖动填充柄，这样才可以完成相同数据的填充。例如，初值为 K01，如果填充过程中不按 Ctrl 键，则填充结果为 k02、k03、k04 等，如图 4 - 16 所示。

3）对于系统已经定义的序列，则在填充的过程中，需要按住 Ctrl 键，这样才可以完成相同数据的填充。例如，系统自定义序列"甲、乙、丙、丁……"。此时，如果要输入相同数据"甲"，则将鼠标指向该单元格的填充柄，再按住 Ctrl 键，拖动鼠标进行填充，这样就可以出现相同的数据"甲"，如图 4 - 16 所示。

	A	B	C	D	E	F	G	H	I	J
1	文本序列	数字序列	文本和数字的组合	日期序列	时间序列	等差序列	等比序列	自定义序列		
2	计算机	1234	k01	2014/1/1	7:01	1	1	甲	甲	
3	计算机	1234	k02	2014/1/2	8:01	3	3	乙	甲	
4	计算机	1234	k03	2014/1/3	9:01	5	9	丙	甲	
5	计算机	1234	k04	2014/1/4	10:01	7	27	丁	甲	
6	计算机	1234	k05	2014/1/5	11:01	9	81	戊	甲	
7	计算机	1234	k06	2014/1/6	12:01	11	243	己	甲	
8	计算机	1234	k07	2014/1/7	13:01	13	729	庚	甲	
9										

图 4 - 16 自动填充举例

（2）填充等差、等比序列

1）填充等差序列：如果初值是数值型数据，按住 Ctrl 键，拖动填充柄，自动增（减）1；如果初值是日期、时间或文本与数字的混合型数据，直接拖动填充柄，这类数据在填充过程会自动增（减）1。

例如，在单元格区域 F2 到 F8 中输入等差序列 1、3、5……13，具体操作步骤如下：

①首先在单元格 F2、F3 输入序列中的前两个值"1、3"作为初值。

②选择这两个单元格，然后拖动填充柄来完成填充。

2）填充等比序列：可以选择"开始"选项卡中"编辑"组的"序列"命令完成，也可以按住鼠标右键拖动填充柄的方法完成。

例如，在单元格 G2 到 G8 中填充等比序列"1、3、9……729"，具体操作步骤如下：①在单元格 G2 中输入起始值 1。②选择"开始"选项卡中"编辑"组的"序列"命令，打开"序列"对话框，如图 4－17 所示。③在"序列"对话框中，选择"序列产生在"选项为"列"，"类型"选项选择"等比数列"，然后在"步长值"选项中输入 3，"终止值"选项中键入 729，最后单击"确定"按钮，就会看到填充结果。

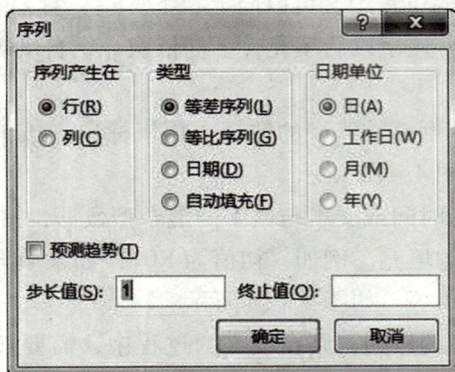

图 4－17　"序列"对话框

3）自定义序列：Excel 2013 系统自定义了一些常用序列，如"星期一……星期日""甲、乙、丙、丁……"等，用户在使用时输入其中的一个数据，就可以填充其他的数据。

用户也可以通过工作表中现有的数据项或输入序列的方式，创建用户自定义序列，并可以保存起来，方便以后使用，具体方法如下：①从工作表中导入：选定工作表中填充序列的数据区域，选择"文件"选项卡中的"选项"命令，打开"Excel 选项"对话框，在对话框中选择"自定义序列"选项卡，单击"导入"按钮，最后单击"确定"按钮，就可以将这些数据定义成自定义序列。②"自定义序列"选项卡中直接建立：在"自定义序列"选项卡的"输入序列"列表框中，输入新的序列数据，每输入一个数据后按回车键，整个序列输入完毕后，单击"添加"按钮结束，如图 4－18 所示。

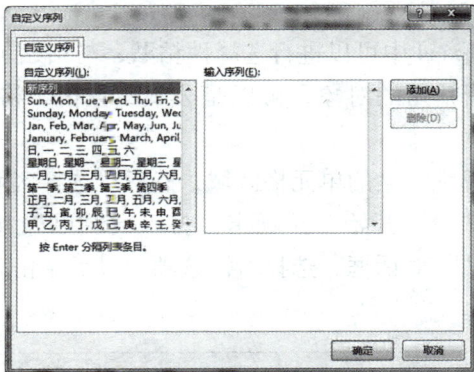

图 4-18 "自定义序列" 选项卡

6. 数据的编辑操作

（1）**修改数据**　对单元格中的数据编辑分为以下两种情况：

1）对单元格中的全部内容进行编辑：鼠标单击选择此单元格，然后直接输入新的内容，新输入的内容会覆盖原有内容。

2）对单元格中的部分内容进行编辑：鼠标双击该单元格，然后进行编辑，结束后确认（也可以先选定该单元格，然后在编辑栏进行修改）。

（2）**清除和删除**　在 Excel 中单元格中的信息可以分为内容、格式和批注三部分。

对单元格进行清除和删除操作是不一样的，清除是对单元格中的内容进行处理，对单元格没什么影响；而删除是对单元格进行操作，是将单元格连同其中的内容一起被删除。

1）清除操作步骤如下：①鼠标单击选择单元格区域。②选择"开始"选项卡中"编辑"组的"清除"按钮，再选择其中的所需命令即可，如图 4-19 所示。如果清除的是单元格内容，也可以直接按 Delete 键。

图 4-19 "清除" 快捷菜单

2）删除操作与清除操作类似：删除单元格也可以用单击鼠标右键，在快捷菜单中选择"删除"命令来完成，但不能用 Delete 键来删除单元格。

（3）**复制和移动数据**　复制、移动操作与 Word 中的操作是相似的，可以分为两种操作方式：

1）使用剪贴板操作：先选择要操作的区域，单击"开始"选项卡中的"复制"（剪切）按钮，然后到目标位置进行粘贴即可。复制操作结束后，按 Esc 键取消闪烁的虚线。

注意：只要闪烁的虚线不消失，粘贴可以进行多次，一旦虚线消失，粘贴则无法进行。如果只需粘贴一次，在目标区域直接按回车键即可。

2）使用鼠标进行操作：首先选择要操作的区域，将鼠标指向已选区域的任一边界，当指标变成左向箭头时，拖动鼠标到目标位置松开即可（如果是复制操作，在拖动的同时再按 Ctrl 键)。

7. 选择性粘贴　在 Excel 中可以进行选择性粘贴，与粘贴不同的是，这种方式可以在进行粘贴的时候，选择粘贴的对象，可以是公式、数值、格式和批注等，操作步骤如下：

（1）选择要进行选择性粘贴的单元格区域，然后对选择区域执行复制操作。

（2）在目标位置，选择"开始"选项卡，打开"粘贴"按钮中的"选择性粘贴"命令，打开"选择性粘贴"对话框，选择所需选项，最后单击"确定"按钮，如图 4 - 20 所示。

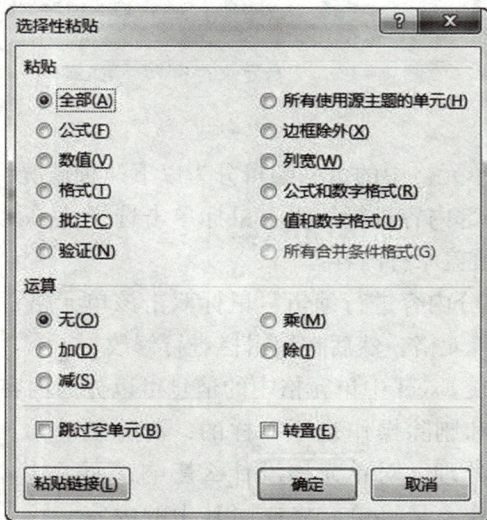

图 4 - 20　"选择性粘贴"对话框

（3）"选择性粘贴"对话框中的各个选项含义如下：

☞全部：复制粘贴所有内容和格式。选择该选项后，其效果与"粘贴"命令效果相同。

☞公式：只粘贴编辑框中所输入的公式。

☞数值：只粘贴单元格中显示的数值。

☞格式：只粘贴单元格的格式。

☞批注：只粘贴单元格中附加的批注。

☞有效性验证：将复制区的有效数据粘贴到粘贴区中。

☞边框除外：粘贴单元格中除了边框以外的所有内容及格式。

☞列宽：将某一列的宽度粘贴到另一列中。

☞跳过空单元：避免复制区中的空格替换粘贴区中的数值。

☞"运算"选项：将被复制区的内容与粘贴区中的内容经"运算"选项指定的运算方式运算后，放置在粘贴区。

☞转置：转置是将被复制的内容在粘贴时转置放置，即把一行数据转换成工作表中的一列数据，把原来的一列数据转换成一行数据。例如，将"学生情况统计表 . xlsx"

中的 A1∶H5 转置，效果如图 4-21 所示。

	A	B	C	D	E	F	G	H	I	J	K	L	M	N	O	P	Q
1	学号	姓名	性别	班级	中基	生理	方剂	免病	总分	平均分	名次	等级					
2	2014001	陈小峰	男	中药	92	93	85	98									
3	2014002	沈时辰	男	中医	89	82	84	90									
4	2014003	李光良	男	中医	86	93	90	94				学号		2014001	2014002	2014003	2014004
5	2014004	孙寺江	男	护理	95	91	89	87				姓名		陈小峰	沈时辰	李光良	孙寺江
6	2014005	李兵	男	护理	78	86	92	60				性别		男	男	男	男
7	2014006	王朝猛	男	中医	99	83	96	82				班级		中药	中医	中医	护理
8	2014007	王小芳	女	中药	96	82	86	88				中基		92	89	86	95
9	2014008	张慧	女	中药	99	88	93	92				生理		93	82	93	91
10	2014009	郭峰	男	康复	88	92	94	93				方剂		85	84	90	89
11	2014010	任春花	女	中医	96	93	64	77				免病		98	90	94	87
12	2014011	方子萍	女	康复	85	90	76	82									
13	2014012	徐洁	女	中药	79	94	87	91									
14	2014013	张艳红	女	中药	94	87	90	93									
15	2014014	李娟	女	康复	91	60	73	82									
16	2014015	宋大远	男	康复	34	82	98	93									
17	2014016	程前	男	护理	84	88	80	91									
18	2014017	王子荐	男	中药	99	92	95	86									
19	2014018	李佳政	男	护理	57	93	76	83									
20																	
21																	

图 4-21 "转置"结果

8. 查找与替换 在一张工作表中，有时候需要查找或替换指定的一些数据，Excel 提供的查找、替换命令就可以快速、准确的完成。基本操作步骤是：

（1）选定要查找数据的区域（默认范围是工作表）。

（2）选择"开始"选项卡中的"查找和替换"命令，打开"查找和替换"对话框，如图 4-22 所示，输入相关信息。具体操作与 Word 中的操作是类似的，在此不再赘述。

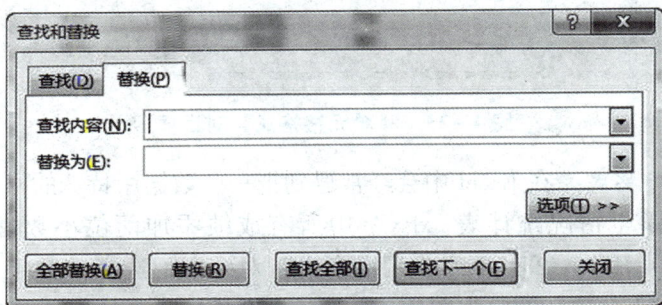

图 4-22 "查找和替换"对话框

9. 插入批注 批注是指在 Excel 中根据实际需要对单元格数据添加的注释。

（1）**插入批注** 具体的步骤如下：①单击需要添加批注的单元格。②选择"审阅"选项卡中的"新建批注"命令。③此时会在单元格的右上角出现红色的倒三角符号，并显示一个浅黄色的批注框，在批注框中输入批注内容。④完成输入后，单击批注框外部的工作表区域结束。

当单击其他单元格时，此单元格只显示右上角的红色倒三角符号，当鼠标移到该单元格时将显示批注内容。

（2）**批注的操作** 要编辑、删除、显示、隐藏批注可按照以下步骤完成：①选定带有批注的单元格。②单击鼠标右键，在弹出的快捷菜单中选择相应命令。

4.1.7　美化工作表

格式化操作对工作表来讲是非常重要的，在 Excel 中可以自动套用系统提供的工作表格式，也可以通过设置来调整工作表的格式。

1. 单元格格式设置　对数据进行格式设置有以下 3 种常用方法：①单击鼠标右键，在快捷菜单中选择"设置单元格格式"命令。②选择"开始"选项卡中的"字体""段落"和"数字"等组相应命令。③通过格式刷完成。

在此主要介绍第一种方法的使用，"单元格格式"对话框，如图 4-23 所示。

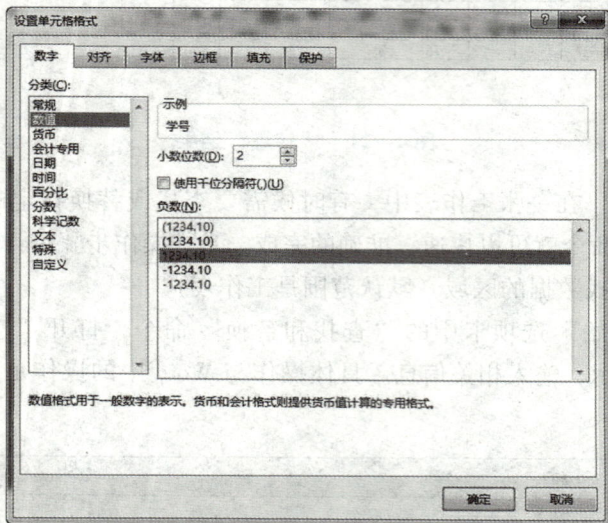

图 4-23　"单元格格式"对话框

（1）**设置数字格式**　在 Excel 中会经常遇到把一些数据用特殊的格式来显示。

例如，将"学生情况统计表 .xlsx"中所有成绩添加两位小数形式，步骤如下：①选择单元格 E2：H19。②打开"单元格格式"对话框，选择"数字"选项卡，选择"数值"分类，将小数位数调整为两位，如图 4-23 所示。③单击"确定"按钮。

在"数字"选项卡中还有其他 11 个分类，利用这些分类还可以设置货币样式、百分比和文本等格式。

（2）**设置对齐方式**　在"对齐"选项卡中，可以设置数据在单元格中水平和垂直方向的对齐方式，还可以调整数据的倾斜方向、角度，如图 4-24 所示。

"文本控制"功能有 3 个选项，具体功能如下：

"自动换行"功能：可以完成多个字符在一个单元格中的自动换行。

"缩小字体填充"功能：可以使单元格数据显示的大小与列宽保持一致。

"合并单元格"功能：可以将几个单元格合并成为一个单元格。通常这个功能用于对标题单元格的合并，在"开始"选项卡的"对齐方式"组中有"合并后居中"按钮，此按钮功能除了可以将单元格合并以外，还可以将合并后的单元格文字水平居中。

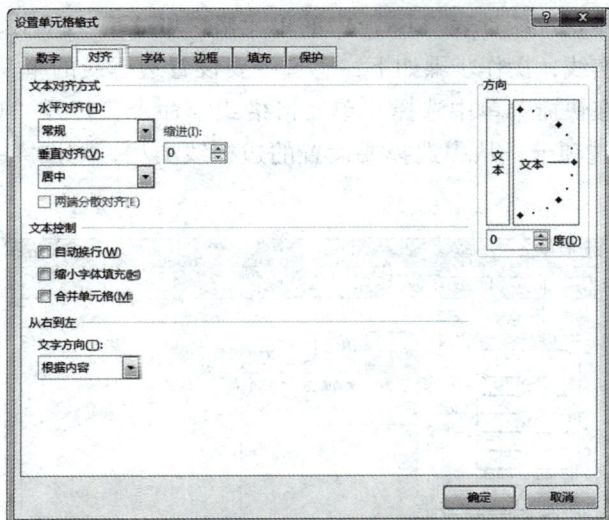

图 4–24　"对齐"选项卡

　　例如，将"学生情况统计表.xlsx"的标题相对于表格标题居中，步骤如下：①先插入表格标题，然后选择单元格区域 A1：H1。②单击"开始"选项卡的"对齐方式"组中有"合并后居中"按钮。

　　(3) 设置字体格式　字体、字号、字形等字体格式的设置方法与 Word 中的操作类似，在此不多阐述。但要注意 Excel 中的默认字号是 12 磅，并且字号形式只有数字一种形式，如图 4–25 所示。

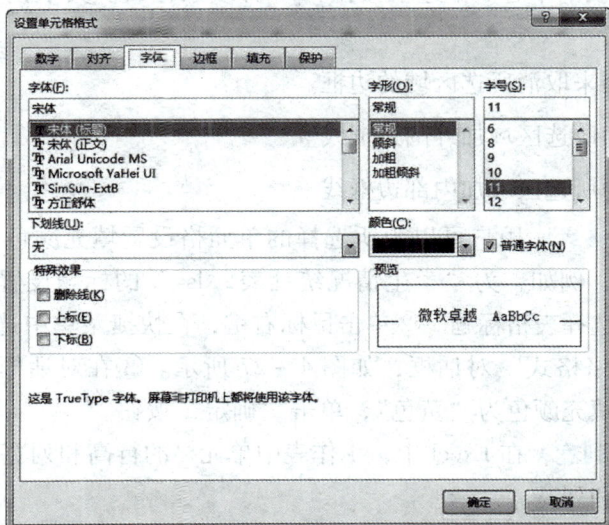

图 4–25　"字体"选项卡

　　(4) 设置边框线　在单元格之间存在的分隔线称为网格线，网格线不是实际表格线，它主要是为了区分单元格。添加边框线，是为工作表添加实际表格线，打印时可以打印出来。

例如，为"学生情况统计表.xlsx"中的单元格区域 A2：H20 设置边框线，内线为细实线，外线为粗实线，操作步骤如下：①选择要设置边框线的单元格区域 A2：H20。②单击鼠标右键，在快捷菜单中选择"单元格格式"命令，打开"单元格格式"对话框，选择"边框"选项卡，从中选择要设置的边框线类型，如图 4 – 26 所示。③单击"确定"按钮。

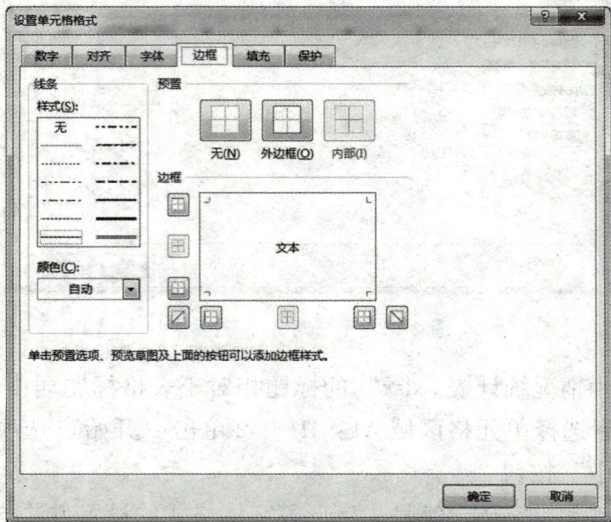

图 4 – 26　"边框"选项卡

在"边框"选项卡中有 8 个边框按钮，13 种线条样式。其中预置栏中的 3 个边框按钮功能如下：

按钮：是用来取消所选区域的边框。

按钮：是为所选区域加外围边框线。

按钮：是为所选区域加内部边框线。

（5）设置填充格式　用户可以为所选择的单元格设置填充颜色，还可以设置单元格图案和图案样式。例如，为"学生情况统计表.xlsx"的标题设置"黄色"填充色，操作步骤如下：①选择表格标题。②单击鼠标右键，在快捷菜单中选择"单元格格式"命令，打开"单元格格式"对话框，如图 4 – 27 所示。③在对话框中，选择"填充"选项卡，从中选择填充颜色为"黄色"，单击"确定"按钮。

2. 设置行高和列宽　在 Excel 中，工作表中单元格的行高和列宽是系统默认的，可根据需要调整行高和列宽。

（1）调整列宽　有以下 4 种常用方法：①鼠标指向要调整列的列标右边缘处，按住鼠标左键拖动到适合位置。②在列标的右边缘处双击鼠标，可以使列标与单元格内容宽度一致。③选择要设置列宽的列标，单击"开始"选项卡的"单元格"组中的"格式"按钮，再选择其中的"列宽"命令，输入宽度值，再单击"确定"按钮。④可以使用复制列宽的方法实现。

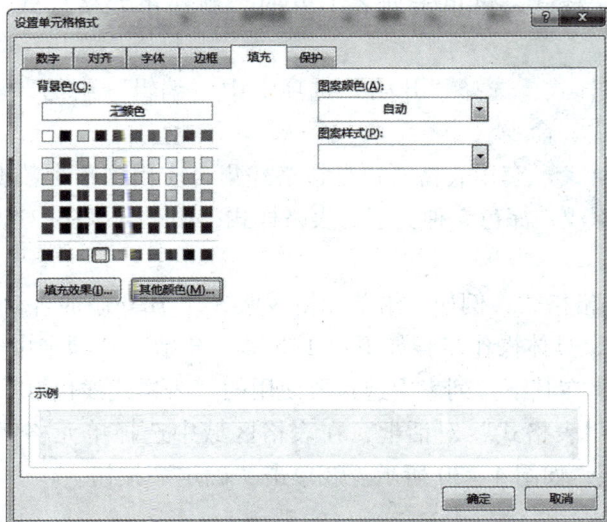

图 4-27 "填充"选项卡

（2）调整行高　调整行高的方法与调整列宽的方法相似，在此不再介绍。

注意：不能用复制的方法调整行高。

3. 自动套用格式　Excel 含有多种预置好的表格格式，可自动实现包括字体大小、填充图案和对齐方式等单元格格式集合的应用，以帮助用户快速格式化表格。

（1）指定单元格样式　单元格样式的作用范围仅限于被选中的单元格区域，对于未被选中的单元格则不会被应用单元格样式。

1）添加单元格样式：①选中准备应用单元格样式的单元格。②在"开始"选项卡的"样式"组中单击"单元格样式"按钮，打开预置样式列表，如图 4-28 所示。③在打开的单元格样式列表中选择合适的样式即可。

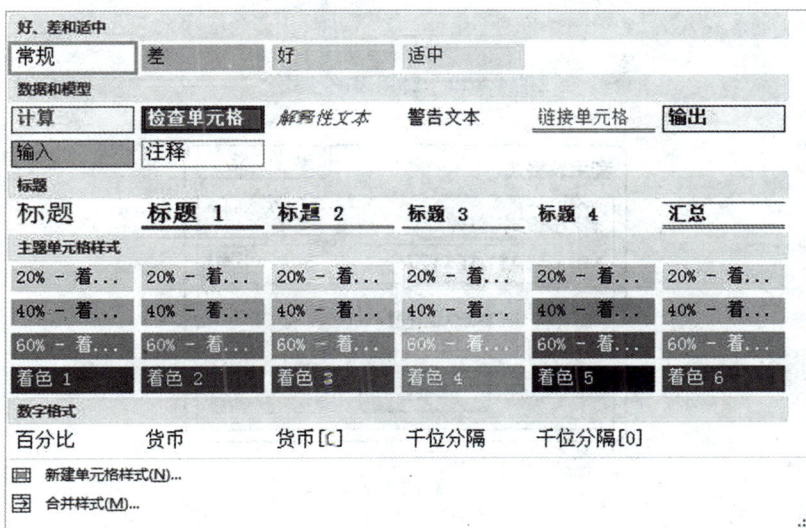

图 4-28　单元格样式列表

如果需要自定义样式，可单击列表下方的"新建单元格样式"命令，建立新的样式。

2）清除单元格样式：选择"开始"选项卡中"编辑"组的"清除"按钮，再选择其中的"清除格式"命令。

（2）套用表格格式 套用表格格式是将格式集合应用到整个数据区域，Excel 2013 预设了浅色、中等深浅、深色 3 种类型的表格样式，用户可以从中选择所需样式应用到单元格区域中。

1）添加套用表格格式：例如，给单元格区域 A2：H20 添加自动套用格式中的"表样式浅色 10"样式，具体操作步骤如下：①选择"开始"选项卡中"样式"组的"套用表格格式"按钮，在其下拉列表中选择要使用的"表样式浅色 10"样式，如图 4 - 29 所示。②弹出"套用表格式"对话框，在表格区域中选择单元格区域 A2：H2。选择"表包含标题"选项，如图 4 - 30 所示。③单击"确定"按钮。

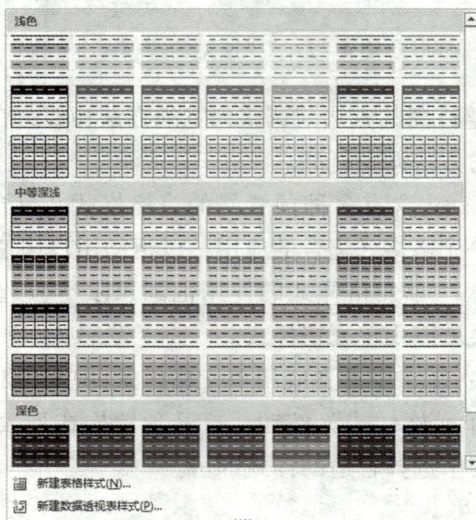

图 4 - 29 套用表格格式

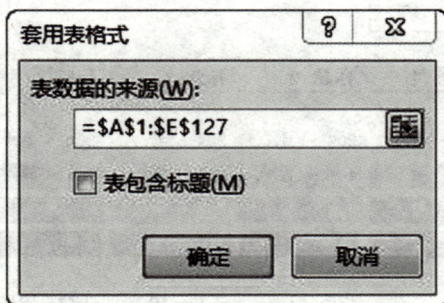

图 4 - 30 "套用表格式"对话框

2）删除套用表格格式：首先将光标定位在已套用格式的单元格区域中，在"设计"选项卡中,单击"表格样式"组的"其他"箭头,打开样式列表,单击最下方的"清除"命令。

4. 条件格式　条件格式是将满足一定条件的数值突出显示,强调异常值。用户可以实施和管理多个条件格式规则,条件格式主要包括5种默认的规则:①突出显示单元格规则:根据一定条件来设置单元格格式。②项目选取规则:根据数值的大小指定选择的单元格。③数据条:根据数据条的长短代表单元格数据的大小。④色阶:用双色或三色及颜色的深浅来表示数值的大小。⑤图标集:用不同的图标来表示数值的大小。

(1) 添加条件格式　例如,将"学生情况统计表.xlsx"中大于90分的分数用浅红色填充表示,其余的分数正常显示,操作步骤如下:①选择单元格区域 E3:H20。②单击"开始"选项卡的"对齐方式"组中的"条件格式"命令,从其下拉列表中指向"突出显示单元格规则"选项,如图4-31所示。③先在其下拉列表中选择"大于"规则,在弹出的对话框中,输入数值"90",然后再单击"格式"按钮,从"格式"对话框中选择颜色为"浅红色填充"。这样就可以看到大于90分的分数显示为浅红色。

图4-31　"条件格式"对话框

(2) 清除条件格式　①选择要删除条件格式的区域。②选择"开始"选项卡的"格式"组中有"条件格式"按钮命令,在其下拉菜单中选择"清除规则"命令,再在子列表中选择"清除所选单元格的规则"或"清除整个工作表的规则"。

4.1.8　工作表窗口的拆分和冻结

1. 多窗口显示与控制　在 Excel 中可以打开多个工作簿,可以对工作簿进行排列、比较和重排等操作,具体如下:

(1) 新建窗口　打开一个工作簿,选择"视图"选项卡的"窗口"组中的"新建窗口"按钮,将会出现一个新的工作簿窗口,工作簿内容和原工作簿内容完全一样,工作簿名称后会加上":序号"。

(2) 全部重排　打开要同时显示的多个工作簿,然后在"视图"选项卡的"窗口"组中单击"全部重排"按钮,打开"重排窗口"对话框,从"排列方式"下选择显示方式,如图4-32所示。

(3) 并排查看　用于上下排列的方式比较两个工作窗口的内容。首先切换到一个待比较的窗口中,然后选择

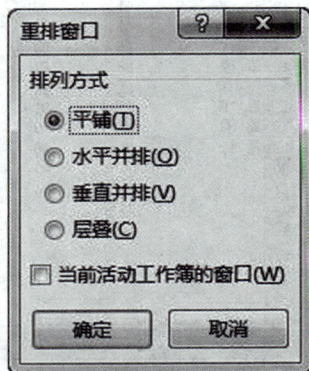

图4-32　重排窗口

"视图"选项卡中"窗口"组的"并排查看"命令，打开"并排比较"对话框，从中选择用于比较的窗口，两个窗口将并排显示。默认情况下，操作一个窗口的滚动，另一个窗口将会同步滚动。

(4) 隐藏窗口   首先切换到要隐藏的窗口，选择"视图"选项卡的"窗口"组中"隐藏"按钮，就可以将当前工作簿隐藏。如果要取消隐藏工作簿，可单击"视图"选项卡的"窗口"组中的"取消隐藏"按钮。

(5) 窗口缩放   选择"视图"选项卡中的"显示比例"组，可对当前窗口的显示进行缩放设置，具体设置如下：①显示比例：单击该按钮，打开"显示比例"对话框，可任意指定一个显示比例，如图 4 – 33 所示。②缩放到选定区域：选择某一个区域，单击该按钮，窗口中恰好显示选定的区域。③100%：单击该按钮，可恢复正常大小的显示比例。

2. 拆分窗口   使用工作簿的普通视图方式，可以方便地观看工作表的页面效果和分页情况，但若想对同一工作表的不同部分同时观看和处理，则可以采取窗口拆分。

图 4 – 33   "显示比例"对话框

例如，将工作表窗口从 C8 进行拆分，步骤如下：①在工作表选择拆分位置处的单元格 C8。②选择"视图"选项卡中的"拆分"命令，可以看到整个窗口从 C8 分成了四个窗格，如图 4 – 34 所示。

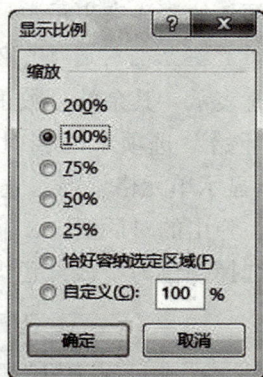

	A	B	C	D	E	F
1	姓名	高等数学	大学英语	计算机基础	总分	
2	王大伟	78	80	90	248	
3	李 博	89	86	80	255	
4	程小霞	79	75	86	240	
5	马宏军	90	92	88	270	
6	李 枚	96	95	97	288	
7	丁一平	69	74	79	222	
8	张珊珊	60	68	75	203	
9	柳亚萍	72	79	80	231	
10	程 燕	84	89	85	258	
11	肖 玲	73	80	82	235	
12	赵 波	81	92	82	255	
13	曹克阳	67	72	64	203	
14	李静瑶	85	90	88	263	
15	李 凌	98	87	85	270	
16	张小京	82	81	76	239	
17	武立阳	78	81	79	238	
18	周 羽	83	79	72	234	
19	潘 锋	75	80	76	231	

图 4 – 34   拆分窗口

可以用鼠标拖动窗格间的分隔线，可以改变每个窗格的大小。

注意：如果选择一行或一列进行拆分，可将窗口分成 2 个窗格。如果要撤销拆分窗口，可以再次单击"视图"选项卡中的"拆分"命令。

3. 冻结窗口 对工作簿窗口采取冻结后，被冻结的数据区域不会随着其他部分一起滚动，能保持始终可见。冻结窗口有 3 个选项：冻结拆分窗格（滚动工作表其余部分时，保持行和列可见）、冻结首行（滚动工作表其余部分时，保持首行可见）、冻结首列（滚动工作表其余部分时，保持首列可见）。

例如，要冻结工作表的前两行数据，步骤如下：①单击选择第 3 行行号。②选择"视图"选项卡中的"冻结窗格"命令，在其下拉列表中选择"冻结拆分窗格"命令，如图 4 – 35 所示。

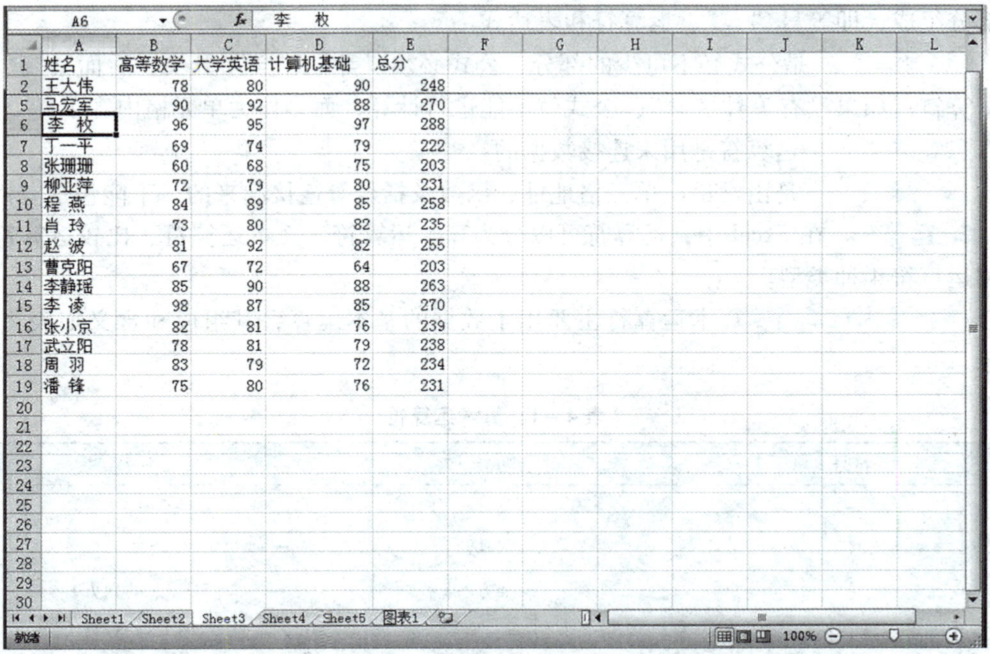

图 4 – 35 冻结窗格

此时可以看到，在冻结位置处有细的黑线，用鼠标拖动垂直滚动条，可以看到前两行的内容始终保持可见。

如果要撤销冻结窗口，则选择"视图"选项卡中的"冻结窗格"命令，在其下拉列表中选择"取消冻结窗格"命令。

任务 2 学生成绩分析

公式和函数是 Excel 中的主要功能，充分体现了电子表格在计算方面的优势。本节是通过公式和函数的学习，利用公式和函数对成绩表的数据分析方法，完成对学生成绩的总分、平均分、名次等计算，如图 4 – 1 所示。

4.2 公式与函数的使用

Excel 提供了强大的计算和分析功能，用户可以根据实际需要构造公式或函数，对庞大的数据进行处理，得到所需要的结果。通过公式和函数不仅可以实现数据处理的自动化，提高处理效率和正确率，而且在原始数据发生改变后，计算结果能够自动更新。

4.2.1 使用公式

公式是 Excel 的主要内容之一，公式不仅可以进行简单的计算，如加、减、乘、除；也可以完成复杂的计算，如财务、统计、文本等。下面介绍公式的相关概念：

1. 认识公式 公式就是一个等式，是由一组数据和运算符组成的序列；公式是由三部分组成，即等号"="、运算符和表达式。

（1）"=" 是公式必不可少的部分，公式必须以等号"="开头，后面紧接数据和运算符；如果没有等号"="，公式就不能进行计算，而是作为单元格内容了。

（2）运算符 运算符是用来连接数据的。

（3）表达式 是由常量、单元格地址、函数及括号等连接起来的，不能包括空格。

2. 运算符 在 Excel 中，运算符可以分为算术运算符、文本运算符、比较运算符和引用运算符 4 种类型。

（1）算术运算符 算术运算符主要用于数据的基本运算，其组成和含义如表 4 - 1 所示。

表 4 - 1 算术运算符

符号	功能	举例
-	负号	-3，-B2
%	百分数	5%
∧	乘方	5^3（5 的立方）
*，/	乘、除	5 * 3，5/3
+、-	加、减	5 + 3，5 - 3

（2）文本运算符 文本运算符只有一个文本串连接符"&"，用于将两个或两个以上字符串连接起来。其组成和含义如表 4 - 2 所示。

表 4 - 2 文本运算符

符号	功能	举例
&	用来连接文本数据以产生组合文本	"中国"&"长城"结果为"中国长城"

（3）比较运算符 比较运算符主要用于数据之间的比较，其结果只有两个答案"TRUE"或"FALSE"，其组成和含义如表 4 - 3 所示。

表 4 - 3　比较运算符

符号	功能	举例
= ， < >	对两个数据进行比较，结果显示为 TRUE 或 FALSE	5 = 3 的值为 FALSE，5 < > 3 的值为 TRUE
> ， > =		5 > 3 的值为 TRUE，5 > = 3 的值为 TRUE
< ， < =		5 < 3 的值为 FALSE，5 < = 3 的值为 FALSE

（4）引用运算符　引用运算符主要用于区域单元格的合并，其组成和含义如表 4 - 4 所示。

表 4 - 4　引用运算符

符号	功能	举例
：	表示一个连续的区域	A1：C8，表示从 A1 到 C8 的连续区域
；	表示多个单元格区域的合并	A1：C3；A2：C8，结果显示为这两块区域的合并区域 A1：C8
空格	表示多个区域共有的部分	A1：C3　A2：C8，结果为这两块区域的共有部分 A2：C3

3. 运算符优先级　如果在一个公式中包含多个运算符，Excel 则按照以下优先级顺序进行计算：

（1）级别由高到低的顺序为：引用运算符、算术运算符、文本连接符、比较运算符。

（2）如果遇到括号，需要先计算括号里面的数据。

（3）如果遇到同一级别的运算符，则按照顺序从左向右依次计算。

（4）算术运算符的顺序为:%、-（负号）、∧（乘方）、（*，/）、（+、-）。

4. 公式的输入　输入公式的时候，首先用鼠标选择要输入公式的单元格，接着输入等号，再输入公式全部内容，输入结束后按回车键。公式的输入也可以直接在编辑栏的编辑区完成。例如，在"学生情况统计表.xlsx"的 I2 中，直接输入" = E2 + F2 + G2 + H2"后回车，得到结果为 368，如图 4 - 36 所示。

注意：①公式输入过程要在英文半角状态下输入。②单元格中的数据最好使用单元格地址表示，以便于引用公式。③Excel 的单元格和编辑栏是同步显示输入的内容。④公式中单元格的地址可以用键盘输入，也可以单击相应的单元格得到相应的单元格地址。

5. 公式的修改　当用户输入公式后，发现公式中的参数错误或函数出现错误值时，可以使用以下方法进行修改：

（1）先单击公式所在的单元格，然后在编辑栏中进行增、删和改等编辑操作，修改结束后确认。

（2）也可以直接双击该单元格，进入单元格中进行修改。

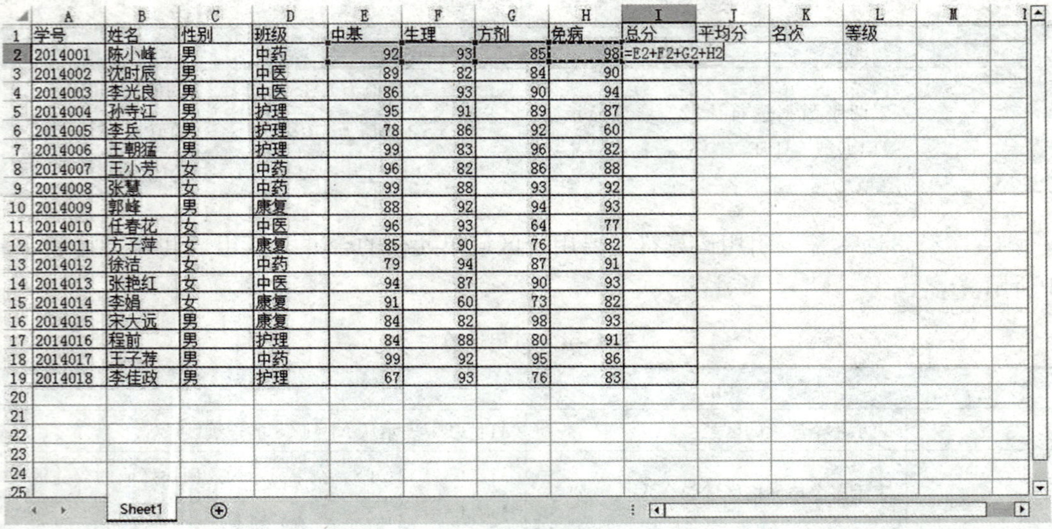

	A	B	C	D	E	F	G	H	I	J	K	L	M
1	学号	姓名	性别	班级	中基	生理	方剂	免病	总分	平均分	名次	等级	
2	2014001	陈小峰	男	中药	92	93	85	98	=E2+F2+G2+H2				
3	2014002	沈时辰	男	中医	89	82	84	90					
4	2014003	李光良	男	中医	86	93	90	94					
5	2014004	孙寺江	男	护理	95	91	89	87					
6	2014005	李兵	男	护理	78	86	92	60					
7	2014006	王朝猛	男	护理	99	83	96	82					
8	2014007	王小芳	女	中药	96	82	86	88					
9	2014008	张慧	女	中药	99	88	93	92					
10	2014009	郭峰	男	康复	88	92	94	93					
11	2014010	任春花	女	中医	96	93	64	77					
12	2014011	方子萍	女	康复	85	90	76	82					
13	2014012	徐洁	女	中药	79	94	87	91					
14	2014013	张艳红	女	中医	94	87	90	93					
15	2014014	李娟	女	康复	91	60	73	82					
16	2014015	宋大远	男	康复	84	82	98	93					
17	2014016	程前	男	护理	84	88	80	91					
18	2014017	王子荐	男	中药	99	92	95	86					
19	2014018	李佳政	男	护理	67	93	76	83					

图 4 – 36 公式输入

4.2.2 使用函数

Excel 函数包括财务函数、日期与时间函数、数学与三角函数、统计函数、查找与引用函数、数据库函数、文本函数、逻辑函数和信息函数等 13 大类。

1. 认识函数 Excel 中的函数实际是一些预定义的公式，主要是为解决那些复杂计算需求而提供的一种预置算法，每个函数描述都包括了一个语法行，必须按照语法的顺序进行计算。

在 Excel 中，一个完整的函数是由三部分组成：函数名、括号和参数。

函数的结构：函数名（［参数 1］，［参数 2］……）。

使用函数时需要注意以下事项：①函数名输入必须完整，函数名不区分大小写。②参数可以有 0 个到多个，参数之间通过逗号（半角）来间隔。函数中的参数可以是常量、单元格地址、数组、已定义的名称、公式、函数等。③括号是必需的部分，不能省略。特别是有些函数没有参数，一定注意不能省略括号。

2. 函数的输入与编辑 函数输入可以通过键盘输入和"函数库"插入函数两种方式，使用后者更方便。下面分别介绍这两种方法的使用。

（1）单元格中直接输入 函数的输入方式与公式类似，输入函数时必须以等号"="开始。可以直接在单元格中输入"=函数名（所引用的参数）"。例如，在"学生情况统计表.xlsx"中计算总分，我们可以直接在 I2 中输入"=SUM（E2：H2）"，然后按回车得到结果 368，如图 4 – 37 所示。

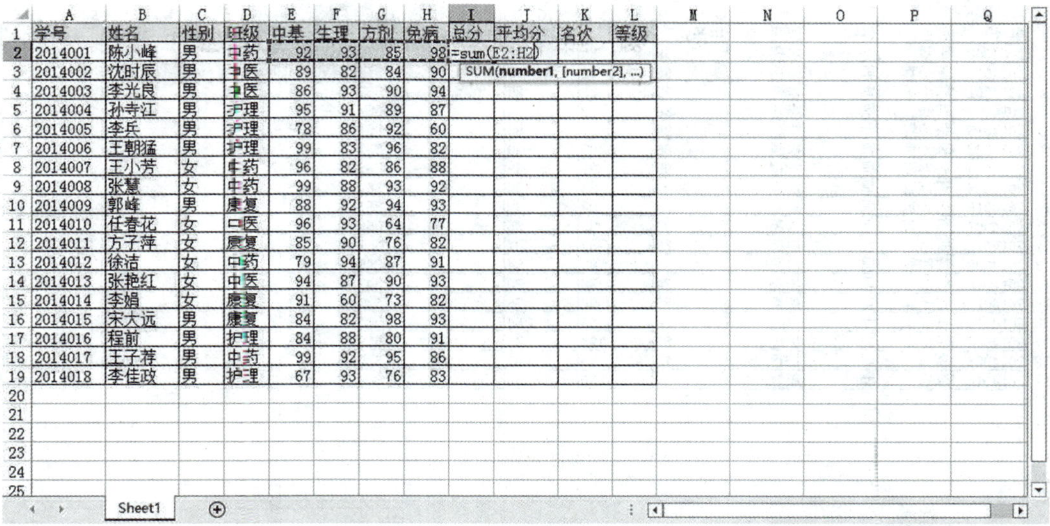

	A	B	C	D	E	F	G	H	I	J	K	L
1	学号	姓名	性别	班级	中基	生理	方剂	免病	总分	平均分	名次	等级
2	2014001	陈小峰	男	中药	92	93	85	98	=sum(E2:H2)			
3	2014002	沈时辰	男	中医	89	82	84	90				
4	2014003	李光良	男	中医	86	93	90	94				
5	2014004	孙寺江	男	沪理	95	91	89	87				
6	2014005	李兵	男	沪理	78	86	92	60				
7	2014006	王朝猛	男	护理	99	83	96	82				
8	2014007	王小芳	女	中药	96	82	86	88				
9	2014008	张慧	女	中药	99	88	93	92				
10	2014009	郭峰	男	康复	88	92	94	93				
11	2014010	任春花	女	口医	96	93	64	77				
12	2014011	方子萍	女	康复	85	90	76	82				
13	2014012	徐洁	女	口药	79	94	87	91				
14	2014013	张艳红	女	中医	94	87	90	93				
15	2014014	李娟	女	康复	91	60	73	82				
16	2014015	宋大远	男	康复	84	82	98	93				
17	2014016	程前	男	护理	84	88	80	91				
18	2014017	王子荐	男	中药	99	92	95	86				
19	2014018	李佳政	男	护理	67	93	76	83				

图 4 - 37　求和函数

（2）通过"函数库"组插入　例如，在图 4 - 37 中，如果计算总分，还可以按照以下步骤进行：①单击选择单元格 I2。②选择"公式"选项卡，在"函数库"组中单击"数学和三角函数"类别；也可以直接单击"自动求和"按钮或"插入函数"按钮。③从函数列表中单击 SUM 函数，然后在"函数参数"对话框中输入或选择计算的单元格区域"E2：H2"。④单击"确定"按钮，在 I2 中可以得到结果 368。

3. 函数应用实例

（1）"自动求和"函数的使用　在"函数库"组中有"自动求和" $\sum$ 按钮，它等价于 SUM 函数。在"自动求和"按钮旁边有个下三角按钮，里面包含了 Excel 的常用函数，如求和、平均值、最大值、最小值等。

例如，对"学生情况统计表.xlsx"中的学生求平均分，可以按照如下步骤完成：①选择单元格 I2。②选择"公式"选项卡，在"函数库"组中单击"自动求和" $\sum$ 按钮旁边的下三角按钮，从展开的下拉列表中选择平均值，这时可以看到系统自动添加了 AVERAGE 函数，并自动选择了计算区域"E2：I2"，自动选择的计算区域不是要计算的区域，用鼠标重新选择计算区域"E2：H2"，再按回车键可以得到平均值 92，如图 4 -38 所示。

（2）RANK 函数的使用

1）功能：返回一个数值在一组数值中的排位。

2）语法：RANK（number，ref，order）：①Number：为需要找到排位的数字。②Ref：为数字列表数组或对数字列表的引用。Ref 中的非数值型参数将被忽略。③Order：为一数字指明排位的方式。如果 order 为 0（零）或省略，Microsoft Excel 对数字的排位是基于 ref 为按照降序排列的列表。否则为升序。

	A	B	C	D	E	F	G	H	I	J	K	L	M	
1	学号	姓名	性别	班级	中基	生理	方剂	免病	总分	平均分	名次	等级		
2	2014008	张慧	女	中药	99	88	93	92	372	=AVERAGE(E2:I2)				
3	2014017	王子荐	男	中药	99	92	95	86	372	AVERAGE(number1, [number2], ...)				
4	2014001	陈小峰	男	中药	92	93	85	98	368					
5	2014001	郭峰	男	康复	88	92	94	93	367					
6	2014013	张艳红	男	中医	94	87	90	93	364					
7	2014003	李光良	男	中医	86	93	90	94	363					
8	2014004	孙寺江	男	护理	95	91	89	87	362					
9	2014006	王朝猛	男	护理	99	83	96	82	360					
10	2014015	宋大远	男	康复	84	82	98	93	357					
11	2014007	王小芳	女	中药	96	82	86	88	352					
12	2014012	徐洁	女	中药	79	94	87	91	351					
13	2014002	沈时辰	男	中医	89	82	84	90	345					
14	2014016	程前	男	护理	84	88	80	91	343					
15	2014011	方子萍	女	康复	85	90	76	82	333					
16	2014010	任春花	女	中医	96	93	64	77	330					
17	2014018	李佳政	男	护理	67	93	76	83	319					
18	2014005	李兵	男	护理	78	86	92	60	316					
19	2014014	李娟	女	康复	91	60	73	82	306					
20														
21														
22														
23														
24														
25														

Sheet1

图 4 – 38　平均值函数

①例如，对"学生情况统计表.xlsx"中的学生按照总分排名次，可以按照以下步骤完成：选择单元格 K2。②选择"公式"选项卡，在"函数库"组中"其他函数"选择"统计"；从函数列表中单击 RANK。③在弹出的"函数参数"对话框中，单击"Number"参数框，选择计算区域"I2"，在"Ref"参数框中选择区域"I2：I19"，然后将其修改为"＄I＄2：＄I＄19"，最后单击"确定"按钮，如图 4 – 39 所示。

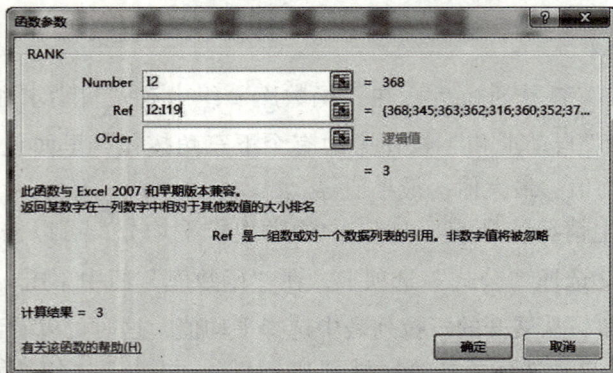

图 4 – 39　"RANK 函数"对话框

计算出第一个人的名次后，继续向下拖动填充柄就可以计算出其他学生的名次。

(3) IF 函数的使用

1）功能：根据 logical_ test 的值为真或假来显示不同的计算结果。IF 函数可以嵌套使用，最多可嵌套 7 层。

2）语法：IF（logical_ test, value_ if_ true, value_ if_ false）：①Logical_ test：表示计算结果为 TRUE 或 FALSE 的任意值或表达式。②Value_ if_ true：logical_ test 为

TRUE 时返回的值。③Value_ if_ false：logical_ test 为 FALSE 时返回的值。

　　例如，对"学生情况统计表.xlsx"工作表中"平均分"高于 80 分的同学"等级"列显示为"优秀"，其余显示为"合格"，可以按照以下步骤完成：①选择单元格 K2。②选择"公式"选项卡，在"函数库"组中单击"逻辑"类别；从函数列表中单击"IF"。③在"函数参数"对话框的"Logical_ test"参数框中，输入"J2 > 80"；在"Value_ if_ true"参数框中输入"优秀"，"Value_ if_ false"参数框中输入"合格"，最后单击"确定"按钮，如图 4 - 40 所示。

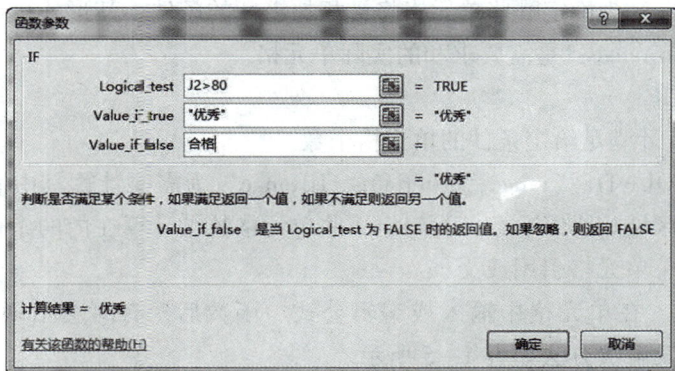

图 4 - 40　"IF 函数"对话框

　　继续向下拖动填充柄就可以计算出其他学生的等级。

　　4. 函数的格式和功能　在 Excel 中有很多常用函数，下面介绍其中一些函数的格式和功能。

　　(1) AVERAGE

　　1) 功能：计算参数的算术平均值。

　　2) 语法：AVERAGE（number1，number2……）：①Number1，number2……为需要计算平均值的 1 到 30 个参数。参数可以是数字，或者是包含数字的名称、数组或引用。②如果数组或引用参数包含文本、逻辑值或空白单元格，则这些值将被忽略。

　　(2) COUNT

　　1) 功能：统计各个参数中含有数值型资料的个数，如果填入的是文字、逻辑值或空白时，将不会计算在内。

　　2) 语法：COUNT（value1，value2……）：①Value1，value2……为包含或引用各种类型数据的参数（1 到 30 个），但只有数字类型的数据才被计算。②函数 COUNT 在计数时，将把数字、日期或以文本代表的数字计算在内；但是错误值或其他无法转换成数字的文字将被忽略。③如果参数是一个数组或引用，那么只统计数组或引用中的数字；数组或引用中的空白单元格、逻辑值、文字或错误值都将被忽略。

　　(3) MAX、MIN

　　1) 功能：计算参数中的最大值、最小值。

　　2) 语法：MAX（number1，number2……）：①number1，number2……是要从中找

出最大值的 1 到 30 个数字参数。②可以将参数指定为数字、空白单元格、逻辑值或数字的文本表达式。如果参数为错误值或不能转换成数字的文本，将产生错误。③如果参数为数组或引用，则只有数组或引用中的数字将被计算。数组或引用中的空白单元格、逻辑值或文本将被忽略。④如果参数不包含数字，函数 MAX 返回 0（零）。

（4）SUMIF

1）功能：根据指定条件对若干单元格求和。

2）语法：SUMIF（range，criteria，sum range）：①Range：为用于条件判断的单元格区域。②Criteria：为确定哪些单元格将被相加求和的条件，其形式可以为数字、表达式或文本。③Sum range：是需要求和的实际单元格。

（5）COUNTIF

1）功能：统计满足给定条件的单元格个数。

2）语法：COUNTIF（range，criteria）：①Range：为需要计算其中满足条件的单元格数目的单元格区域。②Criteria：为确定哪些单元格将被计算在内的条件，其形式可以为数字、表达式、单元格引用或文本。

5. 错误信息 在单元格中输入或编辑公式、函数后，有时会出现一些错误信息。常见的错误信息及解决方法如表 4-5 所示。

表 4-5 常见的错误信息及解决方法

错误信息	原因	解决方法
#####!	公式产生的结果太长，单元格容纳不下，或者是单元格的日期、时间格式产生了一个负值	增加单元格宽度至容纳全部数据
#DIV/0!	公式出现被 0 除	修改公式中的除数
#N/A	函数或公式中没有可用数值	在工作表中添入有效数据
#NAME?	在公式中使用了不能识别的文本	检查拼写和语法错误
#NULL!	为两个不相交的区域指定交叉点	更改区域引用符号为逗号
#NUM!	公式或函数中的数值超出了最大值或最小值范围	更改数值的大小，使其在规定范围内
#REF!	单元格引用无效	更改地址引用
#VALUE!	使用错误的参数或运算对象类型，或"自动更正公式"功能不能更正公式	修改数据

4.2.3 单元格的引用

在公式中最常用的是单元格引用。可以在单元格中引用一个单元格、一个单元格区域、另一个工作表（或工作簿）中的单元格或区域。公式的灵活使用是通过单元格引用来实现的，单元格的引用是指公式所使用的单元格地址与公式关联在一起，公式可以自动调用单元格的值进行运算。

Excel 单元格的引用有两种基本方式：相对引用和绝对引用。默认情况下，公式使用的是相对引用。

1. 相对引用　相对引用是指公式中的地址随着公式所在的位置变化而变化。复制公式的时候不是把原来的单元格地址原样照搬，而是根据公式原来的位置和复制的目标位置来推算出公式中单元格地址相对原来位置的变化。

在学生成绩统计表中，如果要计算每个同学的总分，则可以在单元格 I2 中输入公式"＝E2＋F2＋G2＋H2"，按回车确认，然后将这个公式复制到单元格 I19 的时候，则 I19 的公式会自动变成"＝E19＋F19＋G19＋H19"。这是因为公式在复制过程其位置由第 2 行变成了第 19 行，而公式所在列未发生变化，因此公式中的地址只有行号由 2 变为 19，列标保持不变，如图 4－41 所示。

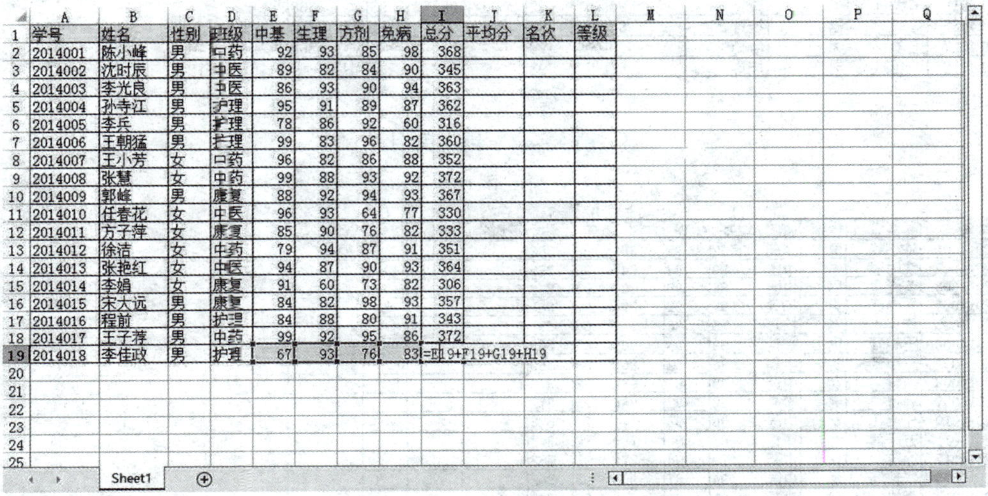

	A	B	C	D	E	F	G	H	I	J	K	L
1	学号	姓名	性别	班级	中基	生理	方剂	免病	总分	平均分	名次	等级
2	2014001	陈小峰	男	口药	92	93	85	98	368			
3	2014002	沈时辰	男	中医	89	82	84	90	345			
4	2014003	李光良	男	中医	86	93	90	94	363			
5	2014004	孙寺江	男	护理	95	91	89	87	362			
6	2014005	李兵	男	护理	78	86	92	60	316			
7	2014006	王朝霾	男	护理	99	83	96	82	360			
8	2014007	王小芳	女	口药	99	82	88	88	352			
9	2014008	张慧	女	中药	99	88	93	92	372			
10	2014009	郭峰	男	康复	88	92	94	93	367			
11	2014010	任春花	女	中医	96	93	64	77	330			
12	2014011	方子萍	女	康复	85	90	76	82	333			
13	2014012	徐洁	女	中药	79	94	87	91	351			
14	2014013	张艳红	女	中医	94	87	90	93	364			
15	2014014	李娟	女	康复	91	60	73	82	306			
16	2014015	宋大远	男	康复	84	82	98	93	357			
17	2014016	程前	男	护理	84	88	80	91	343			
18	2014017	王子萍	男	中药	99	92	95	86	372			
19	2014018	李佳政	男	护理	67	93	76	83	=E19+F19+G19+H19			

图 4－41　相对引用

2. 绝对引用　绝对引用是指公式中的地址不随着公式所在的位置变化而发生变化。在使用绝对引用的时候，必须在该公式中的每一个行号和列标前面加"＄"，这样该公式被复制到任何位置，该公式中的地址均不会发生变化。

例如，将 I2 中的公式变为"＝＄E＄2＋＄F＄2＋＄G＄2＋＄H＄2"，当把这个公式复制到 I19 单元格的时候，虽然位置由第 2 行变成了第 19 行，但是由于地址被绝对引用，因此 I19 中的公式仍然是"＝＄E＄2＋＄F＄2＋＄G＄2＋＄H＄2"，如图 4－42 所示。

3. 混合引用　是相对引用和绝对引用的共同引用，是指公式中的地址有的是相对引用，而另外地址是绝对引用。

例如，将 I2 中的公式变为"＝＄E＄2＋＄F＄2＋G2＋H2"，当把这个公式复制到 I19 单元格的时候，公式将变为"＝＄E＄2＋＄F＄2＋G19＋H19"，这是因为在 E2、F2 的行号前面加了绝对引用符号"＄"，这样表示行号地址在复制的过程中不发生变化，而 G2、H2 的列标地址前面没有加"＄"，所以列标地址会根据行列位置的变化而变化，如图 4－43 所示。

	A	B	C	D	E	F	G	H	I	J	K	L	M
1	学号	姓名	性别	班级	中基	生理	方剂	免病	总分	平均分	名次	等级	
2	2014001	陈小峰	男	中药	92	93	85	98	368				
3	2014002	沈时辰	男	中医	89	82	84	90	368				
4	2014003	李光良	男	中医	86	93	90	94	368				
5	2014004	孙寺江	男	护理	95	91	89	87	368				
6	2014005	李兵	男	护理	78	86	92	60	368				
7	2014006	王朝猛	男	护理	99	83	96	82	368				
8	2014007	王小芳	女	中药	96	82	86	88	368				
9	2014008	张慧	女	中药	99	88	93	92	368				
10	2014009	郭峰	男	康复	88	92	94	93	368				
11	2014010	任春花	女	中医	96	93	64	77	368				
12	2014011	方子萍	女	康复	85	90	76	82	368				
13	2014012	徐洁	女	中药	79	94	87	91	368				
14	2014013	张艳红	女	中医	94	87	90	93	368				
15	2014014	李娟	女	康复	91	60	73	82	368				
16	2014015	宋大远	男	康复	84	82	98	93	368				
17	2014016	程前	男	护理	84	88	80	91	368				
18	2014017	王子荐	男	中药	99	92	95	86	368				
19	2014018	李佳政	男	护理	67	93	76	83	=$E$2+$F$2+$G$2+$H$2				

图 4-42　绝对引用

	A	B	C	D	E	F	G	H	I	J	K	L
1	学号	姓名	性别	班级	中基	生理	方剂	免病	总分	平均分	名次	等级
2	2014001	陈小峰	男	中药	92	93	85	98	368			
3	2014002	沈时辰	男	中医	89	82	84	90	359			
4	2014003	李光良	男	中医	86	93	90	94	369			
5	2014004	孙寺江	男	护理	95	91	89	87	361			
6	2014005	李兵	男	护理	78	86	92	60	337			
7	2014006	王朝猛	男	护理	99	83	96	82	363			
8	2014007	王小芳	女	中药	96	82	86	88	359			
9	2014008	张慧	女	中药	99	88	93	92	370			
10	2014009	郭峰	男	康复	88	92	94	93	372			
11	2014010	任春花	女	中医	96	93	64	77	326			
12	2014011	方子萍	女	康复	85	90	76	82	343			
13	2014012	徐洁	女	中药	79	94	87	91	363			
14	2014013	张艳红	女	中医	94	87	90	93	368			
15	2014014	李娟	女	康复	91	60	73	82	340			
16	2014015	宋大远	男	康复	84	82	98	93	376			
17	2014016	程前	男	护理	84	88	80	91	356			
18	2014017	王子荐	男	中药	99	92	95	86	366			
19	2014018	李佳政	男	护理	67	93	76	83	=$E$2+$F$2+G19+H19			

图 4-43　混合引用

4. 三维地址引用　在 Excel 中，不但可以引用同一工作表的单元格，还可以引用来自不同工作表的数据，甚至是来自别的工作簿中的数据，这时地址引用的格式为：［工作簿名］+工作表名！+单元格引用。

例如，在工作簿 Book1 中引用工作簿 Book2 的 Sheet1 工作表中第 5 行第 6 列的单元格，可表示为：［Book2］Sheet1！F5。

任务 3　学生成绩图表化

Excel2013 提供了强大的图形和图表功能，可以根据工作表的数据快速生成图表，使得数据的分析、比较变得简单容易。本节是通过对图表的学习，利用适合的图表来分析每个学生分数情况。

4.3 数据的图表化

在 Excel 中，工作表中的数据可以利用图表功能，以图表的形式来展示数据之间的关系，让平面、抽象的数据变得立体、形象。图表是以工作表数据为依据的，工作表中的数据发生变化时，图表中对应的数据也自动更新。本节将介绍图表的组成，以及在工作表中创建图表的相关知识。

4.3.1 图表的基本概念

Excel 图表根据是否与数据源放在同一张工作表，可以分为嵌入图表和独立图表。

Excel 图表是由各图表元素构成的。默认情况下某类图表可能只显示其中的部分元素，而其他元素可以根据需要添加。可以根据需要将图表元素移动到图表中的其他位置、调整图表元素的大小或者更改其格式，还可以删除不希望显示的图表元素。

下面以簇状柱形图为例来介绍图表，常见的图表构成如图 4-44 所示。

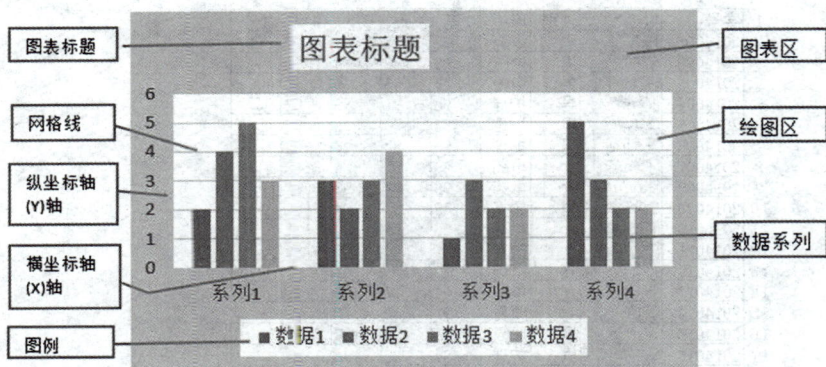

图 4-44 图表构成

不同类型的图表，其构成元素有一定的差别，所有的图表元素不可能出现在一个图表中。下面是常见的图表元素。

1. 图表区 即整个图表及其全部元素所在的区域。

2. 绘图区 通过坐标轴来界定的区域，包括所有数据系列、分类名、刻度线标志和坐标轴标题等。

3. 数据系列 根据源数据绘制的图形，形象地反映了数据，是图表的关键部分。这些数据源自数据表的行或列，数据点是在图表中绘制的单个值，这些值由条形、柱形、折线、饼图或圆环图的扇面、圆点和其他被称为数据标记的图形表示。

4. 坐标轴 包括横坐标轴（X 轴、分类轴）和纵坐标轴（Y 轴、值轴），是界定图表绘图区的线条，用作度量的参照框架。数据沿着横坐标轴和纵坐标轴绘制在图表中。

5. 图例 图例是一个方框，用于标识图表中的数据系列或分类指定的图案或颜色。

6. 图表标题　是对整个图表的说明性文本。

7. 坐标轴标题　是对坐标轴的说明性文本，用于标明 X 轴或 Y 轴的名称。

8. 数据标签　代表源于单元格的单个数据点或数值。可以用来标识数据系列中数据点的详细信息。

9. 网格线　分为水平网格线和垂直网格线两种，分别与纵坐标（Y 轴）、横坐标（X 轴）上的刻度对应，是用于比较数值大小的参考线。

4.3.2　创建图表

在制作或打开一个需要创建图表的表格后，就可以开始创建图表了。下面以学生成绩数据为数据源来创建簇状柱形图表为例，学习创建图表。

打开需要创建图表的"学生情况统计表"工作簿文件，进入学生成绩工作表，选中需要生成图表的数据区域，如图 4 - 45 所示。

注意：不连续区域的选择用 Ctrl 键配合。

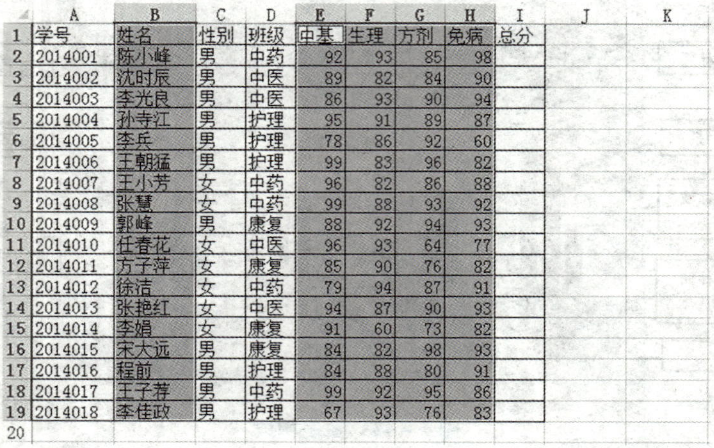

	A	B	C	D	E	F	G	H	I	J	K
1	学号	姓名	性别	班级	中基	生理	方剂	免病	总分		
2	2014001	陈小峰	男	中药	92	93	85	98			
3	2014002	沈时辰	男	中医	89	82	84	90			
4	2014003	李光良	男	中医	86	93	90	94			
5	2014004	孙寺江	男	护理	95	91	89	87			
6	2014005	李兵	男	护理	78	86	92	60			
7	2014006	王朝猛	男	护理	99	83	96	82			
8	2014007	王小芳	女	中药	96	82	86	88			
9	2014008	张慧	女	中药	99	88	93	92			
10	2014009	郭峰	男	康复	88	92	94	93			
11	2014010	任春花	女	中医	96	93	64	77			
12	2014011	方子萍	女	康复	85	90	76	82			
13	2014012	徐洁	女	中药	79	94	87	91			
14	2014013	张艳红	女	中医	94	87	90	93			
15	2014014	李娟	女	康复	91	60	73	82			
16	2014015	宋大远	男	康复	84	82	98	93			
17	2014016	程前	男	护理	84	88	80	91			
18	2014017	王子荐	男	中药	99	92	95	86			
19	2014018	李佳政	男	护理	67	93	76	83			
20											

图 4 - 45　选择数据区域

创建图表的方法主要有以下 3 种：

1. 利用"插入图表"对话框创建或利用"图表"组的命令按钮创建。利用功能区"插入"选项卡，单击"图表"组右下角的功能扩展按钮，打开"插入图表"对话框，在其中选择需要的图表类型和样式，然后单击"确定"按钮，如图 4 - 46 所示。

2. 利用功能区"插入"选项卡，在"图表"组中选择要插入的图表类型。如单击"柱形图"下拉按钮，在弹出的下拉菜单中选择簇状柱形图样式，如图 4 - 47 所示。

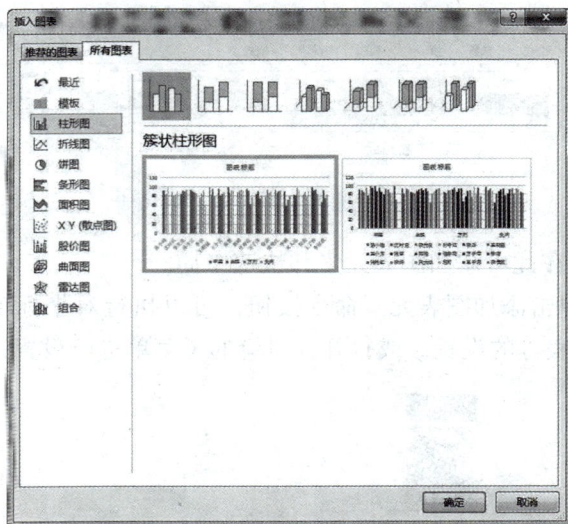

图 4 – 46　插入图表（1）

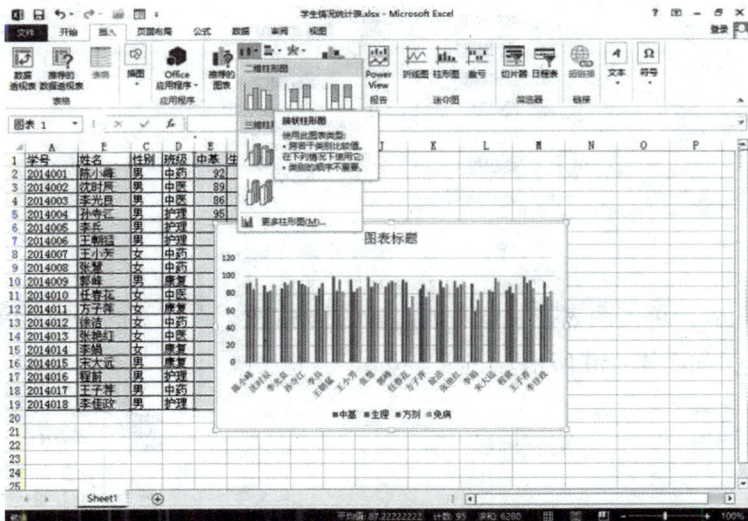

图 4 – 47　插入图表（2）

3. 利用快捷键创建图表。在 Excel 中，图表类型默认为簇状柱形图。当创建图表的数据区域选中后，按下"Alt + F1"组合键，即可快速嵌入图表。

4.3.3　图表的编辑与修饰

图表创建后并不完善，在实际情况下可根据工作需要对其进行编辑与修饰。

1. 图表的编辑　要对图表进行编辑，首先选中需编辑的图表，在功能区会显示"图表工具"，选择"设计"选项卡。"设计"选项卡由"图表布局""图表样式""数据""类型""位置"组成，如图 4 – 48 所示。

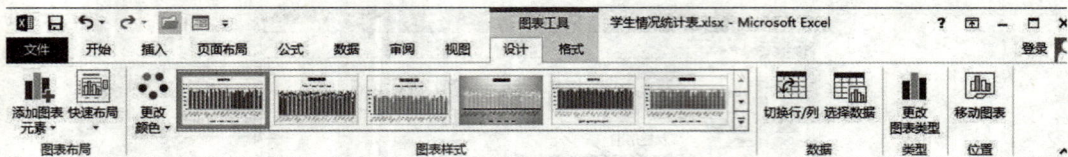

图 4 - 48　图表工具—设计选项卡

（1）**图表布局**　在此可添加图表元素和快速布局。

1）选中图表，单击添加图表元素命令按钮，可以执行对坐标轴、轴标题、图标标题、数据标签、数据表等的设置，或打开其对应的子菜单进行设置，如图 4 - 49 所示。

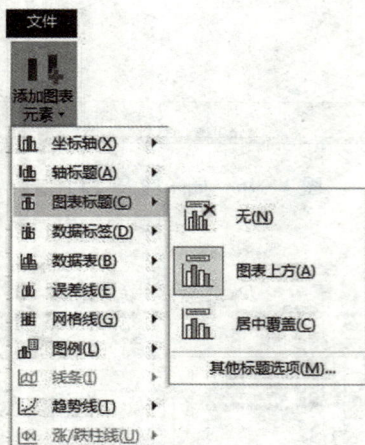

图 4 - 49　图表元素（1）

2）选中图表，单击图表控制框右侧出现的 ✚ 按钮，在打开的快捷菜单中选择所需项目进行设置，如图 4 - 50 所示。

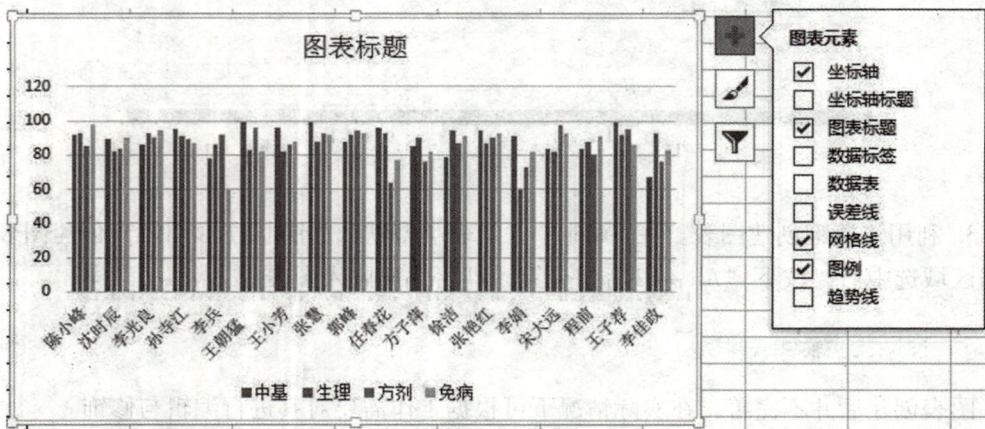

图 4 - 50　图表元素（2）

（2）**选择数据源**　更改图表中包括的数据区域，如图 4 - 51 所示。

(3) **切/换行列**　交换坐标轴上的数据。标在 X 轴上的数据将移到 Y 轴上，反之亦然，如图 4－51 所示。

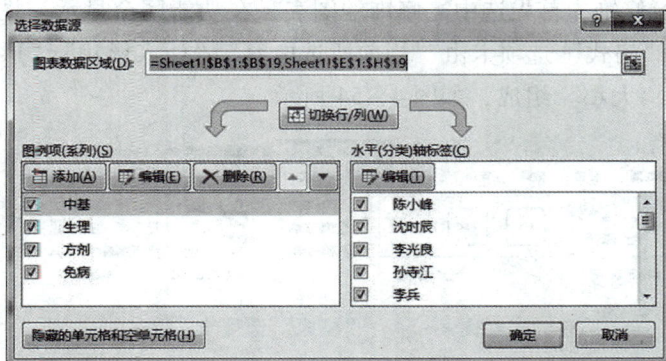

图 4－51　选择数据源和切/换行列

(4) **更改图表类型**　在此更改为其他类型的图表，如图 4－52 所示。

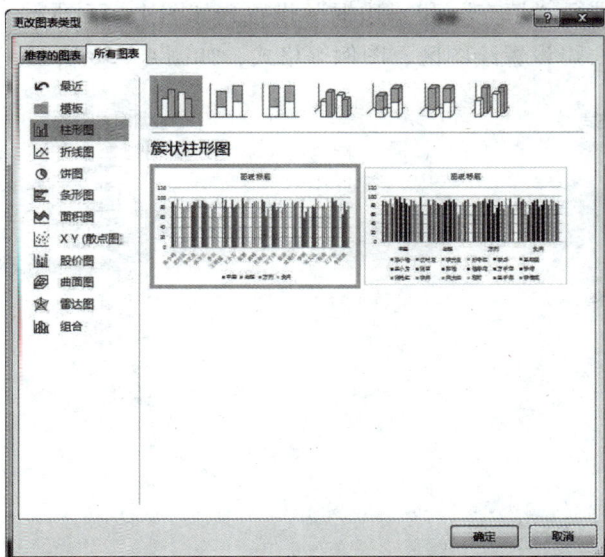

图 4－52　更改图表

(5) **移动图表**　将图表移至工作簿中的其他工作表或标签，如图 4－53 所示。

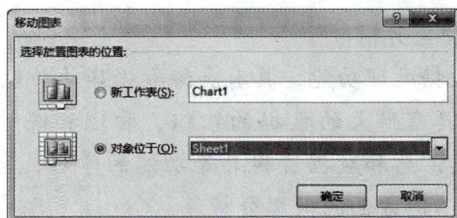

图 4－53　移动图表

2. 图表的修饰　图表创建和编辑好后，用户可以根据自己的审美要求，对图表进行美化。

要对图表进行修饰，首先选中需修饰的图表，在功能区会显示"图表工具"，选择"格式"选项卡。"格式"选项卡由"当前所选内容""插入形状""形状样式""艺术字样式""排列""大小"组成，如图 4 – 54 所示。

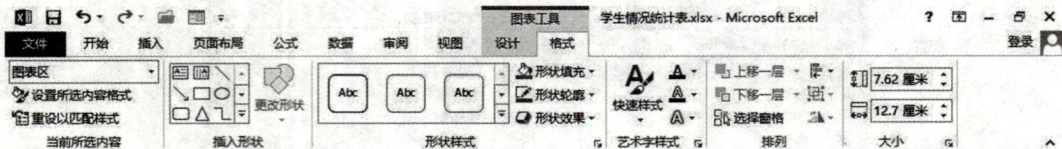

图 4 – 54　"格式"选项卡

现以"学生成绩统计"图表为例，为其设置背景的具体操作方法如下：

（1）先选中"成绩统计"图表，在功能区的"图表工具"中选择"格式"选项卡，选择"当前所选内容"中的"设置所选内容格式"，打开"设置图表区格式"窗格，在此对图表区进行"填充"和"边框"设置，如图 4 – 55 所示。

（2）以此类推，可设置绘图区、图例等格式，如图 4 – 56 所示。

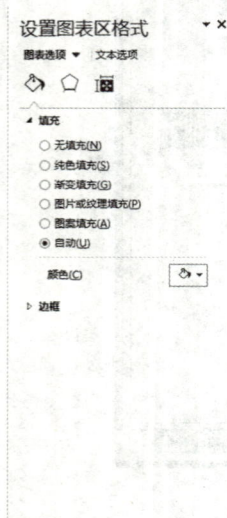

图 4 – 55　设置图表区格式　　　　图 4 – 56　绘图区、图例格式设置

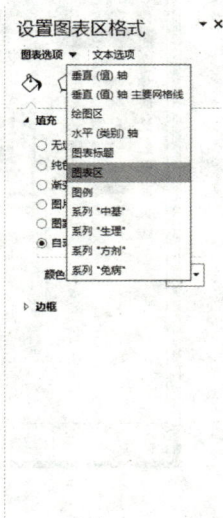

任务 4　学生成绩管理与分析

Excel 提供了快捷的数据处理功能，具有类似数据库的功能，可以实现数据的排序、筛选、分类汇总等操作，具有强大的数据的组织、管理和统计分析能力。本节是通过 Excel 的排序、筛选、分类汇总和数据透视表等功能的学习，实现对学生情况统计表按照科目、班级和成绩进行不同方面的数据分析。

4.4　数据管理

在工作表中输入基础数据后，Excel 提供了丰富的数据分析和处理功能，可以对大量、无序的原始数据资料进行深入地处理和分析，从中获取更加丰富实用的信息。

4.4.1　数据清单

数据清单是具有二维表性质的电子表格，可以像数据库一样使用，数据清单中的列对应数据库中的字段，行对应数据库中的记录。

1. 创建数据清单的准则

（1）一个数据清单最好占用一个工作表。

（2）数据清单是一片连续的数据区域，不允许出现空行和空列。

（3）每一列包含相同类型的数据。

（4）要在数据清单第一行中创建列标。列标最好使用与数据清单中数据不同的格式。

（5）使清单独立，在工作表的数据清单与其他数据间至少应留出一个空列和一个空行。在执行排序、筛选或自动汇总等操作时，这将有利于 Excel 检测和选定数据清单。

2. 数据清单的编辑　数据清单是由字段和记录构成的，而字段就是工作表的每一列，记录就是工作表中的各行数据。

（1）**新建记录**　选择"快速访问工具栏"中的"记录单"（需要先通过"文件"选项卡中的"Excel 选项"，将"记录单"命令添加到"快速访问工具栏"），弹出"记录单"对话框（如图 4 – 57 所示），在"记录单"对话框中，单击"新建"按钮，将出现一个新记录的数据单，输入新记录的各字段数据后按回车键，这样可以将该记录加入到数据清单的最后一行。

（2）**删除记录**　在"记录单"对话框中，选择要删除的记录，单击"删除"按钮，可将该记录从数据清单中删除。删除记录时，将出现一个警告框，警告用户该记录将被永远删除，单击"确定"按钮，便可将记录删除。此操作不可撤销（被删除的记录不能恢复）。

图 4 – 57　"记录单"对话框

（3）**查找记录**　在"记录单"对话框中，单击"条件"按钮，会出现一个空的记录单，在需要查找的字段名右边文本框中输入条件，然后可以单击"下一条"和"上一条"按钮查看满足条件的记录。

（4）**修改记录**　在"记录单"对话框中，找到需要修改的记录，对记录进行修改，完成数据修改后，单击"关闭"按钮。

4.4.2 数据排序

数据的排序，可以按照行或列进行排序，下面以列排序为例介绍排序的使用方法。列排序是指按照表格中某一列或某几列值的大小进行排序。排序的列称为关键字，如果按照多个关键字排序，一定要分清楚关键字的主次，否则排序结果会出现错误。

1. 单关键字排序　通常情况下，参与排序的数据列表需要有标题行且为一个连续区域。常见方法有以下几种：

（1）选择工作表中排序列的任一个单元格；单击"数据"选项卡中"排序和筛选"组的"升序"或"降序"按钮。

例如，对"学生情况统计表.xlsx"中的学生按照"总分"进行降序排序，具体的步骤如下：①选择工作表中"总分"列的任一个单元格。②单击"数据"选项卡中"排序和筛选"组的"降序"按钮，即可实现按照总分降序排序，结果如图4-58所示。

	A	B	C	D	E	F	G	H	I	J	K	L	M
1	学号	姓名	性别	班级	中基	生理	方剂	免病	总分	平均分	名次	等级	
2	2014008	张慧	女	中药	99	88	93	92	372				
3	2014017	王子荐	男	中药	99	92	95	86	372				
4	2014001	陈小峰	男	中药	92	93	85	98	368				
5	2014009	郭峰	男	康复	88	92	94	93	367				
6	2014013	张艳红	女	中医	94	87	90	93	364				
7	2014003	李光良	男	中医	86	93	90	94	363				
8	2014004	孙寺江	男	护理	95	91	89	87	362				
9	2014006	王朝猛	男	护理	99	83	96	82	360				
10	2014015	宋大远	男	康复	84	82	98	93	357				
11	2014007	王小芳	女	中药	96	82	86	88	352				
12	2014012	徐洁	女	中药	79	94	87	91	351				
13	2014002	沈时辰	男	中医	89	82	84	90	345				
14	2014016	程前	男	护理	84	88	80	91	343				
15	2014011	方子萍	女	康复	85	90	76	82	333				
16	2014010	任春花	女	中医	96	93	64	77	330				
17	2014018	李佳政	男	护理	67	93	76	83	319				
18	2014005	李兵	男	护理	78	86	92	60	316				
19	2014014	李娟	女	康复	91	60	73	82	306				
20													
21													
22													
23													
24													
25													

图4-58　排序结果

（2）选择要排序列的任意一个单元格，单击鼠标右键，在弹出的快捷菜单中选择"排序"命令，再选择子菜单中的"升序"或"降序"命令。

（3）选择要排序列的任意一个单元格，单击"数据"选项卡中"排序和筛选"组的"排序"按钮。

2. 多关键字排序　按照多关键字排序，就是依据多列的数据规则对数据表进行排序操作，Excel 2013最多可以设置64个关键字。排序时，首先按照主要关键字列的数据排序，如果该列中有相同的数据，则再按照次要关键字列的数据排序，如果次要关键字列的数据再相同则按照第三关键字列的数据排序，依次类推。

例如，对"学生情况统计表.xlsx"中的学生按照班级升序，总分降序排序。具体步骤如下：①选择要排序的数据区域任意一个单元格。②选择"数据"选项卡中"排序和筛选"组的"排序"按钮，打开"排序"对话框，如图4-59所示。③设置主要关键字为"班级"，次序为"升序"，次要关键字为"总分"，次序为"降序"。④单击"确定"按钮完成。结果如图4-60所示。

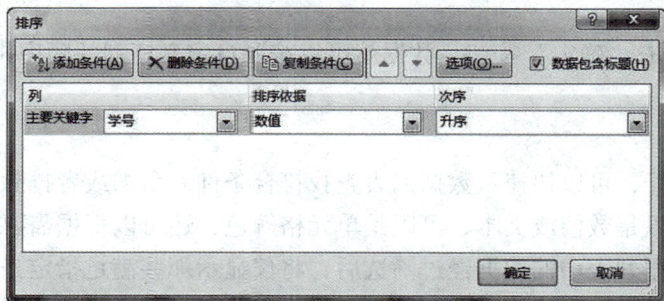

图4-59 "排序"对话框

图4-60 排序结果

3. 按行排序 默认情况下，排序的条件都是按列进行排序，但是如果表格的数值是按行进行分布的，在进行数据的排序时，可以将排序的选项更改为"按行排序"。在对话框中，还可以选择排序时是否区分大小写、排序方向、汉字排序方法，如图4-61所示。

4. 按自定义序列进行排序 当工作表的内容较为特殊，不能单纯地按照升序或降序的顺序进行排列时，可对排序方式进行自定义设置。

只能基于数据（文本、数值及日期或时间）创建自定义列表，而不能基于格式（单元格颜色、字体颜色等）创建自定义列表。具体步骤如下：

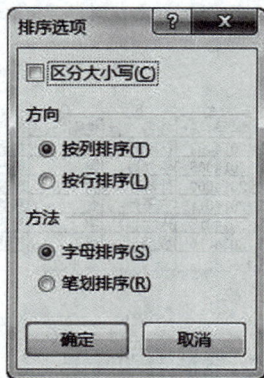

图4-61 "排序选项"对话框

（1）单击选择"数据"选项卡中"排序和筛选"组的"排序"按钮。

（2）在排序条件的"次序"列表中，选择"自定义序列"选项。

（3）在"自定义序列"对话框中，可以选择需要的自定义序列，也可以添加自定义序列。

（4）最后单击"确定"按钮，数据就可以按照自定义序列的顺序排序。

4.4.3　数据筛选

通过筛选功能，可以快速从数据列表查找符合条件的数据或者排除不符合条件的数据。筛选条件可以是数值或文本，可以是单元格颜色，还可以根据需要构建复杂条件实现高级筛选。数据列表中的数据经过筛选后，将仅显示那些满足指定条件的行，并隐藏那些不希望显示的行。数据经过筛选后并不打乱原来各自的顺序，还保留各自原来的行号。Excel中提供了两种筛选的方法：自动筛选和高级筛选。

1. 自动筛选　例如，筛选"学生情况统计表.xlsx"的中基成绩大于80且小于90的人员，操作步骤如下：①选择数据清单中要进行筛选的单元格区域。②选择"数据"选项卡中"排序和筛选"组的"筛选"按钮，这时每列最上方单元格右边会出现一个下拉箭头。③单击"中基"列下拉列表框，选择"数字筛选"的"自定义筛选"选项，打开"自定义自动筛选方式"对话框，如图4-62所示。先选择条件"大于"，输入数值"80"，再选择条件"小于"，输入数值"90"，条件关系选择"与"。④单击"确定"按钮，效果如图4-63所示。

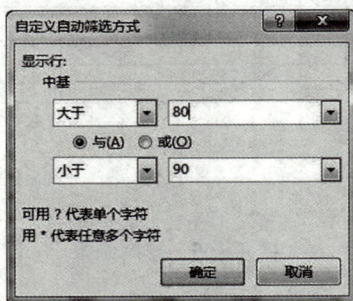

图4-62　自定义自动筛选方式

	A	B	C	D	E	F	G	H	I	J	K	L	M
1	学号	姓名	性别	班级	中基	生理	方剂	免病	总分	平均分	名次	等级	
3	2014002	沈时辰	男	中医	89	82	84	90					
4	2014003	李光良	男	中医	86	93	90	94					
10	2014009	郭峰	男	康复	88	92	94	93					
12	2014011	方子萍	女	康复	85	90	76	82					
16	2014015	宋大远	男	康复	84	82	98	93					
17	2014016	程前	男	护理	84	88	80	91					
20													

图4-63　自动筛选结果

2. 取消自动筛选

（1）如果要取消所有列的筛选结果，则再次单击"数据"选项卡中"排序和筛选"组的"清除"按钮。

（2）如果要取消某一列的自动筛选结果，则可以单击该列的下拉列表框，然后选择其中的清除筛选命令。

（3）如果要取消自动筛选功能，则可以单击"数据"选项卡中"排序和筛选"组的"筛选"按钮。

3. 高级筛选　自动筛选操作时每次只能是一列，如果同时对两列以上的数据操作，用自动筛选需要分成几次完成，而用高级筛选可以一次完成。其次，自动筛选时要求列与列之间的条件关系必须为"与"（同一列的条件关系可以为"或"），否则必须用高级筛选。

（1）例如，筛选"学生情况统计表.xlsx"的生理成绩高于90分并且免病成绩高于90分的学生，操作步骤如下：①构造筛选条件，由于两个条件之间是"与"的关系，所以两个条件要放在同一行上，如图4-64所示。②单击"数据"选项卡中"排序和筛选"组的"高级"按钮，出现"高级筛选"对话框，如图4-65所示。③在"高级筛选"对话框中，系统自动给出操作的数据区域"＄A＄1：＄L＄19"，选择条件区域"！＄F＄21：＄H＄22"。④单击"确定"按钮，即可出现结果，如图4-66所示。

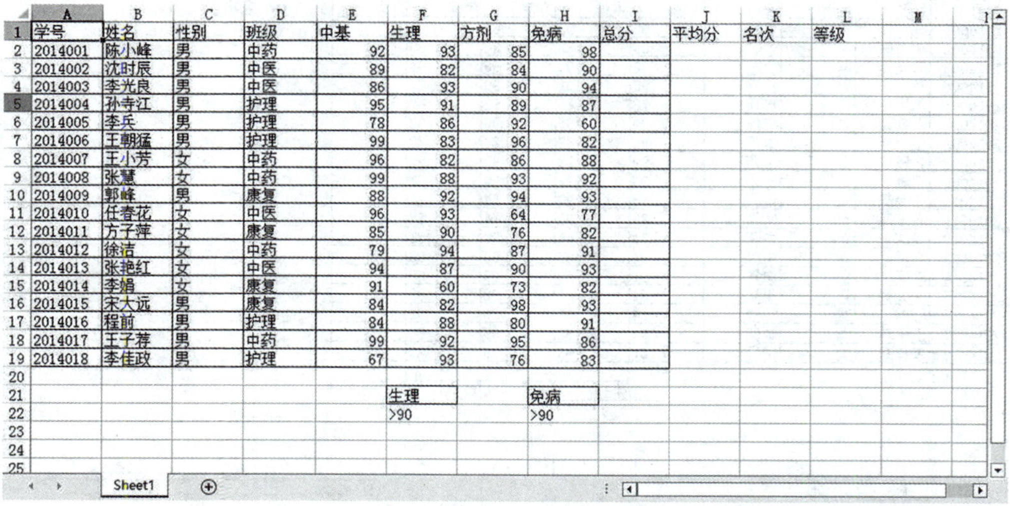

	A	B	C	D	E	F	G	H	I	J	K	L	M
1	学号	姓名	性别	班级	中基	生理	方剂	免病	总分	平均分	名次	等级	
2	2014001	陈小峰	男	中药	92	93	85	98					
3	2014002	沈时辰	男	中医	89	82	84	90					
4	2014003	李光良	男	中医	86	93	90	94					
5	2014004	孙寺江	男	护理	95	91	89	87					
6	2014005	李兵	男	护理	78	86	92	60					
7	2014006	王朝猛	男	护理	99	83	96	82					
8	2014007	王小芳	女	中药	96	82	86	88					
9	2014008	张蕙	女	中药	99	88	93	92					
10	2014009	郭峰	男	康复	88	92	94	93					
11	2014010	任春花	女	中医	96	93	64	77					
12	2014011	方子萍	女	康复	85	90	76	82					
13	2014012	徐洁	女	中药	79	94	87	91					
14	2014013	张艳红	女	中医	94	87	90	93					
15	2014014	李娟	女	康复	91	60	73	82					
16	2014015	宋大远	男	康复	84	82	98	93					
17	2014016	程前	男	护理	84	88	80	91					
18	2014017	王子菁	男	中药	99	92	95	86					
19	2014018	李佳政	男	护理	67	93	76	83					
20													
21						生理		免病					
22						>90		>90					
23													
24													
25													

图4-64　"并且"条件窗口

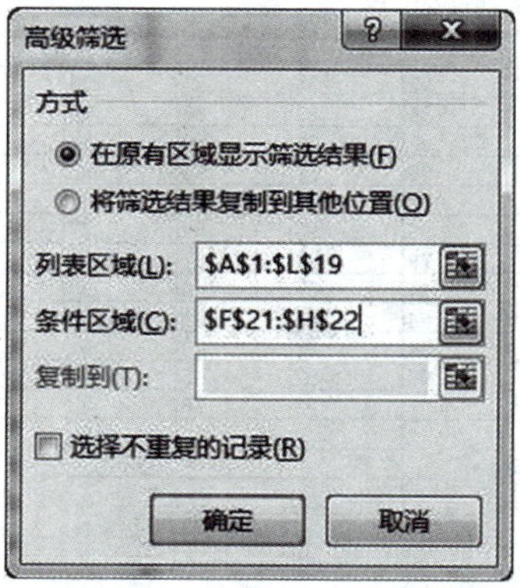

图4-65　"高级筛选"对话框

	A	B	C	D	E	F	G	H	I	J	K	L	M
1	学号	姓名	性别	班级	中基	生理	方剂	免病	总分	平均分	名次	等级	
2	2014001	陈小峰	男	中药	92	93	85	98					
4	2014003	李光良	男	中医	86	93	90	94					
10	2014009	郭峰	男	康复	88	92	94	93					
13	2014012	徐洁	女	中药	79	94	87	91					
20													
21						生理		免病					
22						>90		>90					

图 4 - 66　高级筛选结果窗口

（2）如果条件改变为筛选生理成绩高于 90 分或者免病成绩高于 90 分的学生，操作步骤如下：①构造筛选条件，由于两个条件之间是"或"的关系，所以两个条件要放在不同的行上，如图 4 - 67 所示。②选择"数据"选项卡中"排序和筛选"组的"高级"按钮，打开"高级筛选"对话框。③在对话框中，系统自动给出操作的数据区域"＄A＄1：＄L＄19"，选择条件区域"！＄F＄21：＄H＄23"。④单击"确定"按钮，即可如图 4 - 68 出现结果。

	A	B	C	D	E	F	G	H	I	J	K	L	M	
1	学号	姓名	性别	班级	中基	生理	方剂	免病	总分	平均分	名次	等级		
2	2014001	陈小峰	男	中药	92	93	85	98						
3	2014002	沈时辰	男	中医	89	82	84	90						
4	2014003	李光良	男	中医	86	93	90	94						
5	2014004	孙寺江	男	护理	95	91	89	87						
6	2014005	李兵	男	护理	78	86	92	60						
7	2014006	王朝猛	男	护理	99	83	96	82						
8	2014007	王小芳	女	中药	96	82	86	88						
9	2014008	张慧	女	中药	99	88	93	92						
10	2014009	郭峰	男	康复	88	92	94	93						
11	2014010	任春花	女	中医	96	93	64	77						
12	2014011	方子萍	女	康复	85	90	76	82						
13	2014012	徐洁	女	中药	79	94	87	91						
14	2014013	张艳红	女	中医	94	87	90	93						
15	2014014	李娟	女	康复	91	60	73	82						
16	2014015	宋大远	男	康复	84	82	98	93						
17	2014016	程前	男	护理	84	88	80	91						
18	2014017	王子荪	男	中药	99	92	95	86						
19	2014018	李佳政	男	护理	67	93	76	83						
20														
21						生理		免病						
22						>90								
23								>90						
24														
25														

Sheet1

图 4 - 67　"或者"条件窗口

	A	B	C	D	E	F	G	H	I	J	K	L	M
1	学号	姓名	性别	班级	中基	生理	方剂	免病	总分	平均分	名次	等级	
2	2014001	陈小峰	男	中药	92	93	85	98					
4	2014003	李光良	男	中医	86	93	90	94					
5	2014004	孙寺江	男	护理	95	91	89	87					
9	2014008	张慧	女	中药	99	88	93	92					
10	2014009	郭峰	男	康复	88	92	94	93					
11	2014010	任春花	女	中医	96	93	64	77					
13	2014012	徐洁	女	中药	79	94	87	91					
14	2014013	张艳红	女	中医	94	87	90	93					
16	2014015	宋大远	男	康复	84	82	98	93					
17	2014016	程前	男	护理	84	88	80	91					
18	2014017	王子荪	男	中药	99	92	95	86					
19	2014018	李佳政	男	护理	67	93	76	83					
20													
21						生理		免病					
22						>90							
23								>90					
24													

图 4 - 68　高级筛选结果

对比以上两个例题可以看出，在构造条件的时候，要区分条件是"与"还是"或"的关系是很重要的。如果是"与"的关系，字段名、条件需要分别放在同一行上；如果是"或"的关系，则字段名放在同一行上，而将条件放在不同行上。

4.4.4　分类汇总

1. 分类汇总　分类汇总是数据分析的常用方法，是将数据表中的同类数据进行统计处理，Excel 可以对这些数据进行求和、求平均值、求最大值和求最小值等多种计算，并且把结果以"分类汇总"和"总计"的形式显示出来。分类汇总之前首先需要按照分类的字段进行排序。

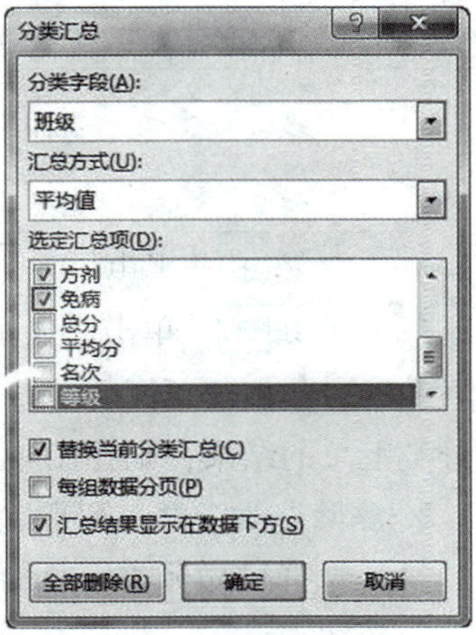

例如，对"学生情况统计表.xlsx"中的学生按照班级进行分类汇总，计算每个班级的各科平均成绩。操作步骤如下：①首先按照分类字段"班级"进行升序排序。②选择"数据"选项卡中"分级显示"组的"分类汇总"按钮，打开"分类汇总"对话框，如图 4 – 69 所示。③在对话框中，选择"分类字段"为"班级"，选择"汇总方式"为"平均值"，"选定汇总项"为

图 4 – 69　"分类汇总"对话框

"中基、生理、方剂、免病"，云掉别的选项。④单击"确定"按钮。这样会出现各班级的科目平均值，如图 4 – 70 所示。

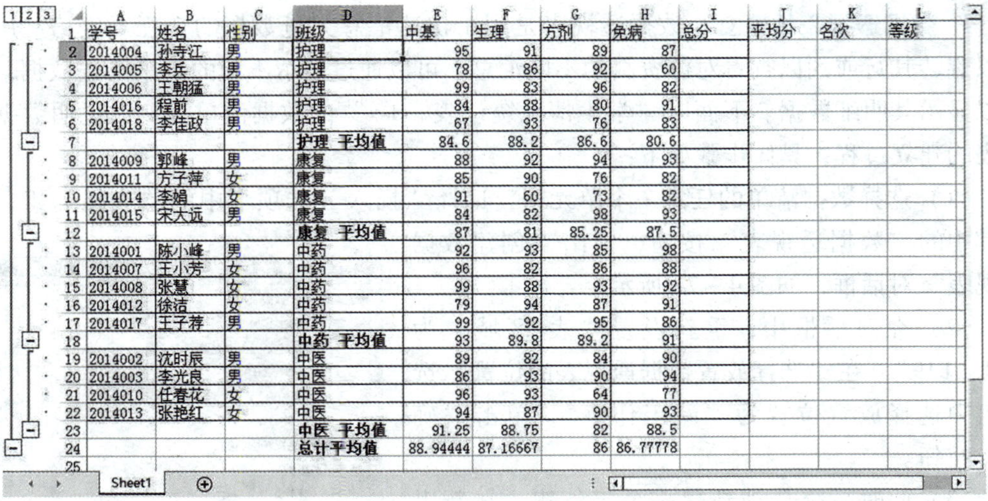

	学号	姓名	性别	班级	中基	生理	方剂	免病	总分	平均分	名次	等级
2	2014004	孙寺江	男	护理	95	91	89	87				
3	2014005	李兵	男	护理	78	86	92	60				
4	2014006	王朝猛	男	护理	99	83	96	82				
5	2014016	程前	男	护理	84	88	80	91				
6	2014018	李佳政	男	护理	67	93	76	83				
7				护理 平均值	84.6	88.2	86.6	80.6				
8	2014009	郭峰	男	康复	88	92	94	93				
9	2014011	方子萍	女	康复	85	90	76	82				
10	2014014	李娟	女	康复	91	60	73	82				
11	2014015	宋大远	男	康复	84	82	98	93				
12				康复 平均值	87	81	85.25	87.5				
13	2014001	陈小峰	男	中药	92	93	85	98				
14	2014007	王小芳	女	中药	96	82	86	88				
15	2014008	张慧	女	中药	99	88	93	92				
16	2014012	徐洁	女	中药	79	94	87	91				
17	2014017	王子荐	男	中药	99	92	95	86				
18				中药 平均值	93	89.8	89.2	91				
19	2014002	沈时辰	男	中医	89	82	84	90				
20	2014003	李光良	男	中医	86	93	90	94				
21	2014010	任春花	女	中医	96	93	64	77				
22	2014013	张艳红	女	中医	95	87	90	93				
23				中医 平均值	91.25	88.75	82	88.5				
24				总计平均值	88.94444	87.16667	86	86.77778				
25												

图 4 – 70　分类汇总结果窗口

在分类汇总结果的左侧有"摘要"按钮 ⊟，每个"摘要"按钮所对应的就是一类数据所在的行。如果单击 ⊟ 变成 ⊞ 按钮，则摘要按钮所对应的详细数据会被隐藏，只显示汇总后的平均值。反过来如果单击 ⊞ 变成 ⊟，则可以显示所对应的明细资料。

在汇总表的左上方有层次按钮 ⬚1⬚ ⬚2⬚ ⬚3⬚，意义分别如下：

（1）按钮 ⬚1⬚ 单击后只显示总的汇总结果，将所有的明细数据隐藏，如图4-71所示。

图4-71 屏蔽明细数据

（2）按钮 ⬚2⬚ 单击后显示总的汇总结果和各个分类汇总结果，不显示明细数据。

（3）按钮 ⬚3⬚ 单击后显示全部数据和各个分类汇总结果。

如果对数据清单同时进行多个分类汇总操作，则操作必须分多次完成，如果保留每次分类汇总的结果，则在图4-69中将"替换当前分类汇总"选项的对号去掉。

2. 删除分类汇总 要删除分类汇总后的结果，操作步骤如下：

（1）选择已做分类汇总的区域，选择"数据"选项卡中"分级显示"组的"分类汇总"按钮。

（2）在"分类汇总"对话框中，选择"全部删除"按钮。

（3）单击"确定"按钮。

4.4.5 数据透视表

1. 数据透视表的建立 数据透视表是用于快速汇总大量数据的交互式表格。用户可以旋转其行或列以查看对源资料的不同汇总，可以通过显示不同的页来筛选数据，还可以显示其明细数据。下面以"学生情况统计表.xlsx"的数据清单为例，说明数据透视表的建立过程，具体步骤如下：

（1）选择数据清单的任意一个单元格，选择"插入"选项卡中的"表格"组，单击其中的"数据透视表"按钮，弹出"创建数据透视表"对话框，如图4-72所示。

（2）在对话框中，重新设置"表/区域"为"A1：F19"，在"选择放置数据透视表的位置"选项组中选择放置位置为"新工作表"，单击"确定"按钮。

（3）此时系统自动新建一个工作表，在新工作表中显示了创建的数据透视表模型，并显示了"数据透视表字段"任务窗格和"数据透视表字段列表"工具栏（图4-73）。

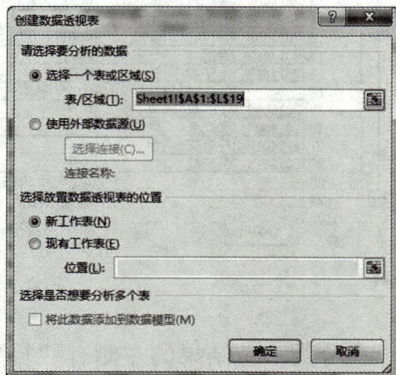

图4-72 "创建数据透视表"对话框

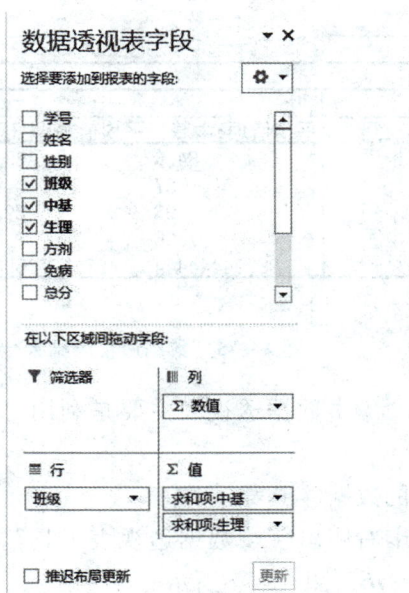

图 4 – 73 "数据透视表字段"任务窗格

（4）在"数据透视表字段"任务窗格中，选择"班级、中基、生理"三个字段复选框。将"Σ值"中"求和项：中基、求和项：生理"修改为求平均值，如图 4 – 74 所示。

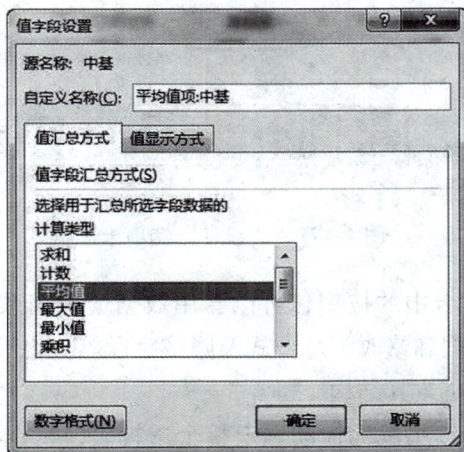

图 4 – 74 "值字段设置"对话框

（5）此时在"数据透视表"的工作表中显示出了创建的数据透视表效果，如图 4 – 75 所示。

图 4 - 75　数据透视表结果

2. 编辑数据透视表　编辑数据透视表主要是利用"数据透视表工具"，具体步骤如下：

（1）先选择已建立的数据透视表。

（2）此时会在选项卡右侧出现"数据透视表工具"，同时增加了两个选项卡"分析"和"设计"如图 4 - 76，图 4 - 77 所示。

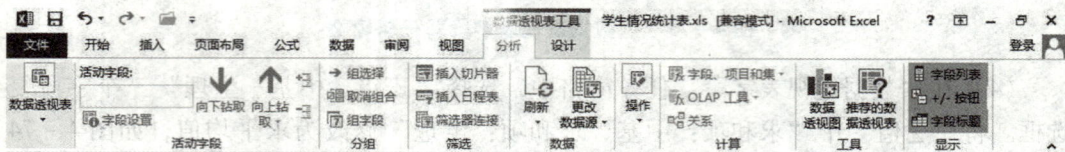

图 4 - 76　"分析"选项卡

图 4 - 77　"设计"选项卡

（3）利用这两个选项卡中的按钮，可以套用数据透视表系统预定义的格式、显示或隐藏明细数据、更新数据和修改汇总方式及隐藏字段等。也可以把工具栏下端的字段用鼠标拖到数据透视表中更改其结构。

3. 数据透视表的删除　用鼠标拖动选定整个透视表，再选择"分析"选项卡中的"计算"组中的"操作"按钮，在其下拉列表中的"清除"组中选择"全部清除"命令，即可删除数据透视表。

4. 数据透视图　数据透视图既具有数据透视表的交互式汇总特征，也具有图表的直观可视性特点。数据透视图报表必须与同一个工作簿上的某个数据透视表相关联。如果工作簿不包含数据透视表，那么当创建数据透视图时，Excel 将自动创建数据透视表。当更改数据透视图时，数据透视表也会随之更改，反之亦然。

例如，以"学生情况统计表.xlsx"的数据清单为例，建立其数据透视图，具体步骤如下：①先单击选择建立好的数据透视表。②在"数据透视表工具"中，选择"分析"选项卡，单击其中的"数据透视图"按钮，弹出"插入图表"对话框，如图 4-78 所示。③在对话框中，选择适合的图表类型，在此例中选择"柱形图"子集中的"簇状柱形图"类型。④单击确定按钮，返回数据透视表中，系统自动创建的数据透视图如图 4-79 所示。

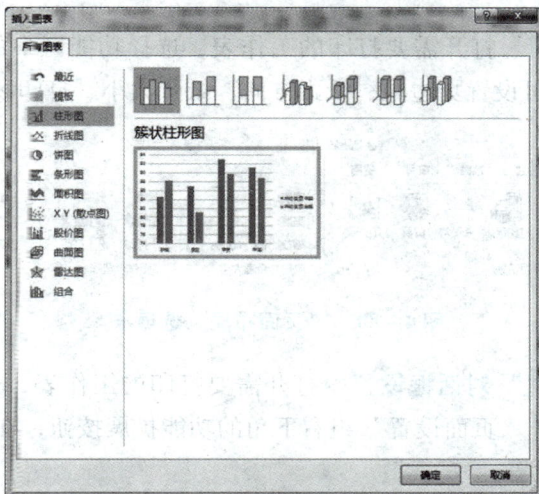

图 4-78　"插入图表"对话框

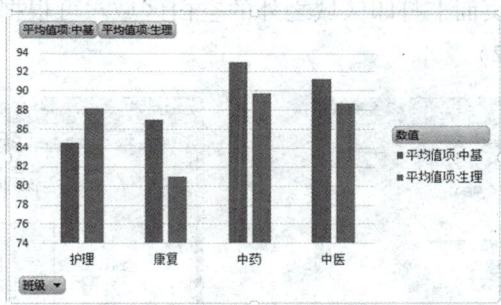

图 4-79　数据透视图效果

任务 5　具备在 Excel 中打印工作表的基本能力

Excel 工作表打印是对工作表做好数据录入、格式设置、统计分析与图表编辑之后，将工作表输出到纸上，为了得到较好的输出，需要对工作表进行一些完善，诸如页面设置、页眉页脚设置、打印标题设置等。通过本节学习，使学生具备在 Excel 中打印工作表的基本能力。

4.5　电子表格的打印输出

当一个工作簿中的各张工作表制作完成后，可以通过打印机将内容打印输出。在进行打印输出之前要先进行一些相关的页面设置和打印设置。下面以学生情况统计表的打印为例，介绍在 Excel 中打印电子表格的方法和技巧。

4.5.1 页面设置

页面设置对话框包含了页面、页边距、页眉/页脚、工作表 4 个选项。页面设置的方法有两种，操作如下：

1. 通过功能区设置　打开需要打印的工作表，选择功能区中的"页面布局"选项卡（图 4-80），在此可设置页边距、纸张方向、纸张大小、打印区域等。

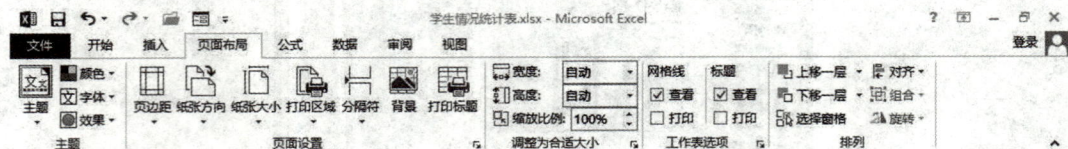

图 4-80　"页面布局"选项卡

2. 通过"页面设置"对话框设置　打开需要打印的工作表，选择功能区中的"页面布局"选项卡，单击"页面设置"组右下角的功能扩展按钮，在弹出的"页面设置"对话框中选择相应的设置。

（1）页面　通过此选项卡可设置纸张的方向、纸张大小等。默认方向为纵向，纸张大小为 A4，如图 4-81 所示。

（2）页边距　是指页面上打印区域之外的空白区域。可根据需要进行上、下、左、右边距的调整（图 4-82）。

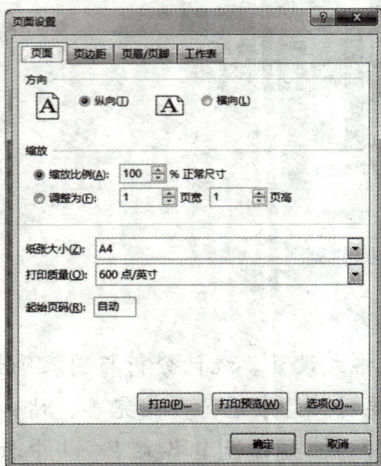

图 4-81　纸张方向、大小设置

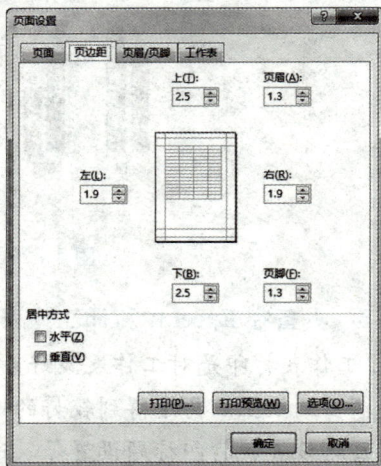

图 4-82　页边距设置

（3）页眉/页脚　页眉用于显示每一页顶部的信息，在 Excel 表格中通常包括表格名称等内容。页脚用于显示每一页底部信息，通常包括页数、打印日期和时间等，如图 4-83 所示。

（4）**工作表** 当工作表中行或列很多，无法在一页内打印出来时，将自动分页，此时只有第一页有列标志（标题行），查看数据很不方便。对此可通过设置"工作表"中的打印标题，使得每一页上都重复打印相同的行标或列标，如图4–84所示。

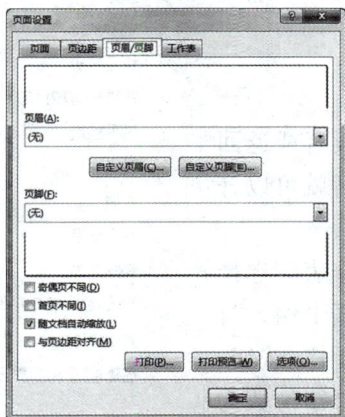

图 4–83 页眉/页脚设置

图 4–84 打印标题

4.5.2 打印预览

为保证打印效果符合要求，不浪费纸张，在打印一个工作表之前，除了根据需要进行相应的页面设置，还需要对工作表进行打印预览，确认最终打印效果。下面将对打印预览的方法进行介绍。

1. 打开需要打印的工作表，选择"文件"选项卡，单击"打印"命令，即可在打开的页面中预览工作表的打印效果了，如图4–85所示。

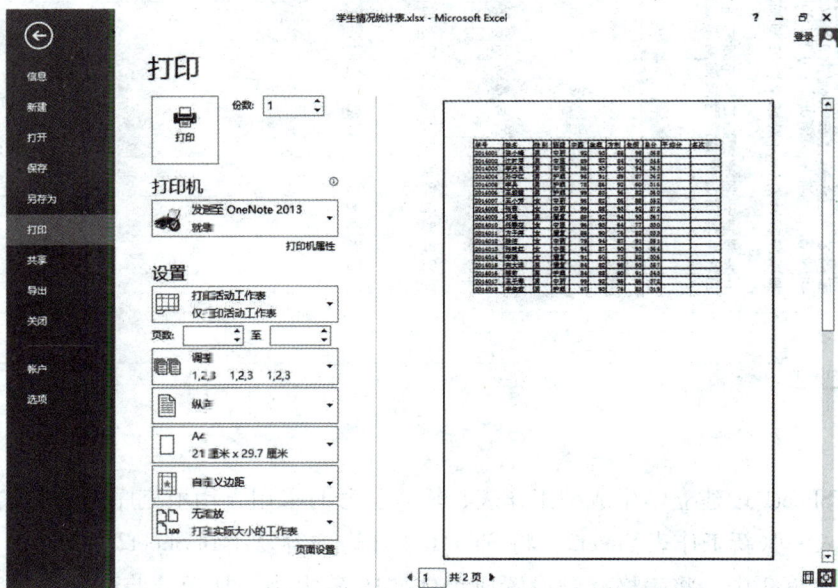

图 4–85 打印预览（1）

2. 单击"快速访问工具栏"右侧的下拉按钮，在打开的下拉菜单中勾选"打印预览"命令，将其添加到快速访问工具栏中，只要单击快速访问工具栏中的"打印预览和打印"按钮 🔍，也可预览打印效果，如图 4–86 所示。

4.5.3 打印工作表

打印预览工作完成后，可以根据需要修改页面设置或返回工作表中进行数据修改，当工作表的设置符合要求后就可以开始打印了。

打印工作表的操作方法为：打开需要打印的工作表，选择"文件"选项卡，单击"打印"命令，在相应数据框中输入打印的份数、打印的页码范围等，设置好后单击"打印"按钮，即可开始打印。默认情况下，"副本"数据框中的打印份数为 1 份，"页数"数据框中的打印页码范围为全部打印。

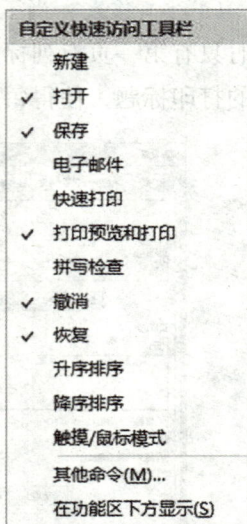

自定义快速访问工具栏
新建
✓ 打开
✓ 保存
电子邮件
快速打印
✓ 打印预览和打印
拼写检查
✓ 撤消
✓ 恢复
升序排序
降序排序
触摸/鼠标模式
其他命令(M)...
在功能区下方显示(S)

图 4–86 打印预览（2）

实　　验

请依次解答以下各小题：

打开实验素材 \ 第四章 \ 学生成绩统计表 . xlsx，完成以下操作并保存操作结果。

	A	B	C	D	E	F	G	H	I	J	K	L	M	N
1	学号	姓名	性别	专业	中基	生理	语文	英语	总分	平均分	名次	等级		
2	2014001	国亚宏	男	中药	92	85	98	78						
3	2014002	韩敏	男	中药	89	84	90	89						
4	2014003	韩楠	男	护理	86	90	94	69						
5	2014004	何如月	男	护理	95	89	87	96						
6	2014005	霍晓	男	护理	78	45	76	55						
7	2014006	姜庆红	男	康复	99	96	82	58						
8	2014007	李静	女	护理	96	86	88	89						
9	2014008	李斐	女	护理	99	93	92	77						
10	2014009	李爱明	男	口腔	88	94	93	84						
11	2014010	李丽婧	女	口腔	96	64	77	81						
12	2014011	李敏	女	影像	51	76	55	79						
13	2014012	李荣华	女	影像	79	87	91	70						
14	2014013	李小芳	女	美容	94	90	93	78						
15	2014014	李阳	女	中药	91	73	82	99						
16	2014015	刘宁	男	美容	84	98	93	85						
17	2014016	刘婵婷	男	康复	84	80	91	83						
18	2014017	刘晓宣	男	美容	99	95	86	80						
19	2014018	毛静雨	男	中药	67	76	50	90						
20														
21														
22														

Sheet1

图 4–87 学生成绩统计表

1. 在 Sheet1 中建立学生成绩工作表，输入学号时采用自动填充序列的方式输入。

2. 插入一张新工作表 Sheet2，将 Sheet1 工作表内容复制到 Sheet2。

3. 在 Sheet2 中，将表格标题设置成黑体、16 磅大小，加粗，跨列居中，字体颜色为"红色"。

4. 给整个表格加框和底纹，边框是"蓝色"，标题底纹是"黄色"，记录数据底纹是"浅绿"。

5. 将 Sheet2 重命名为"2014 级学生成绩表"。

6. 将"考试科目"列的列宽设置为 10。

7. 用函数计算出表格中的"总分""平均分""名次""等级"，大于等于 90 分为优秀；大于等于 60 分为合格；小于 60 分为不合格。注：函数分别使用 SUM、AVER-AGER、RANK、IF。

8. 按总分降序排列。

9. 筛选出"中基"大于 60 且"总分"大于 300 的记录，使用高级筛选（条件在 A21：B22 范围），并在条件的下方空后显示高级筛选结果。

10. 使用条件格式，对学生的每门课中小于 60 分的成绩以粗体、红色显示。

11. 建立成绩柱形图表（数据区域为"B1：B18，E1：H18"）。

12. 将表格（A1：F18 区域）创建数据透视表，其中的"姓名"作为行标题，将"等级"作为要表现的"数据"，数据透视表显示位置为"新工作表"，其他默认。

习　题

一、选择题

1. 在 Excel 2013 环境中，用来储存并处理工作表数据的文件，称为_____。
   A. 工作区　　　　B. 单元格　　　　C. 工作簿　　　　D. 工作表

2. 在 Excel 2013 中，编辑栏的名称栏显示为 E12，则表示_____。
   A. 第 1 列第 2 行　　　　　　　B. 第 5 列第 12 行
   C. 第 12 列第 5 行　　　　　　　D. 第 5 列第 5 行

3. 在 Excel 2013 中，当向单元格输入内容后，在没有任何设置的情况下_____。
   A. 全部左对齐　　　　　　　B. 数字、日期右对齐
   C. 全部右对齐　　　　　　　D. 全部居中

4. Excel 2013 中，下面的输入能直接显示产生 1/4 数据的输入方法是_____。
   A. 0.25　　　　B. 0 1/4　　　　C. 1/4　　　　D. 2/8

5. 在 Excel 2013 中公式的对象可以是_____。
   A. 常量、变量、函数及单元格　　　B. 常量、符号、函数及单元格
   C. 常量、变量、字段及单元格　　　D. 常量、内存变量、函数及单元格

6. 在 Excel 2013 图表中，最适合显示百分比的分配情况的图表是_____。
   A. 柱形图　　　B. 面积图　　　C. 折线图　　　D. 饼图

7. 在单元格中输入数字字符串 7118652（电话号码）时，应输入_____。
   A. 7118652'　　　B. "7118652"　　　C. '7118652　　　D. 7118652

8. 假如单元格 F3 的值为 8，则函数"= IF（F3 > 10，F3/2，F3 * 2）"的结果

为_____。

A. 4　　　　　　B. 8　　　　　　C. 10　　　　　　D. 16

9. 将单元格 H3 中的公式"＝SUM（D3：K4）"复制到单元格 H4 中，显示的公式为_____。

A. ＝SUM（D3：K3）　　　　　B. ＝SUM（D3：K4）

C. ＝SUM（D4：K5）　　　　　D. ＝SUM（D4：K3）

10. 在 Excel 2013 的页面设置中，顶端标题行和左端标题列在_____选项卡里设置。

A. 页面　　　B. 页边距　　　C. 页眉　　　D. 工作表

二、填空题

1. 在 Excel 2013 中输入数据时，如果输入的数据具有某种内在规律，则可以利用它的_____功能。

2. 在 Excel 2013 中，如果在单元格中输入 4/5，默认情况下会显示为_____。

3. 在 Excel 2013 中，单元格的引用（地址）有_____、_____和_____ 3 种形式。

4. 分类汇总前必须对要分类的项目进行_____。

5. 为工作表设置页眉页脚，可以选择_____命令中的_____选项卡。

5 演示文稿制作软件 PowerPoint

Microsoft PowerPoint 是美国微软公司推出的一款制作和展示演示文稿的软件，此软件是集文字编辑、图片、声音、动画及视频剪辑为一体的演示文稿制作软件。该软件主要用于产品介绍、学术讲座、公司介绍、多媒体教学课件等。本章主要介绍 Microsoft PowerPoint 2013 中文版演示文稿的建立、演示文稿的管理与编辑，以及演示文稿的播放和输出等内容。

任务 1 "我的大学生活"演示文稿建立

大学的生活是丰富多彩，充满激情与活力的，如何使用 PowerPoint 中所具备的各种功能把"大学生活"展现出来是本章要完成的任务。制作的演示文稿可以根据真实的大学生活，充分利用 PowerPoint 2013 的独特功能达到预期的效果。

5.1 演示文稿的建立

PowerPoint 是 Microsoft Office 家族中的成员之一，自 1987 年首次问世以后，随着操作系统平台的变化而不断升级，版本由 PowerPoint 1.0 ~ 4.0、PowerPoint 95、PowerPoint 97、PowerPoint 2000、PowerPoint XP、PowerPoint 2003、PowerPoint 2007、PowerPoint 2010 发展到现今的最新版本 PowerPoint 2013。随着 PowerPoint 版本的不断更新，其功能也变得越来越强大。本节主要介绍 PowerPoint 2013 的功能、新建及保存演示文稿的方法，演示文稿的视图方式等相关知识。

5.1.1 演示文稿简介

1. PowerPoint 2013 版本的特点　相比 PowerPoint 的其他版本，PowerPoint 2013 的特点主要体现在以下几个方面：

（1）宽屏模板　随着电子产品的不断更新和发展，在电子产品中已然刮起了"宽屏"风，如智能电视、PC 显示器、智能手机的宽屏设计。为了迎合宽屏的主流设计，PowerPoint 2013 默认模板采用了 16∶9 的长宽比进行设计。这就意味着 PowerPoint 2013 将拥有更加广阔的空间来展示更多的内容，甚至是设计元素。

（2）便捷书签　"欢迎回来，从离开的位置继续"课程中的标签功能，在新版的 PowerPoint 2013 里被使用，通过这一功能不需要查找文件夹就可以浏览上次打开的文件名称以及上次打开该文件的确切时间，同时可以将文件保存到个人的 SkyDrive 中或公司的网站上，用户甚至可以与其他用户同时处理一个文件。

(3) **智能对齐** 对于 PowerPoint 软件而言对齐功能是很容易实现的，PowerPoint 2013 在对齐功能上又有新亮点。幻灯片上的元素无须查看是否对齐，当用户的对象（包括文字、图片、形状等）距离相近且均匀时，智能参考线会自动显示，并告诉用户对象的间隔均匀。当用户建立动作路径时，PPT 会自动显示对象的终点图形，当用户需要调整其位置时，终点的图形以"虚影"的形式存在，提示用户结束的具体位置，使得用户可以轻松获得最佳效果。此前的版本调节路径很困难，而且不是很精确，而 PowerPoint 2013 解决了路径动画中的对齐问题，很大程度上提高了动画的制作效率。

(4) **丰富的联机模板** Office. com 模板库里有数千的免费模板，有了联机模板功能，用户只需在"搜索联机模板和素材"一栏里输入想要搜索的关键词，然后单击搜索工具，即可搜索到需要的模板。

(5) **轻松在线分享** 较 PowerPoint 2013 之前的版本，演示文稿是不容易实现分享的。但是，现在只要用户使用 PowerPoint 2013 就可以将文件的超链接发送给其他用户，其他用户便可看到当前用户的分享，以及查看和编辑权限。收到链接后，单击链接就会在浏览器窗口打开所分享的演示文稿，而接收者并不需要在其电脑上安装 PPT 软件。同时，PowerPoint 2013 还允许在文件内嵌入视频剪辑。

(6) **演示者视图** PowerPoint 2013 之前的版本在设置演示者视图时中间可能会出现很多问题，但 PowerPoint 2013 对此有了较大改进。只需连接投影仪，PowerPoint 2013 将自动设置，在演示者视图中，用户不仅可以在演示中看到自己的备注，还可以预览下一张幻灯片的内容，设置可以放大局部，这样就减少了演示过程中出错的概率。

(7) **视频微调** 在制作演示文稿时，很多时候需要插入视频，常规下用户需要利用外部软件转换格式，调整视频的尺寸，使用 PowerPoint 2013 用户可以直接插入视频，并对视频细节进行调整，包括常见的尺寸、视频明亮度及颜色，甚至还可以为视频添加边框和滤镜。PowerPoint 2013 支持的多媒体格式较以前版本更多（如 . mp4 和 . mov 也支持）。

2. PowerPoint 2013 界面的组成 PowerPoint 2013 在用户界面上有了很大的改观，它使用选项卡代替了原有的菜单，使用各种选项组代替原有的菜单子命令和工具栏。启动 PowerPoint 2013 后，用户能够看到全新的工作界面，如图 5 – 1 所示。PowerPoint 2013 的工作界面不仅美观实用，而且各个工具按钮的摆放也便于用户的使用。

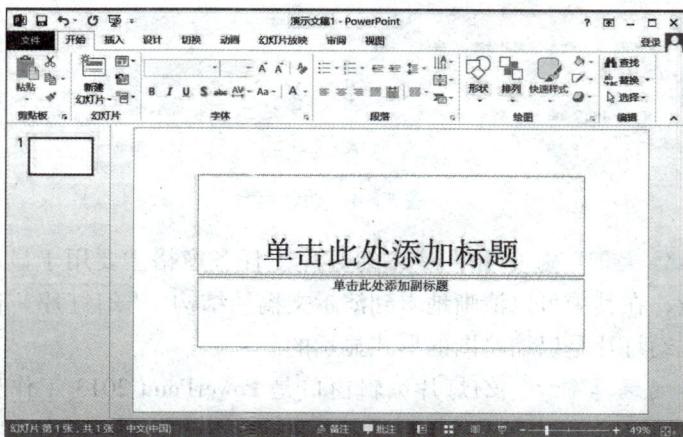

图 5－1 PowerPoint 2013 工作界面

（1）标题栏 标题栏位于工作界面的最上面，包括快速启动按钮、功能区选项按钮、帮助按钮、最小化按钮、最大化按钮和关闭按钮，如图 5－2 所示。

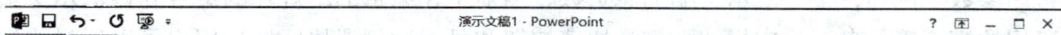

图 5－2 标题栏

（2）"文件"按钮 "文件"按钮位于整个工作界面的左上角，单击该按钮后打开菜单列表，如图 5－3 所示。

图 5－3 "文件"按钮

（3）功能区　PowerPoint 2013 功能区，如图 5 – 4 所示。

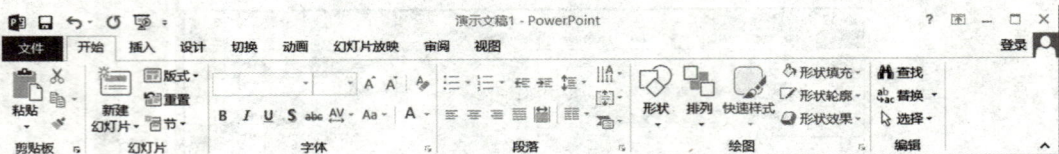

图 5 – 4　功能区

（4）"幻灯片/大纲"任务窗格　"幻灯片"任务窗格主要用于显示演示文稿的幻灯片位置和数量，在其中可以清晰地看到演示文稿的结构。"幻灯片"任务窗格是默认任务窗格，在此幻灯片是以缩略图的形式显示的。

（5）幻灯片的编辑窗口　幻灯片编辑窗口是 PowerPoint 2013 工作界面中最大的组成部分，它是 PowerPoint 2013 进行幻灯片制作的主要工作区域。当幻灯片应用主题和版式后，编辑区域会出现相应的提示，提示用户输入内容。

（6）备注栏　用于为幻灯片添加说明和注释，主要用于演讲者在放映幻灯片时，为其提供该张幻灯片的相关信息。

（7）状态栏　其位于工作界面的最底端，用来显示当前演示文稿的工作状态及其常用参数。例如，整个演示文稿的总页数、当前正在编辑的幻灯片的编号和该演示文稿所用的模板等信息。状态栏的右侧是快捷按钮和显示比例滑块区域，用户可以通过快捷按钮来设置幻灯片的视图方式，通过显示比例滑块可以控制幻灯片在整个编辑区域的视图比例。

5.1.2　建立和保存演示文稿

在 PowerPoint 中，使用 PowerPoint 制作出来的整个文件称之为演示文稿，而演示文稿中的每一页叫作一张幻灯片，每张幻灯片都与演示文稿既相互联系又相互独立，下面介绍如何建立演示文稿。

1. 演示文稿的建立　在 PowerPoint 中创建演示文稿主要有以下两种方式：创建空白演示文稿、根据模板和主题创建演示文稿。

（1）新建空白演示文稿　创建空白演示文稿有两种方法。

第一种是当用户启动 PowerPoint 后系统会自动创建一个空白演示文稿。

第二种方法的具体步骤如下：

①单击"文件"按钮，在弹出的菜单中选择"新建"命令，如图 5 – 5 所示。

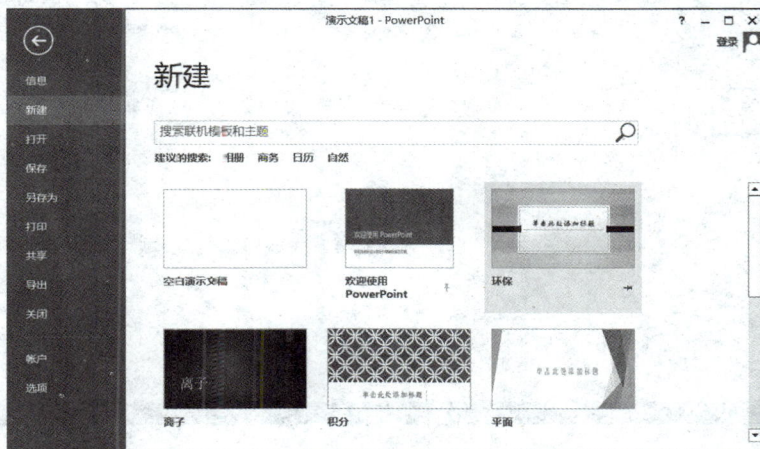

图 5-5　新建空白演示文稿

　　②在"新建"面板的默认状态下，选择"空白演示文稿"图标，如图 5-6 所示。之后系统随即生成一个空白演示文稿，默认名为"演示文稿 1"，如图 5-7 所示。

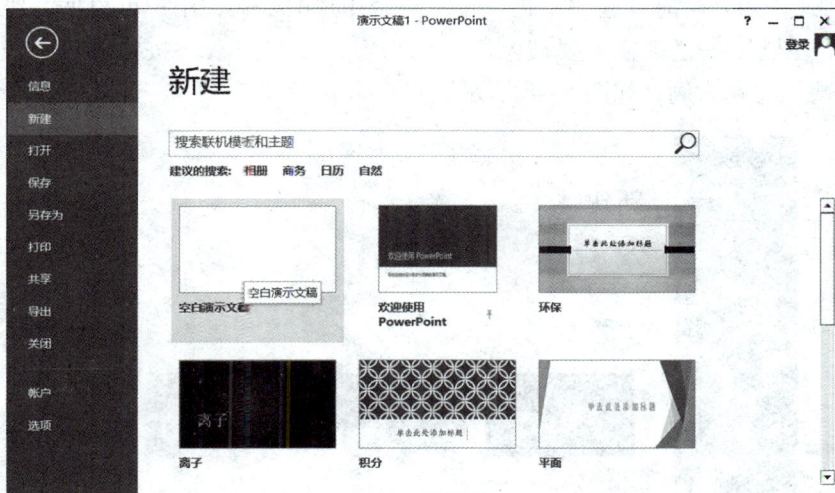

图 5-6　选择"空白演示文稿"

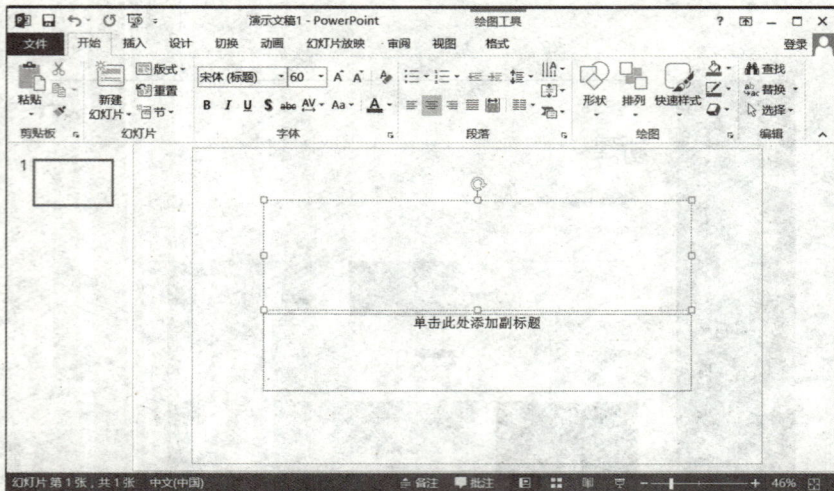

图 5-7 演示文稿 1

(2) 根据模板和主题创建演示文稿   主题是软件中已经设计好的一组演示文稿的样式，它规定了演示文稿的外观样式，包括母版、配色、文字格式等设置。使用主题方式可以简化演示文稿风格设计的工作，快速创建用户所需主题的演示文稿。其具体操作步骤如下：

①单击"文件"按钮，在弹出的菜单中选择"新建"命令，在窗口中选择所需"主题"样式，如果当前可选"主题"都不符合用户的要求，用户可根据需要在"搜索联机模板和主题"一栏中输入要搜索的主题内容，按"搜索"按钮进行在线搜索。在此以"回顾"主题为例，如图 5-8 所示。

图 5-8 根据"主题"新建演示文稿

②选择完"回顾"主题后，在弹出的窗口中选择"标题版式"，在此我们选择第一个默认版式，如图 5-9 所示。

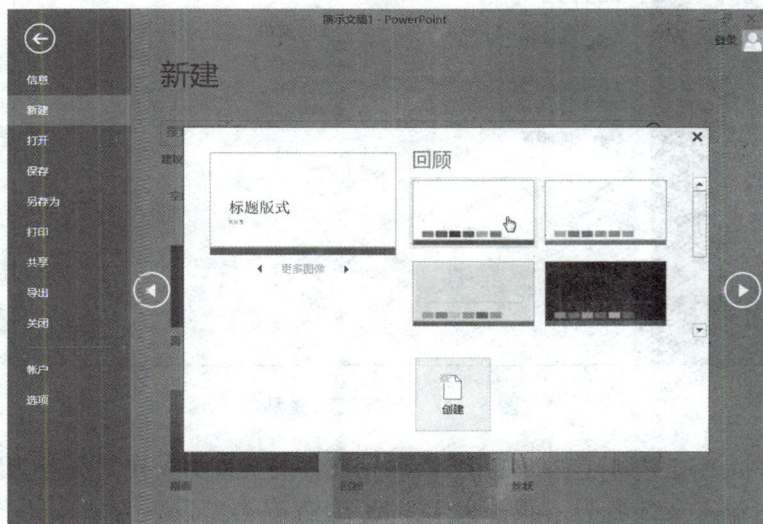

图 5-9　选择"标题版式"

③单击"创建"按钮后完成演示文稿的创建，如图 5-10 所示。

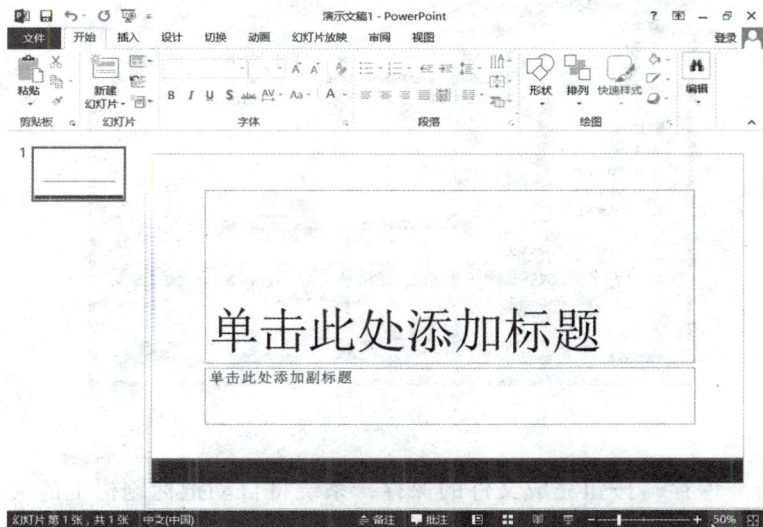

图 5-10　利用"主题"完成演示文稿的创建

2. 演示文稿的保存　保存演示文稿主要有以下几个步骤：

（1）编辑完演示文稿后，单击"文件"选项卡上的"保存"命令。如图 5-11 所示。

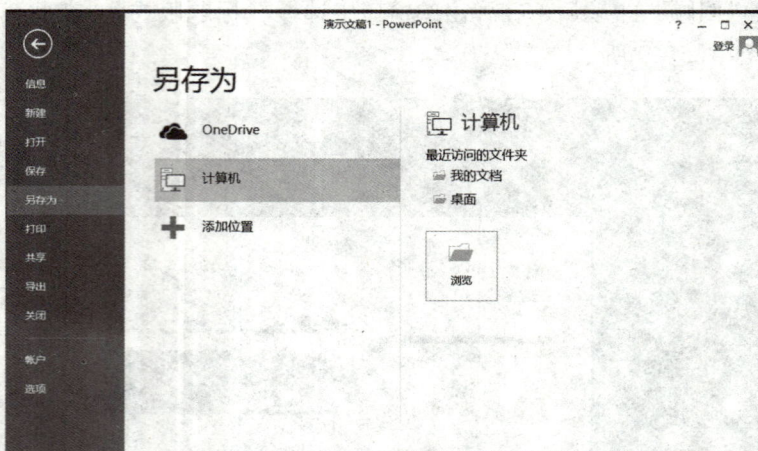

图 5 – 11 保存演示文稿

（2）选择或通过"浏览"找到用户所保存文件的文件夹。在"另存为"对话框中文件名一栏内输入文件名为"我的大学生活"，保存类型设置为"PowerPoint 演示文稿"。如图 5 – 12 所示。

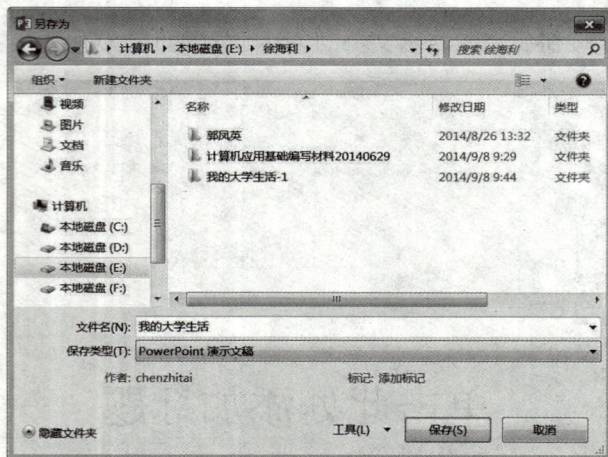

图 5 – 12 "另存为"对话框

（3）单击"保存"按钮完成文件的保存，系统将自动把标题栏上的文件名"演示文稿1"修改为"我的大学生活"。

注：当用户第一次保存文件时，系统会自动弹出"另存为"窗口，具体操作如上。但当用户已经保存过文件，当再次选择"保存"命令时，系统会自动将所做修改保存到原文件中。同时，用户还可以利用快捷键 Ctrl + S 保存当前打开的文件，若用户需要用其他文件名或者保存到另外的位置上，必须选择"另存为"命令。

若用户需要把演示文稿保存为其他类型的文件，可以通过选择"另存为"对话框中的"文件类型"选项来选择所需的保存类型。

5.1.3 演示文稿的视图方式

PowerPoint 2013 的视图方式分为 6 种：普通视图、大纲视图、幻灯片浏览视图、幻灯片阅读视图、备注视图和幻灯片放映视图。视图的转换通过"视图切换"按钮或"视图"菜单来完成。

1. 普通视图 在 6 种视图方式中，"普通视图"窗口布局很简单，整个视图由窗口左侧的幻灯片缩略图窗格和右侧的编辑区域幻灯片窗格组成，其具体切换方法如下：

打开需要编辑的演示文稿，单击"视图"标签，切换至"视图"选项卡，在"演示文稿视图"组中单击"普通"按钮，如图 5 – 13 所示。

注：在状态栏中单击"普通视图"按钮，同样可以切换至普通视图。

图 5 – 13 普通视图

2. 大纲视图 大纲视图是 PowerPoint 2013 中新增的一种视图方式，此种视图方式主要由窗口左侧的大纲窗格和底部的备注窗格组成，其具体切换方法如下：

单击"视图"标签，切换至"视图"选项卡，在"演示文稿视图"组中单击"大纲视图"按钮，如图 5 – 14 所示。拖动大纲窗格右侧的垂直滚动条，用来查看无法完全显示的大纲信息。若用户想切换查看具体的幻灯片，只需在大纲窗格中单击相应文本内容左侧的按钮。

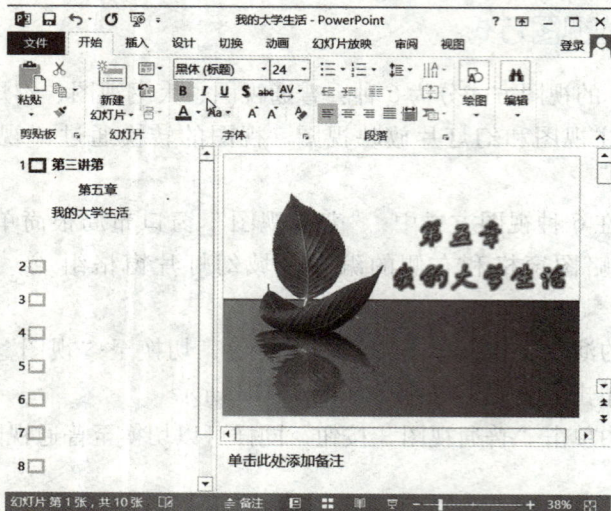

图 5 – 14　大纲视图

3. 幻灯片浏览视图　在幻灯片浏览视图中，用户可以看到演示文稿中的所有幻灯片，而且可以方便地选择自己所需编辑的某一张幻灯片。其具体切换方法如下：

单击"视图"标签，切换至"视图"选项卡，在"演示文稿视图"组中单击"幻灯片浏览"按钮，即可切换至幻灯片浏览视图，如图 5 – 15 所示。

注：在此视图状态下用户不能直接对幻灯片的内容进行修改和编辑，需要双击任一张幻灯片的缩略图，切换至幻灯片编辑窗口之后，用户才能对幻灯片进行修改。

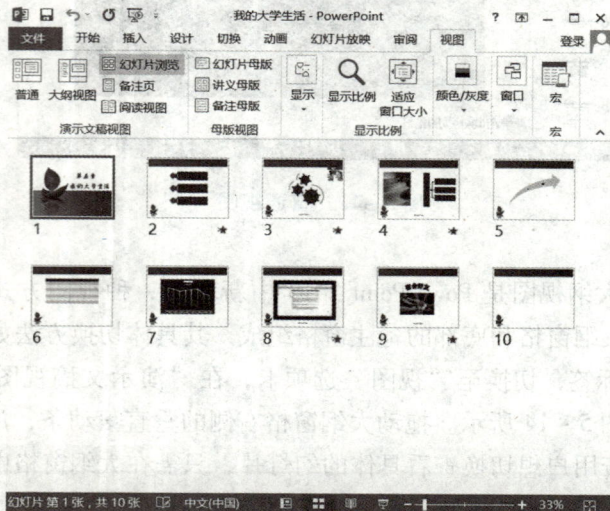

图 5 – 15　幻灯片浏览视图

4. 幻灯片阅读视图　在幻灯片阅读视图下，演示文稿中的幻灯片内容以全屏的方式显示出来，若用户设置了动画效果、动画切换效果等，在该视图下将会全部显示出来，其具体切换方法如下：

单击"视图"标签，切换至"视图"选项卡，在"演示文稿视图"组中单击"阅读视图"按钮，即可切换至幻灯片阅读视图，如图 5–16 所示。

图 5–16　幻灯片阅读视图

5. 备注视图　在备注页视图中，幻灯片窗格下方有个备注窗格，用户可以在此为幻灯片添加需要的备注内容。在普通视图下备注窗格只能添加文本内容，但是在备注页视图中，用户可以插入相关的图片，其具体切换方法如下：

单击"视图"标签，切换至"视图"选项卡，在"演示文稿视图"组中单击"备注页"按钮，即可切换至备注页视图，如图 5–17 所示。

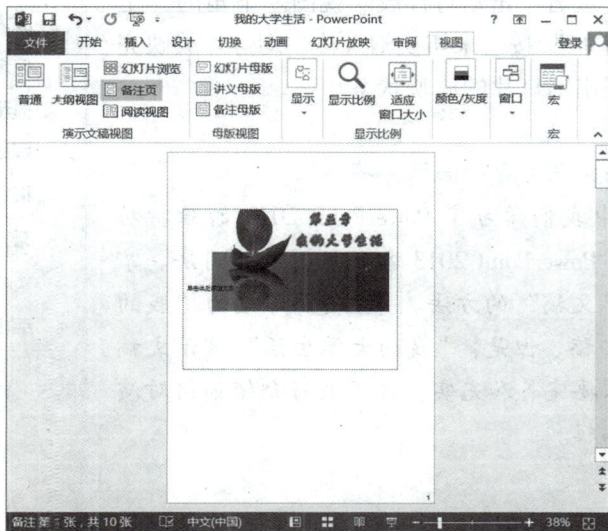

图 5–17　备注页视图

6. 幻灯片放映视图　幻灯片放映视图是将演示文稿中的幻灯片以全屏的形式显示出来，在此种屏幕视图中用户所见的就是观众所看到的，若设置了动画效果，在该视图状态下也可以看到。其具体切换方法如下：

在状态栏中单击"幻灯片"放映按钮，即可切换至幻灯片放映视图，如图 5-18 所示。

图 5-18　幻灯片放映视图

在幻灯片放映过程当中，单击鼠标右键，在弹出的快捷菜单中选择"下一张"即可切换到下一张幻灯片中，同样，选择"上一张"即可切换到上一张幻灯片中，如图 5-19所示。

若用户需要结束幻灯片的放映，同样单击鼠标右键，在弹出的快捷菜单中选择"结束放映"命令（或者按 Esc 键），即可结束放映返回到普通视图中，如图 5-19 所示。

注：在幻灯片放映过程中直接单击鼠标左键，也可以切换至下一张幻灯片；或者单击幻灯片放映视图左下角的"上一张"按钮或"下一张"按钮来切换幻灯片，幻灯片放映完后，按 Esc 键可以退出幻灯片的放映状态。

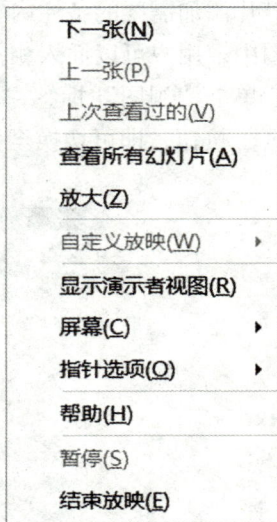

图 5-19　放映快捷菜单

任务 2　"我的大学生活"演示文稿制作

在前面的任务中我们学习了 PowerPoint 2013 的独特功能，其界面的组成、PowerPoint 2013 各种视图及其用法。掌握了新建"空白演示文稿"的方法。并且建立了名为"我的大学生活"的演示文稿。但是，"我的大学生活"演示文稿中还存在很多内容需要完善和充实，接下来将介绍如何对演示文稿进行管理和编辑。

5.2　演示文稿的管理与编辑

5.2.1　管理演示文稿

一个完整的演示文稿是由多张幻灯片组成的，用户在制作演示文稿的过程中，通常需要对多张幻灯片进行操作，如选定幻灯片，插入幻灯片，复制、移动和删除幻灯片等。

1. 选定幻灯片 若用户要对幻灯片的相关内容进行设置，首先要做的工作是选定幻灯片。选定幻灯片主要有三种方式：选定一张幻灯片，选定多张连续幻灯片和选定多张不连续的幻灯片。

（1）选定一张幻灯片 在"幻灯片大纲视图"窗口中单击所需选择的幻灯片缩略图即可选中一张幻灯片。若用户所需选定幻灯片在当前状态下不可见，可以拖动滚动条来寻找、定位目标幻灯片缩略图单击即可。

（2）选定多张连续幻灯片 在"幻灯片大纲视图"窗口中单击所需选择的第一张幻灯片的缩略图，然后按住 shift 键并且单击所需选择的最后一张幻灯片的缩略图，则两张幻灯片之间（包含前面被选中的两张幻灯片）所有的幻灯片均被选中。

（3）选定多张不连续幻灯片 在"幻灯片大纲视图"窗口中按住 Ctrl 键并逐个单击所需选择的各个幻灯片缩略图即可。

2. 插入幻灯片 在启动 PowerPoint 2013 后，系统会自动生成一张新的幻灯片，但是随着制作过程的推进，需要在演示文稿中插入更多的幻灯片，插入新幻灯片的具体操作步骤如下：

（1）打开需要进行编辑的"我的大学生活"演示文稿，选择需要插入幻灯片相应位置的幻灯片图标，如图 5 - 20 所示。

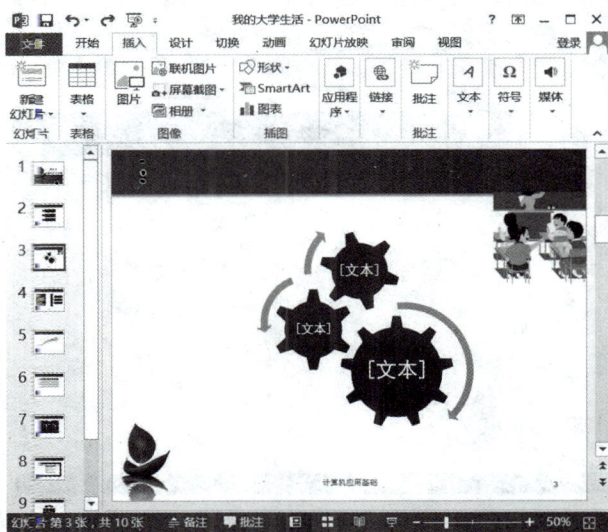

图 5 - 20   选定插入位置

（2）单击"插入"选项卡下的"新建幻灯片"按钮，然后选择要插入幻灯片的版式，如图 5 - 21 所示。

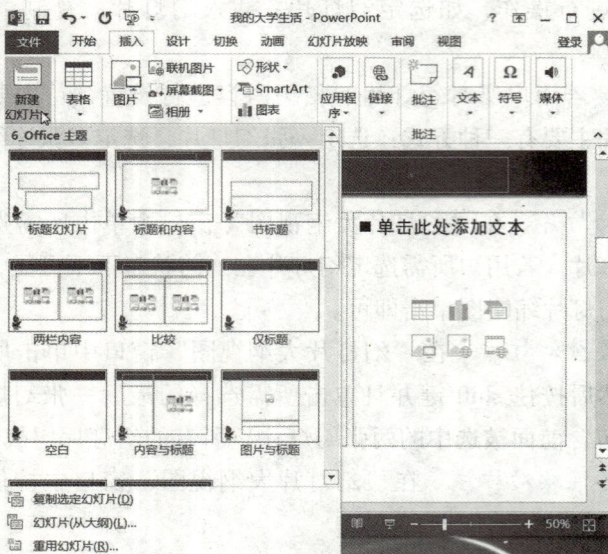

图 5 – 21　选定插入幻灯片的版式

（3）选择需要插入的幻灯片版式后，在版式图标上单击鼠标左键即可在第一步所选幻灯片的后面插入一张新的幻灯片，如图 5 – 22 所示。

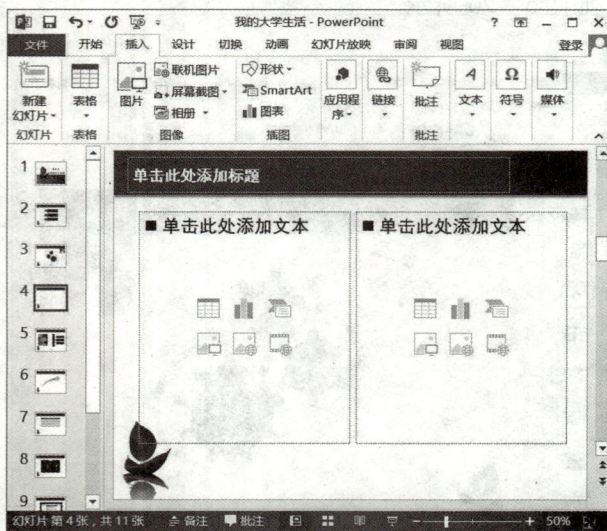

图 5 – 22　插入两栏文本的新幻灯片

3. 复制、移动和删除幻灯片　在幻灯片的创建和编辑过程当中，用户经常会需要对幻灯片进行复制、移动和删除等操作。

（1）复制幻灯片　幻灯片的复制是用户在编辑过程中常用的一个功能，具体操作步骤如下：

①在窗口左侧的缩略图窗格中右击所需要复制的幻灯片。

②在弹出的快捷菜单中单击"复制"命令（或者按下 Ctrl + C 快捷键），如图 5 – 23
所示。

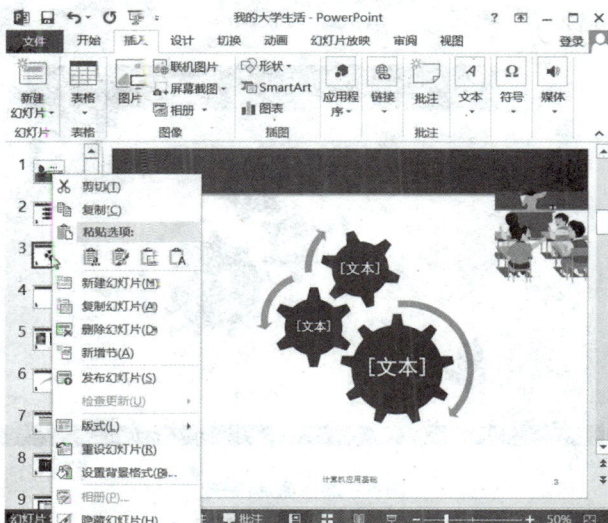

图 5 – 23　选择需要复制的幻灯片

③通过鼠标选择需要粘贴幻灯片的位置后，单击鼠标右键选择"粘贴"命令（或
者按下 Ctrl + V 快捷键），如图 5 – 24 所示。选择完成后选中的幻灯片将被复制到当前选
定幻灯片后面，如图 5 – 25 所示。

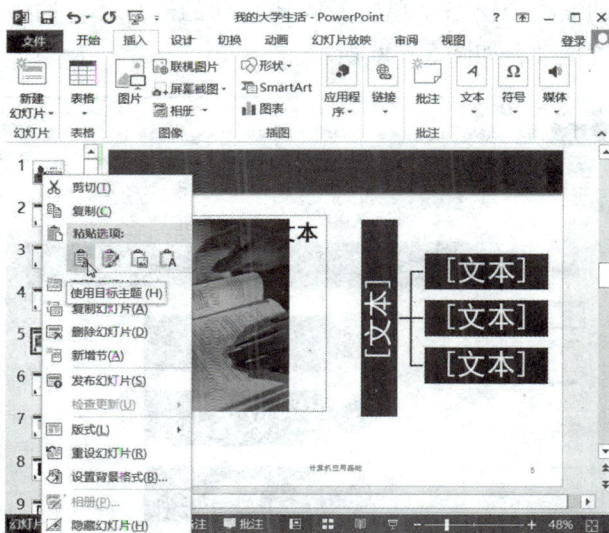

图 5 – 24　选择复制位置

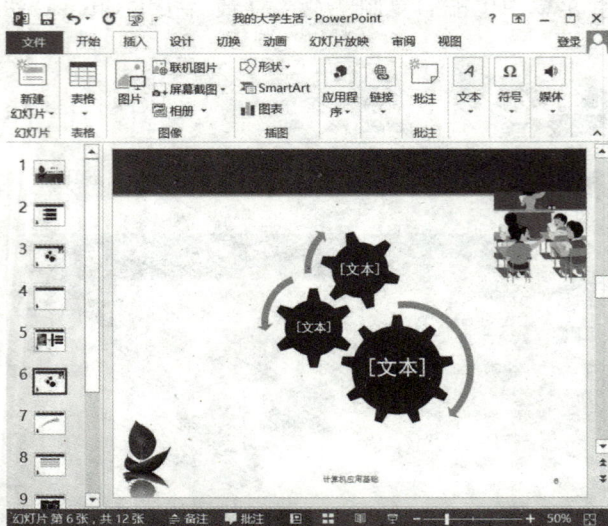

图 5－25　复制完成

　　注：在 PowerPoint 中用户除了通过快捷菜单复制幻灯片之外，还可以通过拖动来复制幻灯片，具体操作方法是按住 Ctrl 键不放，在窗口左侧的缩略图窗格中单击需要复制的幻灯片，并向需要复制到的位置拖动。拖动到合适位置后释放鼠标，即可完成复制操作。

　　(2)　**移动幻灯片**　移动幻灯片主要通过以下两个步骤来完成：

　　①在窗口左侧的缩略图窗格中单击所需要移动的幻灯片。选中后按住鼠标左键不放，同时向目标位置拖动，如图 5－26 所示。

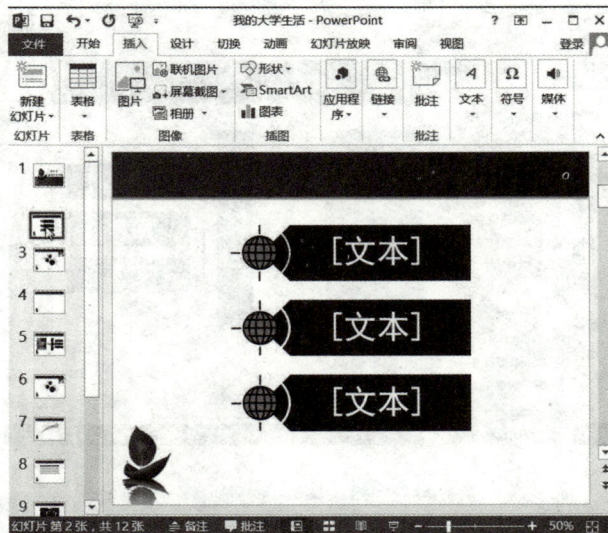

图 5－26　选择需要移动的幻灯片

②移动幻灯片的效果，待幻灯片拖动到合适位置后释放鼠标，此时用户即可清楚地查看移动后幻灯片的效果。这里将以第2张幻灯片移动到第3张幻灯片的位置为例，如图5-27所示。

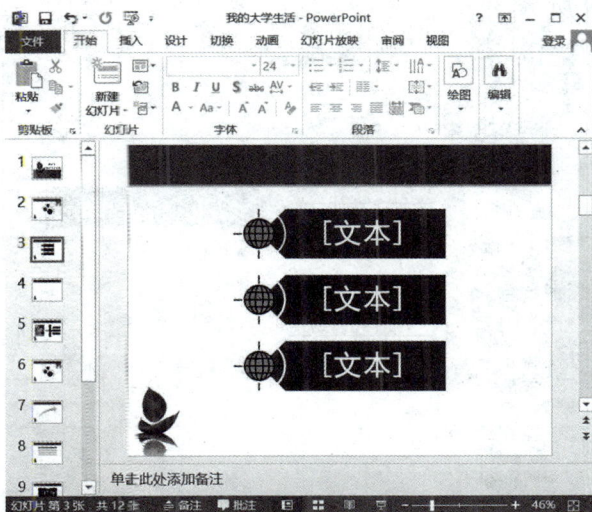

图 5-27　移动完成

另外，还可以通过"幻灯片浏览"视图来移动幻灯片。先把演示文稿切换至幻灯片浏览视图状态下，然后选中要移动的幻灯片，按住鼠标左键将其拖动到合适的位置后释放即可，如图5-28所示。

图 5-28　直接拖动鼠标移动幻灯片

（3）删除幻灯片　若用户有不需要的幻灯片时，可以在选择该幻灯片后，按 Delete 键或在"开始"选项卡的"幻灯片"选项组中单击"删除"按钮将其删除。其具体操作步骤如下：

①打开"我的大学生活"演示文稿并切换至幻灯片浏览视图后，选择要删除的幻灯片。按 Delete 键，或者接着进行下面第 2 步操作。

②单击鼠标右键，在弹出的快捷菜单中选择"删除幻灯片"命令，即可删除所选幻灯片，如图 5 – 29 所示。

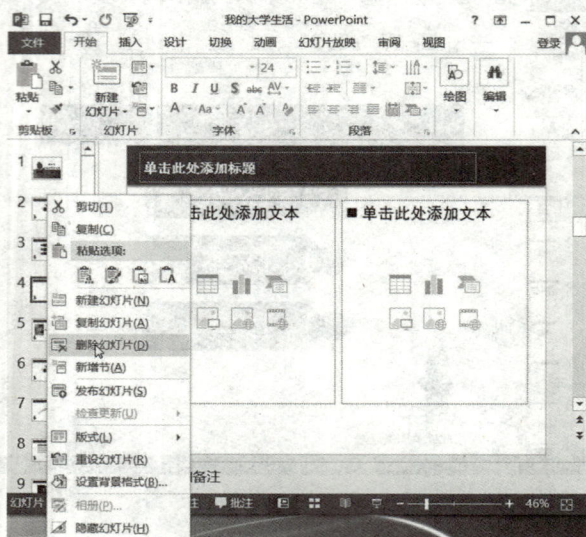

图 5 – 29　删除幻灯片

（4）隐藏幻灯片　对于某些用户来说，演示文稿的部分幻灯片在放映的时候不希望被放映出来，这时可以将其隐藏起来，具体操作步骤如下：

①选中需要隐藏的幻灯片，单击鼠标右键，在弹出的快捷菜单中选择"隐藏幻灯片"命令，如图 5 – 30 所示。

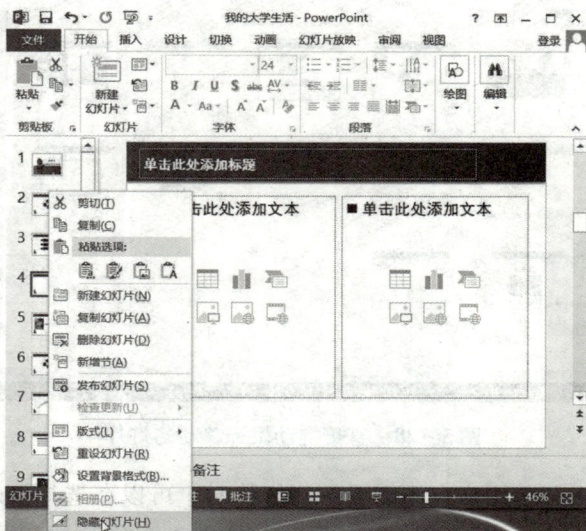

图 5 – 30　隐藏幻灯片

②此时在幻灯片标题上面有一条删除线，此线表示该张幻灯片已被隐藏，如图 5 - 31 所示。

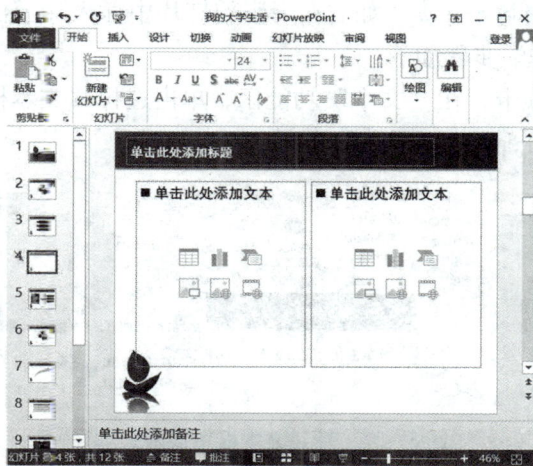

图 5 - 31　隐藏后效果

注：若用户想取消幻灯片的隐藏，可右击被隐藏的幻灯片，在弹出的快捷菜单中再次选择"隐藏幻灯片"命令即可取消隐藏。

5.2.2　编辑幻灯片

1. 幻灯片中插入文本　在幻灯片中，文本是不可缺少的要素。通常，需要使用文本来表现演示文稿所要展示的标题、内容等。如需要在幻灯片中插入文本，可以在一张新幻灯片的示例文本中插入所需的文本，也可以先插入一个文本框，然后再在文本框中输入文本。

（1）**示例文本中插入文本**　打开之前保存的"我的大学生活"演示文稿，如 5.2.1 中所示插入一张新幻灯片的步骤，并将幻灯片的版式设置为"两栏内容"。如图 5 - 32 所示。

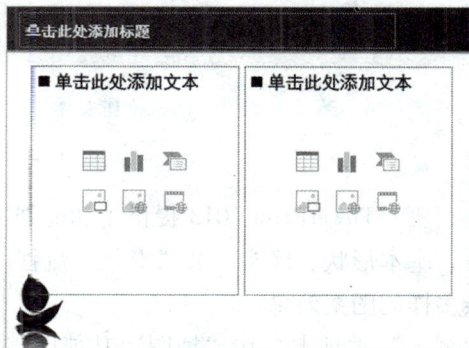

图 5 - 32　"两栏内容"版式空白幻灯片

在示例文本的"单击此处添加标题"或"单击此处添加文本"处单击,即可插入标题或正文文本。

(2)**新建文本框中插入文本** 如需在一张幻灯片中插入除示例文本外的其他文本,则需要另外新建文本框。步骤如下:

单击"插入"选项卡,在"文本"功能区,单击选择"文本框",可插入横排文本框或竖排文本框。如图 5-33 中黑色箭头所示。

图 5-33 新建文本框中插入文本

以插入横排文本框为例,单击选择"横排文本框"命令,接着在幻灯片的空白处单击,插入空白文本框,并输入"大学计算机基础"。选中该文本框,在选项卡区域,将会出现该文本框的"格式"选项卡,可以对该文本框进行插入形状、设置文本框样式、艺术字样式等操作。如图 5-34 中黑色箭头所示。

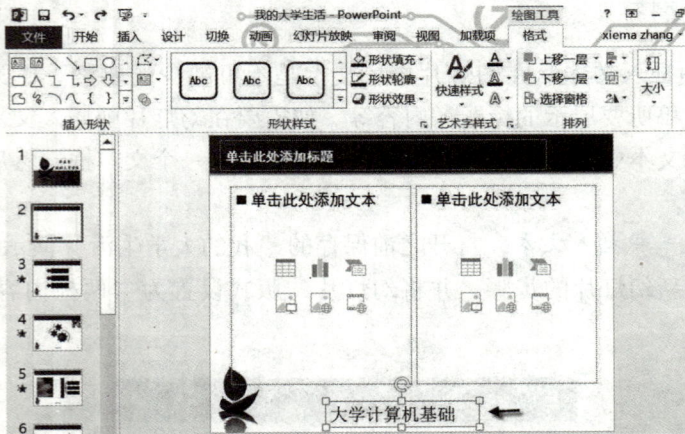

图 5-34 新建文本框中插入横排文本框

2. 幻灯片中插入图形

(1)**在幻灯片中绘制图形** PowerPoint 2013 提供了功能强大的绘图工具,利用绘图工具可以绘制出各种线条、基本形状、箭头、公式形状、流程图等基本图形,这些基本图形可以组合成各种复杂多样的图案效果。

①插入图形:单击"插入"选项卡,在"插图"功能区,单击选择"形状"按钮,在弹出的菜单中选择所需绘制的形状,在幻灯片的空白处绘制即可。如图 5-35 所示。

②编辑图形:以在幻灯片中插入 ☺ 图形为例。单击插入 ☺ 图形后,选择该图形,

在功能区将会增加该图形的格式选项卡，可以对图形设置轮廓的颜色、线条、填充颜色、阴影、发光等效果。在该图形中，分别设置图形轮廓的线条颜色为红色、线条粗细为 2.25 磅，填充颜色为黄色，发光效果为黑色、18pt 发光、着色 4，映像效果为半映像、4pt 偏移量。拖动图形四周白色方块，将图形调整为圆形。效果如图 5-36 所示。

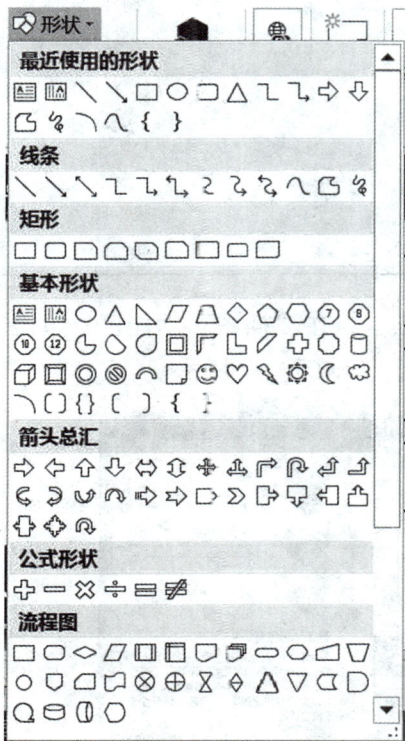

图 5-35　插入自选图形　　　　　　　图 5-36　编辑自选图形

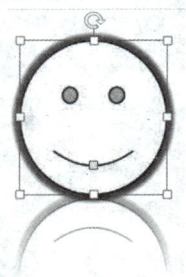

（2）插入 SmartArt 图形　直观形象化的表达是幻灯片的一大特色，对于一些抽象的概念可以使用 SmartArt 图形来表达，PowerPoint 2013 中内置了丰富的 SmartArt 图形库，供用户进行择。由于 PowerPoint 2013 演示文稿通常包含带有项目符号列表的幻灯片，因此可以快速将幻灯片文字转换为 SmartArt 图形。此外，还可以在 PowerPoint 2013 演示文稿中向 SmartArt 图形添加动画。关于添加动画的方法，将在 5.2.4 中介绍。

1）SmartArt 图形布局类型：SmartArt 图形有 11 种不同的布局类型，包括列表、流程、循环、层次结构、关系、矩阵、棱锥图、图片、Office.com 和其他。类型类似于类别，可帮助用户快速选择适合信息的布局。为 SmartArt 图形选择布局之前，要清楚幻灯片需要传达什么信息、以何和特定方式显示信息，具体布局类型及适用操作参考表 5-1。在 PowerPoint 2013 中，可以快速轻松地切换布局，因此可以尝试不同类型的不同布局，直至找到对信息做出最佳阐述的布局为止。

表 5 – 1　布局类型及适用操作

执行的操作	使用此类型
显示无序信息	列表
在流程或时间线中显示步骤	流程
显示连续的流程	循环
创建组织结构图	层次结构
显示决策树	层次结构
对连接进行图解	关系
显示各部分如何与整体关联	矩阵
显示与顶部或底部最大之间的比例关系	棱锥图
用来传达或强调内容	图片

2）插入 SmartArt 图形：单击"插入"选项卡，在"插图"功能区，单击"Smart-Art"按钮，打开"选择 SmartArt 图形"对话框。如图 5 – 37 所示。

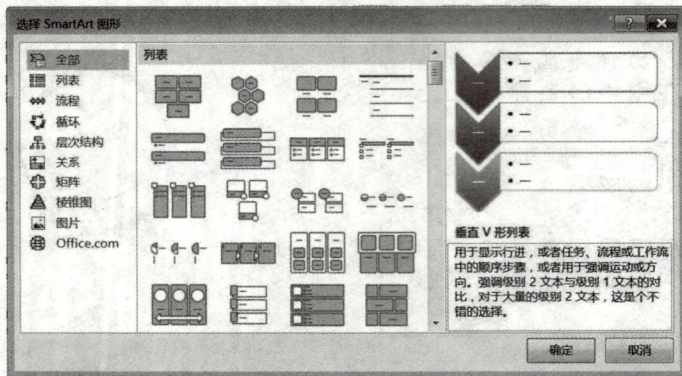

图 5 – 37　选择 SmartArt 图形

如图 5 – 38 所示，在幻灯片中插入的"垂直 V 形列表"形 SmartArt 的图示效果。然后可以根据需要，单击"文本"占位符处，输入文本。

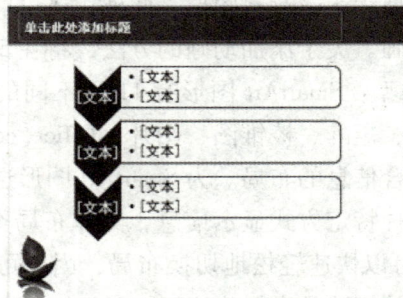

图 5 – 38　"垂直 V 形列表"形 SmartArt 的效果图

3）编辑 SmartArt 图形：选择插入的"垂直 V 形列表"SmartArt 图形，将会在功能区增加"设计"（图5－39）和"格式"选项卡（图5－40）。

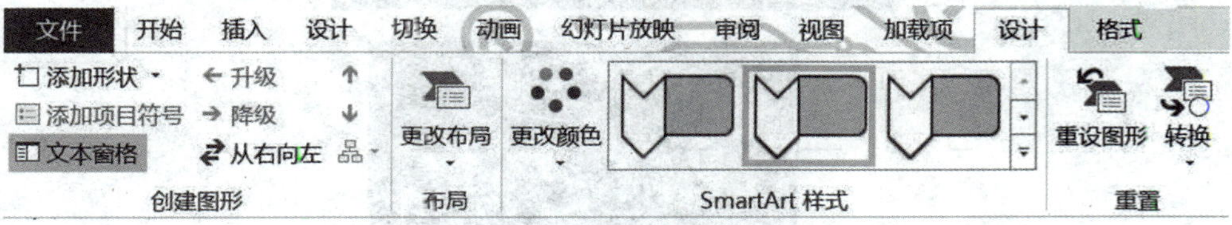

图5－39　SmartArt 图形"设计"选项卡

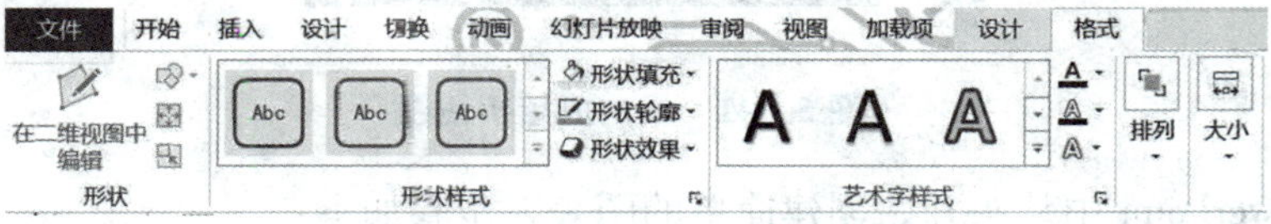

图5－40　SmartArt 图形"格式"选项卡

"设计"选项卡功能区的功能如下：①添加形状：可以支持在所选形状的上、下、左、右方添加其他自绘图形。②添加项目符号：用于对 SmartArt 图形中的文本添加项目符号。此功能仅在 SmartArt 图形文本中有项目符号时才可用。③文本窗格：用于显示或隐藏 SmartArt 图形的文本窗格。文本窗格可以单独编辑 SmartArt 图形中的文本。④升级、降级：对 SmartArt 图形中的文本的缩进方式进行升级、降级操作。⑤从右向左：用于控制标题文本在左或右显示。⑥更改布局：用于修改 SmartArt 图形的布局方式，如对现有布局不满意，则可以通过此功能重新选择其他布局。⑦更改颜色：更改用于 Smart-Art 图形的颜色变体。⑧SmartArt 样式：用于设计 SmartArt 图形的整体外观形式，如可以设置三维效果等。⑨重设图形：放弃对 SmartArt 图形所做的全部修改。⑩转换：包括"转换为文本"和"转换为形状"两种功能。可以将 SmartArt 图形转换为文本，以便编辑使用。也可以将 SmartArt 图形转换为图形，此时将被转换为多个单独的图形形状，可以进行独立编辑。

"格式"选项卡功能区的功能如下：①形状：对 SmartArt 图形中所选形状变换成其他形状、增大、缩小。②形状样式：对 SmartArt 图形中所选形状的样式进行快速设置，包括填充效果、线条、特殊效果等。③艺术字样式：对 SmartArt 图形中所选形状的文本设置艺术字样式。④排列：对 SmartArt 图形中的所选图形进行排列对齐、组合、旋转等操作。⑤大小：设置 SmartArt 图形中所选图形的宽度和高度（一般以厘米为单位）。

（3）插入图表　在 PowerPoint 2013 中，通过插入柱状图、条形图或面积图可以更加轻松地突出数据中的模式和趋势。

本节以插入折线图为例，创建如图5－41所示8个学期的平均成绩的折线图。

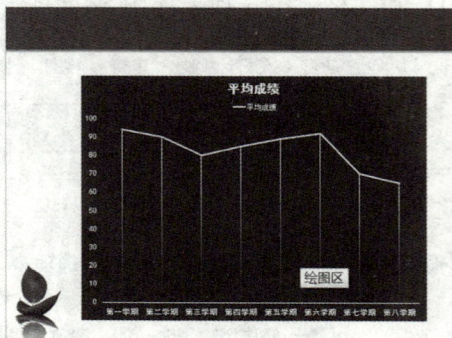

图 5-41 平均成绩折线图

要在 PowerPoint 中从头开始创建简单的图表，步骤如下：

1）单击"插入"选项卡中的"图表"选项，然后选择所需图表，如图 5-42 所示。

图 5-42 插入图表

2）单击图表类型，然后双击选择所需图表，如图 5-43 所示。

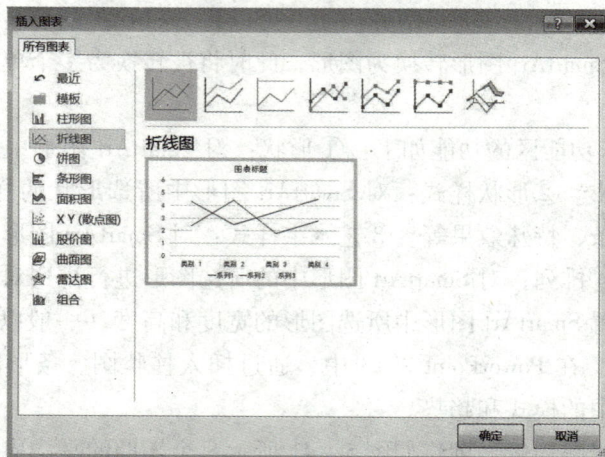

图 5-43 图表类型

3）在出现的电子表格中，将默认数据替换为所需表达的信息，如图 5-44 所示。

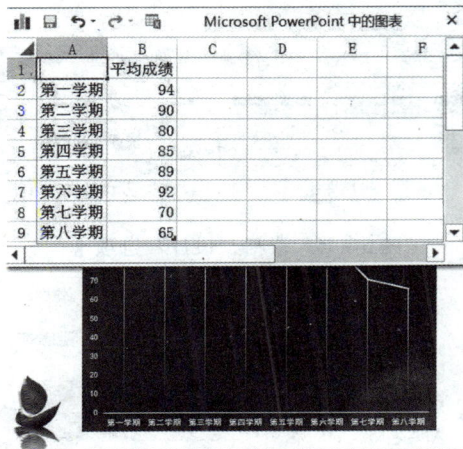

图 5 – 44　替换默认数据

4）完成后，关闭电子表格。

5）设置图表样式、标题。

单击选择该折线图，在功能区增加的"设计"选项卡中，选择"样式三"图表样式，添加图表标题为"平均成绩"。

3. 幻灯片中插入表格　PowerPoint 2013 中，有 4 种方法可以向幻灯片添加表格。用户可以在 PowerPoint 中创建快速表格并设置表格格式，复制并粘贴来自 Word 中的表格或来自 Excel 中的一组单元格，或者可以在 PowerPoint 中插入 Excel 电子表格。选择何种方法完全取决于用户的需要。方法是单击"插入"选项卡"表格"命令，如图 5 – 45 所示。

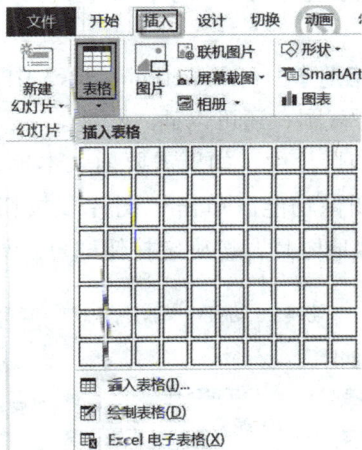

图 5 – 45　插入表格

选中插入的表格，将会在功能区增加"设计"和"布局"两个选项卡，对表格的样式和布局进行修改。如图 5 – 46 和图 5 – 47 所示。

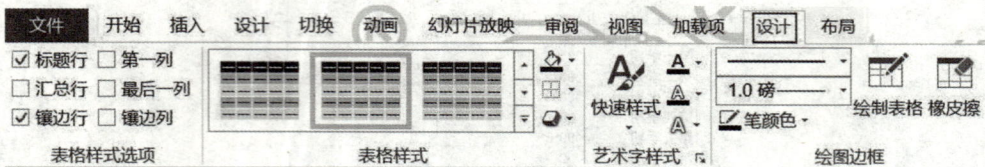

图 5 - 46　表格"设计"选项卡

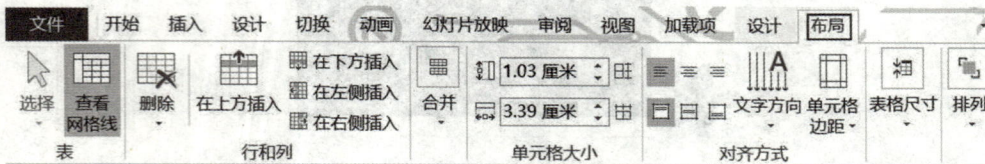

图 5 - 47　表格"布局"选项卡

表格"设计"选项卡功能区的功能如下：①表格样式选项：规定在表格的样式中，是否突出显示标题行、汇总行、镶边行、第一列、最后一列、镶边列。②表格样式：系统预定义的样式可供快速选择，也可以对边框样式、填充颜色、阴影或三维效果进行快速设置。③艺术字样式：对表格中的文本设置艺术字样式。④绘图边框：对边框进行精细编辑，对边框涂色、擦除或设置粗线等。

表格"布局"选项卡功能区的功能如下：①表：对表格选择。②行和列：在光标所在单元格的上、下、左、右插入表格元素。③合并：对所选单元格合并成 1 个单元格。④单元格大小：设置单元格的宽度和高度。⑤对齐方式：设置单元格内容的对齐方式（水平：左、中、右；垂直：上、中、下）、文字方向（横向排列或纵向排列）、单元格内容和边框之间的距离。

4. 幻灯片中插入图像（相册等）　PowerPoint 2013 中，可以插入 4 种类型的图像，即本地图片、联机图片、屏幕截图，还可以插入相册。

（1）插入本地图片　在幻灯片中，如果需要插入本地计算机中的图片，步骤如下：①单击"插入"选项卡，在图像功能区单击"图片"按钮，如图 5 - 48 所示。②打开插入图像对话框，浏览选择本地图片，按确定按钮即可。如图 5 - 49 所示。

图 5 - 48　插入本地图片

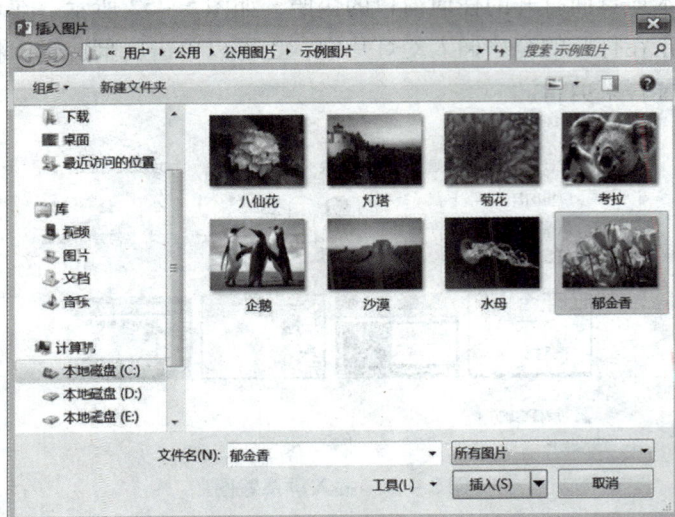

图 5 – 49　插入图片对话框

（2）插入联机图片　在 PowerPoint 2013 中，可以从各种联机来源中查找和插入图片。单击图 5 – 48 中的"联机图片"命令，会打开如图 5 – 50 所示的安全警告。单击后将会打开如图 5 – 51 所示的插入联机图片对话框。

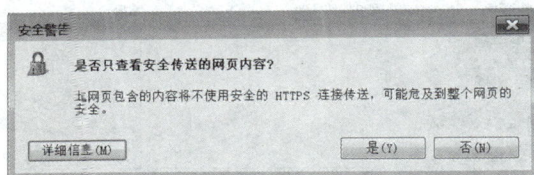

图 5 – 50　插入联机图片安全警告

图 5 – 51　插入联机图片对话框

图 5 – 51 对话框中，有 3 个选项，用户可根据需要查找插入 Office. com 上的剪贴画，插入相应图像搜索中的网上图片。需要注意的是，如果用户是微软的云用户，也能在 OneDrive 云端搜索本用户云盘的图片资料插入幻灯片中。

（3）插入屏幕截图　单击图 5 – 48 中所示的"屏幕截图"命令，可以快速地向幻灯片中添加将在本地桌面打开的任何窗口的快照，如图 5-52 所示。在可用视窗中，可以任意单击 1 个正在打开的窗口插入幻灯片中，也可以单击屏幕剪辑，将会选择插入当前活动视窗中的屏幕某剪辑。

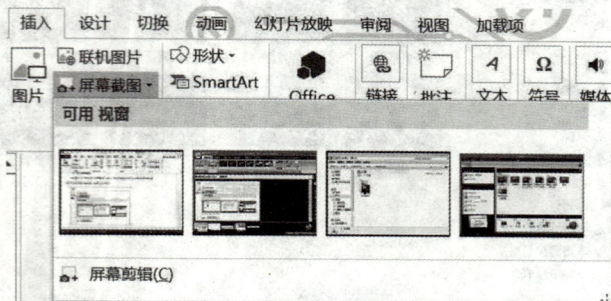

图 5-52　插入屏幕截图

（4）插入相册　在 PowerPoint 2013 中，可以为用户喜爱的相册集创建漂亮的演示文稿。单击图 5-48 所示的"相册"命令，在下拉菜单中，单击"新建相册"命令，将会打开"相册"对话框，如图 5-53 所示。

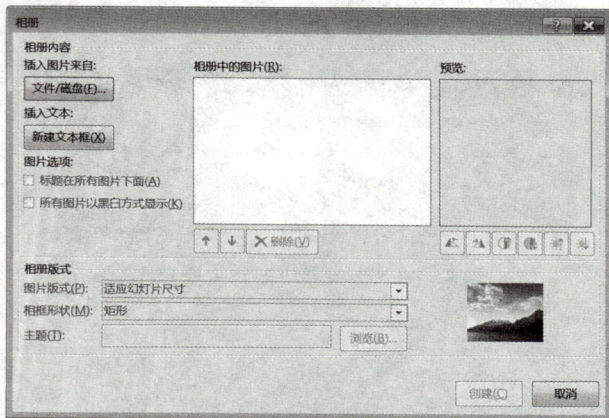

图 5-53　插入相册

在图 5-53 对话框中，在"相册内容"区域，单击"文件/磁盘"按钮，浏览选择本地的图片添加进相册。在"相册版式"区域，可以设置图片的版式、相框的形状，以及选择 Office 的一个主题用于相册中。以选择本地示例图片为例创建相册，图片版式为默认，相框形状为默认，主题选择"slice"，单击"创建"按钮，即可创建一个相册演示文稿。如图 5-54 所示。

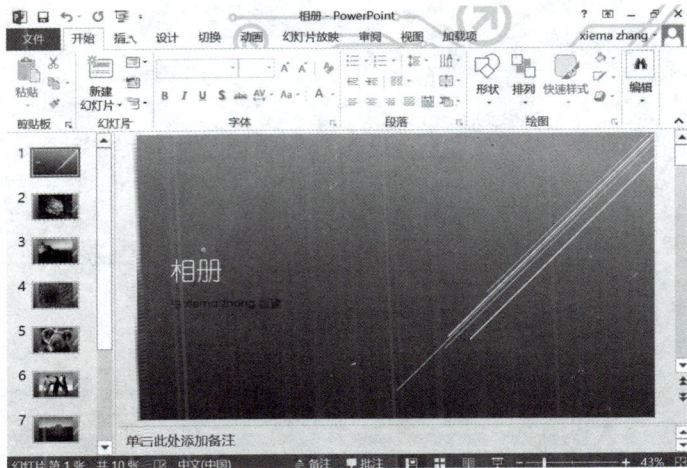

图 5-54 相册效果

5. 幻灯片中插入媒体（视频、音频等） 在幻灯片中插入视频和音频，将会使幻灯片更加生动，吸引人们的注意。

（1）**插入视频** 在幻灯片中，既可以插入联机视频，也可以插入本地 PC 机上的视频。单击"插入"选项卡，在"媒体"功能区单击下拉箭头，如图 5-55 所示。

1）联机视频：单击图 5-55 所示的"联机视频"命令，打开"插入视频"对话框。将可以插入云端的视频、YouTube 社区中视频，以及来自视频嵌入代码的网站中的视频。如图 5-56 所示。

图 5-55 插入视频

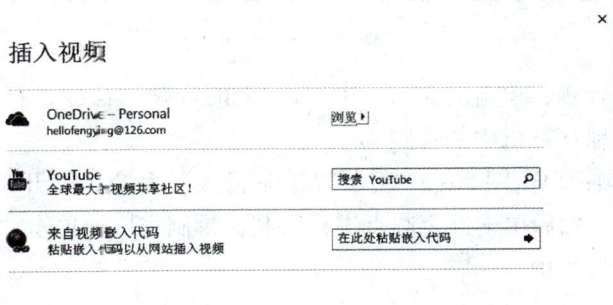

图 5-56 插入视频对话框

2）PC 上的视频：单击图 5-55 中"PC 上的视频"命令，打开"插入视频"对话框，浏览插入本地计算机中的视频。

（2）**插入音频** 在幻灯片中，既可以插入联机音频，也可以插入本地 PC 上的音频，还可以插入即时的录音音频。单击"插入"选项卡，在"媒体"功能区单击下拉箭头，可以插入和音频。如图 5-57 所示。

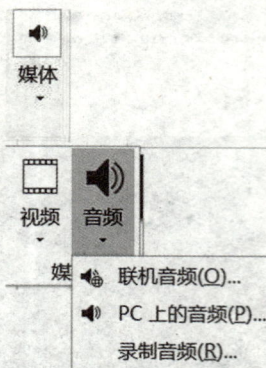

图 5-57　插入音频

1）联机音频：单击图 5-57 所示"联机音频"命令，打开"插入音频"对话框，搜索插入 Office.com 剪贴画里的音频。例如，在空白文本框中输入"人"，将会搜索到 2 个结果，鼓掌声和孩子叫声。如图 5-58 所示。

图 5-58　联机音频

2）PC 上的音频：单击图 5-57 中"PC 上的音频"命令，打开"插入音频"对话框，浏览插入本地计算机中的音频。

3）录制音频：单击图 5-57 所示"录制音频"命令，打开"录制声音"对话框，如图 5-59 所示，然后单击红色圆点进行录制，录制完毕，单击"确定"按钮，即可将此段音频插入幻灯片中。

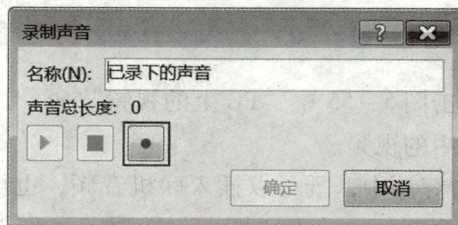

图 5-59　录制声音

6. 幻灯片中插入符号 在幻灯片中，除了文本和图像以外，公式和特殊符号也是有效的表达信息的手段。插入公式或符号的方法是：在幻灯片中任意位置单击插入一个文本框，单击"插入"选项卡的"符号"命令，即可插入公式或符号，如图 5 – 60 所示：

图 5 – 60　插入符号

（1）插入公式　在 PowerPoint 2013 中，可以向文档添加常用的公式，如圆的面积或二次公式，也可以使用数学符号库和结构构造自己的公式。

（2）插入符号　键盘上没有的符号，利用"符号"命令，可以从其选项（包括数学符号、货币符号或版权符号）中选择后插入幻灯片中。

7. 幻灯片中插入链接 在幻灯片中，可以插入超链接，也可以插入动作。选中幻灯片的一个对象，然后单击"插入"选项卡"链接"命令，插入超链接或动作，如图 5 – 61 所示。

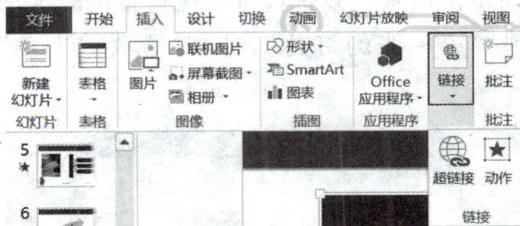

图 5 – 61　插入链接

（1）插入超链接　超链接可以链接跳转的位置有 3 种：某个网页、某个文件和本文档中的其他位置。

例如，在幻灯片中输入文字"我的大学"，并添加一个超级链接，链接到"北京中医药大学"的首页。步骤如下：①在幻灯片中插入一个文本框，输入"我的大学"。②鼠标拖拽选中"我的大学"4 个字，单击"插入"选项卡中的"链接"组中的"超链接"命令，打开"插入超链接"对话框，如图 5 – 62 所示。③在"地址"栏的文本框中输入北京中医药大学网址 http：//www．bucm．edu．cn，单击确定按钮，即可插入超链接。④在幻灯片播放时，单击"我的大学"超链接，即可跳转到北京中医药大学的首页。

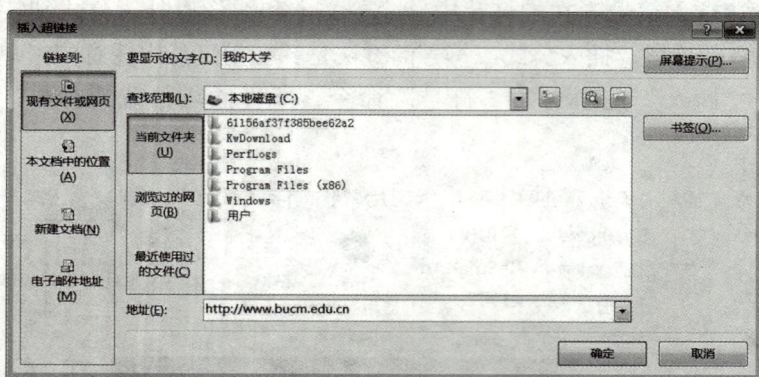

图 5-62   插入超链接

（2）插入动作   当用户在所选对象上单击鼠标或鼠标悬停时，"动作"命令可以执行用户想要执行的操作。例如，单击对象可以跳转到任意一张幻灯片或打开特定程序。

以在前面小节幻灯片中插入的 ☺ 为例，选中该图形，单击"插入"选项卡，在"链接"组中单击"动作"按钮，打开操作设置对话框，如图 5-63 所示。该对话框既可以设置单击鼠标时所执行的操作，也可以设置鼠标悬停时所执行的操作，设置方法相同。在"单击鼠标"选项卡中，在"单击鼠标时的动作"区域，可以设置超链接到任意一张幻灯片，运行已编写好的代码，运行已录制的宏或执行对象的特定动作。"播放声音"区域设置单击鼠标时所播放的声音，此项可以从下拉列表中选择已有的系统声音。"单击时突出显示"复选框可以执行单击时突出显示。例如，将单击鼠标时的动作超链接到"第一张幻灯片"，同时播放"推动"声音，并突出显示文本。

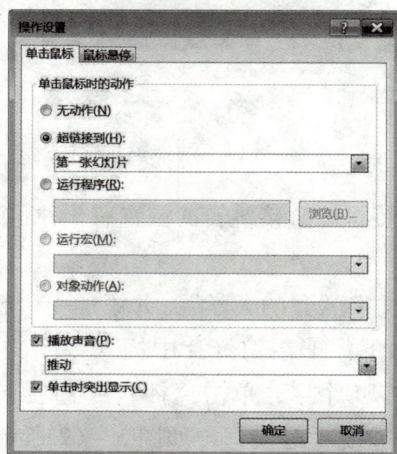

图 5-63   操作设置对话框

5.2.3 幻灯片的设计

要想制作出能够有效表达内容、风格独特的演示文稿，简单地罗列文本、图形、图像、图表是远远不够的，还要对演示文稿的样式进行详细设计。这些设计包括：每张幻灯片的版式、风格统一的模板、幻灯片母版、整体配色方案、合适的幻灯片背景等，只有进行详细的设计，用户才可以做出好的效果的演示文稿。

1. 幻灯片的版式　幻灯片版式包含要在幻灯片上显示的全部内容的格式设置、位置和占位符。占位符是版式中的容器，可容纳文本（包括正文文本、项目符号列表和标题）、表格、图表、SmartArt 图形、影片、声音、图片及剪贴画等内容。而版式也包含幻灯片的主题（包括颜色、字体、效果和背景）。PowerPoint 2013 中包含 1 和内置幻灯片版式，用户也可以创建满足特定需求的自定义版式，并与使用 PowerPoint 创建演示文稿的其他人共享。如图 5-64 所示为 PowerPoint 中内置的幻灯片版式，图中每种版式均显示了用户可在其中添加文本或图形的各种占位符的位置。

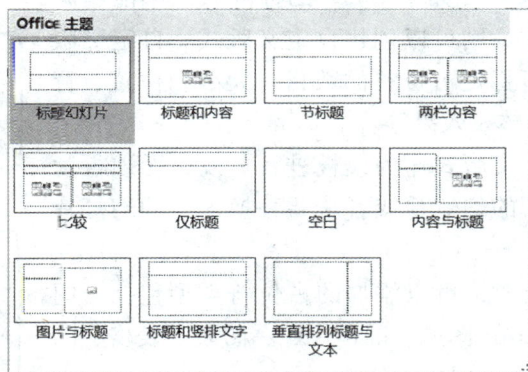

图 5-64　系统内置的幻灯片版式

（1）**使用标准版式**　PowerPoint 2013 中提供的标准内置版式与 PowerPoint 2010 及早期版本中提供的类似。在 PowerPoint 中打开空演示文稿时，将显示名为"标题幻灯片"的默认版式，即图 5-64 所示的第 1 个版式，但还存在可供应用和使用的其他标准版式。

（2）**更改和应用幻灯片版式**　如果要更改演示文稿中的一个或多个幻灯片版式，然后返回并通过添加占位符或自定义提示文本编辑该版式，则必须对幻灯片重新应用该版式，以便幻灯片使用更新后的版式。将一个幻灯片应用新版式的步骤如下：

1）在"视图"选项卡上的"演示文稿视图"组中，单击"普通"。

2）在左部窗格中，单击选中要应用版式的幻灯片。

3）在"开始"选项卡上的"幻灯片"组中，单击"版式"下拉箭头，在显示的 Office 主题菜单中选择所需的版式，即可将新的版式应用于选中的幻灯片，如图 5-65 所示。

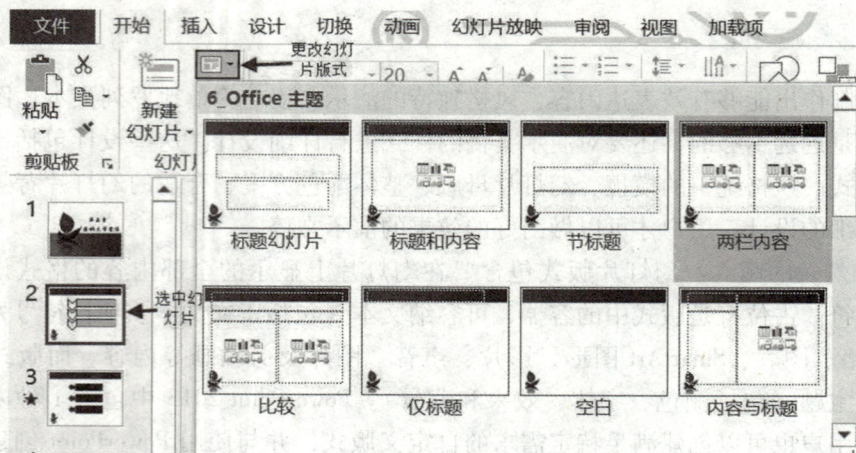

图 5-65 更改幻灯片版式

（3）创建自定义版式 如果 Office 的标准版式不能够满足演示文稿用户的需求，则可以创建自定义版式。自定义版式可重复使用，并且可指定占位符的数目、大小和位置、背景内容、主题颜色、字体及效果等。

用户还可以将自定义版式作为模板进行分发，无须再为将版式剪切并粘贴到新的幻灯片或者从要替换内容的幻灯片上删除内容而浪费时间。

在创建自定义版式时，可以添加的占位符类型包括：内容、文本、图片、SmartArt 图形、屏幕快照、图表、表格、图表、媒体、剪贴画、影片、声音。步骤如下：

1）在"视图"选项卡上的"母版视图"功能区中，单击"幻灯片母版"。

2）在包含幻灯片母版和版式的窗格中，找到与希望的自定义版式最接近的版式并单击。如图 5-66 所示。

3）如果任何版式都不符合需要，请选择"空白版式"。

4）若要修改版式，请执行以下一项或多项操作：

①若要删除不需要的默认占位符（如页眉、页脚或日期和时间），请单击占位符的边框，然后按 Delete 键。

②若要添加占位符，请执行以下操作：

☞在"幻灯片母版"选项卡上的"母版版式"组中，单击"插入占位符"，然后从列表中选择一种占位符类型。

☞重命名版式：在版式缩略图列表中，右键单击要自定义的版式，然后单击"重命名版式"。

☞在"重命名版式"对话框中，键入描述刚创建的版式的新名称，然后单击"重

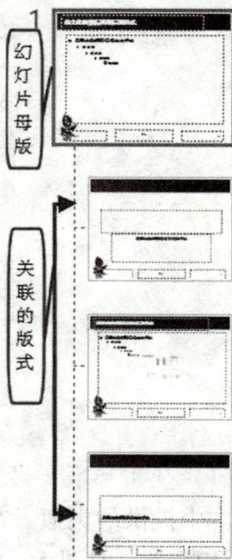

图 5-66 母版版式

命名"。

☞若要将自定义版式保存在模板中，请在"文件"选项卡的"保存"下，单击"另存为"。

☞在"文件名"框中，键入文件名，或不进行键入而接受建议的文件名。

☞在"保存类型"列表中，单击"PowerPoint 模板"，然后单击"保存"。

☞关闭母版视图。

2. 幻灯片的模板设计　模板是一个专门的页面格式，用于提供样式文稿的格式、配色方案、母版样式及产生特效的字体样式等。应用设计模板可快速生成风格统一的演示文稿，会告诉用户什么地方填写什么内容，可以拖动修改等。制作模板的方法很简单，首先制作好一份演示文稿，然后将其保存为模板，以后直接调用修改就行了。步骤如下：

（1）制作好演示文稿，执行"文件"选项卡中的"另存为"命令，打开"另存为"对话框。如图 5 - 67 所示。

（2）按下端"保存类型"右侧的下拉按钮，在随后出现的下拉列表中，选择"PowerPoint 模板"选项。

（3）为模板命名"我的大学生活"，单击"保存"按钮即可。

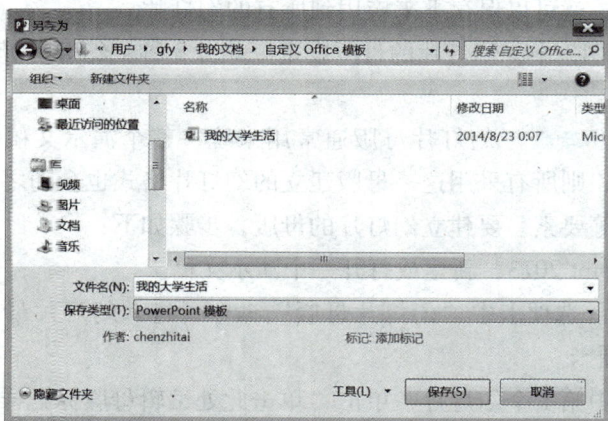

图 5 - 67　自定义模板

3. 幻灯片的配色方案　幻灯片配色方案由幻灯片设计中使用的 8 种颜色（用于背景、文本、线条、阴影、标题文本、填充、强调和超链接）组成。演示文稿的配色方案由应用的设计模板确定。

设计模板包含默认配色方案及可选的其他配色方案，这些方案都是为该模板设计的。PowerPoint 中的默认或"空白"演示文稿也包含配色方案。

如图 5 - 68 所示 6_ Office 主题 1 是幻灯片母版的配色方案。如要修改此幻灯片母版的配色方案，可以选择下面列表中的系统的配色方案，也可以单击"自定义颜色"命令对配色方案进行自定义。

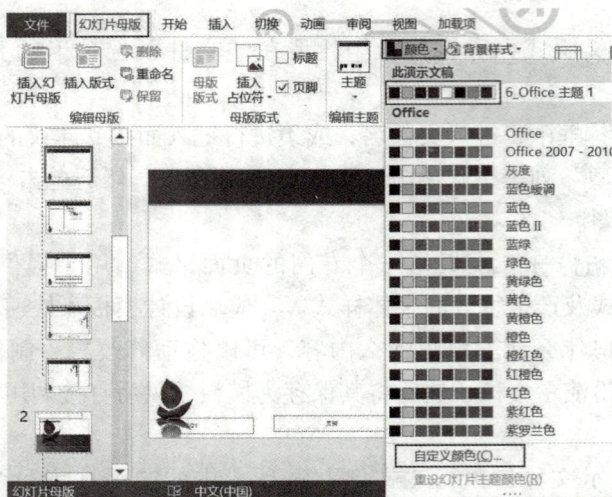

图 5 - 68　配色方案

4. 幻灯片的母版　母版是一个统一显示底色、边框、日期、页眉页脚之类的模板，具有统一、美观的作用。母版体现演示文稿的外观，包含了演示文稿的共有信息。在母版状态下设置一次，就可以保存下来应用到所有的幻灯片。

在 PowerPoint 2013 中，幻灯片的母版设定一共分 3 种：幻灯片母版、讲义母版和备注母版。

（1）**建立幻灯片母版**　幻灯片母版通常用来统一整个演示文稿的幻灯片格式，一旦修改幻灯片母版，则所有采用这一母版建立的幻灯片格式也会随之改变，可以快速统一演示文稿的格式等要素。要建立幻灯片的母版，步骤如下：

①启动 PowerPoint 2013，新建或打开一个演示文稿。

②单击"视图"选项卡中"幻灯片母版"命令，进入幻灯片母版编辑状态，打开"幻灯片母版"选项卡。

③选中左窗格中第 1 个幻灯片，单击"单击此处编辑母版标题样式"字符，设置标题字体的大小、颜色等格式。

④分别单击"单击此处编辑母版文本样式"及下面的"第二级、第三级…"字符，单击"开始"选项卡设置字体的大小、颜色等格式及设置项目符号等样式。

⑤单击"插入"选项卡中的"文本"按钮再选择"页眉和页脚"，打开"页眉和页脚"对话框，切换到"幻灯片"标签下，即可对日期区、页脚区、数字区进行格式化设置。可以在最下面的页脚区添加大学的名字，添加好后每一页最下面都会显示。日期是添加当前日期，数字区可添加页码。

⑥单击"插入"选项卡，然后选择"图片"按钮，将选中的图片插入到母版中。

⑦全部修改完毕后，单击"幻灯片母版"选择"重命名"命令，打开"重命名模板"对话框，输入名称，单击"重命名"按钮返回。

⑧单击"幻灯片母版"选择"关闭母版视图"命令，退出"幻灯片母版"视图。

⑨单击"文件"选项卡选择"另存为"选项，选择保存的类型为"PowerPoint 模板"，命名为"我的大学生活"。

（2）**母版的应用**　母版建好以后，即可将其应用到演示文稿上。步骤如下：

①启动 PowerPoint 2013，新建或打开某个演示文稿，单击"设计"选项卡后选择"主题"下拉菜单，选中"我的大学生活"。

②选中某个幻灯片，单击"设计"选项卡，在"主题"命令下拉菜单中选中第2套幻灯片母版即可。

5. 幻灯片的背景　除了统一整体幻灯片风格以外，还可以单独设置某个幻灯片的背景格式。这些格式包括：填充方式、艺术效果和图片格式。以设置幻灯片的背景图片为"沙漠"为例，步骤如下：

（1）打开或新建一个演示文稿，选中一张幻灯片。

（2）单击"设计"选项卡，选择"自定义"选项，如图 5－69 所示。

（3）单击图 5－69 所示"文件"选项卡，浏览选择本地计算机中的示例图片文件夹，选择图片"沙漠"设置为当前幻灯片的背景，如图 5－70 所示。

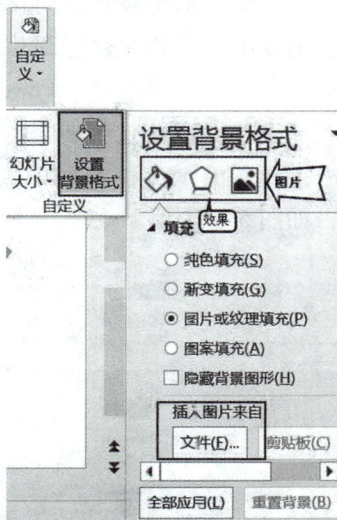

图 5－69　设置背景格式

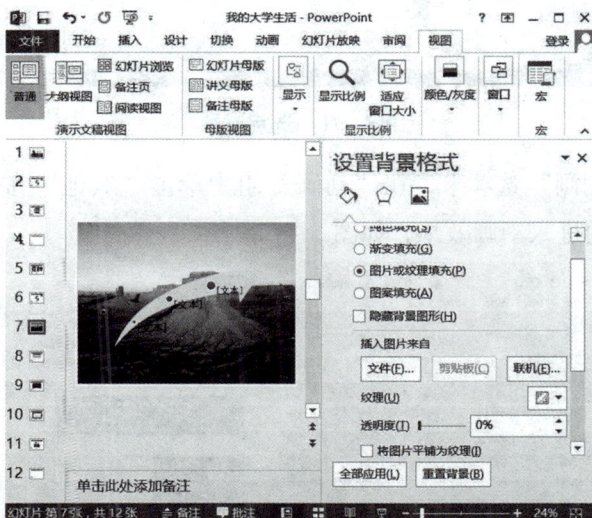

图 5－70　幻灯片背景设置

5.2.4　演示文稿动画效果的设置

动画可以使演示文稿中的各种对象活动起来，实现演示文稿中所要表达内容的演示，起到强调的作用，同时也常用来创建各种对象出场和退场的效果。在 PowerPoint 2013 中，用户可以给幻灯片中的任意某个对象添加动画效果，也可以对添加完的动画效果进行重新设置，以下将介绍动画效果的相关内容。

1. 常用动画效果 PowerPoint 2013 为用户提供了丰富的动画效果，可以使演示文稿中的图片、文本、形状、表格及 SmartArt 图形等以进入、退出或者强调的形式播放给观众，从而使演示文稿真正动起来。用户常用的 3 类动画效果为：对象进入动画效果、对象退出动画效果和对象强调动画效果。

（1）**进入动画效果** PowerPoint 2013 为用户提供了多种预设的进入动画效果，用户可在"动画"组中选择所需的进入动画效果，其具体操作步骤如下：

①打开演示文稿"我的大学生活"，并在幻灯片中选择"学习、工作、生活"对象，如图 5-71 所示。

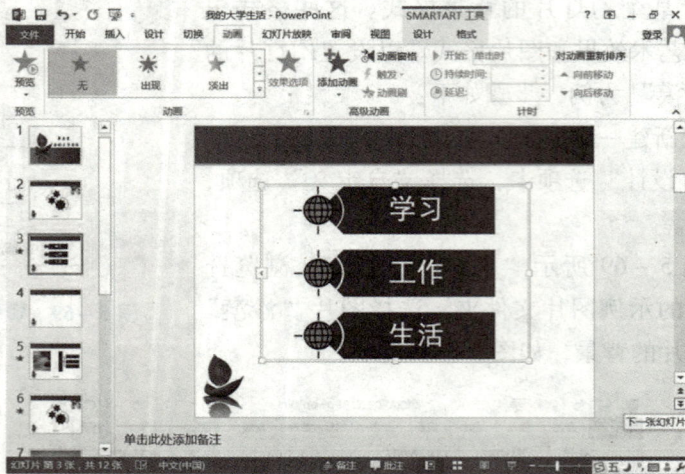

图 5-71 选定对象

②单击选择"动画"选项卡，在"动画"组中单击"其他"按钮，在弹出的下拉列表中选择所需的进入动画效果，如图 5-72 所示。

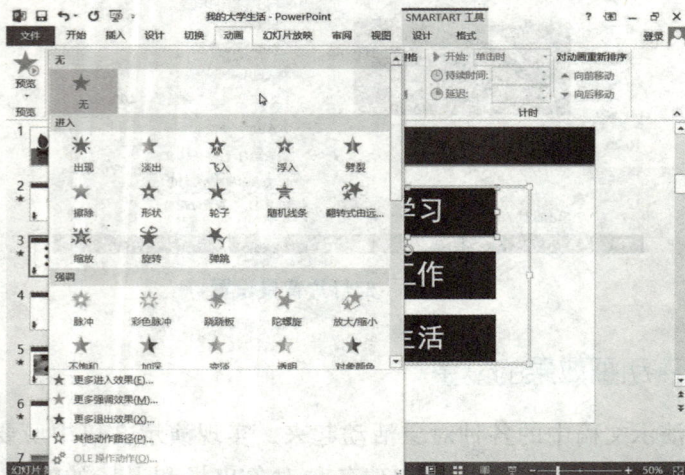

图 5-72 选择动画效果

③选择完之后用户可以将此种效果应用于幻灯片中的所有对象，这时在幻灯片窗口中的对象上会出现动画效果标记，如图5-73所示为"旋转"动画效果。

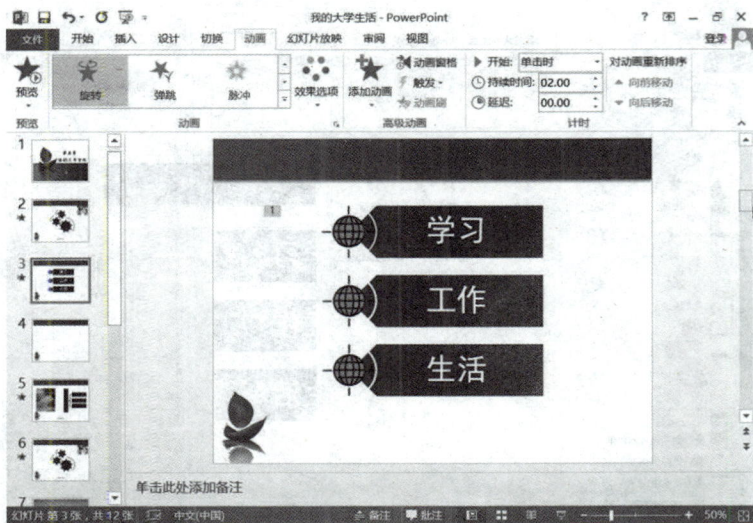

图5-73 选择"旋转"动画效果

④设置完成后，用户可以在"动画"选项卡的"预览"组中单击"预览"按钮，来对动画效果进行预览，如图5-74所示。

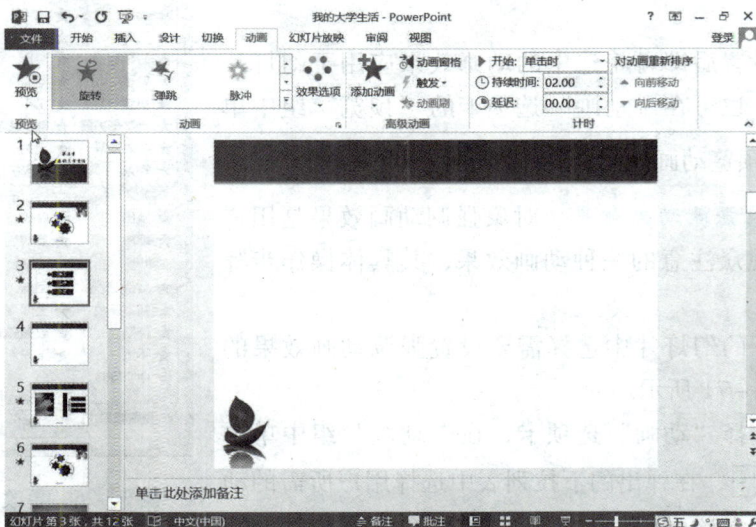

图5-74 预览效果

（2）退出动画效果　PowerPoint 2013为用户提供了多种预设的退出动画效果，用户可在"动画"组中选择所需的退出动画效果，其具体操作步骤如下：

①在当前打开的幻灯片中选择用户所要设置动画效果的对象，如图5-71所示。

②单击选择"动画"选项卡，在"动画"选项组中单击"其他"按钮，在弹出的下拉列表中选择"更多退出效果"选项，如图 5-75 所示。

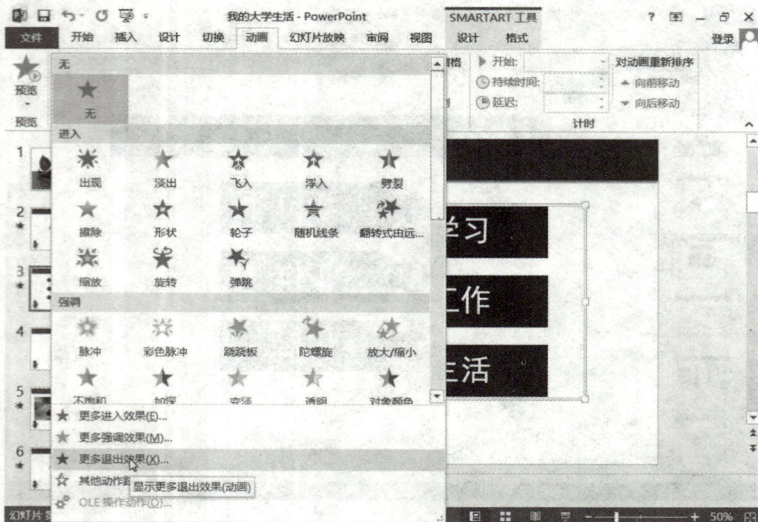

图 5-75 选择"更多退出效果"

③在弹出的"更改退出效果"对话框中选择某种退出的动画效果，然后单击"确定"按钮，如图 5-76 所示。

④完成设置后即可将选中的动画效果应用于幻灯片中所选对象，也可在"动画"选项卡的"预览"组中单击 按钮来预览动画效果。

(3) 对象强调动画效果　对象强调动画效果是用户常用来引起观众注意的一种动画效果，其具体操作步骤如下：

①在打开的幻灯片中选择需要设置强调动画效果的对象，如图 5-71 所示。

②单击选择"动画"选项卡，在"动画"组中单击"其他"按钮，在弹出的下拉列表中选择用户所需的动画效果，也可在该下拉列表中选择"更多强调效果"选项，如图 5-77 所示。

图 5-76 更改退出效果

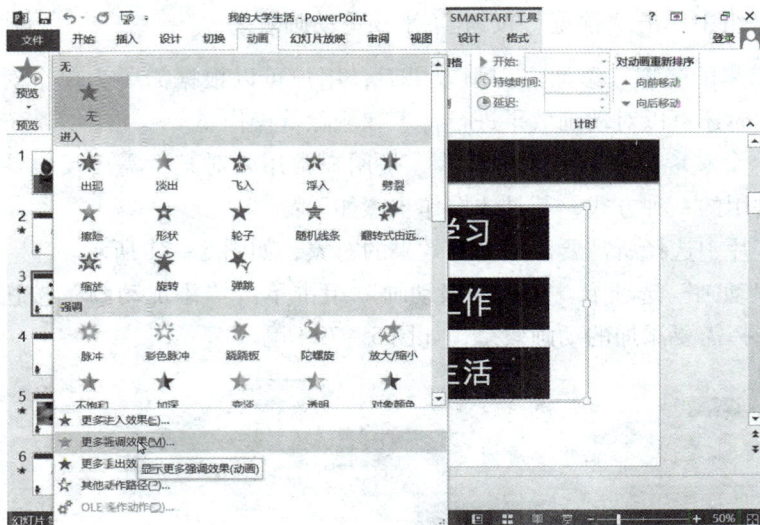

图 5 – 77 选择"更多强调效果"

③在弹出的"更改强调效果"对话框中选择一种用户所需的强调动画效果，接下来单击"确定"按钮，如图 5 – 78 所示。

图 5 – 78 更改强调效果

④选择完后即可将选中的效果应用于幻灯片中所选的对象，可以在"动画"选项

卡的"预览"组中单击"预览"按钮 ⭐ 来预览动画效果。

2. 动画效果的编辑　添加完动画效果后，用户可以根据需要为单个对象添加多个动画效果，同时还可以对动画效果进行排序和删除等操作。

（1）**为一个对象添加多个动画效果**　是用户常用来对某个需要反复使用的对象起到强调作用常用的一种方式，其具体操作步骤如下：

①在幻灯片中选择所需要添加动画效果的对象，如图 5 – 71 所示。

②选择"动画"选项卡，在"高级动画"组中单击"添加动画"按钮，在弹出的下拉列表中选择需要添加的动画效果，如图 5 – 79 所示。

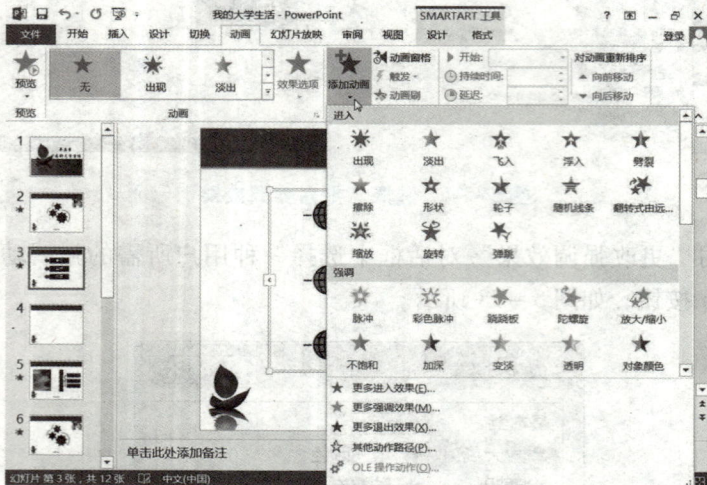

图 5 – 79　选择添加动画

③选择完添加的动画效果后即可将选择的动画效果添加到被选择的对象中，这里以添加"轮子"动画效果为例，如图 5 – 80 所示。

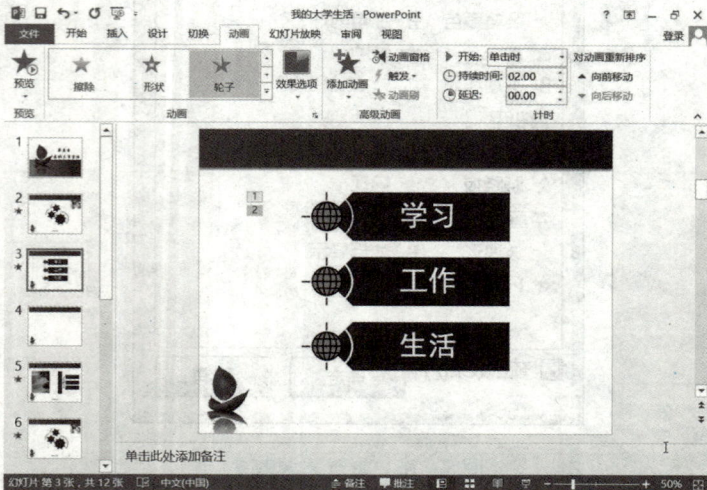

图 5 – 80　添加"轮子"动画效果

（2）**动画效果的删除** 在 PowerPoint 2013 中，用户可以根据需要删除不再需要的动画效果，常用的删除方式有以下 3 种。

①删除对象上的一个动画效果：若某个对象上添加了多个动画效果，用户想要删除其中的某个动画效果，在添加多个动画效果的对象上单击所要删除的动画效果的标记，如图 5 - 80 所示，然后按 Delete 键，便可将选中的动画效果删除，如图 5 - 81 所示。

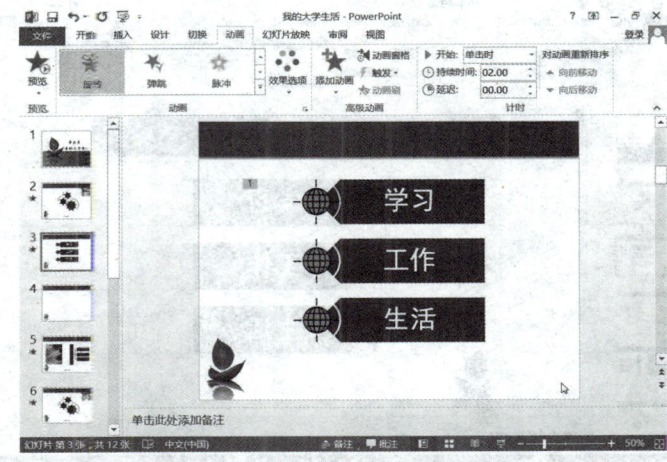

图 5 - 81 删除"轮子"动画效果

②删除对象上的所有动画效果：在幻灯片中选择所需删除动画效果的对象（图 5 - 82），在"动画"选项卡中的"动画"组中单击"无"按钮即可删除选择对象上的所有动画效果，如图 5 - 83、图 5 - 84 所示。

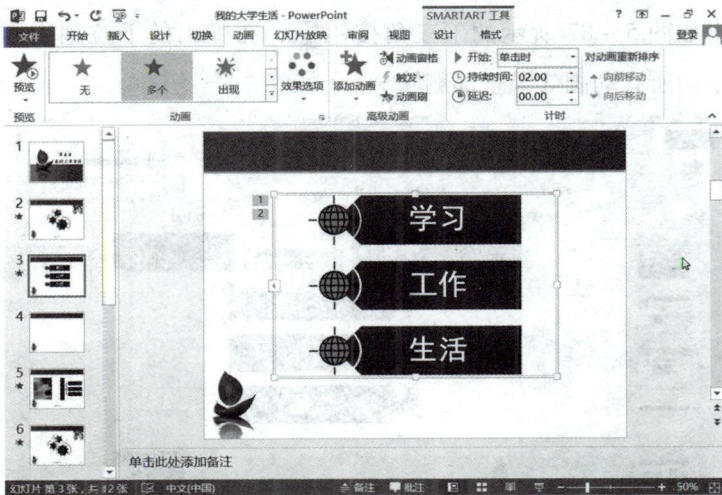

图 5 - 82 选择多个动画效果

图 5-83 选择"无"按钮

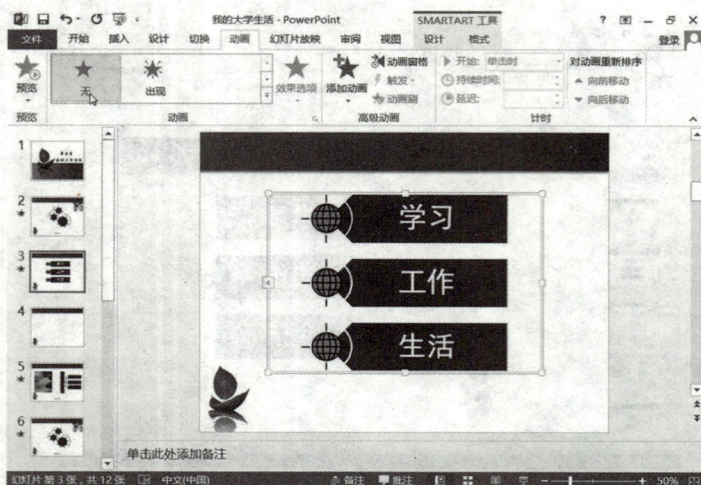

图 5-84 删除完成

③删除一张幻灯片中的所有动画效果：选中所需要删除动画效果的幻灯片，选择"动画"选项卡，在"高级动画"组中单击"动画窗格"按钮，如图 5-85 所示。在弹出"动画窗格"窗口后按住 shift 键，同时单击选择所有要删除的对象，如图 5-86 所示。接下来单击如图 5-87 所示的下三角按钮 ，在弹出的下拉列表中选择"删除"即可将幻灯片中的所有动画效果全部删除。

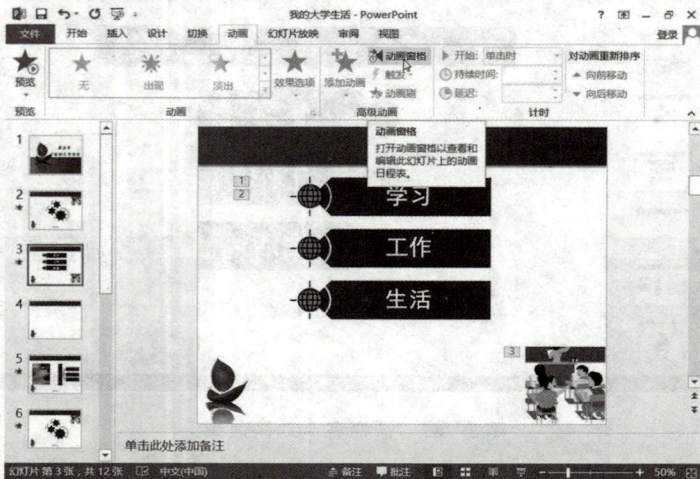

图 5-85 选择"动画窗格"

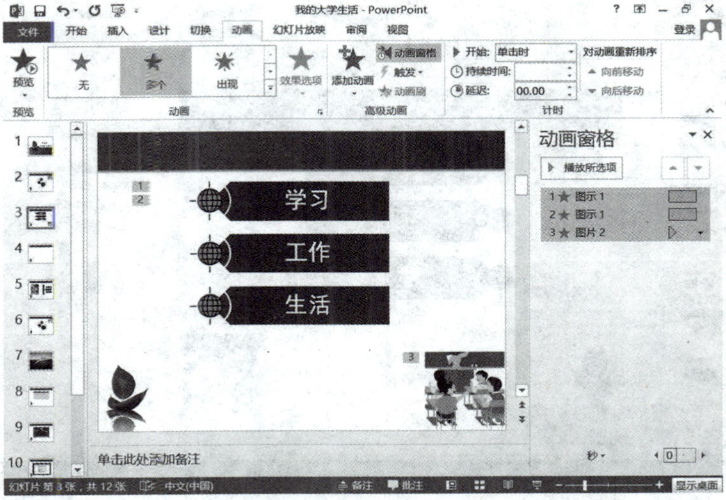

图 5-86 选中要删除的动画效果

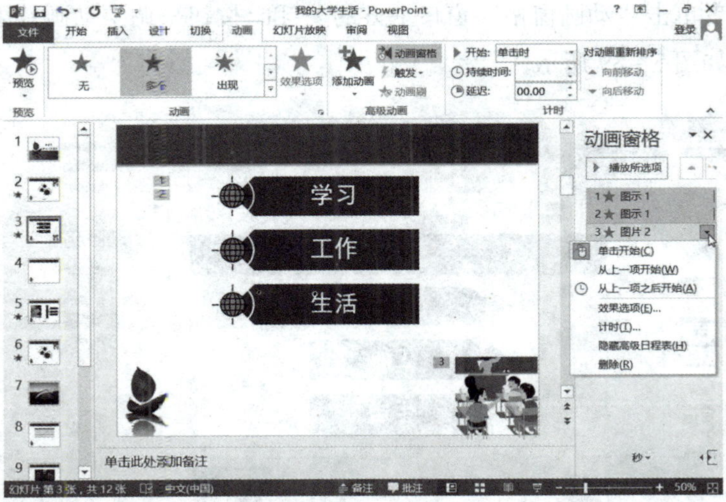

图 5-87 选择"删除"选项

（3）**对动画效果进行排序**　有时在设置完动画效果后，用户如果需要调整动画效果的顺序，可以通过以下步骤来完成。

①选择所需要重新排列动画效果顺序的幻灯片，选择"动画"选项卡，在"高级动画"组中单击"动画窗格"按钮，即可弹出"动画窗格"窗口，如图 5-88所示。

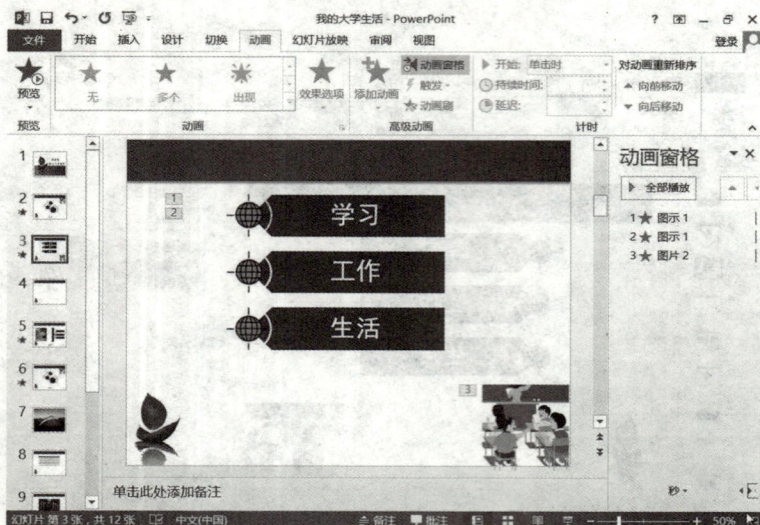

图 5 – 88　打开"动画窗格"

　　②在弹出的"动画窗格"按钮中选择需要移动的项目，按住鼠标左键将其拖动到目标位置，或者单击"动画窗格"窗口上方的 ▲ 和 ▼ 按钮来调整动画效果的排列顺序，调整后的效果如图 5 – 89 所示。

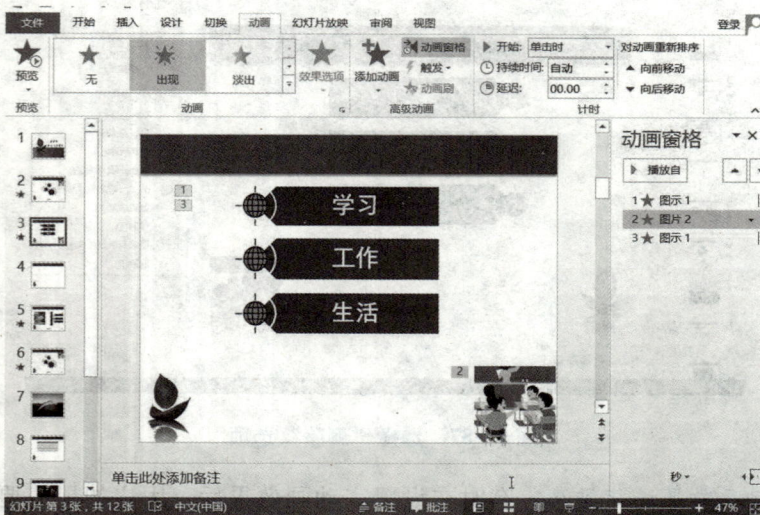

图 5 – 89　调整后的效果

　　3. 动作路径动画效果　在 PowerPoint 2013 中提供了很多种预设的路径动画，通过为对象设置路径，可以使其沿着指定的路径进行运动。同时，用户也可根据需要对选中的对象进行自定义动作路径的设置。

　　（1）**使用软件预设的路径动画**　PowerPoint 2013 为用户提供了多种路径动画，通过为对象设置某个路径，对象就可以沿着指定的路径进行运动，其具体操作步骤如下：

①选择需要设置动画的对象，如图 5 – 71 所示。

②选择"动画"选项卡，在"动画"组中单击"其他"按钮，在弹出的下拉列表中选择"其他动作路径"选项，如图 5 – 90 所示。

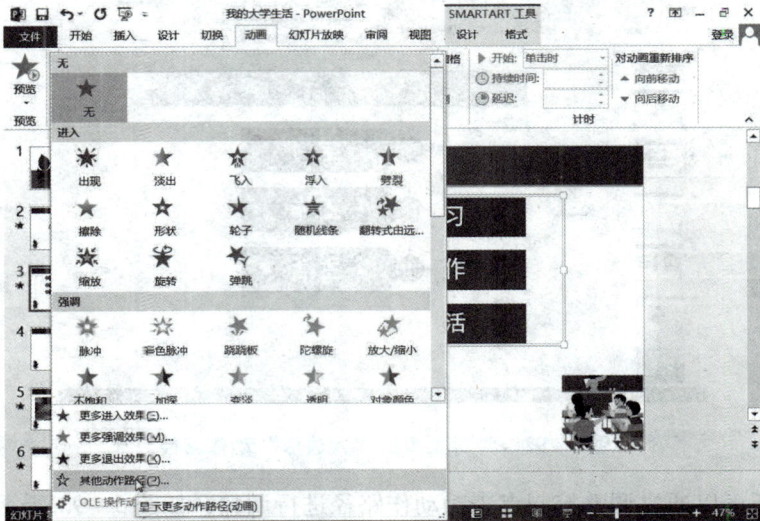

图 5 – 90　选择"其他动作路径"

③在弹出的"更改动作路径"对话框（图 5 – 91）中选择一种用户需要的预设路径动画，并单击"确定"按钮。

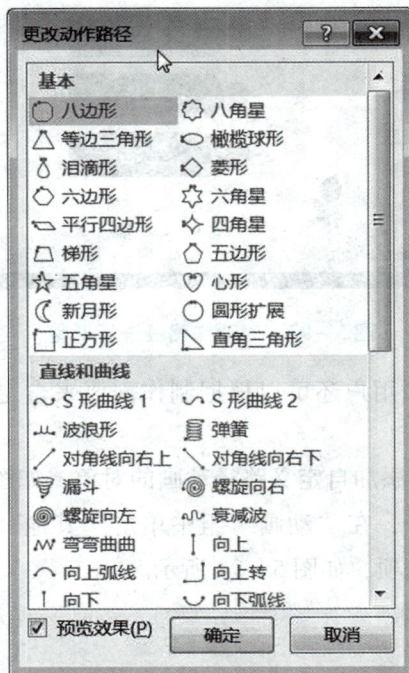

图 5 – 91　更改动作路径

④选择"六边形"路径后即可为图 5 – 71 所选择的对象添加预设路径动画,如图 5 – 92所示。

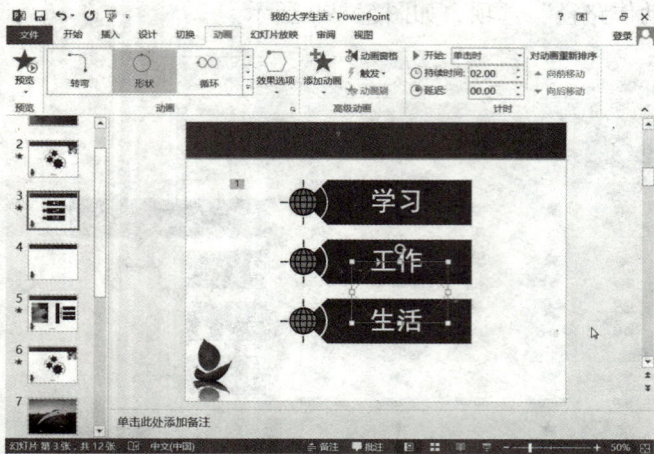

图 5 – 92 为对象添加"六边形"动作路径

⑤用户还可以通过调整控制点来对动作路径进行调整,如图 5 – 93 所示。

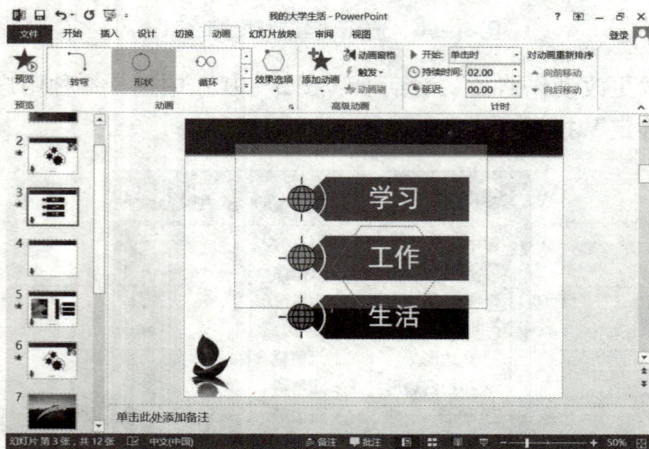

图 5 – 93 对动作路径进行调整

(2) *自定义路径动画* 用户还可以根据制作需要来自定义动作路径,具体操作步骤如下:

①在幻灯片中选择需要添加自定义路径动画的对象,如图 5 – 71 所示。

②选择"动画"选项卡,在"动画"组中单击"其他"按钮 ,在弹出的下拉列表中选择"自定义路径"选项,如图 5 – 94 所示。

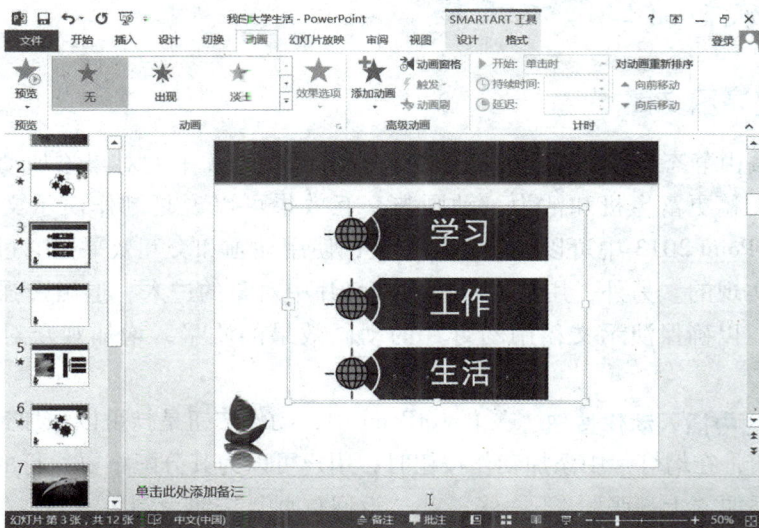

图 5－94　选择"自定义路径"

③在幻灯片中按住鼠标左键并拖动进行路径的绘制，绘制完成后双击即可，对象在沿自定义的路径预演一遍后将显示出绘制的路径，效果如图 5－95 所示。

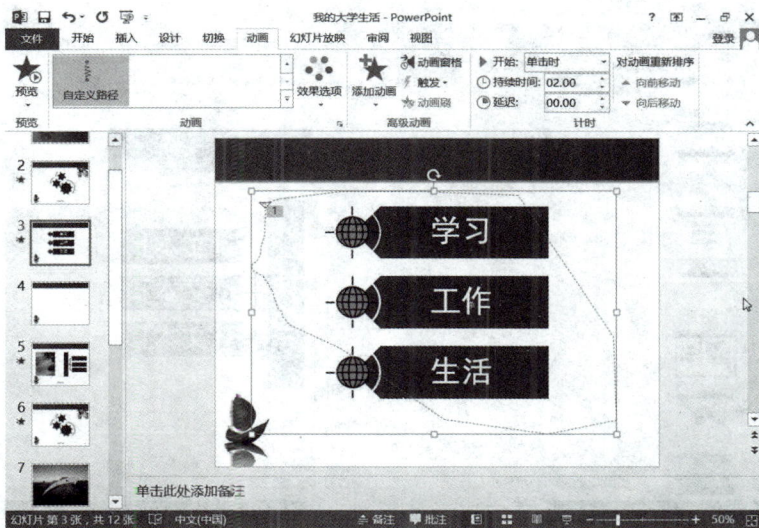

图 5－95　"自定义路径"效果

任务 3　演示文稿的放映

通过前两节内容的学习，学生基本掌握了演示文稿的新建、复制、移动、删除等编辑幻灯片的操作。编辑完演示文稿后，用户需要将演示文稿展示给观众，或者输出到某种媒体上。本节主要介绍如何使用 PowerPoint 2013 的各种输出功能。

5.3　播放和输出演示文稿

5.3.1　播放演示文稿

演示文稿由静态到动态的转变就是为幻灯片及幻灯片中的对象添加动画和交互效果，让演示文稿更富生机和活力。动画与交互效果可以说是制作演示文稿的精髓所在，在 PowerPoint 2013 中可以设置动作按钮，使用动画和交互效果是通过对幻灯片的切换效果来实现的。另外，用户还可以对幻灯片中对象的进入、退出、强调和动作路径进行设置，以确保演示文稿中幻灯片的动画效果的质量，增加观众对演示文稿的兴趣。

1. 幻灯片中插入动作按钮　在 PowerPoint 中，动作按钮是指可以添加到幻灯片中的内置形状按钮，在幻灯片中添加动作按钮时，用户可以为其分配将要执行的操作。以下操作过程以添加"上一张""下一张"和"返回首页"按钮为例。

（1）**选择动作按钮**　打开"我的大学生活"演示文稿，选择第 5 张幻灯片，切换至"插入"选项卡，单击"形状"右侧的下三角按钮，在展开的下拉列表中选择"动作按钮"，如图 5 – 96 所示。

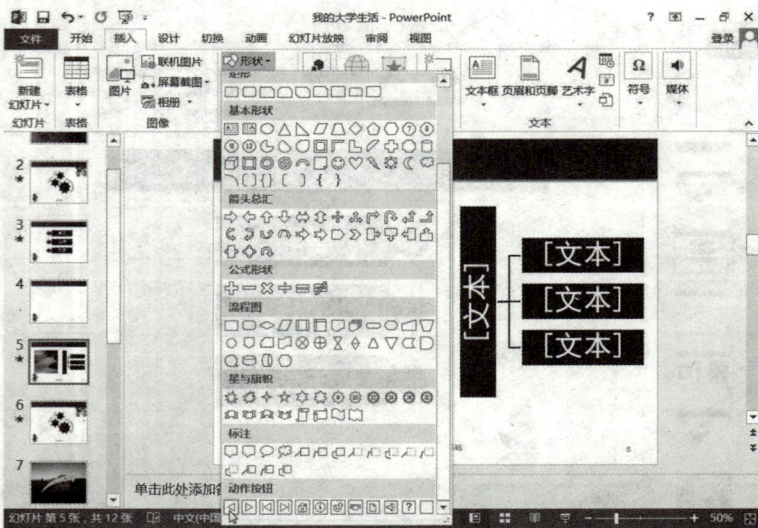

图 5 – 96　选择"动作按钮"

（2）**绘制动作按钮**　选择完"动作按钮"选项后，鼠标会呈现十字形状，如图 5 – 97 所示，此时用户拖动鼠标绘制动作按钮，绘制完成后如图 5 – 98 所示。

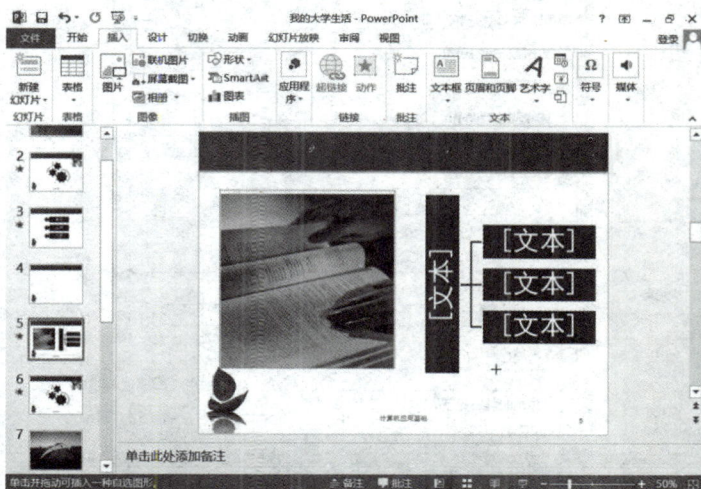

图 5-97 绘制"动作按钮"

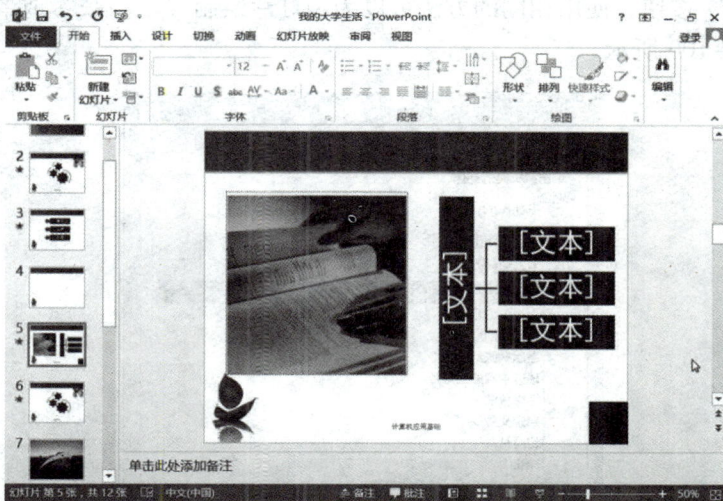

图 5-98 完成"动作按钮"的绘制

（3）**选择超链接到上一张幻灯片** 在弹出的"操作设置"对话框里，单击选中"超链接到"单选按钮，然后在下方选择"上一张幻灯片"，然后单击"确定"按钮，如图 5-99 所示，即绘制完成了"上一张"按钮。

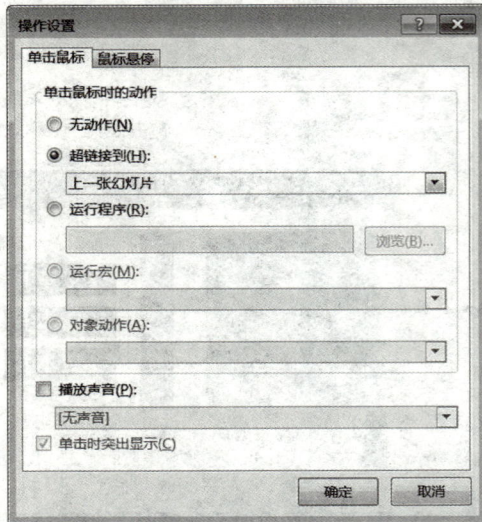

图 5 – 99　绘制"上一张"动作按钮

（4）绘制"下一张"和"返回首页"按钮　返回演示文稿窗口，此时可以看到绘制的"上一张"按钮，使用相同的方法可以为幻灯片绘制"下一张"或者"返回首页"按钮，如图 5 – 100 所示。

图 5 – 100　绘制其他动作按钮

2. 幻灯片切换　幻灯片的切换效果是指两张连续的幻灯片之间的过渡特效，也就是从前一张幻灯片转到下一张幻灯片时要呈现什么样的效果。除了可以选择切换方式，用户还可以控制切换效果的速度、为幻灯片添加声音，甚至还可以对切换效果进行自定义。

（1）选择幻灯片的切换方式　PowerPoint 2013 提供了 30 余种预设的动画切换效果，用户可以根据需要进行选择，为指定的幻灯片添加所需的切换动画。

①应用切换效果：打开实例"我的大学生活"演示文稿，在幻灯片任务窗格中，选

择所需要添加切换效果的幻灯片的缩略图，然后在"切换"选项卡中单击"切换到此幻灯片"组中的"其他"按钮 ，在展开的列表中单击需要的切换效果即可。如图5-101所示。

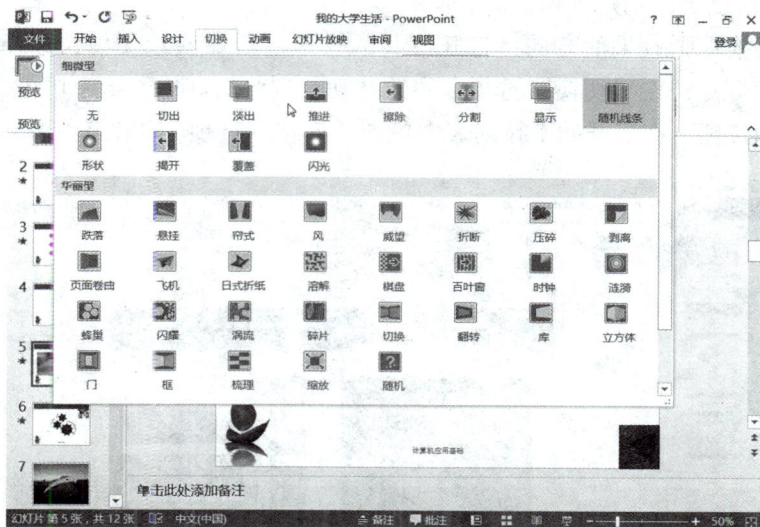

图5-101　选择切换效果

②预览添加切换方式后的效果：当鼠标指针置于要添加的切换效果样式上时，幻灯片窗格中将播放添加切换方式后的幻灯片的播放效果，这里以"风"的切换效果为例，如图5-102所示。

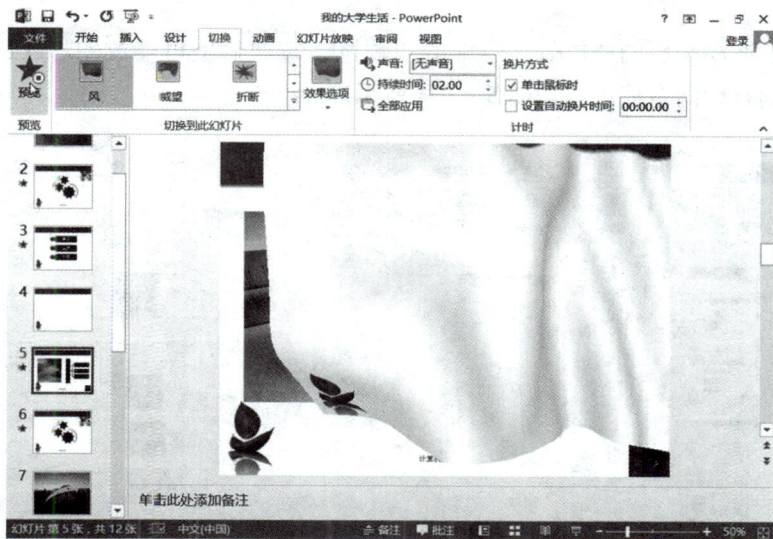

图5-102　"风"的切换效果预览

注：PowerPoint 2013 提供了包括真正的三维空间中的动态路径和旋转，使幻灯片的切换更加平滑，更吸引观众。为幻灯片添加三维动画图形效果切换的方法其实就是为幻灯片添加切换效果。在切换效果列表中将切换效果分为3大类：细微型、华丽型和动态型。

（2）设置幻灯片的切换方向　PowerPoint 2013中为幻灯片的切换效果添加的"效果选项"功能可用于更改动画切换的效果，如修改它的方向或者颜色。下面介绍如何使用"效果选项"功能更改幻灯片切换的方向。

①更改切换动画效果的方向：打开"我的大学生活"演示文稿，选择需要更改其切换方向的幻灯片，在"切换"选项卡中的"切换到此幻灯片"组中单击"效果选项"下方的下三角按钮，在展开的下拉列表中单击"向左"选项，如图5-103所示。

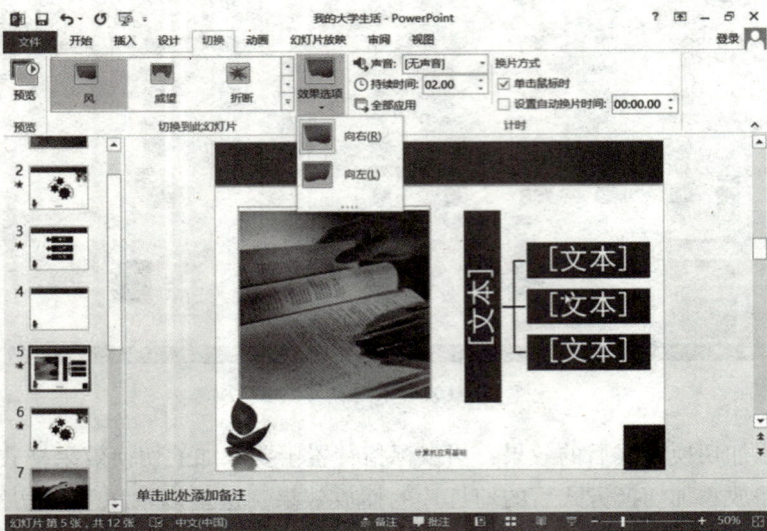

图5-103　选择切换效果方向

②预览切换动画后的播放效果：单击"预览"按钮后便可播放幻灯片的切换效果，幻灯片从左侧开始向右移动，如图5-104所示。

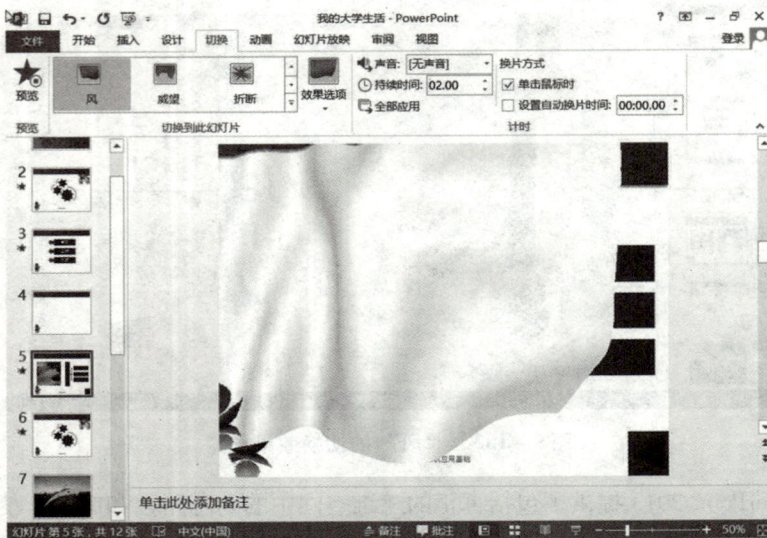

图5-104　预览效果

（3）统一演示文稿中所有幻灯片的切换效果　若用户希望将演示文稿中所有幻灯片间的切换方式都设置为与当前幻灯片切换方式相同，可以在设置好当前幻灯片切换效果后，使用"全部应用"功能来实现。具体操作步骤如下：

①将当前幻灯片的切换效果应用于整个演示文稿：打开"我的大学生活"演示文稿，选中标题幻灯片，在"切换至"选项卡的"计时"组中设置切换声音和换片方式，然后单击"全部应用"按钮，如图 5 – 105 所示。

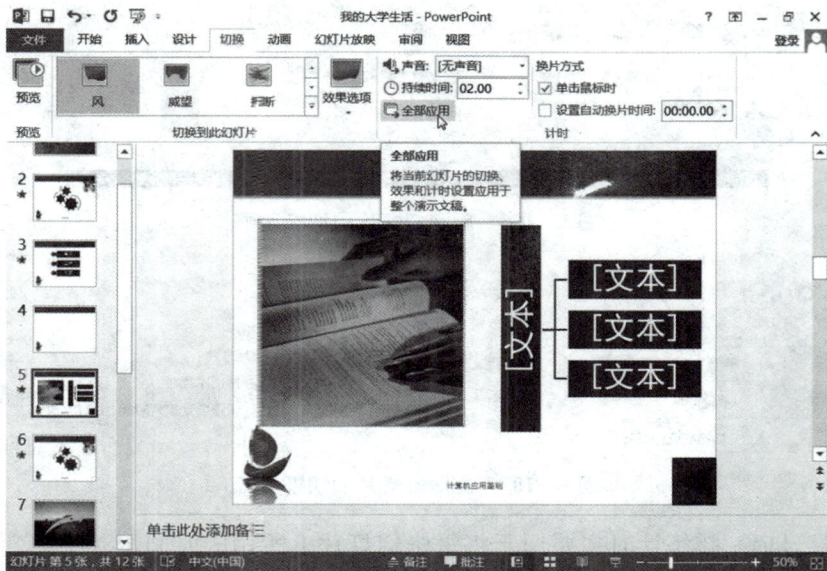

图 5 – 105　全部应用某一切换效果

②显示全部应用切换效果后的幻灯片放映效果：此时，演示文稿中的所有幻灯片均被应用了标题幻灯片所设置的幻灯片切换效果，并且所有幻灯片的缩略图左上角均显示了代表切换动画的图标。

（4）删除幻灯片之间的切换效果　删除幻灯片之间的切换效果主要分为删除幻灯片的切换动画和删除幻灯片的切换声音两种，具体操作步骤如下：

①删除幻灯片的切换动画：打开"我的大学生活"演示文稿，选中需要删除切换动画效果的幻灯片，在"切换"选项卡中单击"切换到此幻灯片"组中的"其他"按钮 ▼，在展开的切换效果样式列表中选择"无"，如图 5 – 106 所示。

②删除幻灯片的切换声音效果：单击"声音"右侧的下三角按钮，在展开的下拉列表中单击"无声音"选项，如图 5 – 107 所示。

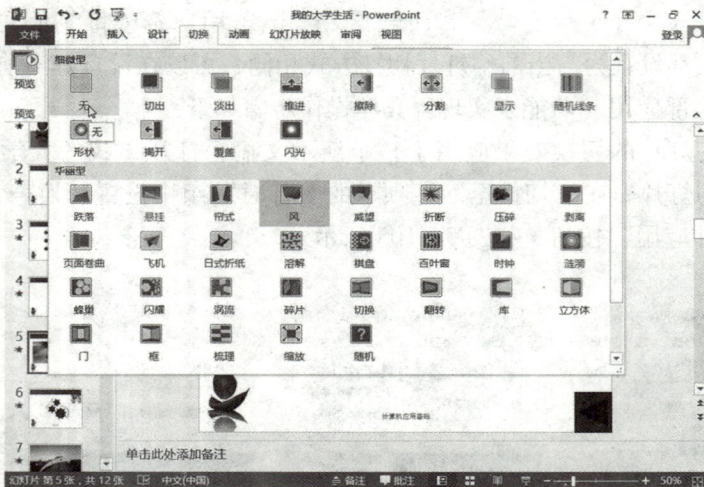

图 5 – 106　删除幻灯片的切换动画

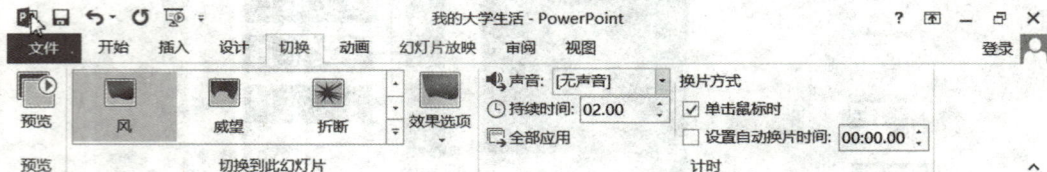

图 5 – 107　删除幻灯片的切换声音

3. 排练计时　排练计时主要用于将每张幻灯片上所用的时间记录下来，并保存这些计时，以后将其用于自动运行放映。排练计时常用于在展台浏览或观众自行浏览类型演示文稿时。其具体操作步骤如下：

①添加排练计时：打开"我的大学生活"演示文稿，切换至"幻灯片放映"选项卡，单击"设置"组中的"排练计时"按钮，如图 5 – 108 所示。

图 5 – 108　添加"排练计时"按钮

②自动记录幻灯片的放映时间：进入幻灯片放映视图，从第 1 张幻灯片开始放映，弹出"录制"工具栏，在其中的文本框中显示当前幻灯片的放映时间，在录制工具栏最右侧显示演示文稿累计放映时间，如图 5 – 109 所示。

图 5 – 109   自动记录放映时间

③播放演示文稿：接着单击鼠标左键，开始放映幻灯片中的对象动画，如图 5 – 109 所示。动画的开始方式取决于用户设置对象动画时的开始方式，一般采用单击鼠标左键的方式。

④切换下一张幻灯片：在完成当前幻灯片中对象动画的放映后，既可以单击"录制"工具栏中的"下一项"按钮，如图 5 – 110 所示，也可以直接单击鼠标左键进行幻灯片切换。此时"录制"工具栏中文本框的时间将重新开始

图 5 – 110   "录制"工具栏

计算，在录制工具栏最右侧将累计前面幻灯片的放映时间，如图 5 – 110 所示。

⑤重复录制幻灯片的放映时间：若当前幻灯片的放映时间或者顺序记录不是按照用户要求来完成的，则用户可以通过单击"录制"工具栏中的"重复"按钮，如图 5 – 111 所示。此时，当前幻灯片中记录的放映时间将被清零，在累计时间中扣除当前幻灯片中的放映时间，重新从 0 开始记录，如图 5 – 112 所示。

图 5 – 111   选择"重复"按钮

图 5 – 112   重新录制

4. 设置放映方式   制作演示文稿的目的是为了演示和放映。因此，完成了演示文稿内容的编辑及幻灯片中对象的动画设置后，接着就是播放演示文稿，将演示文稿的内容展示给其他用户。掌握幻灯片的放映技巧能够更加巧妙、熟练地放映演示文稿，从而

能够按照需要随时放映演示文稿中的内容。

　　幻灯片的放映方式包括幻灯片的放映类型、幻灯片的放映范围、幻灯片的放映选项、幻灯片的换片方式及绘图笔的默认颜色等内容。下面介绍设置幻灯片的放映方式的操作。

　　(1) 打开"设置放映方式"对话框　打开"我的大学生活"演示文稿，鼠标单击"幻灯片放映"选项卡，在"设置"组中单击"设置幻灯片放映"按钮，如图 5 - 113 所示。

图 5 - 113　选择"设置幻灯片放映"按钮

　　(2) 设置放映类型　弹出"设置放映方式"对话框后，在"放映类型"选项组中单击选中"演讲者放映（全屏幕）"单选按钮，如图 5 - 114 所示。

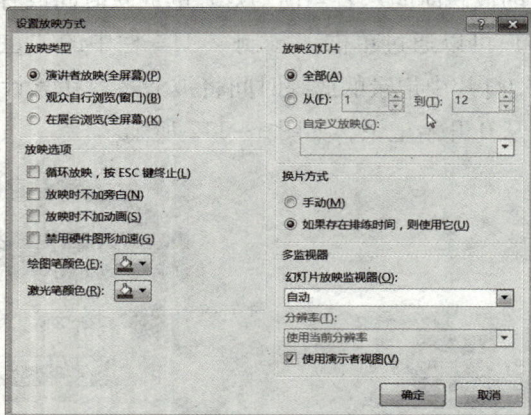

图 5 - 114　"设置放映方式"对话框

　　(3) 设置幻灯片的放映范围　设置放映第 1 张至第 6 张幻灯片，如图 5 - 115 所示。

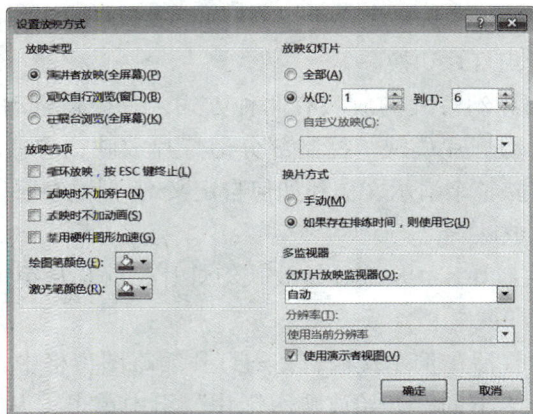

图 5 – 115　设置放映范围

（4）**更改激光笔默认颜色**　在"放映选项"选项组中单击"激光笔颜色"右侧的下三角按钮，在展开的颜色列表中选择需要的颜色图标选项，如图 5 – 116 所示。

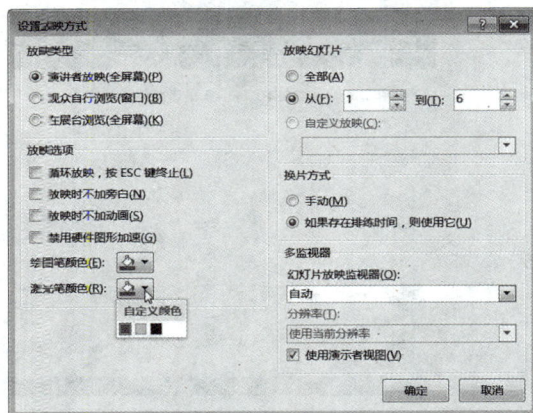

图 5 – 116　更改"激光笔颜色"

（5）**设置换片方式**　在"换片方式"选项组中单击"如果存在排练时间，则使用它"单选按钮，设置完成后单击"确定"按钮，即完成了幻灯片放映方式的设置。

①放映类型：此选项组中的选项用来决定演示文稿的放映方式。"演讲者放映（全屏幕）"主要用于可运行全屏显示的演示文稿，默认使用的就是该放映方式。"观众自行浏览（窗口）"则会在一个小窗口中放映，该方式不能单击鼠标进行放映，但可通过按下 Page Down 或者 Page Up 键来控制。"在展台浏览（全屏幕）"则用于自动放映演示文稿，即不需要用户实时监管。

②放映幻灯片：此选项组主要是让用户选择幻灯片放映的范围，其中如果选中"自定义放映"单选按钮，则可以在下拉列表中选择已创建好的自定义放映。只有在演示文稿中创建了自定义放映才能使用。

③放映选项：此选项组中的选项主要用于控制放映时的一些特殊设置处理，包括设置是否循环播放、是否使用旁白及是否播放动画效果。

④换片方式：此选项组的选项主要用于控制放映幻灯片时幻灯片的切换方式，"手动"则是单击鼠标进行幻灯片切换。

5. 放映幻灯片　启用幻灯片的放映有两种方式，一种是启动幻灯片放映整个演示文稿；另一种是自定义幻灯片放映，控制部分幻灯片放映，隐藏不需要观众浏览的信息。下面将介绍如何放映整个演示文稿和如何自定义幻灯片放映，使用户能够根据需要巧妙地控制演示文稿的放映。

（1）从头开始放映幻灯片　从头开始放映幻灯片，就是从第 1 张幻灯片开始放映。其具体操作步骤如下：

①打开"我的大学生活"演示文稿，在幻灯片缩略图窗格中，选择第 4 张幻灯片，在"幻灯片放映"选项卡下的"开始放映幻灯片"组中单击"从头开始"按钮，如图 5－117 所示。

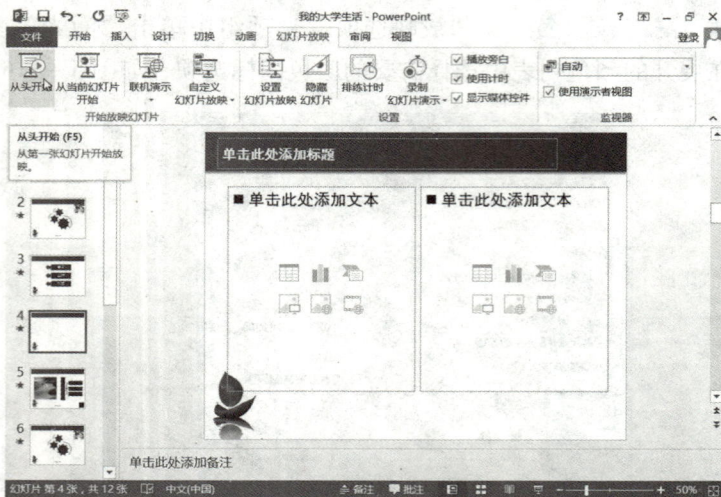

图 5－117　"从头开始"放映演示文稿

②进入幻灯片放映视图，当前放映的幻灯片为演示文稿的第 1 张幻灯片，如图 5－118 所示。

图 5－118　放映效果

（2）**从当前幻灯片开始放映**　从当前幻灯片处开始放映幻灯片，就是从当前选中的幻灯片开始放映，即在进入幻灯片放映视图时，所放映的幻灯片为当前选中的幻灯片，其具体操作步骤如下：

①打开"我的大学生活"演示文稿，在幻灯片缩略图窗格中，选择第 4 张幻灯片，在"幻灯片放映"选项卡下的"开始放映幻灯片"组中单击"从当前幻灯片开始"按钮，如图 5 - 119 所示。

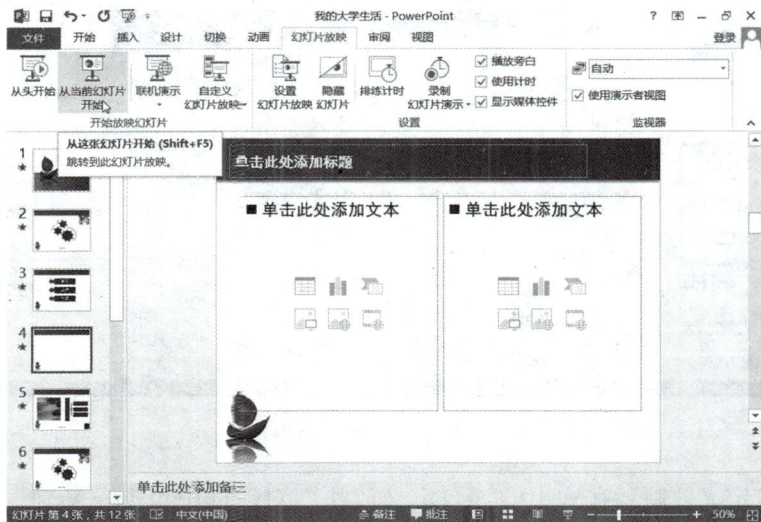

图 5 - 119　"从当前幻灯片开始"放映演示文稿

②进入幻灯片放映视图，当前放映的幻灯片为演示文稿的第 4 张幻灯片，即第一步选中的幻灯片，如图 5 - 120 所示。

图 5 - 120　放映效果

（3）**自定义放映幻灯片**　自定义放映是最灵活的一种放映方式，非常适合具有不同权限、不同分工或者不同工作性质的用户使用。自定义幻灯片放映仅显示被选中的幻灯片，因此这种幻灯片放映方式可以对同一演示文稿进行不同的放映，如 3 分钟放映和 5 分钟放映等。其具体操作步骤如下：

①打开"自定义放映"对话框：打开"我的大学生活"演示文稿，选择"幻灯片放映"选项卡，在"开始放映幻灯片"组中单击"自定义幻灯片放映"右侧的下三角按钮，在展开的下拉列表中单击"自定义放映"选项，如图5－121所示。

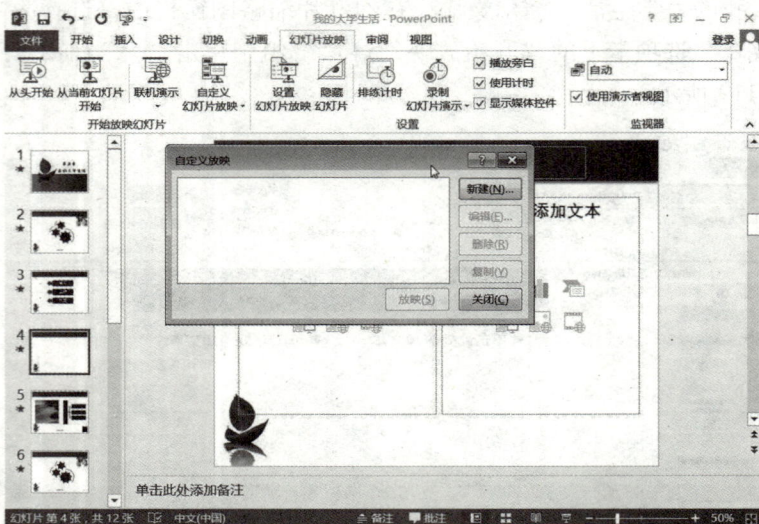

图5－121　选择"自定义幻灯片放映"

②新建自定义放映：在弹出的"自定义放映"对话框中单击"新建"按钮，如图5－122所示。

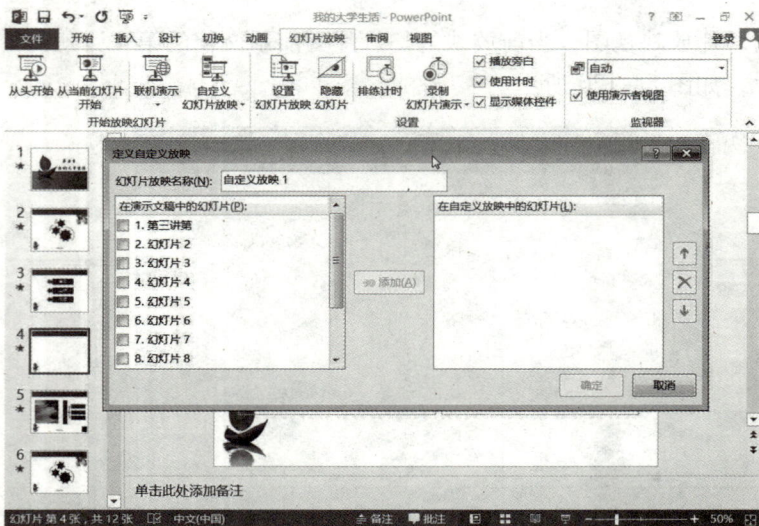

图5－122　新建"自定义放映"

③选择添加自定义放映幻灯片：在弹出的"定义自定义放映"对话框中的"幻灯片放映名称"文本框中输入自定义的放映名称，在"在演示文稿中的幻灯片"列表框中按住Ctrl键选取要放映的幻灯片，然后单击"添加"按钮，如图5－123所示。

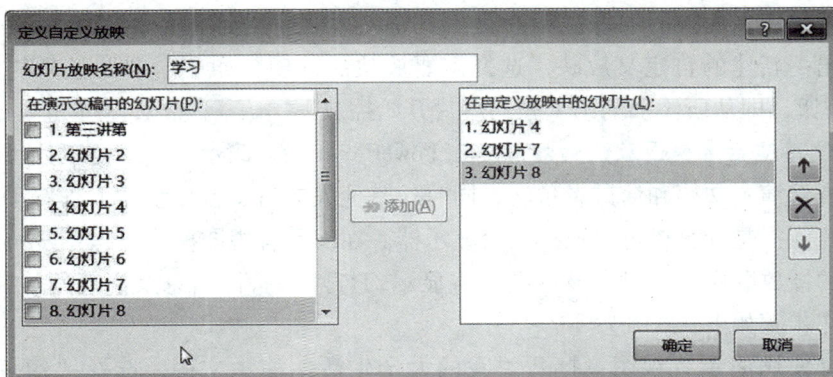

图 5－123　添加"自定义放映"的幻灯片

④确认自定义放映的幻灯片：在"在自定义放映中的幻灯片"列表框中列出了选择的幻灯片。如果添加的幻灯片不符合自定义放映内容，那么可以选择幻灯片，单击"删除"按钮进行删除，如图 5－124 所示。此外，还可以单击右侧的向上或者向下按钮，调整幻灯片的放映顺序，设置完成后单击"确定"按钮。

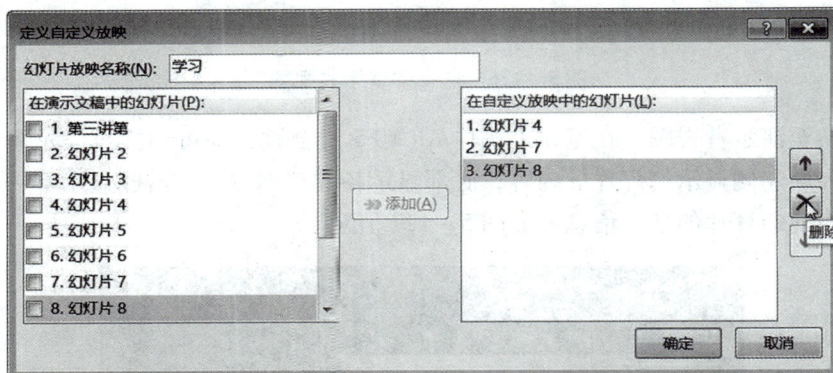

图 5－124　删除"添加"的幻灯片

⑤查看创建的自定义放映幻灯片：返回"自定义放映"对话框中，在"自定义放映"列表框中显示了新建的"学习"自定义放映。若要新建下一个自定义放映，可以再次单击"新建"按钮，如图 5－125 所示。

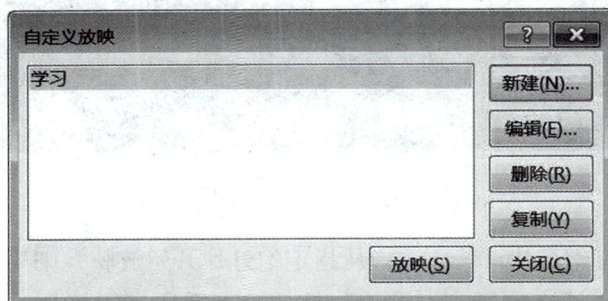

图 5－125　"自定义放映"对话框

⑥放映自定义放映的幻灯片：返回"自定义放映"对话框，在"自定义放映"列表框中列出了新建的自定义放映，选择需要放映的选项，如"学习"选项，然后单击"放映"按钮，即从所添加的第 1 张幻灯片开始播放。

（4）使用演示者视图放映幻灯片　在 PowerPoint 中，演示者视图可以让用户在一台计算机上查看演示文稿和演讲者备注，同时让其他人在另一台显示器上查看不带备注的演示文稿，前提是计算机可以连接两台显示器。在演示者视图模式下，用户可以自由定义幻灯片的播放顺序，同时在该视图下将显示幻灯片的备注信息及当前幻灯片的顺序。其具体操作步骤如下：

①选择使用演示者视图：打开"我的大学生活"演示文稿，选择"幻灯片放映"选项卡，在"监视器"组中选择"使用演示者视图"复选框，如图 5 - 126 所示。

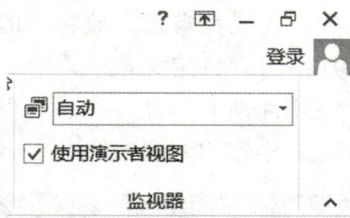

图 5 - 126　选择"演示者视图"

②切换至演示者视图：在键盘上按住 Alt + F5 组合键，即可切换至演示者视图，该视图下的界面左侧显示幻灯片的内容，底部显示各种功能按钮，右侧显示下一张幻灯片的内容和当前幻灯片的备注信息，如图 5 - 127 所示。

图 5 - 127　"演示者视图"界面

③选择查看所有幻灯片：若要选择从指定幻灯片开始放映，则用户可以在预览窗口下面的工具区选择"请查看所有幻灯片"按钮来查看所有幻灯片，如图 5 - 128 所示。查看效果如图 5 - 129 所示。

图 5-128 选择"请查看所有幻灯片"按钮

图 5-129 选择"请查看所有幻灯片"效果

④选择从开始放映的幻灯片：跳转至新的界面，此时可见当前演示文稿中的所有幻灯片，在图 5-129 中单击选择第 6 张幻灯片缩略图，则演示文稿将从第 6 张幻灯片开始播放。

⑤继续放映幻灯片：返回上一级界面，此时可见 PowerPoint 自动从第 6 张幻灯片开始播放。该播放操作并非自动播放，需要用户进行单击操作。

（5）在未安装 PowerPoint 的计算机上播放幻灯片 PowerPoint Viewer 是一款用于播放 PowerPoint 的软件，当计算机中没有安装 PowerPoint 时，用户可以选择安装 PowerPoint Viewer 来浏览幻灯片。

1）安装 PowerPoint Viewer：先下载 PowerPoint Viewer 安装软件，将其下载到计算机中以后便可启动安装程序进行安装。PowerPoint Viewer 安装软件的官方下载网址为：

http：//www.microsoft.com/zh‑cn/download/details.aspx？id=13.

启动浏览器后，在地址栏里输入网址按回车键，在界面中选择 PowerPoint Viewer 的语言信息，然后单击"下载"按钮，等待其下载完毕后，双击安装软件的图标，按照提示信息进行安装即可。

2）使用 PowerPoint Viewer：启动 PowerPoint Viewer 程序后，会自动弹出对话框，供用户选择要浏览的演示文稿，它只能对演示文稿进行播放，不具备对幻灯片进行编辑的功能。若用户只需浏览幻灯片，则可选择 PowerPoint Viewer。其主要优点是所占的系统资源少，节省空间，提高工作效率。在浏览的过程中，用户可以利用单击操作来实现幻灯片的切换，其具体使用步骤如下：

①打开"我的大学生活"演示文稿，单击桌面左下角的"开始"缩略图，跳转至"开始"屏幕，在界面中单击 PowerPoint Viewer 磁块启动程序，如图 5‑130 所示。

图 5‑130　启动 PowerPoint Viewer

②在弹出的 PowerPoint Viewer 对话框中的地址栏中选择指定演示文稿的保存位置，在列表框中选择要放映的演示文稿，然后单击"打开"按钮，如图 5‑131 所示。

图 5‑131　PowerPoint Viewer 对话框

③打开 PowerPoint Viewer 播放窗口，界面中正在播放的演示文稿，此时可以看到当前演示文稿的第 1 张幻灯片，如图 5‑132 所示。

图 5 – 132　播放演示文稿

④在窗口右下角单击"下一张"按钮（如图 5 – 133 所示），即可切换至下一个动画对象，即当前幻灯片对象所添加的动画效果。

图 5 – 133　"下一张"按钮

⑤除了利用"下一张"按钮切换之外，用户还可以单击"菜单"按钮，在展开的下拉列表中单击"下一张"选项，如图 5 – 134 所示。

图 5 – 134　"下一张"菜单

⑥此时可看到当前演示文稿正在播放下一个动画，但是仍然显示第 1 张幻灯片，如图 5 – 134 所示，使用相同的方法可以浏览其他幻灯片。

5.3.2　导出演示文稿

用户编辑完演示文稿后需要以其他形式将其保存，下面将介绍几种常用的导出方式。

1. 创建 PDF/XPS 文档　将演示文稿保存为 PDF/XPS 格式可以防止其他人随意更改演示文稿的内容，在保存的过程中，用户需要手动调整导出后的文件保存类型，其具体操作步骤如下：

（1）打开实例"我的大学生活"单击"文件"按钮，在弹出的菜单中单击"导出"命令，如图 5 –135 所示。单击"创建 PDF/XPS"文档选项，在面板选项中单击"创建 PDF/XPS"按钮。

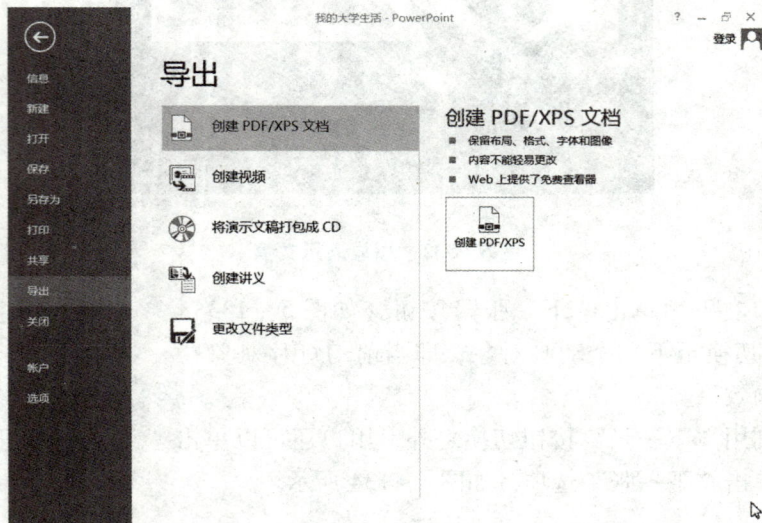

图 5 –135　导出窗口

（2）在弹出的"发布 PDF/XPS"对话框的地址栏中选择保存位置，设置保存类型为 PDF，如图 5 –136 所示。

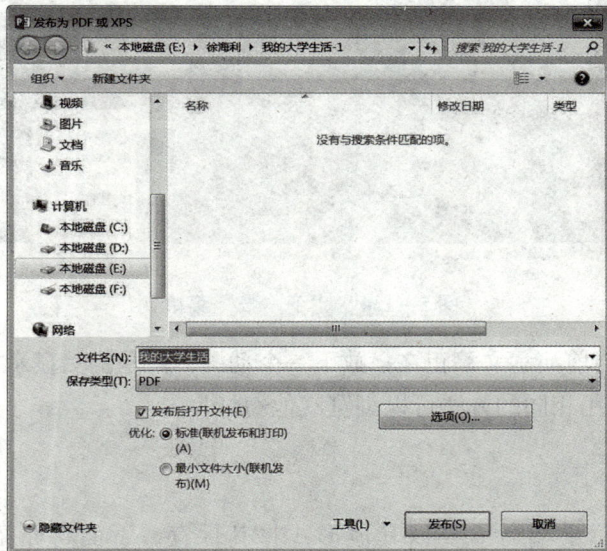

图 5 –136　发布为 PDF/XPS 窗口

（3）单击"发布"按钮，完成发布。若用户想要查看所发布的演示文稿，则需要

打开第 2 步中所设置的保存位置对应的窗口，便可看到导出的 PDF 文件，如图 5 – 137
所示。双击该图标后便可查看 PDF 文件的具体内容，如图 5 – 138 所示。

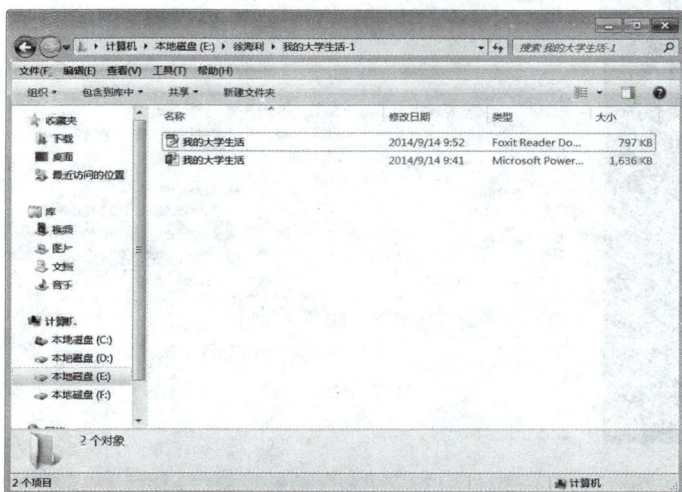

图 5 – 137　打开发布的演示文稿

图 5 – 138　演示文稿的具体内容

2. 将演示文稿创建为视频文件　PowerPoint 2013 提供了将演示文稿转换成视频文件
的功能。用户可以使用该项功能将当前演示文稿转换为视频文件，然后通过光盘、Web
或者电子邮件向其他用户分发。所创建的视频包括幻灯片放映机未隐藏的所有幻灯片，
并且保留动画、转换和媒体等，创建视频的时间由演示文稿的复杂度和时间来决定。在
视频创建时用户可以继续使用 PowerPoint 的应用程序。视频创建的具体操作步骤如下：

（1）创建视频　打开"我的大学生活"演示文稿，单击"文件"按钮，在弹出的
菜单中单击"导出"命令，选择"创建视频"选项后，在"导出"窗口右侧会出现
"创建视频"界面，如图 5 – 139 所示。

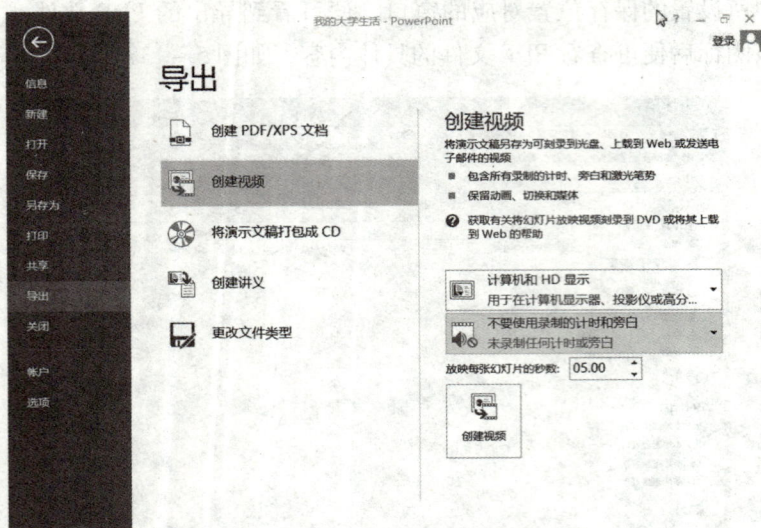

图 5 – 139   "创建视频"窗口

（2）**录制计时和旁白**   如果要在视频文件中使用计时和旁白，则用户需要单击"不要使用录制的计时和旁白"下拉列表按钮，在展开的下拉列表中单击"录制计时和旁白"选项。若用户已经为演示文稿添加了计时与旁白，则需要选择"使用录制的计时和旁白"选项即可。如图 5 – 140 所示。

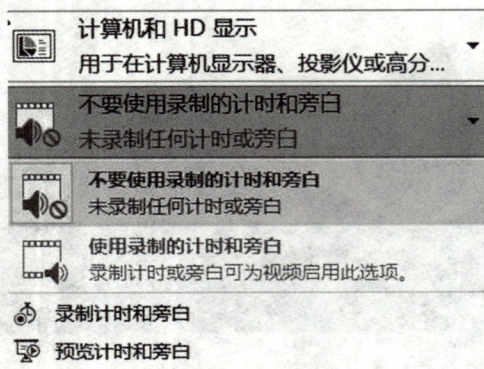

图 5 – 140   录制旁白窗口

（3）**开始录制幻灯片演示的计时和旁白**   若用户需要为演示文稿录制计时和旁白时，需要在图 5 – 140 的下列菜单中选择"录制计时和旁白"选项，在随即弹出的"录制幻灯片演示"对话框中，选中"幻灯片动画计时"复选框和"旁白和激光笔"复选框（若机器没有连接麦克风，则"旁白和激光笔"复选框处于灰色状态），如图 5 – 141 所示。然后单击"开始录制"按钮，它与前面介绍的录制幻灯片演示操作相同。

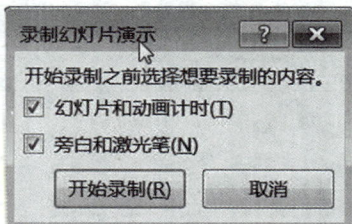

图 5－141　"录制幻灯片演示"对话框

（4）**开始录制幻灯片演示**　进入幻灯片放映状态，弹出"录制"工具栏，在其中显示当前幻灯片放映的时间，用户可以使用前面学习的幻灯片手动控制来进行幻灯片的切换和跳转，并将演讲者排练演讲的解说及操作时间、操作动作完全记录下来，如图 5－142 所示。

图 5－142　"录制"窗口

（5）**开始创建视频**　幻灯片演示录制完成后，在"文件"菜单中"创建视频"选项下选中"使用录制的计时和旁白"选项，然后单击"创建视频"按钮，如图 5－143 所示。

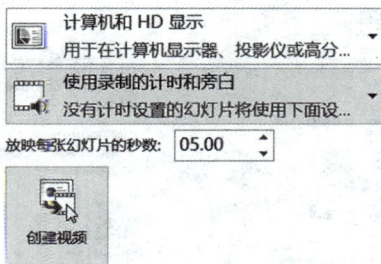

图 5－143　选择"创建视频"按钮

（6）**选择视频文件保存位置**　弹出"另存为"对话框，在"保存位置"下拉列表中选择视频文件保存位置，在"文件名"文本框中输入文件名称，然后单击"保存"按钮，如图 5－144 所示。

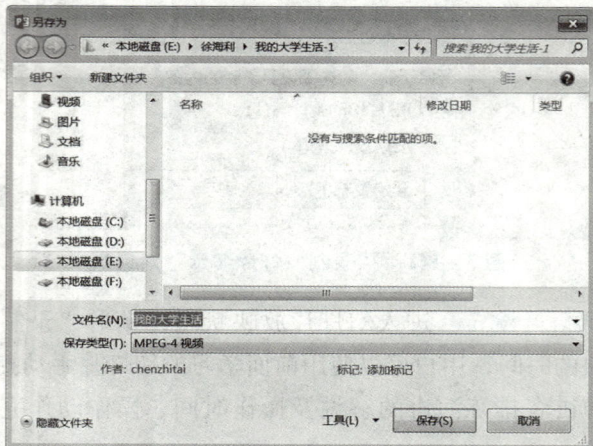

图 5 – 144　选择视频保存位置

(7) 显示视频制作的进度　此时，在 PowerPoint 演示文稿的状态栏中将显示演示文稿创建为视频的进度，如图 5 – 145 所示，等待系统自动制作完成即可。

图 5 – 145　视频制作进度条

3. 将演示文稿打包成 CD　将演示文稿打包是指创建一个文件包便于其他用户可以在大多数计算机上观看此演示文稿。所创建的文件包中不仅包括演示文稿中的链接或者嵌入的项目（如视频、音频和文字等），还包括添加到文件包中的所有其他文件，从而避免在放映幻灯片时出现数据丢失的情况。

(1) 打包成 CD　打开制作完的"我的大学生活"演示文稿，单击"文件"按钮，在展开的菜单中单击"导出"命令，在"导出"选项面板中单击"将演示文稿打包成CD"选项，然后单击"打包成 CD"按钮，如图 5 – 146 所示。

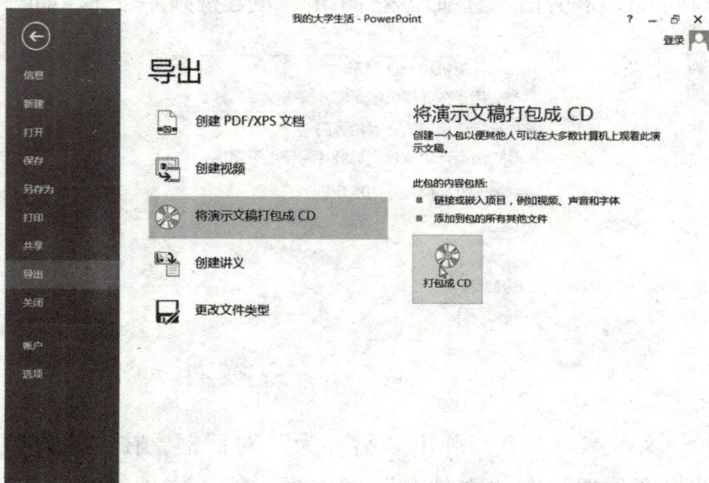

图 5 – 146　"打包成 CD"按钮

（2）添加文件　在弹出的"打包成 CD"对话框中，在文本框中输入用户要打包成的 CD 名称，在"要复制的文件"列表中显示了当前演示文稿的名称，若要添加其他文件，则需要单击"添加"按钮，如图 5 - 147 所示。

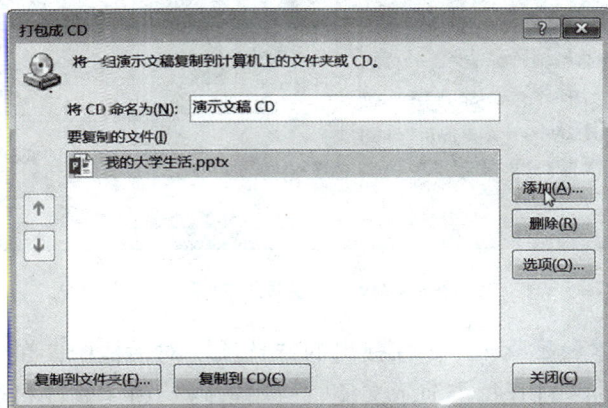

图 5 - 147　"打包成 CD"对话框

（3）选择要添加的文件　弹出"添加文件"对话框，选择要添加的文件，如图 5 - 148 所示，然后单击"添加"按钮。

图 5 - 148　"添加文件"窗口

（4）打开"选项"对话框　返回"打包成 CD"对话框，用户可以看到在"要复制的文件"列表框中显示了新添加的视频文件。若还需要添加文件，则用相同的方法添加即可。若需要增强打包 CD 文件的安全性，则可以为其添加密码，此时可以单击"选项"按钮，如图 5 - 149 所示。

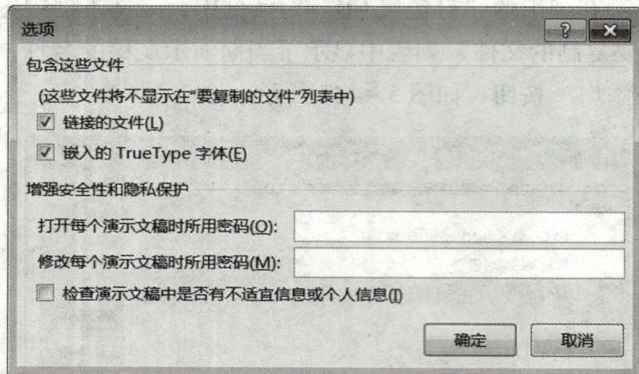

图 5 – 149 "选项"对话框

（5）增强安全性和隐藏保护 在弹出的"选项"对话框中，在"增强安全性和隐私保护"选项组中的"打开每个演示文稿时所用密码"和"修改每个演示文稿时所用密码"文本框中分别输入密码。

①确认打开权限密码：在弹出的"确认密码"对话框的"重新输入打开权限密码"文本框中再次输入密码，然后单击"确定"按钮，如图 5 – 150 所示。

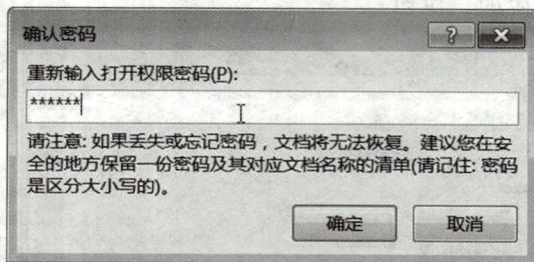

图 5 – 150 "确认打开权限密码"对话框

②确认修改权限密码：在弹出的"确认密码"对话框中的"重新输入修改权限密码"文本框中再次输入密码，如图 5 – 151 所示。

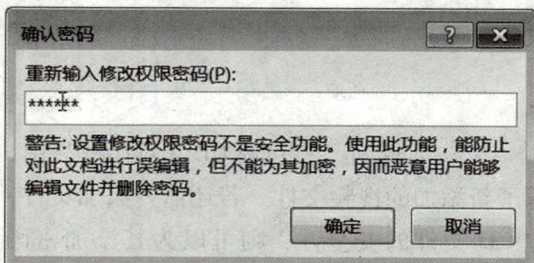

图 5 – 151 "确认修改权限密码"对话框

（6）复制到文件夹 返回"打包成 CD"对话框，单击"复制到文件夹"按钮，如图 5 – 152 所示。如果计算机直接连接了 CD 刻录机，并且刻录机里有光盘，则单击

"复制到 CD"按钮，可直接将演示文稿刻录到 CD 光盘上。

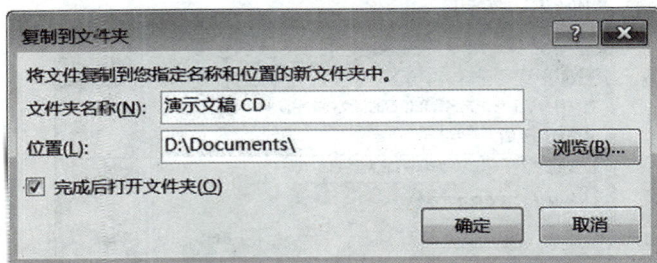

图 5－152　　"复制到文件夹"对话框

（7）**输入文件夹名称**　在弹出的"复制到文件夹"对话框的"文件夹名称"文本框中输入文件夹名称，然后单击"位置"文本框后的"浏览"按钮，如图 5－153所示。

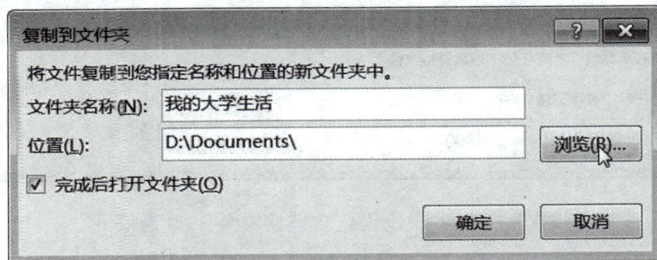

图 5－153　输入文件夹名称

（8）**选择保存位置**　在弹出的"选择位置"对话框的"查找范围"下拉列表中选择目标文件夹，如图 5－154 所示，然后单击"选择"按钮。

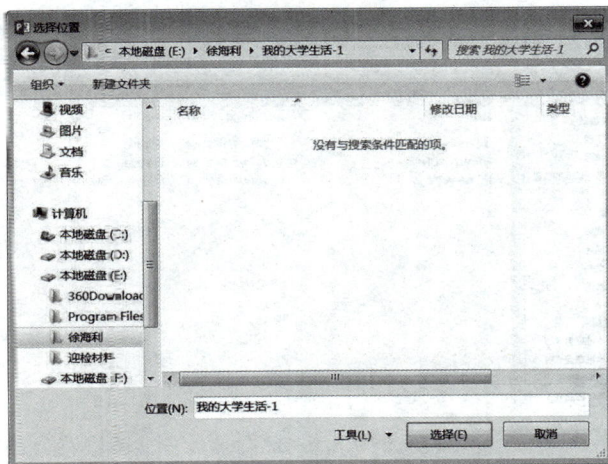

图 5－154　　"选择位置"窗口

（9）**确认复制到文件夹的信息**　返回"复制到文件夹"对话框，此时在"位置"

文本框中显示了所选择的保存位置路径，勾选"完成后打开文件夹"复选框，如图 5 - 155 所示，然后单击"确定"按钮。

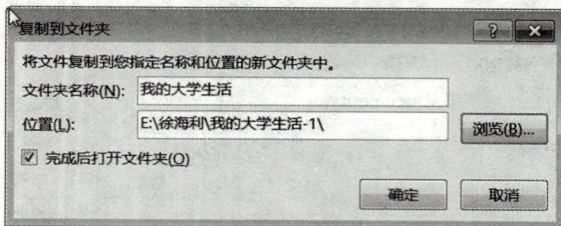

图 5 - 155　确定保存位置

（10）复制时包含所有链接文件　弹出 Microsoft PowerPoint 对话框，提示程序会将链接的媒体文件复制到计算机中，直接单击"是"按钮，如图 5 - 156 所示。

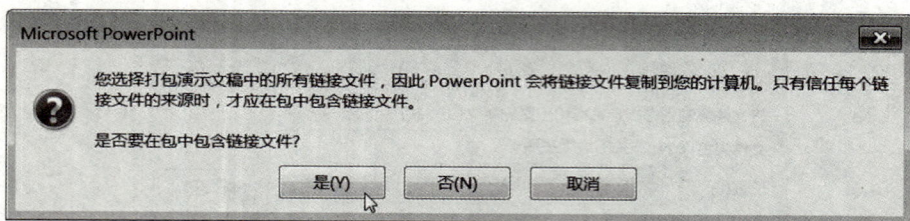

图 5 - 156　"是否包含链接文件"对话框

（11）显示文件复制进度　弹出"正在将文件复制到文件夹"对话框，提示正在复制文件，复制完成后，用户可关闭"打包成 CD"对话框，即可完成打包操作。

（12）显示打包后的文件夹内容　在打包完成后，系统将自动打开目标文件夹，在该文件夹中显示了所打包的文件及其他相关的文件，如图 5 - 157 所示。

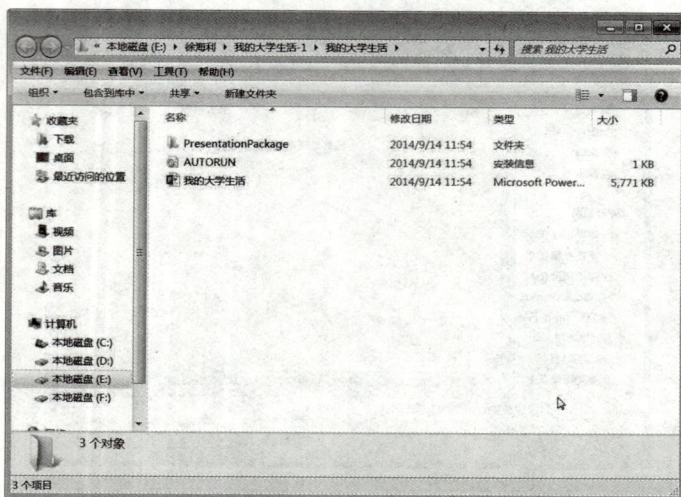

图 5 - 157　"打包"完成窗口

4. 创建并且打印讲义 用户若需要将演示文稿的内容作为讲义发送给其他用户，可以使用创建讲义的方式来打印演示文稿，其具体操作步骤如下：

（1）打开"我的大学生活"演示文稿，单击"文件"选项卡，然后单击"导出"选项，如图 5 – 135 所示。

（2）单击"创建讲义"选项，系统会自动弹出"发送到 Microsoft Word"对话框，单击选中"空行在幻灯片旁"单选按钮，然后单击选中"粘贴"选项按钮，最后单击"确定"按钮，如图 5 – 158 所示。

（3）系统自动将演示文稿中的幻灯片的缩略图嵌入到 Word 文档中，同时，以表格的形式显示幻灯片的编号、幻灯片和幻灯片的备注信息，若幻灯片没有备注信息则以下划线空行来表示，如图 5 – 159 所示。

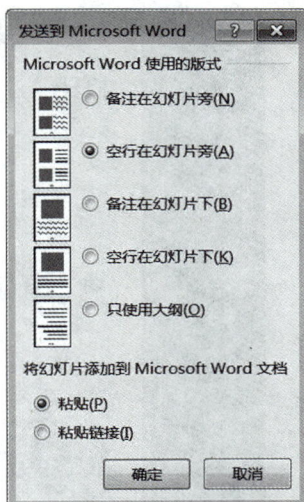

图 5 – 158 **"发送到 Microsoft Word"对话框**

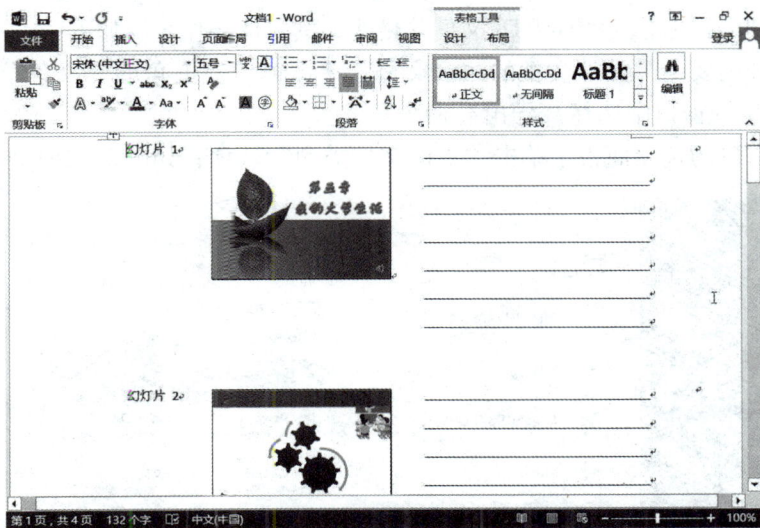

图 5 – 159 生成讲义窗口

（4）单击"文件"选项卡，选择"打印"选项，可以设置讲义的打印份数，这里将打印份数设置为 4 份，如图 5 – 160 所示。

（5）用户还可以将文档的打印参数设置为"A4""横向""窄边距""每版打印 6 页""手动双面打印"，如图 5 – 160 所示。

（6）在预览区用户可以预览文档打印的实际效果，如图 5 – 160 所示。

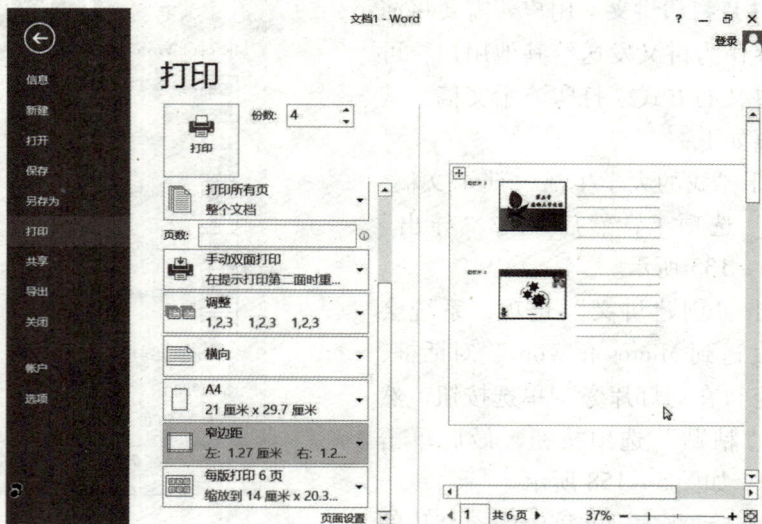

图 5 – 160　打印参数的设置

（7）当用户将所有参数设置完后，单击"打印"按钮，即可将讲义打印出来。

5. 更改文件类型　除了前面介绍的 PDF、视频等文件外，用户还可以将当前演示文稿导出为 Office 主题、大纲/RTF 文件等格式，其具体操作步骤如下：

（1）打开需要更改文件类型的演示文稿，单击窗口左上角的"文件"按钮，在如图 5 – 135 弹出的窗口中选择"导出"命令。

（2）在右侧的选项面板中单击"更改文件类型"选项，如图 5 – 161 所示。

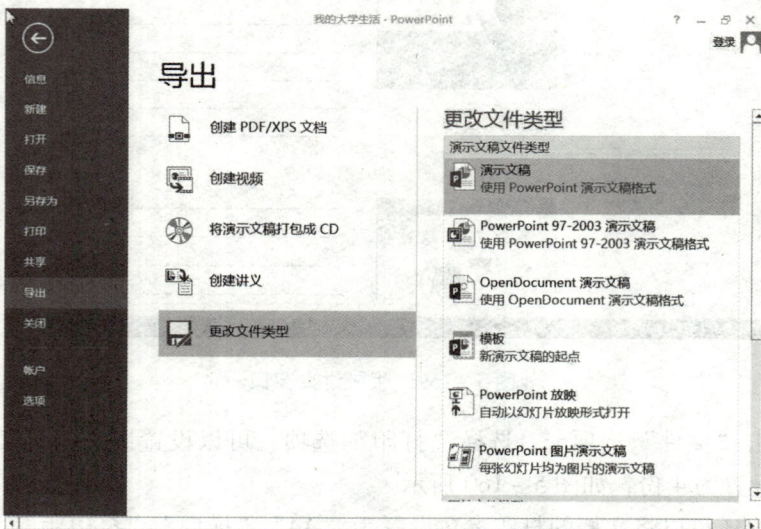

图 5 – 161　"更改文件类型"界面

（3）在右侧的"更改文件类型"界面中选择导出的图片文件类型，双击"另存为其他文件类型"选项，如图 5 – 162 所示。

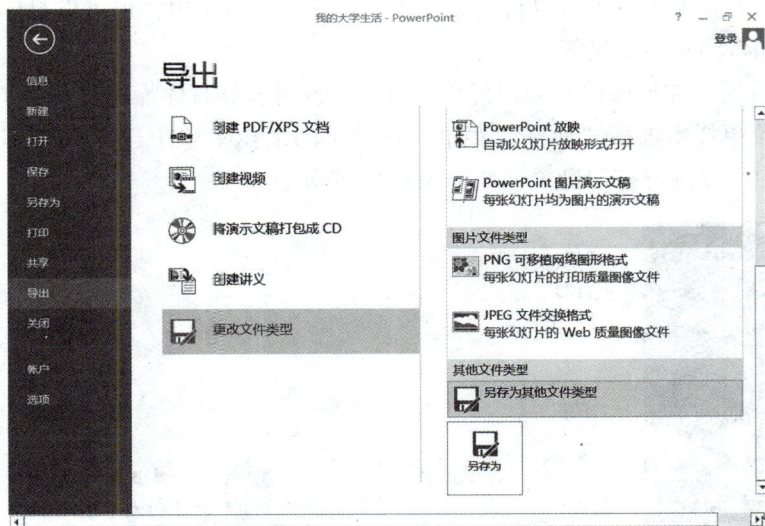

图 5 – 162　选择"另存为其他文件类型"按钮

（4）在弹出的"另存为"对话框的地址栏中选择导出后演示文稿文件的保存位置，接着在下方设置保存类型为"大纲/RTF 文件（ * . rtf）"，如图 5 – 163 所示，设置完成后单击保存按钮即可。

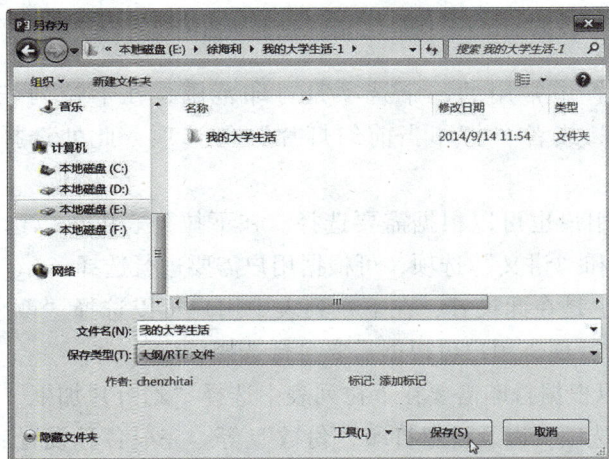

图 5 – 163　"另存为"对话框

5.3.3　打印演示文稿

打印幻灯片时，用户需要设置演示文稿的颜色，使其与所选择打印机的功能相符合。由于幻灯片均设计为以彩色模式显示，而一般的打印机并不是彩色打印机或者用户不需要彩色打印，只需要以黑白或者灰度模式打印。以灰度模式打印时，彩色图像将以介于黑色和白色之间的各种灰色色调打印出来。同时，用户还可以设置幻灯片的大小来适合打印机的纸张大小，也可以自定义大小。在 PowerPoint 中，也可以打印演示文稿的其他部分，如备注页、讲义等。

1. 打印设置 在打印前，用户可以进行打印设置，其具体操作步骤如下：

（1）在菜单栏中选择"文件"菜单，在弹出的下拉菜单中选择"打印"命令，在右侧的区域中可以进行打印设置，如图 5 – 164 所示。

图 5 – 164 打印界面

（2）在打印设置中常用的一个选项是打印范围，在下拉列表中用户可以选择"打印全部幻灯片"或者"打印当前幻灯片"等选项，此处选择"打印全部幻灯片"。

（3）打印内容用户也可以根据需要选择。在下拉列表中可以选择"整页幻灯片""备注页""大纲"和"讲义"选项，可根据用户需要进行选择。

（4）色彩模式也是在此设置，在下拉列表中用户可以选择"颜色""灰度"或者"纯黑白"选项中的一项。用户可根据需要自行选择。

注：用户还可以根据打印需要在下拉列表中选择"幻灯片加框""根据纸张调整大小"和"高质量"选项，以及设置打印"份数"等。完成各种设置后单击"打印"按钮，即可打印输出文件。

2. 设置幻灯片的大小和打印方向 设置幻灯片的大小和打印方向是用户常用的功能，其具体操作步骤如下：

（1）打开需要打印的演示文稿，选择"设计"选项卡，单击"自定义"选项组中的"幻灯片大小"按钮，在弹出的下拉列表中选择"自定义幻灯片大小"命令，如图 5 –165所示。

图 5-165 选择"幻灯片大小"按钮

（2）在弹出的"幻灯片大小"对话框的"幻灯片大小"下拉列表中（如图 5-166 所示），选择要打印的纸张大小。如果选择"自定义"命令，则在"宽度"和"高度"文本框中输入所需的尺寸即可。

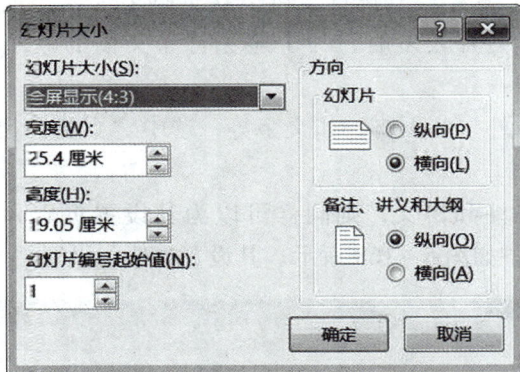

图 5-166 "幻灯片大小"对话框

（3）若要为幻灯片设置页面方向，可在"方向"区域中的"幻灯片"选项组中选中"纵向"或"横向"单选按钮，设置完成后单击"确定"按钮即可。

3. 设置页眉和页脚　在打印界面中，用户还可以根据需要设置页眉和页脚，其具体操作步骤如下：

（1）在菜单栏中选择"文件"命令，在弹出的菜单中选择"打印"命令，单击"编辑页眉和页脚"按钮。

（2）打开"页眉和页脚"对话框，如图 5-167 所示。

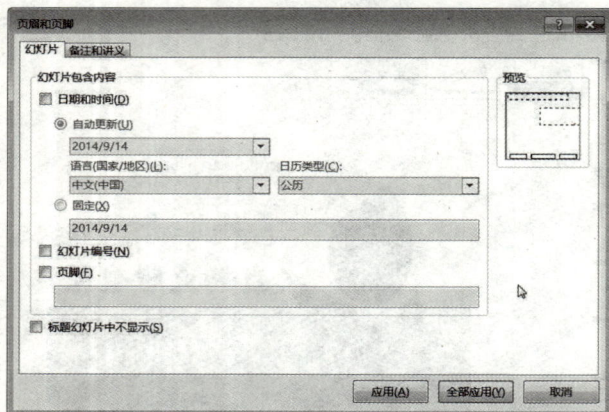

图 5 – 167   "页眉和页脚"对话框

（3）幻灯片一般由于标题较大不会包含页眉，但是通常情况下会包含页脚。页脚中可以包含幻灯片的制作日期和时间，选中"日期和时间"复选框，在其区域下可以设置日期和时间，其中选中"自动更新"单选按钮，时间会随着系统的时间变动而更改，选中"固定"单选按钮，则在文本框中输入一个固定的时期和时间。

（4）选中"幻灯片编号"复选框，可以在页脚下加入当前幻灯片的编号，相当于文档中的页码。若幻灯片较多时，为了避免打印文稿的顺序混乱，需要为其设置编号。

（5）若用户需要另外一些页脚，如文字等，选中"页脚"复选框，在下面的文本框中输入所需的文字。

（6）若需要打印备注和讲义，则同样可以为其设置页眉和页脚，方法是切换至"备注和讲义"选项卡，如图 5 – 168 所示。其设置方法与设置"幻灯片"相同。

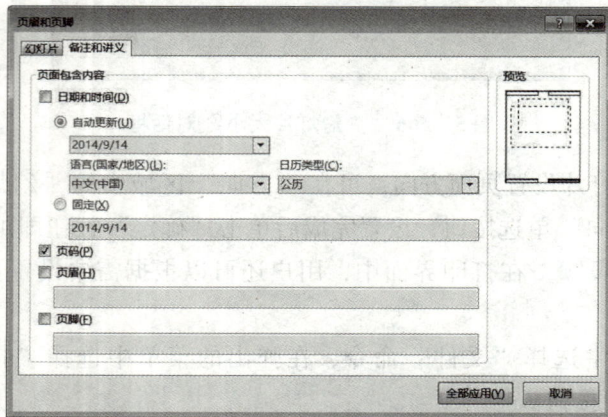

图 5 – 168   "备注和讲义"选项卡

5.3.4　共享演示文稿

当用户制作的 PPT 需要他人查阅时，则可以将当前 PPT 共享给指定的用户。在共享演示文稿时，用户既可以选择以"邀请他人"的方式共享工作簿，又可以将其共享链接发送给邀请人，同时还可以将演示文稿以电子邮件的形式与其他用户共享。除此之外，制作者还可以将幻灯片发布到幻灯片库，利用幻灯片库来实现共享。

1. 以"邀请他人"方式共享演示文稿　PowerPoint 2013 为用户提供了以"邀请他人"方式共享演示文稿的方法，利用该方法用户可以将演示文稿共享给有 Microsoft 账户的用户。但是在共享之前，用户需要将演示文稿保存到 SkyDrive 网盘中，其具体操作步骤如下：

（1）打开需要共享的演示文稿，单击"文件"按钮，在弹出的菜单中单击"共享"命令，如图 5–169 所示。

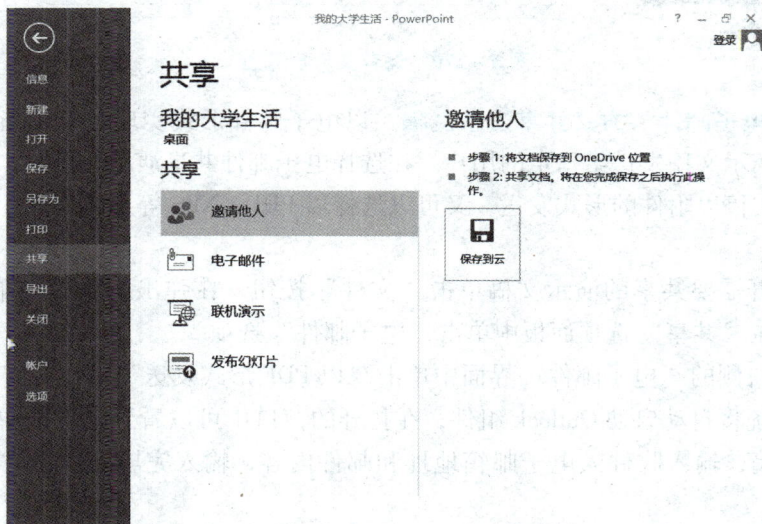

图 5–169　"共享"窗口

（2）在"共享"选项面板中单击"邀请他人"选项。

（3）在右侧的"邀请他人"界面中单击"保存到云"按钮。

（4）界面将会自动切换到"另存为"界面，将其保存到 SkyDrive 云网盘后，将自动切换至"邀请他人"界面，在界面中输入共享用户的电子邮件地址。若是共享给多人，则可以利用英文输入法状态下的逗号隔开，接着在下方输入备注信息，选中"要求用户访问文档之前登录"复选框，最后单击"共享"按钮，如图 5–170 所示。即可将该演示文稿共享给指定的用户。

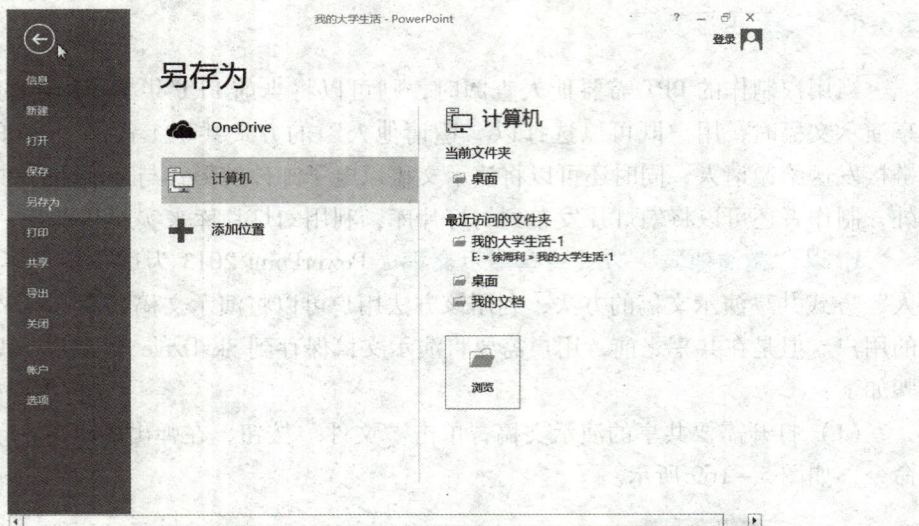

图 5 - 170　保存文件至云盘

2. 以"电子邮件"方式共享演示文稿　以电子邮件形式实现共享是指利用电子邮件将指定的演示文稿发送给指定的用户。在选择电子邮件共享演示文稿时，用户既可以选择将演示文稿以附件的形式发送，又可以选择以 PDF、XPS 等形式发送。其具体步骤如下：

（1）打开需要共享的演示文稿单击"文件"按钮，在弹出的菜单中单击"共享"命令，接着在"共享"选项面板中单击"电子邮件"选项。

（2）在右侧的"电子邮件"界面中单击"以 PDF 形式发送"按钮。

（3）系统将自动启动 Outlook 组件，在打开的窗口中可以看到附件栏中显示了 PDF 版的演示文稿，输入收件人电子邮箱地址和邮件内容，输入完毕后单击"发送"按钮即可。

3. 将幻灯片发布到幻灯片库　将演示文稿发布到幻灯片库中，演示文稿中的幻灯片将会作为单个的演示文稿进行保存，以便于用户可以独立于原演示文稿来修改或共享每个幻灯片。其具体操作步骤如下：

（1）打开需要发布的演示文稿，单击"文件"按钮，在弹出的菜单中选择"共享"命令，接着在右侧单击"发布幻灯片"选项，如图 5 - 171 所示。

（2）在"发布幻灯片"选项面板中单击"发布幻灯片"按钮。

（3）弹出"发布幻灯片"对话框，在"发布到"文本框右侧单击"浏览"按钮，如图 5 - 172 所示。

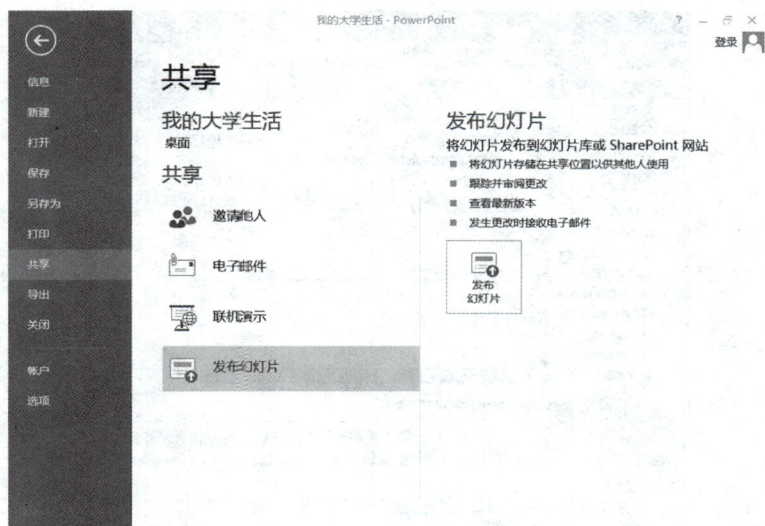

图 5 – 171　选择"发布幻灯片"按钮

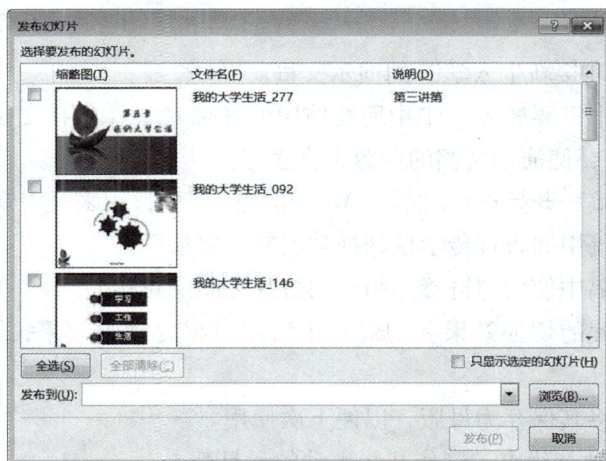

图 5 – 172　"发布幻灯片"对话框

（4）在弹出的"选择幻灯片库"对话框的地址栏中选择保存位置，然后在列表框中选择保存的文件夹，然后单击"选择"按钮，如图 5 – 173 所示。

（5）返回"发布幻灯片"对话框，在"选择需要发布的幻灯片"列表框中选择要发布的幻灯片，然后单击图 5 – 172 中的"发布"按钮。

（6）发布完毕后打开第 4 步中所设置的保存位置对应的窗口，在窗口界面中便可看见发布的幻灯片，该幻灯片以演示文稿的形式显示。

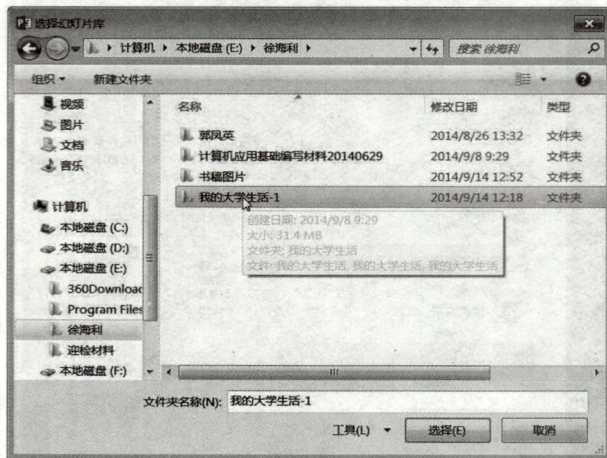

图 5 – 173　　"选择幻灯片库"对话框

实　　　验

1. 制作一份"迎接新生入学"的演示文稿。

（1）在幻灯片中需要插入 PPT 中所能使用的各种对象（包括文字、图片、SmartArt 图形、图表和形状），使演示文稿的内容丰富多彩。

（2）在演示文稿一开始播放时插入 MP3 格式的音乐，用来吸引观众的注意。

（3）在演示文稿中插入宣传学校的视频资料，要求保存为".AVI"格式。

（4）在演示文稿中使用超链接，用于幻灯片之间的跳转。

（5）设置幻灯片的切换效果和幻灯片中所用对象的动画效果，增强演示文稿的视觉效果。

（6）设计完后将其保存为母版，以便下次使用。

2. 利用 PPT 的独特优点，制作几张生动的元旦贺卡。

（1）为元旦贺卡设置精美的背景。

（2）需要为贺卡添加背景音乐，并且设置为自动播放形式。

（3）在贺卡中要包含祝福的语言，文字需要采用艺术字的方式。

（4）在贺卡中要添加 gif 格式的动画，以提高贺卡的精美程度。

（5）为贺卡中的图片、文字等其他对象添加动画效果。

（6）为贺卡绘制动作按钮，实现"重播一遍"的功能。

3. 利用 PPT 自带的相册功能，制作一个展示"班级春游"的动态相册。

（1）在模板里搜索"相册"模板。

（2）要求每张照片都有动画效果，且效果不同。

（3）要为相册添加音乐背景。

（4）每张照片下面都要有简单介绍。

（5）介绍文字的颜色和字体要与照片内容协调。

习　　题

一、选择题

1. 插入新幻灯片的操作是_____。
   A. 单击"文件"/"新建"　　　　B. 单击"插入"/"新幻灯片"
   C. 单击"插入"/"幻灯片副本"　　D. 单击"文件"/"另存为"

2. 下列说法正确的是_____。
   A. 同一幻灯片中的不同对象不能同时自定义动画
   B. 动作按钮可以使用"动作设置"中的"单击时突出显示"
   C. 某张幻灯片的动画方案可以应用于全部幻灯片
   D. 同一幻灯片中其他声音和通过"录制旁白"获得的旁白都能同时播放

3. 关于"设计模板"正确的是_____。
   A. 同一演示文稿中可以使用不同的设计模板
   B. 不可以同时对多张幻灯片设计模板
   C. 单击"视图"/"母版"就可以开始设计模板
   D. 不可将演示文稿存为模板文件

4. 关于"打包"错误的是_____。
   A. 打包后的文件可以在没有 PowerPoint 的环境下播放
   B. 打包后的文件可复制在文件夹中
   C. 打包后的文件可复制在 CD 中
   D. 打包就是压缩操作，打包后的文件不能播放

5. 以下说法错误的是_____。
   A. 幻灯片中可以插入图片　　　B. 幻灯片中可以插入表格
   C. 幻灯片中不可以插入公式　　D. 幻灯片中可以插入声音

6. 幻灯片切换时要能有声音，可以执行以下_____操作。
   A. 单击"插入"/"影片和声音"
   B. 单击"幻灯片放映"/"幻灯片切换"
   C. 单击"幻灯片放映"/"排练计时"
   D. 单击"幻灯片放映"/"动画方案"

7. PowerPoint 超链接命令可以实现_____。
   A. 幻灯片之间的跳转　　　　B. 幻灯片之间的移动
   C. 在演示文稿中插入幻灯片　　D. 结束放映

8. 创建演示文稿的方法有_____。
   A. 根据"内容提示向导"创建　　B. 根据"现有演示文稿"创建
   C. "根据设计模板"创建　　　　D. 以上都正确

9. 幻灯片大纲窗格中，不可以_____。

    A. 插入幻灯片   B. 移动幻灯片   C. 删除幻灯片   D. 添加文本框

10. 终止幻灯片的放映，可以直接按_____。

    A. Ctrl + C 组合键   B. Esc

    C. End   D. Alt + F1 组合键

二、填空题

1. 幻灯片母版有_____、_____、_____。

2. PowerPoint 启动后默认视图是_____。

3. 向幻灯片中插入外部图片的操作为单击_____。

4. 在 PowerPoint 中可以对幻灯片进行移动、删除、复制操作，但不能对单独的幻灯片内容进行编辑的视图是_____。

5. 启动幻灯片放映视图应使用快捷键_____。

6　计算机网络基础及应用

计算机网络是计算机技术和通信技术紧密融合的产物，它涉及通信与计算机两个领域。它的诞生使计算机体系结构发生了巨大变化，在当今经济社会中起着非常重要的作用。随着 Internet 的出现和成功发展，人类社会以极快的速度进入一个全新的网络时代。

任务 1　了解计算机网络基础的基本知识

了解计算机网络发展历程，通过对计算机网络的定义、功能、分类方法及计算机网络的组成等知识的学习，提高对计算机网络知识的进一步认识，培养对计算机网络知识的兴趣。

6.1　计算机网络概述

随着计算机应用技术的迅速发展，计算机的应用逐渐渗透到各个技术领域和整个社会的各个行业。社会信息化的趋势和资源共享的要求推动了计算机应用技术向着群体化的方向发展，促使当代的计算机技术和通信技术实现紧密的结合。计算机网络是国家信息基础建设的重要组成部分，也是一个国家综合实力的重要标志之一。

6.1.1　计算机网络的形成与发展

1946 年第一台电子计算机诞生，标志人类向信息时代迈进。计算机应用的发展使得计算机之间对数据交换、资源共享的要求不断增强，因此互联的计算机网络出现了。美国国防部高级研究计划署（ARPA）于 1968 年提出了一个计算机互联的计划，1969 年建立了具有 4 个结点的以分组交换为基础的实验网络。1971 年 2 月，建成了具有 15 个结点、23 台主机的网络，这就是著名的 ARPANET，它是世界上最早出现的计算机网络之一，现代计算机网络的许多概念和方法都来源于 ARPANET。

随着计算机技术和通信技术的不断发展，计算机网络也经历了从简单到复杂，从单机到多机的发展过程，大致分为以下 4 个阶段：

1. 第一阶段（面向终端的以单计算机为中心的联机系统）　第一代计算机网络是面向终端的计算机网络。在 20 世纪 60 年代，随着集成电路的发展，为了实现资源共享和提高计算机的工作效率，出现了面向终端的计算机通信网。在这种通信方式中，主机是网络的中心和控制者，终端分布在各个地方并与主机相连，用户通过本地的终端使用远程的主机。这种方式在早期使用的是单机系统，后来为减少主机负载出现了多机联机系统。例如，当时美国航空公司订票系统（SABRE－1），就是以一台大型计算机作为中央计算机，外联 2000 多台终端遍布美国各地区。

2. 第二阶段（计算机－计算机网络及分组交换网阶段） 第二代计算机网络是计算机通信网络。在面向终端的计算机网络中，只能在终端和主机之间进行通信，子网之间无法通信。从 20 世纪 60 年代中期开始，随着计算机技术和通信技术的进步，形成了将多个单处理机联机终端网络互联、以多处理机为中心的网络，这种网络称为计算机－计算机网络。它由通信子网和用户资源子网（第一代计算机网络）构成，用户通过终端不仅可以共享主机上的软、硬件资源，还可以共享子网中其他主机上的软、硬件资源。到了 20 世纪 70 年代初，4 个节点的分组交换网——美国国防部高级研究计划署网络（ARPANET）的研制成功，标志着计算机通信网络的诞生。

3. 第三阶段（网络体系标准化与发展阶段） 20 世纪 70 年代，随着计算机及通信技术的进步，局域网诞生了，并以以太网为主进行了推广使用。在这个时期，各计算机厂商制定自己的网络技术标准，并最终形成了计算机网络体系结构的国际标准。1974 年，IBM 公司提出了系统网络体系结构 SNA（System Network Architecture）标准，其他公司也相继推出本公司的网络体系结构。这些不同公司开发的系统体系结构只能连接本公司的设备。为了使不同体系结构的网络相互交换信息，国际标准化组织（International Standards Organization，ISO）于 1977 年成立专门机构，并于 1981 年制定了"开发系统互联参考模型"（Open System Interconnection/Reference Model，OSI/RM）计算机网络的一系列国际标准。作为国际标准，OSI 规定了可以互联的计算机系统之间的通信协议，为计算机网络互联的发展打下了基础。它标志着第三代计算机网络的诞生。OSI/RM 已被国际社会广泛地认可和执行，它对推动计算机网络的理论与技术的发展，对统一网络体系结构和协议起到了积极的作用。今天的 Internet 就是由 ARPANET 逐步演变而来的。ARPANET 使用的协议是 TCP/IP，并一直使用到现在。Internet 自产生以来就飞速发展，各国的大学、研究部门、政府机构、商业组织纷纷接入，是目前全球规模最大、覆盖面积最广的国际互联网。

4. 第四阶段（高速网络技术阶段） 进入 20 世纪 90 年代，随着计算机网络技术的迅猛发展，特别是 1993 年美国宣布建立国家信息基础设施（National Information Infra-structure，NII）后，全世界许多国家都纷纷制定和建立了本国的 NII，从而极大地推动了计算机网络技术的发展，使计算机网络的发展进入一个崭新的阶段，这就是计算机网络互联与高速网络阶段。目前，全球以 Internet 为核心的高速计算机互联网络已经形成，Internet 已经成为人类最重要的、最大的知识宝库。网络互联和高速计算机网络被称为第四代计算机网络，第四代计算机网络是千兆位网络。千兆位网络也称为宽带综合业务数字网（B－ISDN），它的传输速率可达到 1Gbit/s（bit/s 是网络传输速率的单位，即每秒传输的比特数）。这标志着网络真正步入多媒体通信的信息时代，使计算机网络逐步向信息高速公路的方向发展。万兆位网络目前也在发展之中。

6.1.2 计算机网络的功能与分类

1. 计算机网络定义　计算机网络是利用通信线路和通信设备，把分布在不同地理位置的具有独立处理功能的若干台计算机按一定的控制机制和连接方式互相连接在一起，并在网络软件的支持下实现资源共享的计算机系统。这里所定义的计算机网络包含以下4部分内容。

（1）两台以上具有独立处理功能的计算机，包括各种类型计算机、工作站、服务器、数据处理终端设备等。

（2）通信线路和通信设备。通信线路是指网络连接介质，如同轴电缆、双绞线、光缆、铜缆、微波和卫星等；通信设备是网络连接设备，如网关、网桥、集线器、交换机、路由器、调制解调器等。

（3）一定的控制机制和连接方式，即各层网络协议和各类网络的拓扑结构。

（4）网络软件，即各类网络系统软件和各类网络应用软件。

2. 计算机网络功能

（1）资源共享　计算机网络允许网络上的用户共享网络上各种不同类型的硬件设备，也可以共享网络上各种不同的软件。软、硬件共享不但可以节约不必要的开支，降低使用成本，同时可以保证数据的完整性和一致性。

（2）信息共享　信息也是一种资源，Internet就是一个巨大的信息资源宝库，每一个接入Internet的用户都可以共享这些信息。

（3）通信功能　是计算机网络的基本功能之一，它可以为网络用户提供强有力的通信手段。建设计算机网络的主要目的就是让分布在不同地理位置的计算机用户之间能够相互通信、交流信息。

3. 计算机网络的分类　计算机网络有几种不同的分类方法：按地理范围分类，分为局域网、城域网和广域网；按传输介质分类，分为有线网和无线网；按拓扑结构分类，分为总线型、星型和环型网。

（1）按地理范围分类

①局域网（Local Area Network，LAN）：局域网是将较小地理范围内的各种数据通信设备连接在一起，来实现资源共享和数据通信的网络（一般几千米以内）。这个小范围可以是一个办公室、一座建筑物或近距离的几座建筑物，因此适合在某些数据较重要的部门，如一个工厂或一个学校，某一企、事业单位内部使用这种计算机网络实现资源共享和数据通信。局域网因为距离比较近，所以传输速率一般比较高，误码率较低。由于采用的技术较为简单，设备价格相对低一些，所以建网成本低。计算机数量配置上没有太多的限制，少的可以只有两台，多的可达上千台。局域网是目前计算机网络发展中最活跃的分支。

②城域网（Metropolitan Area Network，MAN）：城域网是一个将距离在几十公里或几百公里以内的若干个局域网连接起来，以实现资源共享和数据通信的网络。它的设计规模一般在一个城市之内。它的传输速度相对局域网低一些。

③广域网（Wide Area Network，WAN）：广域网实际上是将距离较远的数据通信设

备、局域网、城域网连接起来，实现资源共享和数据通信的网络。一般覆盖面较大，可以是一个国家、几个国家甚至全球范围，如 Internet 就是一个最大的广域网。广域网一般利用公用通信网络进行数据传输，因为传输距离较远，传输速度相对较低，误码率高于局域网。在广域网中，为了保证网络的可靠性，采用比较复杂的控制机制，造价相对较高。

(2) **按拓扑结构分类** 从计算机网络拓扑结构的角度看，典型的计算机网络是计算机网络上各节点（分布在不同地理位置上的计算机设备及其他设备）和通信链路所构成的几何形状。常见的拓扑结构有 5 种：总线型、星型、环型、树型和网状型。

①总线型结构：总线型拓扑结构采用一条公共线（总线）作为数据传输介质，所以网络上的节点都连接在总线上，并通过总线在网络上节点之间传输数据，如图 6-1 所示。

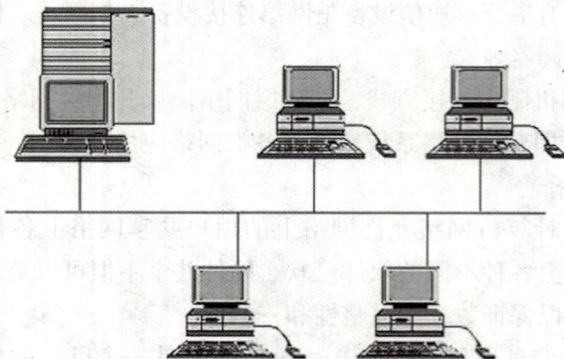

图 6-1　总线型网络拓扑结构

总线型拓扑结构使用广播或传输技术，总线上的所有节点都可以发送到总线上，数据在总线上传播。在总线上所有其他节点都可以接收总线上的数据，各节点接收数据之后，首先分析总线上的数据的目的地址，再决定是否真正地接收。由于各个节点共用一条总线，所以在任何时刻，只允许一个节点发送数据，传输数据易出现冲突现象，总线出现故障将影响整个网络的运行。但由于总线型拓扑结构具有结构简单，建网成本低，布线、维护方便，易于扩展等优点，因此应用比较广泛。

②星型结构：在星型结构的计算机网络中，网络上每个节点都是由一条点到点的链路与中心节点（网络设备，如交换机、集线器等）相连，如图 6-2 所示。

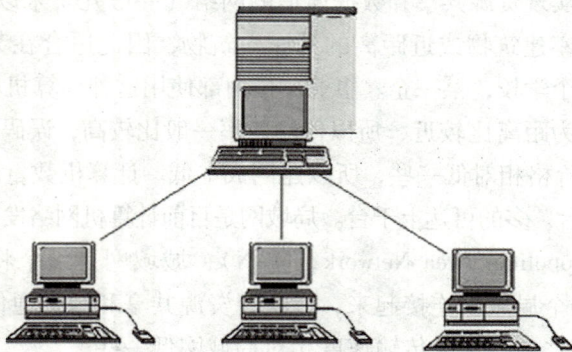

图 6-2　星型拓扑结构

星型结构便于集中控制，因为工作站之间的通信必须经过中心节点。由于这一特点，也带来了易于维护和安全等优点，工作站设备因为故障而停机时不会影响其他工作站间的通信。但中心节点必须具有极高的可靠性，因为一旦它损坏，整个系统便趋于瘫痪。

③环型结构：在环型拓扑结构的计算机网络中，网络上各节点都连接在一个闭合型通信链路上，如图6-3所示。

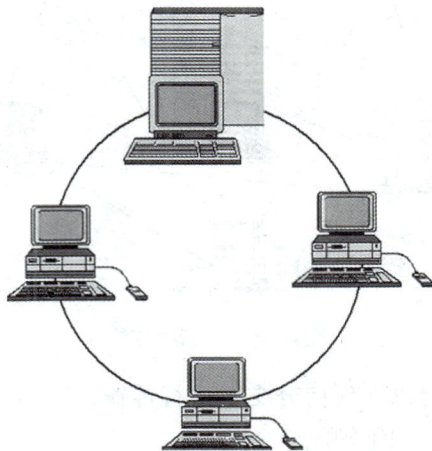

图6-3　环型拓扑结构

在环型结构中，信息的传输沿环的单方向传递，两节点之间仅有唯一的通道。网络上各节点之间没有主次关系，各节点负担均衡，但网络扩充及维护不太方便。如果网络上有一个节点或者是环路出现故障，可能引起整个网络故障。

④树型结构：树型拓扑结构是星型结构的发展，与星型结构相比，它的通信线路总长度短，成本较低，节点易于扩充，在网络中的各节点按一定的层次连接起来，形状像一棵倒置的树，所以称为树型结构，如图6-4所示。

图6-4　树型拓扑结构

在树型结构中，顶端的节点称为根节点，它可带若干个分支节点，每个分支节点又可以再带若干个子分支节点。信息的传输可以在每个分支链路上双向传递。网络扩充、故障隔离比较方便。如果根节点出现故障，将影响整个网络运行。

　　⑤网状型结构：在网状型拓扑结构中，网络上的节点连接是不规则的，每个节点都可以与任何节点相连，且每个节点可以有多个分支，如图6－5所示。

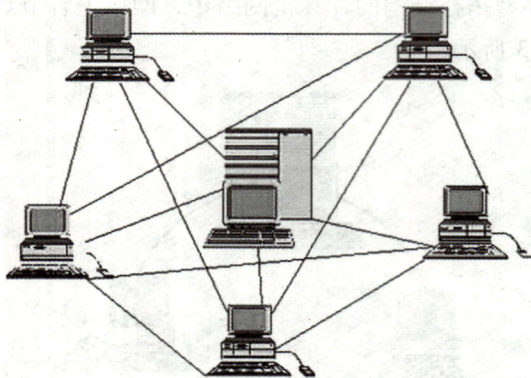

图 6－5　网状型结构

　　在网状结构中，信息可以在任何分支上进行传输，这样可以减少网络阻塞的现象。但由于结构复杂，不易管理和维护。

　　（3）按网络使用目的分类　　按使用目的可分为共享资源网、数据处理网、数据传输网。共享资源网是指使用者可共享网络中的各种资源，如文件、扫描仪、绘图仪、打印机及各种服务。数据处理网是用于处理数据的网络，如研究机构的科学计算机网络、企业管理网络。数据传输网是用来收集、交换、传输数据的网络，如情报检索网络和信息浏览等。目前网络使用目的都不是单一的，而是综合型的。

　　（4）其他分类方法　　计算机网络分类的方法有很多种，如按用途可分为公用网和专用网，按交换方式可分为电路交换网、报文交换网和分组交换网等。

6.1.3　计算机网络的组成

　　计算机网络由计算机系统、通信线路与通信设备、网络软件三大要素组成，它们协同工作完成网络的互联与互通，实现数据传输与资源的共享。

　　1. 计算机系统　　计算机系统是计算机网络的基本模块，起着非常重要的作用，为网络内的其他计算机提供共享资源，下面重点介绍计算机在网络中的作用与地位。

　　（1）服务器　　服务器一般为性能较高的计算机，其硬件组成与普通的微型计算机基本类似，是指在网络中提供共享资源与数据、控制网络客户机工作的计算机。服务器是针对具体的网络应用而特别设计制作的，因而在处理能力、系统稳定性、可靠性、安全性、扩展性、可管理性等方面均要高于普通计算机，服务器上一般使用特定的网络操作系统。

　　（2）客户机　　客户机的命名是根据计算机在网络中的作用来定义的。从计算机角度来讲就是一台普通的微型计算机，既可作为单机使用，也可以联网工作，从网上获取资源。

（3）**计算机在网络中的工作模式** 根据计算机在网络中的相互关系与作用，可将其分为 3 种不同的工作模式。

①对等网络模式（Peer to Peer Network）：在对等网络模式中，相互通信的计算机地位是相同的，没有主次之分。在需要的时候，所有的计算机都可以充当服务器，为其他的计算机提供共享资源与服务。同时，每台计算机也可以访问和利用其他网络计算机上的资源，此时这台计算机充当客户机的角色。

在早期的计算机网络中，是以服务器为中心的工作模式，即由一台中心计算机为一定数量的客户机提供共享资源和服务。随着计算机网络快速的发展，网络用户不断增加，计算机功能不断增强，对等网络模式在网络应用上的优势越来越明显。一些基于对等网络的应用软件也非常受网络用户的欢迎，非中心化的处理方式已经成为一种潮流。

②客户机/服务器模式（Client/Server，C/S）：客户机/服务器模式是以服务器为中心，对一个网络应用系统来说，服务器是整个应用系统资源的存储与管理中心，多台客户机则各自处理相应的功能，共同实现完整的应用。用户使用应用程序时，首先启动客户机通过有关命令告知服务器进行连接以完成各种操作，而服务器则按照此请示提供相应的服务。在 C/S 模式下，主要的工作是在服务器上完成的，但客户机也要通过客户端软件完成工作，在应用软件升级时，客户端软件也要进行同步升级。

③浏览器/服务器模式（Browser/Server，B/S）：浏览器/服务器模式是随着网络应用的普及，对 C/S 模式的一种改进。在这种模式下，软件应用的业务处理完全在服务器上实现，用户要求完全在 Web 服务器实现，客户端只需要通过浏览器就可进行业务处理。B/S 模式运行比较简单，能实现不同的人员从不同的地点以不同的接入方式访问和操作共同的数据。

2. 通信线路与通信设备

（1）**通信线路** 通信线路是保证信息传递的通路，是指网络结点之间进行数据传输的物理介质，可分为有线和无线两大类。目前长途干线中有线主要是用大芯数的光缆，另有卫星、微波等无线线路。

1）有线介质：传输介质采用有线介质连接网络称为有线网络，常用的有线介质有双绞线、同轴电缆和光缆。

①双绞线：双绞线是由一对相互绝缘的金属导线绞合而成。采用这种方式，不仅可以抵御来自外界的电磁波干扰，也可以降低多对绞线之间的相互干扰。任何材质的绝缘导线绞合在一起都可以叫作双绞线，同一电缆内可以是一对或一对以上双绞线，一般由两根 22 ~ 26 号单根铜导线相互缠绕而成。实际使用时，双绞线是由多对双绞线一起包在一个绝缘电缆套管里的。典型的双绞线是由 4 对共 8 根线构成的一根电缆，每对由两根绝缘金属线互相缠绕而成，双绞线一个扭绞周期的长度，叫作节距，节距越小，抗干扰能力越强。

双绞线按照是否有屏蔽层分类分为屏蔽双绞线（Shielded Twisted Pair，STP）与非屏蔽双绞线（Unshielded Twisted Pair，UTP），屏蔽双绞线在双绞线与外层绝缘封套之间有一个金属屏蔽层。屏蔽双绞线分为 STP 和 FTP（Foil Twisted – Pair），STP 指每条线都有各自的屏蔽层，而 FTP 只在整个电缆有屏蔽装置，并且两端都正确接地时才起作用。所以要求整个系统是屏蔽器件，包括电缆、信息点、水晶头和配线架等，同时建筑物需要有良好的接地系统。屏蔽层可减少辐射，防止信息被窃听，也可阻止外部电磁干扰的进入，使屏蔽双绞线比同类的非屏蔽双绞线具有更高的传输速率。非屏蔽双绞线是一种数据传输线，由 4 对不同颜色的传输线所组成，广泛用于以太网路和电话线中。非屏蔽双绞线电缆最早在 1881 年被用于贝尔发明的电话系统中。1900 年美国的电话线网络亦主要由 UTP 组成，为电话公司所拥有。

双绞线按照线径粗细可分为 1 类、2 类、3 类、4 类、5 类、6 类和 7 类线。1 类线径最小，线缆的最高频率带宽为 750KHz，传输速率最低，一般只用于语音传输。7 类线径最粗，线缆的最高频率带宽为 600MHz，传输速率也是最高，可达 10Gbps。

双绞线一般通过 RJ-45 接头（也称 RJ-45 水晶头）与网络设备或计算机相连来传输信息，它既可传输模拟信号，也可传输数字信号。目前双绞线是最常见的短距离网络传输介质，距离一般不能超过 100m。双绞线如图 6-6 所示。

②同轴电缆：同轴电缆（Coaxial cable）是内外由相互绝缘的同轴心导体构成的电缆。内导体为铜线，外导体为铜管或网，如图 6-7 所示。电磁场封闭在内外导体之间，故辐射损耗小，受外界干扰影响小。常用于传送多路电话和电视。同轴电缆的得名与它的结构相关。同轴电缆也是局域网中最常见的传输介质之一。它用来传递信息的一对导体是按照一层圆筒式的外导体套在内导体（一根细芯）外面，两个导体间用绝缘材料互相隔离的结构制造的，外层导体和中心轴芯线的圆心在同一个轴心上，所以叫作同轴电缆，同轴电缆之所以设计成这样，也是为了防止外部电磁波异常干扰信号的传递。与双绞线相比，同轴电缆的抗干扰能力强、屏蔽性能好、传输数据稳定、价格也便宜，而且它不用连接在集线器或交换机上即可使用。

图 6-6 双绞线

图 6-7 同轴电缆

同轴电缆从用途上分可分为基带同轴电缆和宽带同轴电缆（即网络同轴电缆和视频同轴电缆）。同轴电缆分 50Ω 基带电缆和 75Ω 宽带电缆两类。基带电缆又分细同轴电缆和粗同轴电缆。基带电缆仅仅用于数字传输，传输数据速率可达 10Mbps。75Ω 同轴电缆常用于 CATV 网，故称为 CATV 电缆，传输带宽可达 1GHz，目前常用 CATV 电缆的传输带宽为 750MHz。50Ω 同轴电缆主要用于基带信号传输，传输带宽为 1~20MHz，总线型以太网就是使用 50Ω 同轴电缆。在以太网中，50Ω 细同轴电缆的最大传输距离为

185m，粗同轴电缆可达 1000m。

③光纤：光纤是光导纤维的简写，是一种由玻璃或塑料制成的纤维，可作为光传导工具。其传输原理是"光的全反射"。微细的光纤被封装在塑料护套中，以保证其能够弯曲而不至于断裂。通常，光纤一端的发射装置使用发光二极管（Light Emitting Diode，LED）或一束激光将光脉冲传送至光纤，光纤另一端的接收装置使用光敏元件检测脉冲。在日常生活中，由于光在光导纤维的传导损耗比电在电线传导的损耗低得多，光纤被用于长距离的信息传递。

通常光纤与光缆两个名词会被混淆。多数光纤在使用前必须由几层保护结构包覆，包覆后的缆线即被称为光缆，如图 6-8 所示。光纤外层的保护层和绝缘层可防止周围环境对光纤的伤害，如水、火、电击等。光缆包括光纤、缓冲层及披覆。光纤和同轴电缆相似，只是没有网状屏蔽层，中心是光传播的玻璃芯。

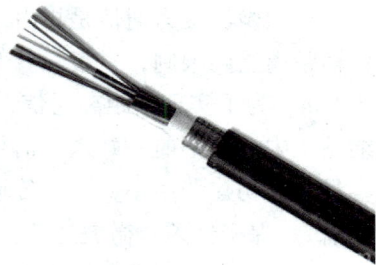

图 6-8 光缆

光纤的传输形式分为单模传输和多模传输。所谓的模是指以一定角度进入光纤的束光。单模光纤是指在工作波长中，只能传输一个传播模式的光纤，通常称为单模光纤（Single Mode Fiber，SMF）。单模光纤只能允许一束光传输，就像一根波导，使光线一直向前传播，不会像多模光纤那样产生多次反射。单模光纤传输的频带宽，容量大，速率高，传输距离长，能载送的信息量也大。多模光纤允许存在不同角度射入的光线在同一条光纤中传输，由于有多个模式传送，所以存在很大的模间色散，这就限制了传输数字信号的频率，而且随距离的增加会更加严重。因此，多模光纤传输的距离就比较近，一般只有几公里，可传输的信息容量较小。单模传输性能优于多模传输。

多条光纤组成光缆，光缆内一般会有偶数条光纤，如 4 芯光缆、12 芯光缆等。光缆因具有不受电磁干扰、传输距离远、传输速率高等优点，同其他类型的传输介质相比，目前是比较好的数据传输介质，在计算机网络中发挥着十分重要的作用。

2）无线介质：无线通信（Wireless Communication）是利用电磁波信号可以在自由空间中传播的特性进行信息交换的一种通信方式，近些年信息通信领域中，发展最快、应用最广的就是无线通信技术。地球上的大气层为大部分无线传输提供了物理通道，就是常说的无线传输介质。

无线通信所使用的频段很广，人们现在已经利用好几个波段进行通信。紫外线和更高的波段目前还不能用于通信。无线通信的方法有无线电波、微波、蓝牙、红外线和激光等。

①无线电波：无线电波是指在自由空间（包括空气和真空）传播的射频频段的电磁波。无线电技术是通过无线电波传播声音或其他信号的技术。无线电技术的原理在于导体中电流强弱的改变会产生无线电波。利用这一现象，通过调制可将信息加载于无线电波之上。当电波通过空间传播到达收信端，电波引起的电磁场变化又会在导体中产生电流。通过解调将信息从电流变化中提取出来，就达到了信息传递的目的。

②微波：微波是频率在 $10^8 \sim 10^{10}$ Hz 之间的电磁波。微波在 100MHz 以上就可以沿直线传播，因此可以集中于一点。通过抛物线状天线把所有的能量集中于一小束，便可以防止他人窃取信号和减少其他信号对它的干扰，但是发射天线和接收天线必须精确地对准。由于微波沿直线传播，所以如果微波塔相距太远，地表就会挡住去路。因此，隔一段距离就需要一个中继站，微波塔越高，传的距离越远。微波通信被广泛用于长途电话通信、监察电话、电视传播等。微波频率比一般的无线电波频率高，通常也称为"超高频电磁波"。微波通信有地面微波接力通信和卫星通信两种主要方式。

地面微波接力通信是指由于微波在空间是直线传输，而地球表面是个曲面，因此其传输距离受到限制，一般只有 50km 左右。但若采用 100m 的天线塔，则距离可增大至 100km。为了实现远距离通信，必须在一条无线电通信信道的两个终端之间建立若干中继站。中继站把前一站送来信号经过放大后再送到下一站。它的优点是：频带宽、信道容量大、初建费用小，既可传输模拟信号，又可传输数字信号；但方向性强（必须直线传播）、保密性差。微波通信如图 6 - 9 所示。

卫星通信是在地球站之间利用位于 36000km 高空的人造同步地球卫星作为中继器的一种微波接力通信，通信卫星发出的电磁波覆盖范围广，跨度可达 18000km，覆盖了地球表面 1/3 的面积，3 个这样的通信卫星就可以覆盖地球上的全部通信区域，这样地球各地面站间就可以任意通信。它的优点是：容量大，可靠性高，通信成本与两站点之间的距离无关，传输距离远，覆盖面广，具有广播特征。缺点是：一次性投资大、传输延迟时间长。卫星通信如图 6 - 10 所示。

图 6 - 9　微波通信

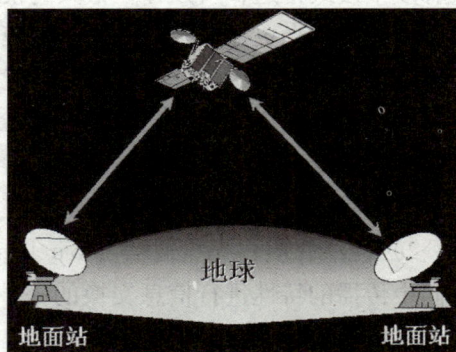

图 6 - 10　卫星通信

③蓝牙：蓝牙（Bluetooth）技术，实际上是一种短距离无线电技术，利用蓝牙技术，能够有效地简化掌上电脑、笔记本电脑和移动电话、手机等移动通信终端设备之间的通信，也能够成功地简化以上这些设备与因特网之间的通信，从而使这些现代通信设备与因特网之间的数据传输变得更加迅速高效，为无线通信拓宽道路。蓝牙技术通过低带宽电波实现点对点及点对多点通信，工作在全球通用的 2.4GHzISM（即工业、科学、医学）频段。其数据速率为 1Mbps。

④红外线：红外线是频率在 $10^{12} \sim 10^{14}$ Hz 之间的电磁波。它的频率高于微波而低于

可见光，是一种人眼看不到的光线。无导向的红外线被广泛用于短距离通信。电视、录像机使用的遥控装置都利用了红外线装置。红外线有一个主要缺点：不能穿透坚实的物体。但正是由于这个原因，一间房屋里的红外系统不会对其他房间里的系统产生串扰，所以红外系统防窃听的安全性要比无线电系统好。

⑤激光：激光与无线电波同属于电磁波。激光的频率比较单纯，容易进行调制且方向性极好，是一种理想的光载波。激光通信中各个信道之间不会互相干扰，能避免中短波、微波通信中常发生的干扰现象。无线激光传输主要优点是使用方便、安全保密、实施成本相对低廉、建网快速、信息容量大，缺点是只能在视线范围内建立链路、通信距离受限、易受雨雾等大气状况的影响。

（2）**通信设备**　通信设备及部件是连接到网络中的物理实体。通信设备的种类繁多，且与日俱增。不论是局域网、城域网还是广域网，在物理上通常都是由网卡、集线器、交换机、路由器、网关等网络连接设备和传输介质组成的。

①网络接口卡（Network Interface Card，NIC）：网络接口卡又叫网络适配器（Network Interface Adapter，NIA），简称网卡（图 6 – 11）。网卡是局域网中连接计算机和传输介质的接口，无论何种传输介质都需要通过网卡才能实现数据通信，不仅能实现与局域网传输介质之间的物理连接和电信号匹配，还涉及帧的发送与接收、帧的封装与拆封、介质访问控制、数据的编码与解码，以及数据缓存的功能等。大多数网卡是插在计算机的主板扩展插槽或集成在计算机主板上，并要安装相应的驱动程序才能工作。

图 6 – 11　网卡

网卡的主要功能是提供主机与网络间的数据交换的一条通路，一方面接收由其他网络设备（如路由器、交换机、集线器等）传输过来的数据包，经过拆包，将其变成客户机或服务器可以识别的数据，通过主板上的总线将数据传输到所需的设备中（CPU、内存或硬盘）。另一方面把计算机要发往网络的数据分解为大小合适的数据包，转换为能够在相应的传输介质上传输的信号，送入网络。

每个网卡在出厂时都赋予了一个全球唯一的地址，称为介质访问控制地址（Media Access Control，MAC 地址）。MAC 地址的长度为 48 位（6 个字节），通常表示为 12 个 16 进制数，每 2 个 16 进制数之间用冒号隔开，如 08：00：20：0A：8C：6D 就是一个 MAC 地址，其中前 6 位 16 进制数 08：00：20 代表网络硬件制造商的编号，它由 IEEE（电气与电子工程师协会）分配，而后 3 位 16 进制数 0A：8C：6D 代表该制造商所制造的某个网络产品（如网卡）的系列号。只要不去更改 MAC 地址，那么 MAC 地址在世界上是唯一的。

网卡的分类方法有多种，按照总线来分有 ISA 接口网卡、PCI 接口网卡、USB 接口网卡；根据传输速度来分有 10Mb 网卡、10/100Mb 自适应网卡、10/100/1000Mb 自适应网卡；根据接口来分有 RJ－45（使用 RJ－45 水晶头连接）、AUI（10M 网络中使用，这种网卡主要应用于总线拓扑结构中，网线就要使用同轴粗缆）、BNC（10M 网络中使用，也主要应用于总线拓扑结构中，网线就只能使用同轴细缆）、FDDI（主要是应用于光纤网络）；根据对网线需要来分有有线网卡与无线网卡。

②集线器：集线器的英文称为"Hub"。"Hub"是"中心"的意思，集线器的主要功能是对接收到的信号进行再生整形放大，以扩大网络的传输距离，同时把所有节点集中在以它为中心的节点上。从工作方式来看，集线器是一种广播模式，也就是说集线器的某个端口工作时其他所有端口都能收听到信息，容易产生广播风暴。从网络带宽来看，集线器不管有多少个端口，所有端口都共享一条带宽，在同一时刻只能有两个端口传送数据，其他端口只能等待；同时集线器只能工作在半双工模式下。

③交换机：交换机（Switch）是一种在通信系统中完成信息交换功能的设备。在计算机网络系统中，交换概念的提出是对于共享工作模式的改进。集线器 Hub 就是一种共享设备，Hub 本身不能识别目的地址，数据包在以 Hub 为架构的网络上是以广播方式传输的，在这种工作方式下，同一时刻网络上只能传输一组数据帧的通讯，如果发生碰撞还得重试。这种方式就是共享网络带宽。交换机是一种基于 MAC 地址识别，能完成封装转发数据包功能的网络设备。交换机通过"学习" MAC 地址，并把其存储在内部地址表中，通过在数据帧的始发者和目标接收者之间建立临时交换路径，使数据帧直接由源地址到达目标地址。交换机在同一时刻可进行多个端口对之间的数据传输。每一端口可视为独立的网段，连接在其上的网络设备独自享有全部的带宽，无须同其他设备竞争使用。

交换机的分类方法有很多，从广义上来看，交换机分为两种：广域网交换机和局域网交换机。广域网交换机主要应用于电信领域，提供通信用的基础平台。而局域网交换机则应用于局域网络，用于连接终端设备，如 PC 机及网络打印机等。从传输介质和传输速度上可分为以太网交换机、快速以太网交换机、千兆以太网交换机、FDDI 交换机、ATM 交换机和令牌环交换机等。从规模应用上又可分为企业级交换机、部门级交换机和工作组交换机等。

④路由器：路由器（Router）是连接因特网中各局域网、广域网的设备，它会根据信道的情况自动选择和设定路由，以最佳路径，按前后顺序发送信号。路由器是互联网络的枢纽。路由器通过转发数据包来实现网络互联。虽然路由器可以支持多种协议（如 TCP/IP、IPX/SPX、AppleTalk 等协议），但在我国，绝大多数路由器运行 TCP/IP 协议。路由器通常连接两个或多个由 IP 子网或点到点协议标识的逻辑端口，至少拥有 1 个物理端口。路由器根据收到数据包中的网络层地址以及路由器内部维护的路由表，决定输出端口及下一跳地址，并且重写链路层数据包头，实现转发数据包。路由器通过动态维

护路由表来反映当前的网络拓扑，并通过网络上其他路由器交换路由和链路信息来维护路由表。

路由器是网络中的核心设备，分为硬件路由和软件路由。硬件路由器就是以特殊应用的硬件设备，包括处理器、电源、嵌入式软件，提供设定的路由器功能。软路由器则是利用台式机或服务器配合软件形成的路由解决方案，主要靠软件的设置完成路由器功能。从功能上划分，可将路由器分为"骨干级路由器""企业级路由器"和"接入级路由器"。骨干级路由器是实现企业级网络互联的关键设备，其数据吞吐量较大。企业级路由器连接许多终端系统，连接对象较多，但系统相对简单且数据流量较小。接入级路由器主要应用于连接家庭或 ISP 内的小型企业客户群体。

⑤网关：网关（Gateway）又称网间连接器、协议转换器，是一种充当转换重任的计算机系统或设备，也是较复杂的网络互联设备。网关具有路由器的全部功能，使用在不同的通信协议、数据格式或语言，甚至体系结构完全不同的两种系统之间，主要用于连接两个高层协议不同的互不兼容的网络，如局域网需要网关将它连接到广域网。

3. 网络软件

（1）网络操作系统　网络操作系统（Network Operation System，NOS）是在网络环境下实现对网络资源的管理和控制的操作系统，是用户与网络资源之间的接口，它是负责管理整个网络资源和方便网络用户的软件集合。由于网络操作系统是运行在服务器之上的，所以有时也称之为服务器操作系统。常见的几类网络操作系统如下：

①Windows 类：Windows 操作系统是由 Microsoft（微软）公司开发的。微软公司的Windows 系统不仅在个人操作系统中占有绝对优势，在网络操作系统中也具有非常强劲的力量。该操作系统在整个局域网配置中是最常见的，但因其对服务器的硬件要求较高，且稳定性略差，所以该网络操作系统一般只用于中低档服务器中，高端服务器通常采用 UNIX、Linux 或 Solaris 等操作系统。在局域网中，Windows 网络操作系统主要有：Windows NT 4.0 Server、Windows 2003 Server/Advance Server，以及 Windows 2008 Server/Advance Server 等。工作站系统可以采用任一操作系统，包括个人操作系统，如 Windows 9x/ME/XP 等。

②NetWare 类：NetWare 是 NOVELL 公司推出的网络操作系统。NetWare 操作系统在局域网中早已失势，但是 NetWare 操作系统仍以对网络硬件的要求较低（工作站只要是 286 机就可以了）而受到一些设备比较落后的中、小型企业，特别是学校的青睐。其在无盘工作站组建方面的优势明显。且因为它兼容 DOS 命令，其应用环境与 DOS 相似，经过长时间的发展，具有相当丰富的应用软件支持，技术完善、可靠。目前常用的版本有 3.11、3.12 和 4.10、V4.11、V5.0 等中英文版本。NetWare 服务器对无盘工作站和游戏的支持较好，常用于教学网和游戏厅。

③UNIX 类：UNIX 操作系统诞生于 1969 年 AT&T 的贝尔实验室。UNIX 是一个强大的多用户、多任务、支持多种处理器架构的操作系统。UNIX 本身是针对小型计算机环境开发的操作系统，经过多年的发展，现在是工作站、服务器、中型和小型计算机、大型和巨型计算机集群、SMP、MPP 等全系列通用的操作系统。UNIX 系统的稳定性与安

全性都非常好，良好的网络管理功能也为广大的网络用户所接受。

④Linux 类：Linux 操作系统诞生于 1991 年的 10 月 5 日。Linux 是一套免费使用和自由传播的类 Unix 操作系统，是一个基于 POSIX 和 UNIX 的多用户、多任务、支持多线程和多 CPU 的操作系统。它能运行主要的 UNIX 工具软件、应用程序和网络协议。它支持 32 位和 64 位硬件。Linux 继承了 UNIX 以网络为核心的设计思想，是一个性能稳定的多用户网络操作系统。因为 Linux 系统的源代码开放，Linux 存在着许多不同的版本，但它们都使用了 Linux 内核。它能运行主要的 UNIX 工具软件、应用程序和网络协议。目前 Linux 社区主流的系统厂家有 Redhat、Debian、Ubuntu、Suse 等国外厂商，在国内有中标普华和红旗两家厂商。相比之下，国内的两家 Linux 厂商适合政府机构与 OEM 厂商使用，而国外的厂家以 Redhat 公司最为出名。

(2) **网络协议软件**　协议是计算机通过网络通信所使用的语言，是为网络通信中的数据交换制定的共同遵守的规则、标准和约定，是一组形式化的描述，是计算机网络软、硬件开发的依据。只有使用相同协议（不同的协议则要经过转换），计算机才能彼此通信。网络通信的数据在传输过程中是一串位（bit）流，位流在完成网络体系结构每一层中的任务时都需要专门制定一些规则，在计算机网络分层结构体系中，通常把每一层在通信中用到的规则与约定称为协议。因此，网络体系结构可以描述为计算机网络各层和层间协议的集合。

协议一般由网络标准化组织和厂商制定出来。一个网络协议通常由语义、语法和时序三部分组成。语法是通信数据和控制信息的结构与格式，即规定了通信双方彼此之间准备"讲什么"。语义是对具体事件应发出何种控制信息，完成何种动作以及做出何种应答，即规定了彼此之间"如何讲"。时序是对事件实现顺序的详细说明。

网络协议是一种特殊的软件，是计算机网络实现其功能的最基本机制。网络协议并不是一套单独的软件，它融合于其他所有的软件系统中。因此，协议在网络中无处不在。网络协议遍及 OSI 模型的各个层次，从我们非常熟悉的 TCP/IP、HTTP、FTP 协议到 OSPF、IGP 等协议，有上千种之多。对于普通用户而言，不需要关心太多的底层通信协议，只需要了解其通信原理即可。常见的网络协议有 NETBEUI、IPX/SPX、TCP/IP 等。

①NETBEUI：NETBEUI（NetBIOS Extends User Interface）是为 IBM 开发的非路由协议，用于携带 NETBIOS 通信，其中 NETBIOS 是指"网络基本输入输出系统"。NETBEUI 协议最初是为面向几百台计算机的工作组而设计的，支持小型局域网。优点是效率高、速度快、内存开销小并易于实现，被广泛应用于 Windows 组成的网络中。因为缺乏路由和网络层寻址功能，所以 NETBEUI 永远不会成为企业网络的主要协议。

②IPX/SPX：IPX/SPX 协议是 Novell 开发的专用于 NetWare 网络中的协议，大部分可以联机的游戏都支持 IPX/SPX 协议，比如星际争霸、反恐精英等。虽然这些游戏通过 TCP/IP 协议也能联机，但显然还是通过 IPX/SPX 协议更省事，因为根本不需要任何设置。除此之外，IPX/SPX 协议在非局域网络中的用途似乎并不是很大。如果确定不在局域网中联机玩游戏，那么这个协议可有可无。

③TCP/IP：TCP/IP 协议（Transmission Control Protocol/Internet Protocol，传输控制

协议/互联网络协议）是 Internet 最基本的协议。TCP/IP 协议定义了电子设备如何连入国际互联网，以及数据如何在它们之间传输的标准。在 Internet 没有形成之前，世界各地已经建立了很多小型网络，但这些网络存在着不同的网络结构和数据传输规则，要将它们连接起来互相通信，就好比要让使用不同语言的人们交流一样，需要建立一种大家都听得懂的语言，而 TCP/IP 就能实现这个功能，它好比 Internet 上的"国际通用语"。

（3）网络应用软件　网络应用软件是指能够为网络用户提供各种服务的软件，它用于提供或获取网络上的共享资源，如浏览软件、传输软件、远程登录软件等。

任务 2　Internet 网上冲浪（收发电子邮件、搜索引擎等）

通过本节的学习，了解 Internet 的发展过程，掌握 Internet 的接入方式、IP 地址及 Internet 应用等知识。

6.2　Internet 应用

Internet 是一个建立在网络互联基础上的最大的、开放的全球性网络，起源于 AR-PANET，同时 TCP/IP 协议的提出为 Internet 的发展奠定了基础。Internet 技术的普遍应用，是进入信息社会的标志，本节主要介绍 Internet 应用。

6.2.1　Internet 概述

从 20 世纪 60 年代开始，世界上出现过以不同的计算机网络技术组建起来的局域网和广域网。将各种不同的网络互联起来，可能的解决方案有两个：一是选择一种网络技术，所有不使用这种网络技术的组织必须拆除其原有网络而重新按照该技术手段组建新的网络；二是允许任何部门和组织根据自己的需求和经济预算选择自己的网络，再把所有类型的网络互联起来。前一种方法听起来简单易行，但实际上却是不可能做到的；第二种解决方法就是今天的 Internet。

1. Internet 的起源与发展

（1）Internet 在国际上的发展　1969 年 12 月，美国国防部国防高级研究计划署（DoD/DARPA）为寻求将其所属各个网络互联的方法，出资赞助大学的研究人员开展网络互联技术的研究。研究人员最初在不同大学之间组建了一个实验性网络，即前文提到的 ARPANET。这个网络把位于洛杉矶的加利福尼亚大学、位于圣芭芭拉的加利福尼亚大学、斯坦福大学，以及位于盐湖城的犹他州州立大学的计算机主机联接起来，位于各个结点的大型计算机采用分组交换技术，通过专门的通信交换机（IMP）和专门的通信线路进行相互联接。ARPANET 就是 Internet 最早的雏形。

1972 年，全世界电脑业和通讯业的专家学者在美国华盛顿举行了第一届国际计算机通信会议，就在不同的计算机网络之间进行通信的问题达成协议，会议决定成立 Internet 工作组，负责建立一种能保证计算机之间进行通信的标准规范（即"通信协议"）。同年，ARPANET 网上的网点数已经达到 40 个，这 40 个网点彼此之间可以发送小文本文件（当时称这种文件为电子邮件，也就是我们现在的 E-mail）和利用文件传输协议发送大文本文件，包括数据文件（即现在 Internet 中的 FTP），同时也发现了通过把一台电脑模拟成另一台远程电脑的一个终端而使用远程电脑上的资源的方法，这种方法被称为 Telnet。由此可看到，E-mail、FTP 和 Telnet 是 Internet 上较早出现的重要工具，特别是 E-mail 仍然是目前 Internet 上最主要的应用。1973 年，美国国防部也开始研究如何实现各种不同网络之间的互联问题。

至 1974 年，IP（Internet 协议）和 TCP（传输控制协议）问世，合称 TCP/IP 协议。这两个协议定义了一种在电脑网络间传送报文（文件或命令）的方法。随后，美国国防部决定向全世界无条件地免费提供 TCP/IP，即向全世界公布解决电脑网络之间通信的核心技术，TCP/IP 协议核心技术的公开最终导致了 Internet 的大发展。

1983 年初，美国军方正式将其所有军事基地的各个子网都连接到 ARPANET 上，并全部采用 TCP/IP（传输控制协议/网际协议），这标志着 Internet 的正式诞生。

Internet 的第一次快速发展源于美国国家科学基金会（National Science Foundation，NSF）的介入，即建立 NSFNET。

20 世纪 80 年代，美国国家基金会组建了一个从一开始就使用 TCP/IP 协议的网络——NSFNET。NSFNET 所采取的是一种层次结构，可以分为主干网、地区网与校园网。各台主机连入校园网，校园网连入地区网，地区网连入主干网，进一步扩大了计算机网络的容量。但其同 ARPANET 一样，不允许商业机构介入。1986 年 NSF 投资在美国普林斯顿大学、匹兹堡大学、加州大学圣地亚哥分校、依利诺斯大学和康纳尔大学建立五个超级计算中心，并通过 56Kbps 的通信线路连接形成 NSFNET 的雏形。1987 年 NSF 对 NSFNET 的升级、营运和管理进行公开招标，结果 IBM、MCI 和由多家大学组成的非营利性机构 Merit 获得 NSF 的合同。1989 年 7 月，NSFNET 的通信线路速度升级到 T1（1.5Mbps），并且连接 13 个骨干结点，采用 MCI 提供的通信线路和 IBM 提供的路由设备，Merit 则负责 NSFNET 的营运和管理。受 NSF 的鼓励和资助，很多大学内部的、政府资助的甚至私营的研究机构纷纷把自己的局域网并入 NSFNET 中，从 1986 年至 1991 年，NSFNET 的子网从 100 个迅速增加到 3000 多个。NSFNET 的正式营运以及实现与其他网络的连接真正成了 Internet 的基础。

20 世纪 90 年代，商业机构开始介入 Internet，带来 Internet 的第二次飞跃性发展。Internet 问世后，每年加入 Internet 的计算机数量呈指数级增长。与此同时，很多商业机构也开始运行它们的商业网络，并将它们的商业网络连接到 Internet 主干网上。Internet 的商业化开拓了其在通信、资料检索、客户服务方面的巨大潜力，促进 Internet 走向世界。20 世纪 90 年代初期，Internet 事实上已成为一个"网际网"，各个子网分别负责自己的架设和运作费用，而这些子网又通过 NSFNET 互联起来。NSFNET 连接全美上千万台计算机，拥有几千万用户，是 Internet 最主要的成员网。随着计算机网络在全球的拓展和扩散，美洲以外的网络也逐渐接入 NSFNET 主干或其子网。

从 Internet 的发展过程中可以看到，Internet 是千万个可以单独运作的子网以 TCP/IP 协议互联形成的。各个子网属于不同的组织或机构，而整个 Internet 则不属于任何国家的政府或机构。

（2）Internet 在我国的发展　Internet 在中国的发展可以追溯到 1986 年。当时，中科院等一些科研单位通过国际长途电话拨号到欧洲一些国家，进行国际联机数据库检索，能够以最快的速度查到所需的资料。这可以说是我国使用 Internet 的开始。

由于核物理研究的需要，中科院高能所（IHEP）与美国斯坦福大学的线性加速器中心意识到了加强数据交流的迫切性。在 1993 年 3 月，高能所通过卫星通信站租用了一条 64 Kbps 的卫星线路与斯坦福大学联网。

1994 年 4 月，中科院计算机网络信息中心通过 64Kbps 的国际线路连到美国，开通路由器（一种连接到 Internet 必不可少的网络设备），我国开始正式接入 Internet 网。

目前，我国已初步建成国内互联网，其 4 个主干网络分别是：中国公用计算机互联网（ChinaNet）、中国教育与科研计算机网（CERNet）、中国科学技术计算机网（CSTNet）、中国金桥互联网（ChinaGBN）。

①中国教育与科研网（CERNet）：中国教育与科研网是中国政府资助的全国范围的教育与科研网络，其基本建设目标是逐步将中国的所有大学、部分有条件的中小学通过网络连接起来。目前，已经有 1000 多所大专院校和中小学加入。中国教育与科研网的管理者是国家教育部。

②中国金桥信息网（ChinaGBN）：金桥工程是原中国电子工业部推行的"三金"工程（金卡、金关、金桥）的网络基础设施。它始建于 1994 年，计划覆盖全国 30 个省、500 个大城市，将国内的数万个企业连接起来，同时对社会提供开放的 Internet 接入服务。金桥网的管理者是中国吉通通信公司。

③中国科技网（CSTNet）：中国科技网主要为中科院在全国的研究所和其他相关研究机构提供科学数据库和超级计算资源。截至 1998 年 7 月，已经有 300 家国内研究机构接入了中国科技网。中国科技网的管理者是中国互联网络信息中心。

④中国公用计算机互联网（ChinaNet）：1994 年秋，考虑到国内用户对 Internet 的强烈需求，中国电信（China Telecom）开始着手规划一个全新的、面向公众的商业化计算机网络，这就是 ChinaNet。中国电信的介入揭开了中国 Internet 商业化的序幕。作为公用的商业网络，ChinaNet 的一个重要经营方针是帮助家庭和办公室的用户通过电话接入 Internet。ChinaNet 已经把 Internet 接入服务普及到国内大部分地区，用户可以使用本地电话接入 ChinaNet。中国公用计算机互联网的管理者是中国电信。

2. Internet 的接入方式　接入 Internet 的方式多种多样，一般都是通过 Internet 服务供应商（Internet Service Provider，ISP）接入 Internet。主要的接入方式有：电话拨号接入、ADSL 接入、局域网接入、Cable Modem 接入、光纤宽带接入、无线网络接入 6 种。

（1）电话拨号接入　电话拨号入网可分为两种：一是个人计算机经过调制解调器（Modem）和普通模拟电话线，与公用电话网连接。二是个人计算机经过专用终端设备和数字电话线，与综合业务数字网（Integrated Service Digital Network，ISDN）连接。通过普通模拟电话拨号入网方式，数据传输能力有限，传输速率较低（最高为 56kb/s），传输质量不稳，上网时不能使用电话。通过 ISDN 拨号入网方式，信息传输能力强，传输速率较高（最高为128kb/s），传输质量可靠，上网时还可使用电话，如图6-12所示。

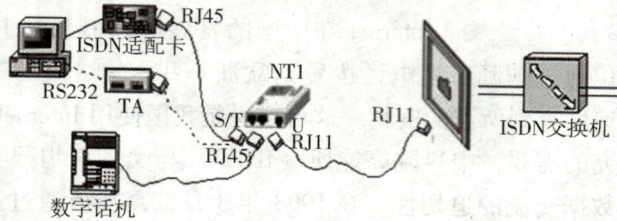

图6-12 ISDN接入方式

注意：调制解调器是一种计算机硬件。所谓调制，就是把数字信号转换成电话线上传输的模拟信号；解调，即把模拟信号转换成数字信号。

（2）**ADSL接入** 非对称数字用户线路（Asymmetrical Digital Subscriber Loop，AD-SL）是一种新兴的高速通信技术。上行（指从用户电脑端向网络传送信息）速率最高可达1Mb/s，下行（指浏览WWW网页、下载文件）速率最高可达8Mb/s。上网同时可以打电话，互不影响，而且上网时不需要另交电话费。安装ADSL也极其方便快捷，只需在现有电话线上安装ADSL MODEM，而用户现有线路不需改动（改动只在交换机房内进行）即可使用，如图6-13所示。

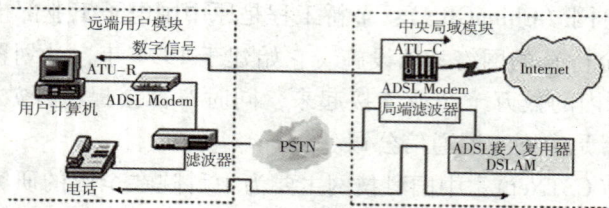

图6-13 ADSL接入方式

（3）**局域网接入** 一般单位的局域网都已接入Internet，局域网用户即可通过局域网接入Internet（图6-14）。局域网接入传输容量较大，可提供高速、高效、安全、稳定的网络连接。现在许多住宅小区也可以利用局域网提供宽带接入。

图6-14 局域网接入方式

（4）Cable Modem 接入 基于有线电视的线缆调制解调器（Cable Modem）接入方式（图 6–15）可以达到下行 8Mb/s、上行 2Mb/s 的高速率接入。要实现基于有线电视网络的高速互联网接入业务还要对现有的有线电视网络（CATV）进行相应的改造。基于有线电视网络的高速互联网接入系统有两种信号上行传送方式：一种是通过 CATV 网络本身采用上、下行信号分频技术来实现，另一种通过 CATV 网传送下行信号，通过普通电话线路传送上行信号。

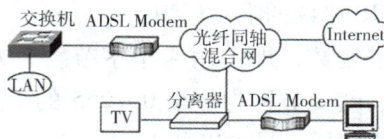

图 6–15 Cable Modem 接入方式

（5）光纤宽带接入 通过光纤接入到终端节点，再由网线连接到各个共享点上（一般不超过 100m），提供一定区域的高速互联接入。特点是速率高，抗干扰能力强，适用于家庭、个人、各类企业团体和事业团体，可以实现各类高速率的互联网应用（视频服务、高速数据传输、远程交互等）。

（6）无线网络接入 无线网络既包括允许用户建立远距离无线连接的全球语音和数据网络，也包括为近距离无线连接进行优化的红外线技术及射频技术。无线网络与有线网络的用途十分类似，二者最大的不同在于传输媒介的不同，无线网络利用无线电技术取代网线，可以和有线网络互为备份。在开放的公共场所或者室内，无线网络一般会作为已存在的有线网络的一个补充方式，通过装有无线网卡的终端设备方便接入互联网。

3. 网际协议 IP 与 IP 地址

（1）网际协议 网际协议（Internet Protocol，IP）是 Internet 中最重要的协议，对应于 TCP/IP 参考模型的网络层。网际协议制定了所有在网络上流通的数据包标准，提供跨越多个网络的单一数据报传送服务。

网际协议把各种网络的物理地址转换为 Internet 地址，而且把不同的帧统一转换成 IP 数据报。网际协议用统一的 IP 数据报格式在帧格式不同的物理网络之间传送数据，数据报的传递采用所谓的"无连接"方式，即两台主机在通信之前不需要建立好确定的连接。

IP 数据报在 Internet 上的传输过程类似于邮局送信的过程。邮局在处理信件时，发往本邮局辖区的信件就直接送给收信人；而对于送往外地的信件，邮局只需要根据规则把信件送到邮递路径上相邻的下一家邮局即可，不需要知道信件到达收信人手上的全过程。信件通过邮局的一系列传送将送到收件人所在地的邮局，最后送到收件人的手中。路由器就类似于这一系列的邮局。路由器是 Internet 中负责进行路由选择的专用计算机。路由选择也称为"寻径"，即在网络中找到一条最合适的传输路径，将分组从发送端的子网送往接收端的子网的过程。路由器在接收到一个分组后，取出报头部分的有关目的地址的信息，根据目的地址将数据报转发给合适路径上的下一个路由器。如果这个路由器同目的子网直接相连，这个数据报就直接被送往目的主机。如同邮局处理信件一样，路由器并不关心数据报送往目的主机的整条路径，而只是把数据报转发到路径的下一站就可以了。

(2) IP 地址　Internet 上的所有计算机都必须有唯一的编号作为其在 Internet 上的标识，这个编号称为 IP 地址。IP 地址是网络上的通信地址，是计算机、服务器、路由器的端口地址，是运行 TCP/IP 协议的唯一标识。

1P 地址是一个 32 位二进制数，即占用 4 个字节。为方便起见，通常将其表示为 w. x. y. z 的形式。其中 w、x、y、z 分别为一个 0～255 的十进制数，对应于二进制表示法中的一个字节，每个数字之间用点号加以分隔。

假设某台机器的 IP 地址为：

11001010 01110010 01000000 00000010

则写成点分十进制数的表示形式是：

202. 114. 64. 2

为了确保 IP 地址在 Internet 上的唯一性，IP 地址统一由美国国防数据网网络信息中心（DDN NIC）负责分配。而美国以外的 IP 地址又由 DDN NIC 授权的其他 3 个管理机构发放，它们分别是 INTERNIC（负责美国与邻近地区）、AP1V1C（负责亚洲和太平洋地区）、RIPENIC（负责欧洲地区）。CHINANET 的 IP 地址是由原邮电部经过美国 Sprint 公司向 APNIC 申请并由原邮电部数据通信局负责分配与管理的。

4. Internet 域名地址　IP 地址的定义严格且易于划分子网，但是它记忆起来十分不便。因此，每台主机又可以取一个便于记忆的名字——域名。其主要功能就是定义一套为机器取名的规则，以便把域名高效地转换成 IP 地址。

(1) 域名的构成　一个完整的域名由若干部分组成，各个部分之间用小数点分隔开。每个部分都有一定的含义，且从右到左各个部分之间大致上是上层与下层的包含关系。域名的级数通常不超过 5 级，其结构为：主机名. 机构名. 网络名. 最高级域名。

为了表示主机所隶属的机构的性质，Internet 体系结构委员会（Internet Architecture Board，IAB）给出了 7 个顶级域名，美国之外的其他国家的互联网管理机构还使用国际标准化组织规定的国别代码作为域名后缀来表示主机所属国家。表 6 - 1 给出了标识机构性质的组织性顶级域名的标准。

表 6 - 1　组织性顶级域名的标准

域名	含义	域名	含义
com	商业机构	gov	政府机构
mil	军事机构	org	非营利性机构
edu	教育机构	int	国际机构
net	网络服务提供者		（主要是指北约组织）

一般域名从右往左数的第二部分是表 6 - 1 中给出的标识机构性质的部分。而域名

的右边第一部分是国别代码。表6－2是以国家或地区区分域名。

表6－2　以国家或地区区分域名

域名	含义	域名	含义	域名	含义
cn	中国	de	德国	uk	英国
ar	阿根廷	se	瑞典	kr	韩国
jP	日本	at	奥地利	ca	加拿大
us	美国	au	澳大利亚	nl	荷兰

（2）**域名系统**　在域名系统（Domain Name System，DNS）中，采用层次式的管理机制。例如，"cn"代表中国，它由中国互联网信息中心（China Internet Network Information Center，CNNIC）负责管理。域名系统采用层次结构的优点是：每个组织都可以在它们的域内再划分域，只要保证组织内域名的唯一性，就不用担心与其他域名发生冲突。一旦有了域名，就不必去记IP地址。但是对计算机来说，需要把域名转换为IP地址。一般来说，Internet服务提供者（Internet Service Provider，ISP）的网络中心会有专门完成从域名到IP地址转换的计算机——服务器。主机在需要把域名转换为IP地址时向域名服务器提出查询请求，域名服务器根据主机提出的请求进行查询，并把结果返回给主机。

（3）**IP地址与域名服务器之间的关系**　Internet上的IP地址是唯一的，一个IP地址对应着唯一的主机。同样，给定一个域名也能找到与其唯一对应的IP地址。www.jxutcm.edu.cn中的内容是江西中医药大学的主页，它的IP地址是117.40.29.88。有时会用一台计算机提供多项服务，如既作为WWW服务器又作为邮件服务器，但计算机的IP地址还是唯一的，可以根据计算机所提供的多个服务赋予不同的域名。

6.2.2　Internet 应用服务

使用Internet的目的是要使用Internet所提供的各种服务。通过这些服务，可以获得分布于Internet上的各种资源，涉及自然科学、社会科学、技术科学、农业、气象、医学、军事等领域。同时，也可以通过使用Internet所提供的服务将自己的信息发布出去，这些信息也可以成为网络上的资源。

1. WWW 应用　WWW（World Wide Web）简称"万维网"，是Internet上起步较晚的一种服务，也是表现力最丰富、最容易被人们接受的一种服务。它是一种基于超文本和超媒体方式的信息查询工具，是由欧洲粒子物理研究所研制的，可以通过Internet从世界上的任何地方找到所需要的文本、图像和声音等。

（1）**WWW 的工作方式**　WWW服务采用客户－服务器模式，Internet中的一些计算机专门发布Web信息。这些计算机上所运行的是WWW服务程序，用超文本置标语言（Hypertext Markup Language，HTML）写出的超文本文档都存放在这些计算机上，这样的计算机被称为Web服务器。在客户机上，运行专门进行网页浏览的客户端程序。客户端程序向服务器端程序发出请求，服务器端程序响应客户端程序的请求，把Internet 上的 HTML 文档传送到客户端，客户端程序以网页的格式显示文档。

（2）WWW 的关键技术（HTTP、HTML、URL）　超文本传输协议（Hyper Text Transfer Protocol，HTTP）是用从 WWW 服务器传输超文本到本地浏览器的传送协议。它可以使浏览器更加高效，使网络传输减少。它不仅保证计算机正确快速地传输超文本文档，还确定传输文档中的哪儿，以及首先显示的内容（如文本先于图形）等。HTTP 是一个应用层协议，由请求和响应构成，是一个标准的客户端服务器模型。

WWW 的网页一般是通过超文本置标语言（Hypertext Markup Language，HTML）编制的。HTML 是作为"标注语言"出现的，虽然它已逐渐向程序语言发展，但目前其多数属性仍与一般的排版语言更接近。HTML 语言的主要特点是超文本、超链接、超媒体，可在 HTML 的文本里嵌入各种链接，而这些链接可以是另一个 HTML 文件或文本、语言、图形、图像等。因此，用 HTML 可多角度、多媒体展示信息。用户也可方便地在关联的链接间自由选择，较快地定位和获取自己感兴趣的内容。

统一资源定位地址（Uniform Resource Locator，URL）是指向 Internet 上的网页或其他资源的一个地址。URL 是对可以从互联网上得到的资源的位置和访问方法的一种简洁表示，是互联网上标准资源的地址。互联网上的每个文件都有一个唯一的 URL，它包含的信息指出文件的位置及浏览器应该怎么处理它。

（3）信息浏览与搜索引擎　用户计算机中进行网页浏览的客户端程序称为浏览器。目前有很多功能强大的浏览器，现以微软公司的 IE（Internet Explorer）为例，介绍网页信息的基本浏览方法。

1）IE 概貌：IE 浏览器（Internet Explorer）是微软公司推出的一款网页浏览器，自 1995 年诞生至 2014 年，共有 11 个主版本。

在操作系统中安装好 IE 之后，单击任务栏上的"开始"按钮，在"程序"中选择 "Internet Explorer"组中的"Internet Explorer"程序，启动 IE 浏览器。IE 浏览器窗口由以下部分组成：

①标题栏：在窗口内的第一行，显示出当前网页的主题。
②菜单栏：包含一系列菜单，以控制 IE 浏览器的工作。
③工具栏：提供与某些菜单项相同的功能，使操作变得更加方便。
④主窗口：用来显示网页。
⑤地址栏：用来输入 URL。
⑥状态栏：在窗口内的最后一行，显示有关的状态信息。

2）网页的浏览方法：在 IE 浏览器的地址栏中输入 URL，相应的网页内容就会出现在主窗口中。网页通过远程计算机传输到本地计算机上需要一定的时间。在网络不太拥挤的情况下，时间可能会短一些，有时则可能需要等待较长的时间，甚至可能会因为传输延迟而导致下载操作失败。

浏览网页时，实际上是先将当前页面的 HTML 文档和页面中所含图像的图片文件从远程计算机上传输到本地计算机上，然后再把页面显示在浏览器上。使用 IE 来浏览网页内容时，选择"查看"菜单中的"源文件"项，可以查看页面的 HTML 源代码。

当网页被显示在浏览器中时，网页所对应的 HTML 文档和图片文件已经从远程计算机上传送到本地计算机上，并被存储在 Windows 文件夹下的 Temporary Internet Files 子文件夹中。这个子文件夹是一个临时缓冲区，容量极其有限。当新的页面被下载时，如果缓冲区空间已满，新的文档会把以前的文档覆盖掉。选择"文件"菜单中的"另存为"命令，可以将当前页面的 HTML 源文件永久存储在本地计算机的其他文件夹下。

3）搜索引擎：搜索引擎就是能自动从互联网搜集信息，经过整理后，提供给用户进行查询的系统。它利用网络蜘蛛（spider）的自动搜索机器人程序连上每一个网页，再通过网页中的超链接连到其他的网页，采用这种办法对互联网上的绝大部分网页进行遍历，将网页内容进行复制和保存，并按照一定的规则进行编排，收集到特定的数据库中，并实时进行更新。当用户向搜索引擎发出查询请求时，搜索引擎根据查询内容从数据库中提取内容以网页链接形式返回搜索结果。

常用的搜索引擎网站有百度、GOOGLE、YAHOO 等。用户在搜索框中输入关键词，点击搜索按钮，就可以看到搜索结果以网页链接的方式显示，单击相应的链接，就可以打开与关键词相关的网页。实际应用中，用普通方法进行搜索时，发现内容太杂乱，没有达到预期目标，为了使搜索结果更精确，就需要掌握以下一些搜索的高级方法。

①用好逻辑运算符：搜索引擎基本上都支持附加逻辑命令查询，常用的有"＋"号和"－"号，或与之相对应的逻辑命令 AND 和 NOT。"＋"号（AND）用于在搜索中指定涵盖某项内容，而"－"号（NOT）则用来从结果中排除某项内容，用好这些命令符号可以大幅提高搜索精度。

②用双引号进行精确匹配搜索：如果输入的中文关键词较长，搜索引擎在经过分析后，会将关键词拆分。例如，输入"计算机基础"，搜索引擎会将"计算机基础"拆分成"计算机""基础"等关键词后进行搜索，精确度比较低，我们只要将关键词加上双引号，搜索引擎就不会将关键词进行拆分了，返回的结果就比较精确了。

（4）文献检索　文献检索（Information Retrieval）是指根据学习和工作的需要获取文献的过程。随着现代网络技术的发展，文献检索更多是通过计算机技术等现代检索方式来完成。检索包括信息的存储和检索两个过程（Storage and Retrieval）。信息存储是将大量无序的信息集中起来，根据信息源的外表特征和内容特征，经过整理、分类、浓缩、标引等处理，使其系统化、有序化，并按一定的技术要求建成一个具有检索功能的数据库或检索系统，供人们检索和利用。而检索是指运用编制好的检索工具或检索系统，查找出满足用户要求的特定信息。

2. 电子邮件服务　电子邮件（E－mail）是 Internet 提供的最基本的服务之一，也是使用最为广泛、使用频率最高的一个服务项目。通过电子邮件，可以方便快捷地与别人交换、查询信息，加入有关的公告和讨论组，获取有关信息。

电子邮件比人工邮件的速度快，可靠性高，价格便宜。它不像电话那样要求通信双方同时在场，可以一信多发，也可以将文字、图像、语音等多媒体信息集成在一封电子邮件中传送。收发电子邮件要使用简单邮件传送协议（Simple Mail Transfer Protocol，SMTP）和邮局协议（Post Office Proto－col，POP3）。用户通过 SMTP 服务器发送电子邮件，通过 POP3 服务器接收电子邮件。整个工作过程就像平时发送普通邮件一样。

发送电子邮件时，将电子邮件投递到 SMTP 服务器上，剩下的工作全部由互联网的电子邮件系统来完成。接收时只需检查 POP3 服务器上的用户邮箱（类似家门口的信箱）中有没有新的电子邮件到达，若有就取出来。这个邮箱与普通邮箱不同的是，无论用户身处何地，只要能从互联网上连接到邮箱所在的 POP3 服务器，就可以收信。

用户拥有的电子邮件地址称为 E－mail 地址，它具有统一的格式：用户名@ 主机域名。用户名是用户向 Internet 服务提供者申请获得的用户代码。@ 符号后面是用户所使用的计算机主机域名。其中用户名区分字母大、小写，而主机域名不区分字母大、小写。Internet 服务提供者只要保证用户名不同，就能保证每个 E－mail 地址在整个 Internet 中的唯一性。

3. 文件传输服务（FTP） 如果不想在联机的状态下浏览存放在与 Internet 联网的某台计算机上的文件，可先把文件放到本地联网的计算机中。这样，既可以节省实时联机的时间，又可以有充足的时间来处理这些文件。Internet 提供的文件传输服务正好满足这一需求，它满足文件传送协议（File Transfer Protocol，FIP）。

4. 远程登录（Telnet） 远程登录（Telnet）是为实现用户与某个 Internet 主机建立远程连接而提供的一种功能服务，也是 Internet 所提供的最基本的信息服务之一。使用 Telnet 与主机建立连接后，就可以使用远程主机上对外开放的各种资源和应用程序。远程登录通常要求用户拥有登录的账号和相应的权限。

首先，登录到对方的计算机上才能进行工作。登录成功后，可以进行与文件搜索及文件传输有关的操作，使用 FTP 协议几乎可以协助传送任何类型的文件。

5. 电子商务（Electronic Commerce） 电子商务是利用计算机技术、网络技术和远程通信技术，实现整个商务过程中的电子化、数字化和网络化。

电子商务是以商务活动为主体，以计算机网络为基础，以电子化方式为手段，在法律许可范围内所进行的商务活动过程。电子商务是运用数字信息技术，对企业的各项活动进行持续优化的过程。电子商务的范围很广，一般可分为企业对企业（Business－to－Business）、企业对消费者（Business－to－Consumer）、消费者对消费者（Consumer－to－Consumer）、企业对政府（Business－to－government）、业务流程（Business Process）5 种模式，其中主要的有企业对企业（Business－to－Business）、企业对消费者（Business－to－Consumer）、业务流程（Business Process）3 种模式。

随着国内 Internet 使用人数的增加，利用 Internet 进行网络购物并以银行卡付款的消费方式已日渐流行，市场份额也在迅速增长，电子商务网站也层出不穷。电子商务最常见之安全机制有安全套接层协议（Secure Sockets Layer，SSL）及安全电子交易协议（SET）两种。

6.2.3　云计算

1. 什么是云计算 云计算（Cloud Computing）是基于互联网的相关服务的增加、使用和交付模式，通常涉及通过互联网来提供动态易扩展且经常是虚拟化的资源。美国国家标准与技术研究院（NIST）定义：云计算是一种按使用量付费的模式，这种模式提供可用的、便捷的、按需的网络访问，使用户进入可配置的计算资源（包括网络、服务器、存储、应用软件、服务）共享池，只需投入很少的管理工作，或与服务供应商进行很少的交互，便可获取这些资源。

2. 云计算的服务　云计算可以被认为包括以下层次的服务：基础设施即服务（IaaS）、软件即服务（SaaS）和平台即服务（PaaS）。

（1）基础设施即服务（Infrastructure – as – a – Service，IaaS）　消费者通过 Internet 可以从完善的计算机基础设施获得服务，如硬件服务器租用。

（2）软件即服务（Software – as – a – Service，SaaS）　是一种通过 Internet 提供软件的模式，用户无须购买软件，而是向提供商租用基于 Web 的软件，来管理企业经营活动，如云服务器。

（3）平台即服务（Platform – as – a – Service，PaaS）　实际上是指将软件研发的平台作为一种服务，以 SaaS 的模式提交给用户。因此，PaaS 也是 SaaS 模式的一种应用。但是，PaaS 的出现可以加快 SaaS 的发展，尤其是加快 SaaS 应用的开发速度，如软件的个性化定制开发。

6.2.4　物联网

1. 什么是物联网　物联网是指通过各种信息传感设备，实时采集任何需要监控、连接、互动的物体或过程等的信息与 Internet 结合形成的一个巨大网络。其实质是利用射频自动识别（Radio Frequency Identification，RFID）技术，通过计算机互联网实现物品（商品）的自动识别和信息的互联与共享，实现了物与物、物与人与网络的连接，从而方便识别、管理和控制。物联网的核心和基础仍然是互联网，是在 Internet 基础上延伸和扩展的网络，其用户端延伸和扩展到了任何物品与物品之间，进行信息交换和通信。物联网通过智能感知、识别技术与普适计算广泛应用于网络的融合中，也因此被称为继计算机、互联网之后世界信息产业发展的第三次浪潮。

2. 物联网的应用　物联网可以电子标签和产品电子代码（Electronic Product Code，EPC）为基础，建立在计算机互联网基础上形成的实物互联网络，其宗旨是实现全球物品信息的实时共享和互通。物联网的系统结构由信息采集系统、PML 信息服务器、产品命名服务器（ONS）和应用管理系统 4 部分组成。

（1）信息采集系统　信息采集系统包括产品电子标签、读写器、驻留有信息采集软件的上位机，主要完成产品的识别和产品 EPC 码的采集和处理。存储有 EPC 码的电子标签在经过读写器的感应区域时，产品 EPC 码会自动被读写器捕获，从而实现自动化 EPC 信息采集。采集的数据将交由上位机信息采集软件进行进一步的处理，如数据校对、数据过滤、数据完整性检查等，这些经过整理的数据可以为上层应用管理系统使用。

（2）实体描述语言（Physical Markup Language，PML）信息服务器　PML 信息服务器由产品生产商建立并维护，他们根据事先规定的原则对产品进行编码，并利用标准的

XML 对产品的详细信息进行描述。PML 信息服务器在物联网中的作用在于以通用的格式提供对产品原始信息的描述，便于其他节点的访问。

（3）**产品命名服务器（Object Name Service，ONS）** 在各信息采集节点与 PML 信息服务器之间建立联系，实现从产品 EPC 码到产品 PML 描述信息之间的映射。

（4）**应用管理系统** 应用管理系统通过和信息采集软件之间的接口获取产品 EPC 信息，并通过 ONS 找到产品的 PML 信息服务器，从而获取产品详细信息以实现诸如入库管理、产品路径跟踪等应用功能。

物联网通过 Internet 信息世界的互联实现物理世界任何产品的互联，实现在任何地方、任何时间可识别任何产品，使产品成为附有动态信息的"智能产品"，并使产品信息流和物流完全同步，从而为产品信息共享提供了一个高效、快捷的网络平台。

实　　验

1. IE 属性设置（Internet 选项）。

（1）设置默认主页。

（2）修改历史记录的保存天数。

（3）设置浏览器在访问网页时是否显示图片，是否播放动画、声音、视频等。

（4）图片下载：右击图片对象，选择快捷菜单中的"图片另存为"命令。

（5）保存网页：执行菜单"文件"中的"另存为"命令。

（6）保存文字：将所需文字复制到文字处理软件（如 Word2003、"记事本"等）中，并加以保存。

（7）文件下载：从网站上下载所需要的文件。

2. 收藏夹的使用。

（1）直接收藏（即放在 Favorites 文件夹中）。

（2）收藏到子收藏夹中。

（3）整理收藏夹。

习　　题

一、选择题

1. 计算机网络的最大优点是_____。

    A. 共享资源　　　B. 增大容量　　　　C. 运算速度快　　　D. 节省人力

2. Internet 上各种网络和各种不同类型的计算机相互通信的基础是_____。

    A. TCP/IP　　　　B. SPX/IPX　　　　C. CSM/CD　　　　D. X. 25

3. 下面举例的 4 个工具软件中，用来下载软件的是_____。

    A. WinZip　　　　B. Winamp　　　　C. 网络蚂蚁　　　　D. 杀毒软件

4. 收发电子邮件，首先必须拥有_____。

A. 电子邮箱　　　　B. 上网账号　　　　C. 中文菜单　　　　D. 个人主页

5. IP 地址由一组_____位的二进数组成。

A. 8　　　　　　B. 16　　　　　　　C. 32　　　　　　D. 128

6. 统一资源定位器的英文缩写是_____。

A. HTTP　　　　B. FTP　　　　　　C. TELNET　　　　D. URL

7. 通过 Internet 发送或接收电子邮件（E-mail）的首要条件是应该有一个电子邮件（E-mail）地址，它的正确形式是_____。

A. 用户名@域名　　　　　　　　　　B. 用户名#域名

C. 用户名/域名　　　　　　　　　　D. 用户名．域名

8. 局域网的拓扑结构是_____。

A. 环型　　　　　B. 星型　　　　　　C. 总线型　　　　D. 以上都是

9. 域名 www. tsinghua. edu. cn 一般来说，它是在_____。

A. 中国的教育界　　　　　　　　　　B. 中国的工商界

C. 工商界　　　　　　　　　　　　　D. 网络机构

10. 合法的 IP 地址是_____。

A. 202. 112. 37　　　　　　　　　　B. 202. 112. 37. 47

C. 256. 112. 234. 12　　　　　　　　D. 202. 112. 258. 100. 234

二、简答题

1. 在 Internet 上，计算机之间进行文件传输使用的协议是_____。

2. 将远程主机上的文件传送到本地计算机上，称为文件_____。

3. Modem 的功能是实现_____。

4. 按距离可将计算机网络划分为_____、_____、_____。

5. 因特网上的服务都是基于某一种协议，Web 服务是基于_____。

7　计算机信息安全基础

随着全球信息化技术的快速发展，在信息技术的广泛应用中，安全问题正面临着前所未有的挑战。目前因特网（Internet）已遍布世界 200 多个国家和地区，网民人数多达 20 多亿。计算机已经被广泛应用到政治、军事、经济、科研、文化等各行各业，人们在日常生活中对计算机的依赖程度越来越高，尤其是近年来国家实施的信息系统工程和信息基础设施建设，已使计算机系统成为当今社会的一个重要组成部分。同时，随之面临的信息安全问题也日益突出，非法访问、信息窃取，甚至信息犯罪等恶意行为导致信息的严重不安全。

信息安全是一门交叉学科，涉及多方面的理论和应用知识。信息安全研究大致可以分为基础理论研究、应用技术研究、安全管理研究等。基础理论研究包括密码研究、安全理论研究。应用技术研究包括安全实现技术、安全平台技术研究。安全管理研究包括安全标准、安全策略、安全测评等。

安全法规、安全技术和安全管理是计算机信息系统安全保护的三大组成部分，它们相辅相成。制定法规的根本目的在于引导、规范及制约社会成员的行为。安全法规以其公正性、权威性、规范性、强制性成为实施社会计算机安全管理的准绳和依据，有效的计算机安全技术是维护计算机信息系统的有力保障。安全保护的直接目标是保障计算机信息系统的安全。

任务 1　了解信息安全方面知识

进入 21 世纪，随着信息技术的不断发展，信息安全问题也日显突出。如何确保信息系统的安全已成为全社会关注的问题。通过本节相关案例的学习，了解信息安全方面的相关知识，提高信息安全意识，掌握必要的防范措施以防止泄露自己的重要信息。

7.1　信息安全问题概述

通信、计算机和网络等信息技术的发展大大提升了信息的获取、处理、传输、存储和应用能力，信息数字化已经成为普遍现象。互联网的普及更方便了信息的共享和交流，使信息技术的应用扩展到社会经济、政治、军事、个人生活等各个领域。

信息是人类社会的宝贵资源。功能强大的信息系统是推动社会发展前进的加速剂和倍增器，它已经成为社会各部门不可缺少的生产和管理手段。信息与信息系统的安全，已经成为崭新的学术技术领域，信息与信息系统的安全管理，也已经成为社会公共安全工作的重要组成部分。

无论在计算机上存储、处理和应用，还是在通信网络上传输，信息都可能因被非授权访问而导致泄露，因被篡改破坏而导致不完整，或因被冒充替换而导致否认，也可能被阻塞拦截而导致无法存取。这些破坏可能是有意的，如黑客攻击、病毒感染；也可能是无意的，如误操作、程序错误等。

7.1.1　手机病毒

手机病毒是一种具有传染性、破坏性的手机程序。其可利用发短信（彩）信、电子邮件，或浏览网站、下载铃声等方式进行传播，会导致用户手机死机、关机、个人资料被删，或向外发送垃圾邮件泄露个人信息，自动拨打电话、发短（彩）信等进行恶意扣费，甚至会损毁 SIM 卡、芯片等硬件，导致使用者无法正常使用手机。

为了防止手机病毒，应下载 360 手机卫士，或金山手机卫士，或安全管家（推荐），这些软件都有防自动联网功能与查杀手机木马的功能。

【案例 1】手机病毒可窃听客户密码

广州某大学学生张某平时喜欢通过手机银行管理自己的个人资产。不久前，他通过互联网搜索下载了一款某国有银行手机网银支付客户端，但在登录使用几天后发现再也无法登录，一再提示密码错误。在懂技术的同学的提示下，张某赶紧到银行进行柜台查询，发现密码已被更改。所幸那个账号平时只是用来网上购买一些小额的东西，钱不多。没造成大的损失。

分析：张某的智能手机是感染了手机操作平台下知名的"终极密盗"手机病毒。该病毒的典型特征为：侵入手机后会自动在后台监听用户的输入信息，捕获到用户的银行密码后通过短信外发给黑客，对方一旦远程修改密码，则可进行转账操作。

【案例 2】欺诈短信暗含"钓鱼"网站

12 月 24 日，王某的手机突然收到一条由"95588"发来的短信。短信内容很简单，上面说："尊敬的用户：您的电子密码器将于次日失效，请立即登录我行网站 wap.icptp.com 进行升级，给您带来不便敬请谅解。工商银行 95588。"小王起初并没在意，但他也没删除短信。

1 月 5 日，当他再次翻看手机发现这条短信时，随手就点了链接网址。打开界面，进入了链接网站，与真正的银行网站无异。网页提示，让输入银行卡号，接着又要求输入身份证号。网页提示输入电子密码器的"临时验证码"。王某按照提示要求，全部输入进去。"维护"成功后，王某就关闭了网页。在"维护"期间，他也有过一丝的不安，转念一想，虽然输入了卡号，但在整个过程中，却没有输入过银行卡的密码。因此，他觉得这样的操作是"安全的"。

直到 1 月 7 日，王某使用银行卡，通过网上银行给信用卡还款时，才发现卡里的存款不见了。再去银行查详单，在 1 月 5 日当天，这张银行卡一次性转走了卡内现金 47550.00 元，账户内只剩下几十元的零头。王某傻眼了。

王某向银行说明情况，银行的工作人员帮他查询了转账记录。他账户内的钱，被汇到了新疆的一个农行账号内。

分析： 一般银行发送给客户的短信，只有银行的客服号码，不会附带任何前缀、后缀。有些市民收到如"10653195588"之类的短信，一定是诈骗短信。这些都是诈骗人使用改号器伪装的号码。王某收到的短信，提供的网址虽然很像工行的网址，但实际上与真实网址是有区别的。真正的工行网址为 wap. icbc. com. cn，而王某收到短信内的网址则为 wap. icptp. com。如果他稍微细心一些，就会发现。对于王某提出，自己未输入密码的环节，专家表示，王某的谨慎是对的。但他却对自己手头使用的电子密码器不太了解，我们通常说的银行卡密码，主要是在柜台、ATM 机、商场消费等使用的密码。而这次转账，是在网上实现的，也就是虚拟交易。银行设置的电子密码器上生成的密码，才是真正的网上交易密码。如在银行的官网上进行操作，输入银行卡号后，网页上会显示一个验证码，将这个验证码输入用户的电子密码器后，就会生成一个一次性的密码。这个密码，就是虚拟交易的密码。该密码与个人银行卡密码完全没关系。王某的操作中，对方故意把电子密码器生成的密码，提示为"临时验证码"，就是最关键的诈骗环节，它迷惑了操作者。

【案例3】 手机监听软件泄露隐私信息

如今，家人定位和监听软件在网上随处可见，甚至公开销售。经过专家鉴定，这些具有"间谍"性质的手机软件实为木马病毒，网民安装了这些软件之后，它就会在后台运行，收集用户的相关信息（包括用户的通讯录、通话记录、照片及一些敏感账号信息）。安装者的个人隐私在完全不知情的情况下就已经泄露。

这类软件大肆收集和泄露用户的通话记录等隐私信息，对于用户的个人信息安全来说，无疑是一种威胁。

金山手机毒霸曾经截获过一个数据包，而这个数据包就是从某种定位软件服务器泄露的。其中的信息包括所有中毒用户的大约 1.4 万条手机短信、9900 条电话录音，数据包容量达到 3.4GB。

分析： 不要轻易打开来路不明的彩信。如无必要，不要轻易到网站上下载软件。主要是为了避免病毒和木马程序入侵；开通手机上网功能的用户，最好给手机安装一些防火墙或者是防毒软件，抵御监听病毒的侵入。如果自己的手机短信和上网流量费用出现异常，要仔细查对通话和短信消费清单，看是否有不明来历的被叫号码和自己不知情的短信发送。在召开重要会议或决策时，如担心遭手机窃听，最好不要带手机入场或将手机电池拆除。手机遇故障维修时，一定要把 SIM 卡拔出来，防止他人复制 SIM 卡。对于手机的一些接口，如蓝牙，有的是自动开启的，感觉用处不大，在公共场合最好把它关了。还有 USB 在用的时候再打开。

7.1.2 网络黑客

网络黑客（Hacker）指的是网络的攻击者或非法侵入者。黑客攻击与入侵是指未经他人许可利用计算机网络非法侵入他人计算机，窥探他人的资料信息，破坏他人的网络程序或硬件系统的行为。它可以对信息所有人或用户造成严重损失，甚至可能对国家安全带来严重后果，具有严重的社会危害性。网络攻击与入侵已经成为一种最为常见的网络犯罪。

黑客攻击的手段和方法很多，其主要攻击方式有以下几类：

第一类是进行网络报文嗅探。是指入侵者通过网络监听等途径非法截获关键的系统信息，如用户的账号和密码。一旦正确的账户信息被截取，黑客即可侵入用户的网络。更严重的问题是，如果黑客获得了系统级的用户账号，就可以对系统的关键文件进行修改，如系统管理员的账号和密码、文件服务器的服务和权限列、注册表等，同时还可以创建新的账户，为以后随时侵入系统获取资源留下后门。

第二类是放置木马程序。这种木马程序是一种黑客软件程序，它可直接侵入计算机系统的服务器端和用户端。它常被伪装成工具软件或游戏程序等，诱使用户打开带有该程序的邮件附件或从网上直接下载。一旦用户打开这些邮件附件或执行这些程序后，这种软件程序就会像古特洛伊人在敌人城外留下藏满士兵的木马一样留在用户计算机中，并在计算机系统中隐藏一个可在 Windows 启动时自动执行的程序。当用户连接 Internet 时，此程序会自动向黑客报告用户主机的 IP 地址及预先设定的端口。黑客在获取这些信息后，就可利用这个潜伏在用户计算机中的程序。任意修改用户主机的参数设定、复制文件、窥视硬盘中的内容信息等，从而达到控制的目的。另外，目前网络还流行很多种新的木马程序及其变种，通过不同的隐蔽手段隐藏在不易被察觉的危险文件或网页中，诱使用户点击运行，从而达到监听用户键盘，窃取用户重要的口令信息等。很大的涉网金融案件、私密信息被盗案件都与用户服务器或计算机内被放置这种木马软件有关。

第三类是 IP 欺骗。IP 欺骗攻击指网络外部的黑客假冒受信主机，如通过使用用户网络 IP 地址范围内的 IP 地址或用户信任的外部 IP 地址，从而获得对特殊资源位置的访问权或截取用户账号和密码的一种入侵方式。

第四类是电子邮件炸弹。是指将相同的信息反复不断地传给用户邮箱，实现用垃圾邮件塞满用户邮箱以达到破坏其正常使用的目的。

第五类是拒绝服务和分布式拒绝服务。其主要目的是使网络和系统服务不能正常进行。通常采用耗尽网络、操作系统或应用程序有限资源的方法来实现。

第六类是密码攻击。是指通过反复试探、验证用户账号和密码来实现密码破解的方式，又称为暴力攻击。一旦密码被攻破，即可进一步侵入系统。目前比较典型的是黑客通过僵尸软件远程控制网络上的计算机，形成僵尸网络，黑客通过使用其控制的僵尸机进行大规模的运算试探破解用户密码，进而入侵系统。

第七类是病毒攻击。许多系统都有这样那样的安全漏洞。黑客往往会利用这些系统漏洞或在传送邮件、下载程序中携带病毒的方式快速传播病毒程序，如 CIH、Worm. Red Code、Nimada、震荡波、冲击波、熊猫烧香等，从而造成极大危害。另外，利用许多公开化的新技术，如 HTML 规范、HTTP 协议、XML 规范、SOAP 协议等，进行病毒传播逐渐成为新的病毒攻击方式。这些攻击利用网络传送有害的程序，包括 Java Applets 和 ActiveX 控件，并通过用户浏览器的调用来实现。

第八类是端口扫描入侵。是指利用 Socket 编程与目标主机的某些端口建立 TCP 连接，进行传输协议的验证等。从而侦知目标主机的扫描端口是否处于激活状态、主机提供了哪些服务台、提供的服务中是否含有某些缺陷等，并利用扫描所得信息和缺陷实施入侵的方式。

对个人上网用户来说，抵御和防范网络入侵显得尤为重要。应采取切实可靠的安全防护措施：①使用病毒防火墙，及时更新杀毒软件：在个人计算机上安装一些防火墙软件，如金山毒霸，可实时监控并查杀病毒。同时，用户要认识到任何防护环节都具有一定的安全时效，即只有在一定时间内，防护软件才具有较高的安全防护能力。因此，为了确保已安装的防火墙软件的有效性，用户在使用时应注意及时对其升级，及时更新病毒库。②隐藏自己主机的 IP 地址：黑客实施攻击的第一步就是获得你的 IP 地址。隐藏 IP 地址可以达到很好的防护目的。可采取的方法有：使用代理服务器进行中转，用户上网聊天、BBS 等不会留下自己的 IP；使用工具软件如 Norton Internet Security 来隐藏主机的 IP 地址，避免在 BBS 和聊天室暴露个人信息。③切实做好端口防范：黑客经常会利用端口扫描来查找用户的 IP 地址，为有效阻止入侵，一方面可以安装端口监视程序，如 Netwatch，实时监视端口的安全；另一方面应当将不用的一些端口关闭。可采用 Norton Internet Security 关闭个人用户机上的 HTTP 服务端口（80 和 443 端口），因一般用户不需提供网页浏览服务。如果系统不要求提供 SMTP 和 POP3 服务，则可关闭 25 和 110 端口，其他一些不用的端口也可关闭。另外，建议个人用户关闭 139 端口，该端口实现了本机与其他 Windows 系统计算机的连接，关闭它可防范绝大多数的攻击。④关闭共享或设置密码，以防信息被窃：建议个人上网用户关闭硬盘和文件夹共享，如果确需共享，则应对共享的文件夹设置只读属性与密码，增强对文件信息的安全防护。⑤加强 IE 浏览器对网页的安全防护：IE 浏览器是用户进行网页访问的主要工具，同时也成为黑客使用 HTTP 协议等实施入侵的一种重要途径。个人用户应通过对 IE 属性的设置来提高 IE 访问网页的安全性。如提高 IE 安全级别，禁止 ActiveX 控件和 Java Applets 的运行，禁止 Cookie，将黑客网站列入黑名单，及时安装补丁程序，上网前备份注册表等。

【案例1】

2013 年 11 月 20 日，国内知名漏洞网站乌云曝光称，腾讯 QQ 群关系数据被泄露，在迅雷上很容易就能找到数据下载链接。据测试，该数据包括 QQ 号、用户备注的真实姓名、年龄、社交关系网甚至从业经历等大量个人隐私。数据库解压后超过 90G，有 7000 多万个 QQ 群信息，12 亿多个部分重复的 QQ 号码。随后腾讯公司回应称，此次 QQ 群泄露的只是 2011 年之前的数据，黑客攻击的漏洞也已经修复。不过这么大规模数据在网上公开，由此引发的后遗症很难消除。目前已有网站打出"精准营销"的旗号，根据 QQ 用户的真实姓名、爱好、经历、从业特征发送垃圾邮件；更让人担心的是，这些数据可能被不法分子利用进行诈骗。如果一个人的真实姓名和 QQ 号、群关系都在网上暴露出来，诈骗信息将更加难以防范。

【案例2】

12306 网站上线数小时被发现存在漏洞。2013 年 12 月 6 日，新版中国铁路客户服务中心 12306 网站正式上线试运行。不过，就在上线第一天，擅长"挑刺"的 IT 高手们就发现 12306 新版网站存在漏洞。漏洞发现者指出，12306 网站漏洞泄露用户信息，可查询登录名、邮箱、姓名、身份证及电话等隐私信息。另一个漏洞发现者也曝出"新版 12306 网站存在多个订票逻辑漏洞"，该漏洞可能导致后期订票软件泛滥，造成订票不公。铁路总公司对此回应，"上线当晚漏洞已经弥补"，但 12306 的安全性也由此被人们打上了一个问号。

7.1.3 盗号木马

盗号木马是指隐秘在电脑中的一种恶意程序，并且能够伺机盗取各种需要密码的账户（如游戏账户、应用程序账户等）的木马病毒。盗号木马程序一般分为服务器端程序和客户端程序两个部分，当服务器端程序安装在某台连接到网络的电脑后，就能使用客户端程序对其进行登陆。这和 PcAnywhere 及 NetMeeting 的远程控制功能相似。但不同的是，木马是非法取得对对方电脑的控制权，一旦登陆成功，就可以取得管理员级的权利，对方电脑上的资料、密码等将一览无余。

这种木马一般的"伪黑客"很少使用，因为一不小心就会引火烧身，被对方反查过来就会"偷鸡不成蚀把米"了。一般他们都会采用只有服务器端的小木马，这类木马通常会把截取的密码发到一个邮箱里，不需要人为操作，有空去收邮件就可以了。这种木马遍布互联网的各个角落，的确防不胜防。由于木马程序众多，加之不断有新版本、新品种产生，使得软件无法完全应付，所以手动检查清除是十分必要的。

木马会想尽一切办法隐藏自己，别指望在任务管理器里看到他们的踪影，有些木马更是会和一些系统进程寄生在一起的，如著名的广外幽灵就是寄生在 MsgSrv32. exe 里。它也会悄无声息地启动，木马会在每次用户启动 Windows 时自动装载服务端，Windows 系统启动时自动加载应用程序的方法木马都会用上，如启动组、win. ini、system. ini、注册表等都是木马藏身之地。

【案例】

网友"小鱼儿0521"在和大学同学聚完餐、照完毕业照的几天后，收到一封"毕业聚会照片"的邮件。下载附件并解压后，出现弹窗要求"小鱼儿0521"输入账号和密码。按要求操作后，却再也无法登录。第二天，同学告诉她她的账号被盗了。而网友"greenapple－365"在收到类似邮件后，跟同学进行了确认，从而避免了自己的损失。

分析：明明是熟悉的同学、朋友发来的邮件，打开后却如"潘多拉魔盒"，账户被盗、数据丢失，甚至钱财损失。伪装成"毕业照"或"聚会照"附件的木马盗号案例频发，它们主要通过群消息或邮件附件的形式进行传播，网友下载并解压附件后，木马会通过几乎可以以假乱真的 QQ 登录框，诱使用户输入账号、密码，达到窃取用户信息的目的。为了防止这种事情的发生，上网时不要轻易点击 QQ 窗口不识别的链接，不要轻易打开"毕业、聚会照片"等主题邮件或消息链接，尤其是陌生人发送的邮件。如为同学、朋友等熟人邮件或消息中的相册链接，向其求证确保安全后再打开。下载附件前，应使用腾讯电脑管家等专业的第三方安全软件进行病毒和木马查杀及安全鉴定。同学、朋友通过 QQ 发送信息借钱时，应通过其他途径与其取得联系进行求证。

7.1.4 个人隐私安全

在现代生活中，互联网络的广泛应用为人们提供了更为广泛的信息收集与传播的途径，从而极大地改变了人们的活动空间与具体生活方式，为人们的日常生活带来了新的体验。然而，在享受着互联网络为人们日常生活带来的方便快捷的同时，互联网络的广泛应用同时也导致个人隐私的安全问题遭受了极大的威胁。由于当前互联网络自身的一些特点，个人的网络隐私权益遭到侵犯的事件时有发生，其受侵害的程度也日趋严重。

用户的隐私泄露可能来自于对网络信息的不重视，可能是来自于一个木马病毒，可能是一些存有安全隐患的网站被黑客利用，还有一些厂商的有意泄露，也有可能是来自软件收集用户隐私。不过，如何界定何为隐私一直是网友所迷惑的问题。而在技术层面，很早就有一些软件厂商或网站会在提供服务时在经过用户允许的前提下捕获收集一些用户的行为习惯，方便在软件升级时使用更加直观，很多社区网络、即时聊天工具、电子邮箱等也在收集用户的手机号码和个人信息，包括一些大型门户也在这么做，个人用户最好不要留下自己的重要信息，目前的互联网环境还不足以保护用户的信息。

"棱镜门"事件的爆发揭示了美国国家安全局监控用户隐私。2013 年 6 月 5 日，美国前中情局职员爱德华·斯诺顿披露给媒体两份绝密资料。一份资料称：美国国家安全局有一项代号为"棱镜"的秘密项目，要求电信巨头威瑞森公司必须每天上交数百万用户的通话记录。另一份资料更加惊人，美国国家安全局和联邦调查局通过进入微软、谷歌、苹果等九大网络巨头的服务器，监控美国公民的电子邮件、聊天记录等秘密资料。

为了保护个人隐私安全，应该做到以下几点：

1. 要严密防范 SNS 网站的蠕虫攻击。对于普通用户来讲，可以安装免费的"瑞星卡卡上网助手 6.0"，利用其中的漏洞扫描功能，弥补系统漏洞。安装瑞星杀毒软件，其中的基于云安全系统的"防挂马模块"，可以利用行为分析方法，拦截 SNS 网站上的盗号木马、蠕虫等。

2. 在社交网站填写任何个人资料之前，都要了解其中蕴涵的风险。尽量不要在社交网站填写过于详细的个人资料。尤其是自己的收入水平、婚姻状况，自己是否买股票、基金等个人隐私，很容易被有心人利用，进行商业推广和诈骗。

3. 不要轻易加 MSN 好友、QQ 好友、SNS 网站好友。随着 SNS 网站的发展，这些个人资料往往有集中、整合的趋势。例如，你一旦加了某人为 MSN 好友，则他在很多 SNS 网站会自动成为你的好友。这样，即使是一个十分陌生的人，也可能了解到你最隐私的个人资料。这样带来的安全风险是不言而喻的。

4. 在使用 SNS 网站时，要充分利用其安全机制。例如，通过 SNS 网站邀请好友时，如果输入了自己的 MSN 账号和密码、邮箱账号和密码，在使用完该功能之后要马上修改密码。这样，就可以规避掉一些安全风险。

5. 检查自己的计算机名是否是自己的名字，密码跟自己的银行密码是否相同，如果是最好改掉。电脑上保存文件也忌讳使用真实名字，因为电脑丢失、资料失窃时，可能还会有其他连锁性的效应。电脑上如果保存重要的账户资料、客户资料，最好设置在一个隐蔽的地方，一定不要出现一打开分区就是"银行账户""重要客户资料"等这样标识的文件夹。因为一旦计算机被他人控制，非常容易发现这些资料，而放在一个隐蔽的文件夹下或加密的文件夹下，则可以降低泄露的风险。

6. 网上很多地方需要注册信息，而且还要求用户输入 E - mail 地址，以便给用户发送密码或激活某项功能，这时用户需要小心谨慎，不妨填写一个不怎么重要的邮箱，从而保证自己主力邮箱的安全与稳定。如果对方要求填写 E - mail 地址对你并没有实质性作用，则不妨杜撰一个 E - mail 地址，只要符合 E - mail 地址的格式就行，如 123@ 123. com。

7. 招聘网站尽量使用 X 先生或 X 小姐的称呼，因为在后台数据里，大部分用户的信息全部可以查出来，也是泄密的多发地点。

8. 在线交易地址检查确认正确无误后，才可以输入自己的账号号码和密码等信息，防止误入钓鱼网站。防火墙安装病毒库应及时更新，系统补丁能打最好打上，关键的交易不要在公共计算机上进行。

9. 手机拍照后的照片，最好不要长期保持在手机中。手机如果有开机密码功能最好开启使用，并设置足够强度的开机密码。要注意自己手机发送草稿和已发送信息保存功能，应当定期删除。手机上网用户的登录信息，重要的信息如上网登录、银联等，一定要每次输入，不要保存。

任务 2　了解常用的网络安全技术

在社会日益信息化的今天，人们的社会与经济活动对计算机网络依赖性与日俱增，使得计算机网络的安全性成为信息化建设的一个核心问题。通过学习，对计算机网络安全技术有一个全面的了解和系统的认识，熟悉业界主流的计算机网络安全机制和安全技术。

7.2　常用的网络安全技术

随着信息化时代的到来，互联网、计算机等信息传播工具被使用的范围越来越广泛，所以计算机信息安全技术也变得日益重要起来。常用的网络安全技术主要有：数据加密技术、访问控制技术、入侵检测技术和病毒防治技术等。

7.2.1　数据加密与认证

通过使用加密技术将明文转换成为无法被识别的密文后，再进行传播的技术就叫作数据加密技术。一般情况下存储数据加密和传输数据加密是比较常见的两种加密技术。其中对传输过程中的信息数据进行加密的技术叫作数据传输加密技术，常见的加密方法有节点加密、链路加密和端到端加密 3 种加密方法，通过对传输中的数据使用相关的加密技术进行加密，可以有效地保证传输数据的完善性和数据传输过程中的安全性。一个完善的加密系统主要是由算法、明文、密文、密钥、加密和解密等方面组成。其中密钥决定了加密系统数据的安全性，因此在进行信息安全技术管理的过程中要对密钥进行严格的管理。

1. 数据加密　数据加密（Data Encryption）又称密码学，是一门历史悠久的技术，是通过加密算法和加密密钥将明文转变为密文。而解密则是通过解密算法和解密密钥将密文恢复为明文。数据加密目前仍是计算机系统对信息进行保护的一种最可靠的办法。它利用密码技术对信息进行加密，实现信息隐蔽，从而起到保护信息的安全的作用。

数据加密算法是一种数学变换，在选定参数（密钥）的参与下，将信息从易于理解的明文加密为不易理解的密文，同时也可将密文解密为明文。加密、解密时用的密钥可以相同，也可以不同。加密、解密密钥相同的算法称为对称算法，典型的算法有DES、AES等。加密、解密密钥不同的算法称为非对称算法，通常一个密钥公开，另一个密钥私藏，因而也称为公钥算法，典型的算法有 RSA、ECC 等。

密码理论是信息安全的基础，信息安全的机密性、完整性和抗否认性都依赖于密码算法。密码学的主要研究内容是加密算法、消息摘要算法、数字签名算法及密钥管理协议等，这些研究成果为建设安全平台提供理论依据。

密码理论的研究重点是算法，包括数据加密算法、数字签名算法、消息摘要算法及相应的密钥管理协议等。这些算法提供两方面的服务：一方面直接对信息进行运算，保护信息的安全特性，即通过加密变换保护信息的机密性，通过消息摘要变换检测信息的完整性，通过数字签名保护信息的抗否认性；另一方面，提供对身份认证和安全协议等理论的支持。

2. 消息认证　消息认证是指使合法的接收方能够通过对消息或者与消息有关的信息进行加密或签名变换进行的认证，目的是为了防止传输和存储的消息被有意无意地伪造或篡改。消息认证包括消息内容认证（即消息完整性认证）、消息的源和宿认证（即身份认证）及消息的序号和操作时间认证等。它在票据防伪中具有重要应用，如税务的金税系统和银行的支付密码器等。

消息认证主要是通过密码学的方法来实现，对通信双方的验证可采用数字签名和身份认证技术，对消息内容是否伪造或篡改通常使用的方式是在消息中加入一个认证码，并将该认证码加密后发送给接收方，接受方通过对认证码的比较来确认消息的完整性。

消息内容认证常用的方法：消息发送者在消息中加入一个鉴别码（MAC、MDC 等）并经加密后发送给接受者（有时只需加密鉴别码即可）。接受者利用约定的算法对解密后的消息进行鉴别运算，将得到的鉴别码与收到的鉴别码进行比较，若二者相等则接收，否则拒绝接收。

消息源和宿的常用认证方法有两种：一种是通信双方事先约定发送消息的数据加密密匙，接收者只需要证实发送来的消息是否能用该密匙还原成明文就能鉴别发送者。如果双方使用同一个数据加密密匙，那么只需在消息中嵌入发送者识别符即可。另一种是通信双方实现约定各自发送消息所使用的通行字，发送消息中含有此通行字并进行加密，接收者只需判别消息中解密的通行字是否等于约定的通行字就能鉴别发送者。为了安全起见，通行字应该是可变的。

消息的序号和时间性的认证主要是阻止消息的重放攻击。常用的方法有消息的流水作业、链接认证符随机树认证和时间戳等。

3. 数字签名　数字签名（Digital Signature）是采用密码学的方法对传输中的明文信息进行加密，以保证信息发送方的合法性，同时防止发送方的欺骗和抵赖。数字签名的原理是将报文按双方约定的 HASH 算法计算，得到一个固定位数的报文摘要值，只要改动报文的任何一位，重新计算出的报文摘要值就会与原始值不符，这样就保证了报文的不可更改。然后把该报文的摘要值用发送者的私人密钥加密，并将该密文同原文一起发送给接收者，所产生的报文即为数字签名。接收方收到数字签名后，用同样的 HASH 算法对报文的摘要值进行计算，然后与用发送者的公钥进行解密解开的报文摘要值相比较。如相等则说明报文确实来自发送者，从而保证了数据的真实性。数字签名是个加密的过程，数字签名验证是个解密的过程。

数字签名主要是消息摘要和非对称加密算法的组合应用。从原理上讲，通过私有密钥用非对称算法对信息本身进行加密，即可实现数字签名功能。数字签名相对于手写签名在安全性方面具有如下特点：数字签名不仅与签名者的私钥有关，而且与报文的内容有关，因此不能将签名者对一份报文的签名复制到另一份报文上，同时能防止篡改报文的内容。

4. 密钥管理　密码算法是可以公开的，但密钥必须严格保护。如果非授权用户获得加密算法和密钥，则很容易破解或伪造密文，加密也就失去了意义。密钥管理（Key Management）就是研究密钥产生、发放、存储、更换和销毁的算法和协议等。

5. 身份认证　身份认证（Authentication）是指验证用户身份与其所声称的身份是否一致的过程。最常见的身份认证是口令认证。口令认证是在用户注册时记录下其用户名和口令，在用户请求服务时出示用户名和口令，通过比较其出示的用户名和口令与注册时记录下的是否一致来鉴别身份的真伪。复杂的身份认证则需要基于可信的第三方权威认证机构的保证和复杂的密码协议来支持，如基于证书认证中心和公钥算法的认证等。

在进行编码信息、文件和邮件的传输过程中，可以使用数字认证对身份进行绑定。通过使用数字认证进行加密，确保了信息传播的完整性和不可否认性。不过需要注意的是，相关数据在使用数据认证加密后，在规定时间内有效，当超过有效时间后要重新申请证书。

7.2.2　访问控制

在计算机安全技术中，访问控制也是一个非常重要的技术，主要是由访问机制和访问原则组成，其中访问原则主要是用来对所有用户的权限进行限制，访问控制机制主要是用来对访问策略进行控制。当安全系统中存在很多加密资源不同、用户等级不同的情况时，就需要使用强制访问的方法进行控制。在对相关人员权限进行设置时，只有系统管理员才有权限进行相关设置。

访问控制（Access Control）是指系统限制用户身份及其所属的预先定义的策略组使用数据资源能力的手段。通常用于系统管理员控制用户对服务器、目录、文件等网络资源的访问。访问控制是系统保密性、完整性、可用性和合法使用性的重要基础，是网络安全防范和资源保护的关键策略之一，也是主体依据某些控制策略或权限对客体本身或其资源进行的不同授权访问。其主要目的是限制主体对客体的访问，从而保障数据资源在合法范围内得以有效使用和管理。

访问控制涉及的技术也比较广，包括入网访问控制、网络权限控制、目录级控制及属性控制等多种手段。

1. 入网访问控制　入网访问控制为网络访问提供了第一层访问控制。它控制哪些用户能够登录到服务器并获取网络资源，控制准许用户入网的时间和准许他们在哪台工作站入网。用户的入网访问控制可分为3个步骤：用户名的识别与验证、用户口令的识别与验证、用户账号的缺省限制检查。三道关卡中只要任何一关未过，该用户便不能进入该网络。对网络用户的用户名和口令进行验证是防止非法访问的第一道防线。为保证口令的安全性，用户口令不能显示在显示屏上，口令长度应不少于6个字符，口令字符最好是数字、字母和其他字符的混合，用户口令必须经过加密。用户还可采用一次性用户口令，也可用便携式验证器（如智能卡）来验证用户的身份。网络管理员可以控制和限制普通用户的账号使用、访问网络的时间和方式。用户账号应只有系统管理员才能建立。用户口令应是每位用户访问网络所必须提交的"证件"。用户可以修改自己的口令，但系统管理员可以控制口令的以下几个方面的限制：最小口令长度、强制修改口令的时间间隔、口令的唯一性、口令过期失效后允许入网的宽限次数。用户名和口令验证有效之后，再进一步履行用户账号的缺省限制检查。网络应能控制用户登录入网的站点、限制用户入网的时间、限制用户入网的工作站数量。当用户对交费网络的访问"资费"用尽时，网络还应能对用户的账号加以限制，用户此时应无法进入网络访问网络资源。网络应对所有用户的访问进行审计。如果多次输入口令不正确，则认为是非法用户入侵，应给出报警信息。

2. 网络权限控制　网络权限控制是针对网络非法操作所提出的一种安全保护措施。用户和用户组被赋予一定的权限。网络控制用户和用户组可以访问哪些目录、子目录、文件和其他资源。可以指定用户对这些文件、目录、设备能够执行的操作。受托者指派和继承权限屏蔽（日米）可作为两种实现方式。受托者指派控制用户和用户组如何使用网络服务器的目录、文件和设备。继承权限屏蔽相当于一个过滤器，可以限制子目录从父目录那里继承的权限。我们可以根据访问权限将用户分为以下几类：特殊用户，即系统管理员；一般用户，系统管理员根据他们的实际需要为他们分配操作权限；审计用户，负责网络的安全控制与资源使用情况的审计。用户对网络资源的访问权限可以用访问控制表来描述。

3. 目录级安全控制　网络应允许控制用户对目录、文件、设备的访问。用户在目录指定的一级权限对所有文件和子目录有效，用户还可进一步指定对目录下的子目录和文件的权限。对目录和文件的访问权限一般有8种：系统管理员权限、读权限、写权限、创建权限、删除权限、修改权限、文件查找权限、访问控制权限。用户对文件或目标的有效权限取决于以下 3 个因素：用户的受托者指派、用户所在组的受托者指派、继承权限屏蔽取消的用户权限。一个网络管理员应当为用户指定适当的访问权限，这些访问权限控制着用户对服务器的访问。8 种访问权限的有效组合可以让用户有效地完成工作，同时又能有效地控制用户对服务器资源的访问，从而加强了网络和服务器的安全性。

4. 属性安全控制　当使用文件、目录和网络设备时，网络系统管理员应给文件、目录等指定访问属性。属性安全在权限安全的基础上提供更进一步的安全性。网络上的资源都应预先标出一组安全属性。用户对网络资源的访问权限对应一张访问控制表，用以表明用户对网络资源的访问能力。属性设置可以覆盖已经指定的任何受托者指派和有效权限。属性往往能控制以下几个方面的权限：向某个文件写数据、拷贝一个文件、删除目录或文件、查看目录和文件、执行文件、隐含文件、共享系统属性等。

5. 服务器安全控制　网络允许在服务器控制台上执行一系列操作。用户使用控制台可以装载和卸载模块，可以进行安装和删除软件等操作。网络服务器的安全控制包括可以设置口令锁定服务器控制台，以防止非法用户修改、删除重要信息或破坏数据，可以设定服务器登录时间限制、非法访问者检测和关闭的时间间隔。

7.2.3　防火墙

随着互联网的发展，网络安全成为网络建设中的关键技术，企业及组织为确保内部网络及系统的安全，必须设置不同层次的信息安全解决机制，防火墙（Firewall）就是最常被优先考虑的安全控管机制。

所谓防火墙指的是一个由软件和硬件设备组合而成，在企业的内部局域网（Intranet）和外部网（Internet）之间、专用网与公共网之间的界面上构造的保护屏障，用于限制 Internet 用户对内部网络的访问的权限，以及管理内部用户访问外界的权限，从而保护内部网免受非法用户的侵入。防火墙主要由服务访问规则、验证工具、包过滤和应用网关 4 个部分组成，防火墙就是一个位于计算机和它所连接的网络之间的软件或硬件。该计算机流入和流出的所有网络通信和数据包均要经过此防火墙。

一个完善的防火墙系统应该做到在数据传输的过程中，经过授权的数据可以从防火墙通过，对公司内部网络和外部网络进行隔离，使用当前最先进的安全技术，可以抵抗多种攻击。

1. 按防火墙软、硬件形式分类

（1）软件防火墙　软件防火墙单独使用软件系统来完成防火墙功能，将软件部署在系统主机上，其安全性较硬件防火墙差，同时占用系统资源，在一定程度上影响系统性能。其一般用于单机系统或是极少数的个人计算机，很少用于计算机网络中。目前比较流行的软件防火墙有：Checkpoint、Comodo Firewall、PC Tools Firewall Plus 等。

（2）硬件防火墙　硬件防火墙是指把防火墙程序做到芯片里面，由硬件执行这些功能，能减少 CPU 的负担，使路由更稳定。

（3）**芯片级防火墙**　芯片级防火墙采用专门设计的硬件平台，在上面搭建的软件也是专门开发的，并非流行的操作系统，因而可以达到较好的安全性能保障。专有的 ASIC 促使它们比其他种类的防火墙速度更快，性能更高，价格也相对更贵。做这类防火墙最常用的有：NetScreen、FortiNet、Cisco 等。

2. 按防火墙技术分类

（1）**包过滤型**　包过滤型防火墙工作在 OSI 网络参考模型的网络层和传输层，它根据数据包头源地址、目的地址、端口号和协议类型等标志确定是否允许通过。只有满足过滤条件的数据包才被转发到相应的目的地，其余数据包则从数据流中被丢弃。

包过滤方式是一种通用、廉价和有效的安全手段。之所以通用，是因为它不是针对各个具体的网络服务采取特殊的处理方式，适用于所有网络服务；之所以廉价，是因为大多数路由器都提供数据包过滤功能，所以这类防火墙多数是由路由器集成的；之所以有效，是因为它能很大程度上满足绝大多数企业安全要求。

在整个防火墙技术的发展过程中，包过滤技术出现了两种不同版本，称为"第一代静态包过滤"和"第二代动态包过滤"。

（2）**应用代理型**　应用代理型防火墙是工作在 OSI 的最高层，即应用层。其特点是完全"阻隔"了网络通信流，通过对每种应用服务编制专门的代理程序，实现监视和控制应用层通信流的作用。在代理型防火墙技术的发展过程中，它也经历了两个不同的版本，即第一代应用网关型代理防火墙和第二代自适应代理防火墙。

3. 按防火墙结构分类

（1）**单一主机防火墙**　单一主机防火墙是最为传统的防火墙，独立于其他网络设备，它位于网络边界。这种防火墙其实与一台计算机结构差不多，同样包括 CPU、内存、硬盘等基本组件，且主板上也有南、北桥芯片。它与一般计算机最主要的区别就是一般防火墙都集成了两个以上的以太网卡，因为它需要连接一个以上的内、外部网络。其中的硬盘就是用来存储防火墙所用的基本程序，如包过滤程序和代理服务器程序等，有的防火墙还把日志记录也记录在此硬盘上。因此，它要求具备非常高的稳定性、实用性、系统吞吐性能。

（2）**路由器集成式防火墙**　原来单一主机的防火墙由于价格非常昂贵，仅有少数大型企业才能承受得起，为了降低企业网络投资，现在许多中、高档路由器中集成了防火墙功能。如 Cisco IOS 防火墙系列。但这种防火墙通常是较低级的包过滤型。这样企业就不用再同时购买路由器和防火墙，大大降低了网络设备购买成本。

（3）**分布式防火墙**　随着防火墙技术的发展及应用需求的提高，原来作为单一主机的防火墙现在已发生了许多变化。最明显的变化就是现在许多中、高档路由器中已集成了防火墙功能。还有的防火墙已不再是一个独立的硬件实体，而是由多个软、硬件组成的系统，这种防火墙俗称"分布式防火墙"。它不是只位于网络边界，而是渗透到网络的每一台主机，对整个网络上的主机实施保护。

4. 按防火墙应用部署分类

（1）**边界防火墙**　边界防火墙是最为传统的一种防火墙，它们于内、外部网络的边界，所起的作用是对内、外部网络实施隔离，保护边界内部网络。这类防火墙一般都是硬件型的，价格较贵，性能较好。

(2) 个人防火墙　个人防火墙安装于单台主机中，防护的也只是单台主机。应用于广大的个人用户，通常为软件防火墙。常见的个人防火墙有：天网防火墙个人版、瑞星个人防火墙、360木马防火墙、费尔个人防火墙、江民黑客防火墙和金山网标等。

(3) 混合式防火墙　混合式防火墙也可以说是"分布式防火墙"或者"嵌入式防火墙"，它是一整套防火墙系统，由若干个软、硬件组件组成，分布于内、外部网络边界和内部各主机之间，既对内、外部网络之间通信进行过滤，又对网络内部各主机间的通信进行过滤。它属于最新的防火墙技术之一，性能最好，价格也最贵。

7.2.4 入侵检测

入侵检测（Intrusion Detection）是对入侵行为发现和响应的系统。它通过收集和分析计算机网络行为、安全日志、审计数据、其他网络上可以获得的信息，以及计算机系统中若干关键点的信息来检查网络或系统中是否存在违反安全策略的行为和被攻击的迹象。入侵检测作为一种积极主动的安全防护技术，提供了对内部攻击、外部攻击和误操作的实时保护，在网络系统受到危害之前拦截和响应入侵。因此，入侵检测被认为是防火墙之后的第二道安全闸门，在不影响网络性能的情况下能对网络进行监测。入侵检测通过执行以下任务来实现：监视、分析用户及系统活动，对系统构造和弱点进行审计，识别反映已知进攻的活动模式并向相关人士报警，对异常行为模式进行统计分析，评估重要系统和数据文件的完整性，操作系统的审计跟踪管理，识别用户违反安全策略的行为。

任务 3　了解计算机病毒的防治

目前，我们已经进入高度信息化的时代，各种各样的信息安全问题日益突出，尤其是计算机病毒的泛滥，对信息系统的安全造成很大威胁。通过学习本节内容，自主总结和相互交流计算机病毒发作引起的计算机故障，掌握计算机病毒的有效防治方法，并应用到日常信息活动中去。

7.3 计算机病毒及其防范

7.3.1 计算机病毒定义

计算机病毒（Computer Virus）在《中华人民共和国计算机信息系统安全保护条例》中被明确定义为"编制者在计算机程序中插入的破坏计算机功能或者破坏数据、影响计算机使用并且能够自我复制的一组计算机指令或者程序代码"。

与医学上的"病毒"不同，计算机病毒不是天然存在的，是某些人利用计算机软件和硬件所固有的脆弱性编制的一组指令集或程序代码。它能通过某种途径潜伏在计算机的存储介质（或程序）里，当达到某种条件时即被激活，通过修改其他程序的方法将自己的精确拷贝形式或者可能演化的形式放入其他程序中，从而感染其他程序，对计算机资源进行破坏。所谓的病毒是人为造成的，对其他用户的危害性很大。

从广义上定义，凡能够引起计算机故障，破坏计算机数据的程序统称为计算机病毒。它能通过磁盘或计算机网络等媒介进行传染，这种传染就像生物病毒传染一样，具有一定的破坏性，并具有一定的潜伏性，使人们不易觉察，等到条件成熟（如特定的时间、特定的环境或配置）病毒便发作，从而给整个计算机系统或网络造成紊乱，甚至瘫痪。

7.3.2　计算机病毒特点

制造计算机病毒的人，往往是精通程序设计技巧并且计算机内部结构的人，其所设计的病毒为精巧的程序，具有下列特点：

1. 隐蔽性　病毒程序大都小巧玲珑，一般只有几百或 1000 字节，可以隐蔽在可执行文件夹或数据文件中，有的可以通过病毒软件检查出来，有的则查不出来。一般在没有防护措施的情况下，计算机病毒程序在取得系统控制权后，可以在很短的时间里感染大量程序。而且受到传染后，计算机系统通常仍能正常运行，用户不会感到任何异常。试想，如果病毒传染到计算机后，机器马上无法正常运行，那么它本身便无法继续进行传染了。正是由于隐蔽性，计算机病毒得以在用户没有察觉的情况下扩散到上百万台计算机中。

2. 传染性　传染性是病毒的一个重要特征，也是确定一个程序是否是计算机病毒的首要条件。病毒具有很强的再生机制，它通过各种渠道从已被感染的计算机扩散到未被感染的计算机，这段程序代码一旦进入计算机并得以执行，它会搜寻其他符合其传染条件的程序或存储介质，确定目标后再将自身代码插入其中，达到自我繁殖的目的。只要一台计算机染毒，如不及时处理，那么病毒会在这台机器上迅速扩散，其中的大量文件（一般是可执行文件）会被感染。而被感染的文件又成了新的传染源，再与其他机器进行数据交换或通过网络接触，病毒会继续进行传染。

3. 潜伏性（可触发性）　一个编制巧妙的病毒程序，可在相当长的一段时间内潜伏在合法文件中而不被人发现。在此期间，病毒实际上已逐渐繁殖增生，并通过备份和副本传染其他系统。

4. 激发性　在一定条件下，通过外界刺激可使病毒程序活跃起来，并发起攻击。触发条件可以是一个或多个。例如，某个日期、某个时间、某个事件的出现，某个文件的使用次数及某种特定软、硬件环境等。著名的"黑色星期五"在逢 13 日的星期五发作。国内的"上海一号"会在每年三、六、九月的 13 日发作。当然，最令人难忘的便是 26 日发作的 CIH。这些病毒在平时会隐藏得很好，只有在发作日才会露出本来面目。

5. 破坏性　计算机系统是开放性的，开放程度越高，软件所能访问的计算机资源就越多，系统就越易受到攻击。病毒的破坏性因计算机病毒的种类不同而差别很大。轻者会降低计算机工作效率，占用系统资源，重者可导致系统崩溃。而且，以前人们一直以为，病毒只能破坏软件，对硬件毫无办法，可是 CIH 病毒在某种情况下却可以破坏硬件。

7.3.3　计算机病毒分类

1. 根据病毒的危害程度分类

（1）良性病毒　破坏性较小，除占用系统一定开销、降低运行速度、显示受到某种干扰外，不致产生严重后果，如小球病毒。

（2）恶性病毒　破坏力和危害性极大，它寄生在可执行文件中，会删除文件、消除数据或文件，甚至摧毁整个系统软件，造成灾难性后果，如大麻病毒、新世纪病毒。大麻病毒感染时进入引导扇区，把原引导程序搬到磁盘固定位置，而不管该处有什么用途，因而往往对程序和数据造成永久性破坏。

2. 根据病毒感染的目标分类

（1）引导型病毒　其感染对象是计算机存储介质的引导区。病毒将自身的全部或部分逻辑取代正常的引导记录，而将正常的引导记录隐藏在介质的其他存储空间。由于引导区是计算机系统正常工作的先决条件，所以此类病毒可在计算机运行前获得控制权，传染性较强，如 Bupt、Monkey、CMOS、destronger 等。

（2）文件型病毒　能感染可执行文件（COM、EXE），将病毒程序嵌入可执行文件中并取得执行权。其特点是附着于正常程序文件中，成为程序文件的一个外壳或部件。这是较为常见的传染方式，如 Dir II 病毒、Hongkong 病毒、宏病毒、CIH 病毒。

（3）混合型病毒　既可感染（主）引导扇区，也可感染文件，如 1997 年国内流行较广的 TPVO－3783（SPY）病毒、One half 病毒。

3. 根据病毒的寄生媒介分类

（1）入侵型病毒　可用自身代替正常程序中的部分模块或堆栈区。因此，这类病毒只攻击某些特定程序，针对性强。一般情况下也难以被发现，清除起来也较困难。

（2）源码型病毒　较为少见，亦难以编写。因为它要攻击高级语言编写的源程序，在源程序编译之前插入其中，并随源程序一起编译、连接成可执行文件。此时刚刚生成的可执行文件便已经带毒了。

（3）外壳型病毒　将自身附在正常程序的开头或结尾，相当于给正常程序加了个外壳。当运行被病毒感染的程序时，病毒程序也被执行，从而达到传播扩散的目的。大部分的文件型病毒都属于这一类。

（4）操作系统型病毒　可用其自身部分加入或替代操作系统的部分功能。因其直接感染操作系统，这类病毒的危害性也较大。

7.3.4　计算机病毒传播途径

计算机病毒必须要"搭载"到计算机上才能感染系统，通常它们是附加在某个文件上。计算机病毒的传播主要通过文件拷贝、文件传送、文件执行等方式进行。文件拷贝与文件传送需要传输媒介，文件执行则是病毒感染的必然途径（Word、Excel 等宏病毒通过 Word、Excel 调用间接地执行）。因此，病毒传播与文件传播媒体的变化有着直接关系。目前，计算机病毒的主要传播途径有：

1. 通过电子邮件进行传播　病毒附着在电子邮件中，一旦用户打开邮件，病毒就会被激活并感染电脑，对本机进行一些有危害性的操作。常见的电子邮件病毒一般由合作单位或个人通过 E-mail 上报、FTP 上传、Web 提交而导致病毒在网络中传播。

2. 利用系统漏洞进行传播　由于操作系统固有的一些设计缺陷，导致被恶意用户通过畸形的方式利用后，可执行任意代码，这就是系统漏洞。病毒往往利用系统漏洞进入系统，达到传播的目的。

3. 通过 MSN、QQ 等即时通信软件进行传播　有时候频繁地打开即时通信工具传来的网址、打开来历不明的邮件及附件、到不安全的网站下载可执行程序等，都会导致网络病毒进入计算机。现在很多木马病毒可以通过 MSN、QQ 等即时通信软件进行传播，一旦在线用户感染病毒，那么其所有好友将会遭到病毒的入侵。

4. 通过网页进行传播　网页病毒主要是利用软件或系统操作平台等的安全漏洞，通过执行嵌入在网页 HTML 超文本标记语言内的 Java Applet 小应用程序、JavaScript 脚本语言程序、ActiveX 软件部件网络交互技术支持可自动执行的代码程序，以强行修改用户操作系统的注册表设置及系统实用配置程序，给用户系统带来不同程度的破坏。

5. 通过移动存储设备进行传播　移动存储设备包括常见的软盘、磁带、光盘、移动硬盘、U 盘（含数码相机、MP3）等，病毒可以通过这些移动存储设备在计算机间进行传播。

7.3.5　计算机病毒防治

纵观计算机病毒的发展历史，计算机病毒已经从最初的挤占 CPU 资源、破坏硬盘数据逐步发展成为破坏计算机硬件设备，这严重影响人们的工作和学习。为了使计算机免受病毒破坏，应该采取各种安全措施预防病毒，不给病毒可乘之机。另外，就是使用各种杀毒程序，把病毒从电脑中清除出去。

1. 做好预防工作　杀毒软件做得再好，也只是针对已经出现的病毒，它们对新的病毒无能为力。而新的病毒总是层出不穷，并且在 Internet 高速发展的今天，病毒传播也更为迅速。一旦感染病毒，计算机就会受到不同程度的损害。虽然到最后病毒可以被杀掉，但损失却是无法挽回的。

因此，事先预防病毒的入侵是阻止病毒攻击和破坏的最有效手段，主要的预防病毒措施有以下几种：

（1）安全地启用计算机系统。给系统盘与文件加以写保护，防止被感染。在保证硬盘无毒的情况下，尽量使用硬盘引导系统。启动前将软盘或 U 盘从驱动器中取出，以防启动时读过软盘或 U 盘使病毒也进入内存。

（2）安全地使用计算机系统。在自己的计算机上使用别人的 U 盘应先进行病毒检测，在别人的计算机上使用过的 U 盘，再在自己的计算机上使用时，也应先进行病毒检测。对重点保护的计算机系统应做到专人、专机、专盘、专用。不要随便拷贝来历不明的软件，不要使用未经授权的软件。游戏软件和网上的免费软件是病毒的主要载体，使用前一定要用杀毒软件检查，防患于未然。一般不要在工作机上玩游戏。

（3）备份重要的数据。系统软件要及时备份，在系统遭到破坏时，把损失降到最小限度。在计算机没有染毒时，一定要做一张或多张系统启动盘。因为很多病毒虽然杀除后就消失了，但也有些病毒在计算机一启动时就会驻留在内存中，在这种带有病毒的环境下杀毒只能把它们从硬盘上杀除，而内存中还有，杀完了立刻又染上，所以想要杀除病毒的话，一定要用没有感染病毒的启动盘从软盘启动，才能保证计算机启动后内存中没有病毒。也只有这样，才能将病毒彻底杀除。再强调一下，备份文件和做启动盘时一定要保证电脑中是没有病毒，否则的话只会适得其反。重要数据文件要定期做备份，如果硬盘资料已遭损坏，不必立即格式化，可利用反病毒程序加以分析、重建，可能可以恢复被破坏的文件资料。

（4）谨慎下载文件。不要轻易下载小网站的软件与程序，不要光顾那些很诱惑人的小网站，因为这些网站很有可能就是网络陷阱。不要随便打开某些来路不明的 E – mail 与附件程序，不要在线启动、阅读某些文件，否则很有可能成为网络病毒的传播者。

（5）留意计算机系统的异常

1）机器不能正常启动；加电后机器根本不能启动，或者可以启动，但所需要的时间比原来的启动时间变长了；有时会突然出现黑屏现象。

2）运行速度降低：如果发现在运行某个程序时，读取数据的时间比原来长，存文件或调用文件的时间都增加了，那就可能是由于病毒造成的。

3）磁盘空间迅速变小：由于病毒程序要进驻内存，而且又能繁殖，因此使内存空间变小甚至变为零，用户任何信息都无法存入。

4）文件内容和长度有所改变：一个文件存入磁盘后，其原本的长度和其内容都不会改变。可是由于病毒的干扰，文件长度可能改变，文件内容也可能出现乱码。有时文件内容无法显示或显示后又消失了。

5）经常出现"死机"现象：正常的操作是不会造成死机现象的，即使是初学者，命令输入不对也不会死机。如果机器经常死机，那可能是由于系统被病毒感染了。

6）外部设备工作异常：因为外部设备受系统的控制，如果机器中有病毒，外部设备在工作时可能会出现一些异常情况，出现一些用理论或经验说不清道不明的现象，如屏幕显示异常，出现一些莫明其妙的图形。

如发生上述现象，应意识到可能感染上病毒了，但也不能把每一个异常现象或非期望后果都归于计算机病毒，因为可能还有别的原因，如因程序设计错误而造成的异常现象。

（6）经常使用杀毒软件对计算机做检查，及时发现病毒、消除病毒，并及时升级杀毒软件。安装正版杀毒软件公司提供的防火墙，并注意时时保持打开状态。

2. 清除病毒 尽管采取了各种预防措施，有时仍不免会染上病毒。因此，检测和消除病毒仍是用户维护系统正常运转所必需的工作。目前流行的杀毒软件较多，有

360、金山毒霸、KV300、KILL、瑞星、PC CILLIN、NAV、MCAFEE 等。使用这些软件时必须先用杀毒盘或干净（保证无毒）的系统盘启动。

<h1 style="text-align:center">习　　题</h1>

一、选择题

1. 信息安全的技术要素组成中不包括_____。
   A. 网络　　　　　B. 用户　　　　　C. 应用软件　　　　D. 硬件

2. 信息安全面临哪些威胁_____。
   A. 信息间谍　　　B. 网络黑客　　　C. 计算机病毒　　　D. 以上都是

3. 把明文变成密文的过程，称为_____。
   A. 加密　　　　　B. 密文　　　　　C. 解密　　　　　D. 加密算法

4. 数字签名技术不能解决的安全问题是_____。
   A. 第三方冒充　　B. 接收方篡改　　C. 传输安全　　　D. 接收方伪造

5. 用数字办法确认、鉴定、认证网络上参与信息交流者或服务器的身份是指_____。
   A. 接入控制　　　B. 数字认证　　　C. 数字签名　　　D. 防火墙

6. 完整的数字签名过程（包括从发送方发送消息到接收方安全的接收到消息）包括_____和验证过程。
   A. 加密　　　　　B. 解密　　　　　C. 签名　　　　　D. 保密传输

7. 计算机病毒从本质上说是_____。
   A. 生物学上的病毒　　　　　　B. 程序代码
   C. 应用程序　　　　　　　　　D. 硬件

8. 为了避免被诱入钓鱼网站，应该_____。
   A. 不要轻信来自陌生邮件、手机短信或者论坛上的信息
   B. 检查网站的安全协议
   C. 用好杀毒软件的反钓鱼功能
   D. 以上都是

9. 防火墙是常用的一种网络安全装置，下列关于它的用途的说法_____是对的。
   A. 防止内部攻击
   B. 防止外部攻击
   C. 防止内部对外部的非法访问
   D. 既防止外部攻击又防止内部对外部非法访问

10. 定期对系统和数据进行备份，在发生灾难时进行恢复。该机制是为了满足信息安全的_____属性。
    A. 真实性　　　　B. 完整性　　　　C. 不可否认性　　D. 可用性

二、填空题

1. 从系统安全的角度可以把网络安全的研究内容分成两大体系：_____
和_____。

2. 网络的攻击者或非法侵入者可称为_____。

3. 常用的网络安全技术主要有：_____、_____、_____和_____等。

4. 计算机_____是一种寄存于微软 Office 的文档或模板的宏中的计算机病毒。

5. 发现微型计算机染有病毒后，较为彻底的清除方法是_____。

主要参考书目

[1] 侯冬梅．计算机应用基础．北京：中国铁道出版社，2011.
[2] 刘艳梅，叶明全．卫生信息技术基础．北京：高等教育出版社，2012.
[3] 杜建强，杨琴．大学计算机基础及应用．北京：高等教育出版社，2010.
[4] 周金海，马凯．计算机信息技术教程．北京：高等教育出版社，2011.
[5] 龚沛曾，杨志强．大学计算机．第 6 版．北京：高等教育出版社，2013.
[6] 邵玉环．Windows 7 实用教程．北京：清华大学出版社，2012.
[7] 周利民，刘虚心．计算机应用基础．天津：南开大学出版社，2013.
[8] 胡辉，蔡戈．计算机应用基础．第 2 版．北京：北京理工大学出版社，2013.
[9] 李建军．计算机应用基础（Windows 7 + Office 2010）．北京：水利水电出版社，2013.
[10] 刘青云．计算机应用基础实用教程．杭州：浙江大学出版社，2011.
[11] 于双元．全国计算机等级考试二级教程——MS Office 高级应用．北京：高等教育出版社，2013.
[12] 恒盛杰资讯．Excel 2013 从入门到精通．北京：机械工业出版社，2013.
[13] 张萍，王磊，滕飞．大学计算机基础．青岛：中国石油大学出版社，2012.
[14] 宋晏，刘勇，杨国兴．计算机应用基础．第 2 版．北京：电子工业出版社，2013.
[15] 杰成文化．PPT 设计技术大全．北京：人民邮电出版社，2014.
[16] 王强，牟艳霞，李少勇．PowerPoint 2013 幻灯片制作入门与提高．北京：清华大学出版社，2013.
[17] 杨章伟．Office 2013 应用大全．北京：机械工业出版社，2013.
[18] 朱斌．大学计算机基础．北京：人民邮电出版社，2013.
[19] 邵杰，林海霞．计算机应用基础．杭州：浙江大学出版社，2013.
[20] 黄伟力．大学计算机应用基础．北京：人民邮电出版社，2013.
[21] 周怡，焦纯．大学计算机——医学计算机技术基础．北京：高等教育出版社，2014.
[22] 彭慧卿，李玮．大学计算机基础（Windows 7 + Office 2010）．第 2 版．北京：清华大学出版社，2013.
[23] 卫春芳，张威．大学计算机基础．北京：科学出版社，2013.
[24] 刘梅彦．大学计算机基础．第 2 版．北京：清华大学出版社，2013.
[25] 苏中滨．大学计算机基础．北京：高等教育出版社，2013.